开滦注浆减沉综放开采特厚路桥煤柱技术研究

钟亚平　高延法　著

煤炭工业出版社

·北　京·

内 容 提 要

    本书通过总结开滦煤矿地面钻孔覆岩离层注浆减沉与井下综采放顶煤相结合技术，成功开采铁路、公路桥和铁路桥特厚煤柱的实践经验，深刻揭示了井下煤层开采覆岩离层的规律，深入探讨了覆岩离层注浆减沉的机理，创新研发了高效覆岩离层注浆技术，以及探索验证注浆减沉效果的手段、方法等，为我国煤矿"三下"压煤开采提供了技术上可行、经济上合理的新途径。

    本书可供全国类似条件煤矿"三下"压煤开采借鉴和煤炭院校开采专业及企业工程技术人员参考。

前　言

开滦煤矿始建于 1878 年，在跨越三个世纪的开采后，地处唐山市区的百年老矿——唐山矿的可采储量趋于枯竭，加之井深、巷远、环节多，企业生产经营极为困难，亟待开采"三下"压煤储量，以满足矿井生存发展的需要，保持矿区繁荣稳定。

本书记录了开滦煤矿历时 20 多年研究开发覆岩离层注浆减沉与井下综采放顶煤相结合技术安全高效开采特厚路桥煤柱的进程。首先在开滦唐山矿京山铁路煤柱 8～9 号煤层合区的首采区，采用覆岩离层注浆减沉与井下综放开采技术，安全高效采出煤炭 11.63×10^6 t，在地面充分采动条件下注浆减沉率达 51.47%；此后推广应用到开滦范各庄矿的沙河公路桥和铁路桥煤柱开采，分别取得注浆减沉率 58.20% 和 68.04% 的效果，保证了沙河公路桥和铁路桥的安全通行，创造了巨大的经济效益和社会效益。

本书采用理论研究与现场实施相结合的方法，深入探讨井下煤层开采覆岩离层规律和注浆减沉机理，创新地面钻孔覆岩离层高效注浆技术，与井下综采放顶煤相结合，为成功开采特厚路桥煤柱开辟出一条产量高、效率高、回收率高、成本低、效益好、安全好的"三高一低两好"的新途径，推动和发展了"三下"压煤开采的理论研究和实际应用，使处于生产经营困境的百年老矿迎来新的生机，确保路桥安全通行，又使煤矿实现结构调整，走上集约化生产和可持续发展的道路。

本书第 1、2、3、7 章由钟亚平和高延法共同编写，第 4、6 章由高延法编写，第 5、8、9、10 章由钟亚平编写，全书由钟亚平统稿、修改、定稿。

本书在编写过程中得到了开滦集团公司及其所属唐山矿、范各庄矿和地矿公司领导和工程技术人员的大力支持与帮助，张瑞玺、杨忠东、张普田、贾德毅、郑久刚、马国平、张梦岐等同志给予了具体指导，杨居友、黄宝柱、刘国旺、李文成、谢会儒、王柏林、邢中田、张永波等同志提供了宝贵素材，特此表示衷心感谢！

钟亚平

2015 年 6 月

开滦注浆减沉综放开采特厚路桥煤柱技术研究历程简记

1992 年 6 月至 1996 年 6 月，开滦矿务局聘请抚顺矿务局专家指导唐山矿 3652 工作面进行覆岩离层注浆减沉试验，为以后的研究探索积累经验和教训。

1997 年 11 月至 2000 年 5 月，开滦矿务局与山东科技大学合作，在唐山矿 8~9 煤层合区 3696 工作面和 3694 工作面（其上 5 煤层及第一分层都已采）进行综采放顶煤开采覆岩离层注浆减沉试验，生产原煤 46.7×10^4 t，开采地表减沉率为 83.10%，取得了煤炭生产高产高效、地面减沉效果显著的成绩，为唐山矿开采京山铁路煤柱打下了坚实基础。

自 2000 年 7 月起，开滦矿务局先后与煤炭科学研究总院唐山分院、山东科技大学和中国矿业大学（北京）合作，在唐山矿京山铁路煤柱首采区 8~9 煤层合区进行覆岩离层注浆减沉综放开采，首采区 6 个工作面至 2007 年 12 月结束开采、2008 年 2 月停止覆岩离层注浆，共采出煤炭 1163.37×10^4 t，注入覆岩离层内粉煤灰浆液 713.2839×10^4 m³，开采地表注浆减沉率为 51.47%。

2006 年 6 月开滦矿务局与煤炭科学研究总院唐山分院合作将覆岩离层注浆减沉综放开采技术推广应用到范各庄矿沙河公路桥保护煤柱工作面，采出煤炭 96.641×10^4 t。覆岩离层累计注入粉煤灰浆液 83.255×10^4 m³，覆岩离层注浆减沉率为 58.20%。

2008 年 2 月开滦矿务局与煤炭科学研究总院唐山分院合作将覆岩离层注浆减沉综放开采技术推广应用到范各庄矿沙河铁路桥保护煤柱的 3 个工作面，共计采出煤量 198.2897×10^4 t，覆岩离层注浆减沉率达 60.99%。此后通过冲积层底部注浆充填，铁路桥累计抬升 0.251 m，减沉率达到 68.04%。

2009 年覆岩离层注浆减沉综放开采特厚路桥煤柱技术研究项目经中国煤炭工业协会评选为煤炭工业科技进步一等奖。

2010 年开始撰写《开滦注浆减沉综放开采特厚路桥煤柱技术研究》一书，历经四易其稿，于 2015 年 11 月交煤炭工业出版社出版。

目 次

1　开滦矿区京山铁路煤柱开采技术研究历程

1.1　开滦矿区京山铁路煤柱概况

1.1.1　京山铁路简介

开滦煤矿始建于 1878 年，被誉为中国煤炭工业的摇篮。在北京中华世纪坛记载中华五千年文明历史的青铜甬道上，有三处镌刻着与开滦煤矿有关的文字：1878 年开滦煤矿开凿、1881 年建成第一条标准轨距铁路和制造出第一台蒸汽机车。随着开滦煤矿的建设和扩展，与煤炭产业相关的铁路、机械、电力、冶金、水泥、陶瓷、港口、航运等产业相继兴起，托起了渤海湾两座城市：唐山成为我国北方重要的工业基地、秦皇岛成为我国最大的煤炭运输港口城市。

京山铁路是开滦在 1881 年我国第一条标准轨距铁路——唐胥铁路的基础上建成的，向东延伸过山海关到辽宁省沈阳市，向西经天津至首都北京，成为联系我国关内外的咽喉通道，属国家一级双轨无缝铁路干线。据 20 世纪 70 年代统计资料显示，京山铁路在开滦矿区段每昼夜运行 104 对列车。其中，客车 26 对，货车 78 对。列车运行速度一般为 90 km/h，最大速度达 115 km/h；列车通过的间隔时间多为 11~13 min，上行线最小间隔时间为 6 min，而下行线列车通过的最小间隔时间仅为 5 min，线路运输十分繁忙，年运量统计见表 1-1。

表 1-1　京山铁路在开滦矿区段年运量统计表　　　　　　　　　　　　　10^4 t

名　称	地　方　运　量		通　过　运　量		合　计
	发　送	到　达	上　行	下　行	
煤　炭	1704	233	—	350	2287
其　他	768	638	3000	1250	5656
合　计	2472	871	3000	1600	7943

1.1.2　开滦矿区留设京山铁路保护煤柱

京山铁路在开滦矿区段的线路正处于开平向斜轴位置，将矿区分为西北和东南两部分，如图 1-1 所示。

为保证京山铁路运输畅通，在铁路经过的开滦矿区唐家庄矿、赵各庄矿、林西矿、马家沟矿、唐山矿和吕家坨矿的井下都留设了京山铁路保护煤柱，煤炭储量超过 6×10^8 t，均为优质冶金炼焦用煤，其中唐山矿压煤最多，达 2.05×10^8 t。

1.2　京山铁路煤柱开采的由来

1.2.1　京山铁路改线解放铁路煤柱

为满足国民经济发展对煤炭特别是冶炼精煤的迫切需求和缓解开滦煤炭开采场地衔接紧张，1975 年原煤炭工业部提出开采京山铁路煤柱报告，经国务院研究决定京山铁路压煤段实施改线以解放铁路煤柱。

1978 年 8 月改线工程全面开工，经过铁路部门历时 8 年的艰苦努力，于 1994 年改线工程竣工并投入运营，1996 年 8 月顺利完成客货运输由老线向新线的转移，至此京山铁路煤柱具备开采条件。

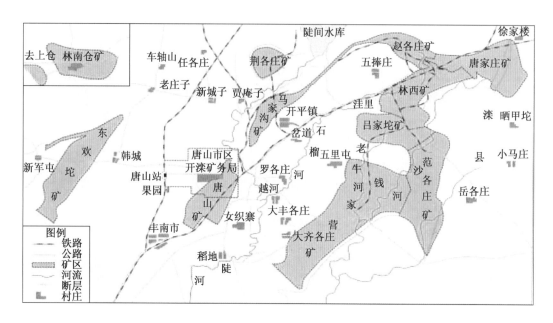

图1-1　开滦矿区井田分布与京山铁路位置图

1997年4月原国家计委发文批准开采京山铁路煤柱并要求原线继续运行，铁路维修工作由铁道部门负责，因垂直下沉和水平位移发生的维修费用由开滦矿务局按实际维修量承担，铁道和煤炭部门要组成铁路维护领导小组，协调煤柱开采和铁路维护过程中发生的问题，煤炭部门要配合铁道部门做好铁路沿线地表沉降观测，保证煤柱安全开采和铁路的安全运行。

1.2.2　京山铁路改线后仍需保留运营

京山铁路在开滦矿区压煤段改线工程竣工并投入运营后，原线仍须保留并继续由铁道部门管理，主要承担货运，包括开滦矿区煤炭生产货物运输和唐山地区经济发展和人民生活所需物质运输。

据铁道部门统计，改线铁路段除承担着开滦矿区生产的煤炭产品和所需的物资运输外，还服务于唐山市区企业和百万余居民的生产生活，每昼夜通过货车23对，通勤车2对，年货运量达500×10^4 t以上。随着地方经济发展，铁路两侧建筑物密集。虽然国家批准开采煤柱，涉及铁路两侧建（构）筑物下京山铁路煤柱开采技术难度大，必须研究既能确保铁路安全运输，又能减少建（构）筑物搬迁支出和实现煤炭生产高产高效的综合技术，使铁路、煤炭和地方都受益。

1.3　开滦唐山矿京山铁路煤柱开采技术研究

1.3.1　开滦唐山矿京山铁路煤柱基本情况

唐山矿是开滦矿区最早开凿建成投产的煤矿，井田位于开平向斜西北翼西南端，自1878年开发以来，围绕唐山矿工业广场四周建设了大量厂企、街道和社区，成为唐山市的城区中心。

京山铁路在唐山矿井田中部沿走向横贯东西，井田中间沿铁路走向留设的保护煤柱如图1-2所示。铁路煤柱赋存标高 $-560 \sim -1200$ m，煤柱宽$700 \sim 900$ m（图1-3），有$4 \sim 5$个可采煤层，其中2个为主采煤层，上部5煤层厚$2.5 \sim 3.0$ m，以下的$8 \sim 9$煤层为合区，厚达$10 \sim 13$ m；其余3个煤层仅局部可采。

唐山矿京山铁路煤柱地质构造简单，煤层倾角较缓，赋存条件适合机械化开采。地质储量为2.05×10^8 t，为国家急需的优质1/3焦煤。

开滦唐山矿的煤炭生产布局受京山铁路保护煤柱的制约，一直沿京山铁路保护煤柱两侧布置采掘工程，随着开采的年限延长，开采深度已达千米，井田内可采煤炭储量也日渐枯竭，陷入难以为继的困境，亟待开采京山铁路煤柱。在获准开采后，开滦唐山矿首开京山铁路煤柱开采先河，开始了京山铁路及建筑物压煤开采技术研究与开发。

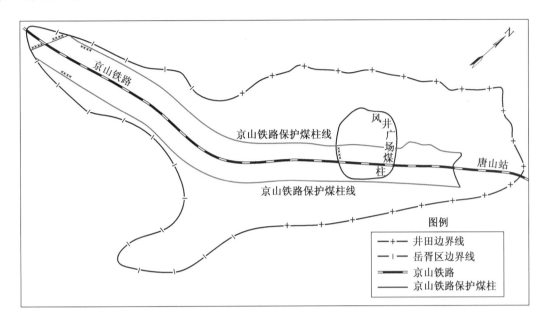

图 1-2 开滦唐山矿京山铁路煤柱示意图

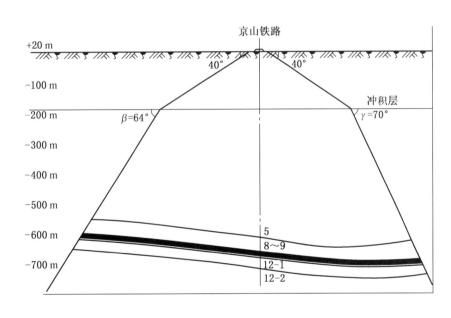

图 1-3 开滦唐山矿京山铁路煤柱剖面图

1.3.2 唐山矿京山铁路煤柱开采的可行性

1. 唐山矿京山铁路煤柱开采技术难度

（1）唐山矿井田地处滦河冲积平原，地下潜水位较高，而京山铁路煤柱开采厚度大，导致地表下沉超过 11 m，使铁路路基成为积水中的高浸水路堤，维修质量要求高，维护费用高，相应降低了铁路运行的安全系数；铁路也将会出现大幅度下沉和线路严重变形，威胁铁路的运行安全。

（2）铁路沿线的地面建（构）筑物将遭到严重破坏，地表积水成坑造成农田无法耕种，地面企业被迫搬迁和大量绝收农田面临征地，使百年老矿陷入如开采铁路煤柱将要承受巨额费用和社会工作的巨大压力，而不采铁路煤柱又将面临煤炭生产难以为继的两难境地。

2. 唐山矿开采京山铁路煤柱的技术可行性

鉴于京山铁路压煤改线后原线仍有相当繁重的运量，必须对唐山矿开采铁路煤柱进行技术可行性分析，以保证铁路的安全运行。

1）京山铁路煤柱开采不会导致铁路突然下沉

在铁路下采煤最危险的现象是铁路突然下沉，包括时间上的突然和空间上的突变，从而造成铁路运行事故。唐山矿京山铁路煤柱埋深在 600 m 以上，巨厚的覆岩和冲积层在煤柱开采后逐渐垮落、下沉、弯曲，使地表呈现大面积连续下沉，但铁路路基仍有整体支托，线路的坡度、位移、方向、轨距和高低等变化将是渐变的，不会产生铁路突然下沉的可能性。据开滦矿区乃至全国多年来铁路下压煤开采的实践证明，只要煤层开采后垮落带不波及冲积层与基岩接触面时，就不会导致铁路突然下沉。而唐山矿开采铁路煤柱的垮落带远小于覆岩厚度，所以不会出现铁路突然下沉引发的运行事故。

2）采取有效的维修措施能够保证铁路的安全运行

一是京山铁路改线后原线运量减少，列车通过的间隔时间加长，给铁路维修创造了有利条件，只要加强铁路维修工程的管理，定期观测铁路的变化情况，及时组织力量对线路的变形进行起道、拨道、垫道和顺坡，就能够保证铁路的安全运行。

二是建立煤矿与铁路联动机制，定期通报各自的进展情况，商讨地下煤炭开采与地面铁路运输中出现的矛盾和解决办法，及时为对方处理问题创造有利条件，就能保证煤炭高产和铁路安全运行。

三是原国家计委发文明确了铁路维修责任，铁路部门负责铁路维修，同时列车在铁路煤柱开采影响范围内运行限速在 45 km/h 以下，开滦提供足额资金和材料，及时通报井下采煤工作面开采计划，有利于列车运行的稳定及铁路维修的开展。

3）借鉴国内外和开滦铁路下采煤经验保证铁路安全运行

国外在铁路下采煤从 19 世纪末叶已经开始，国内大量的铁路下采煤从 20 世纪 50 年代开始。开滦在本矿区铁路下采煤也有几十年的历史，积累了丰富的铁路下采煤经验，诸如条带开采、充填开采、协调开采等减少地面沉降和变形的技术，都可以成为唐山矿进行京山铁路煤柱开采的有益借鉴，保证铁路的安全运行。

综合以上分析，能够确认开采京山铁路煤柱在技术上是可行的。

1.3.3 唐山矿京山铁路煤柱开采技术优选

优选唐山矿开采京山铁路煤柱技术，是为了更好贯彻落实国家铁路改线、解放开采铁路煤柱的重大决策和原国家计委批准开采京山铁路煤柱的要求，在确保铁路安全运输的前提下，减少地表的沉降变形，降低铁路维修难度和减少维修量，减轻地面建（构）筑物和农田的破坏，实现高产高效开采铁路煤柱，使百年老矿彻底扭转经济状况，使矿区持续繁荣稳定。因此，京山铁路煤柱开采技术的选择，必须统筹兼顾各方要求，进行综合分析比较，择优而定。

1. 第一次唐山矿京山铁路煤柱开采技术优选

根据原煤炭工业部批准的、由开滦矿务局在煤炭科学研究总院唐山分院和北京煤炭设计研究院共同设计的开采方案和总体规划的基础上编制的《开滦矿务局开采京山铁路煤柱总体规划》，唐山矿从本矿实际出发，在 20 世纪 80 年代进行第一次开采技术优选。具体分析比较如下。

1）走向长壁顶板垮落法开采技术

唐山矿京山铁路煤柱两个主采煤层根据各自的赋存条件，采用走向长壁顶板垮落法开采。

上部 5 煤层，煤厚 2.5~3.0 m，采用一次采全厚走向长壁顶板垮落综合机械化开采（由于 5 煤层属中厚煤层、埋藏较深，开采对铁路影响较小，故以下主要研究 8~9 煤层合区煤层开采技术）。

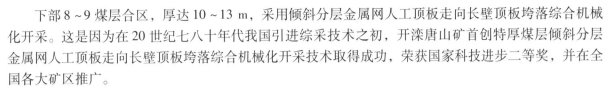

下部 8~9 煤层合区，厚达 10~13 m，采用倾斜分层金属网人工顶板走向长壁顶板垮落综合机械化开采。这是因为在 20 世纪七八十年代我国引进综采技术之初，开滦唐山矿首创特厚煤层倾斜分层金属网人工顶板走向长壁顶板垮落综合机械化开采技术取得成功，荣获国家科技进步二等奖，并在全国各大矿区推广。

该开采方法的主要优点是技术成熟，煤炭资源采出率高，不需增加特殊工艺和采煤成本。缺点是线路下沉量大，浸水高路堤维修难度大、费用高，降低铁路运输安全系数，且对铁路沿线的建（构）筑物和农田破坏程度大。

2）走向长壁全部充填法开采技术

8~9 煤层合区采用走向长壁顶板垮落法开采技术，通过对井下采煤工作面开采后的采空区进行充填来支撑顶部岩层，以达到减少地面下沉变形的目的。其优点是煤炭资源采出率高，地面沉降少，铁路维修难度和费用低，对铁路沿线的建（构）筑物和农田破坏程度小。缺点是实施准备工作量大，系统复杂，增加了充填费用；采煤工作面增加了采空区充填工艺，因受充填进度限制，降低了工作面生产能力；尤其是需要大量充填材料，来源无法解决。

3）垮落条带开采技术

垮落条带开采技术将 8~9 煤层合区划分条带实施局部开采，用留置条带煤柱来支撑顶部岩层，以达到减少地面下沉变形的目的。其优点是实施成本低，减沉效果较好，可减少铁路维修难度和费用，对铁路沿线的建（构）筑物和农田破坏程度较小，又不需要充填采空区，减少工序和费用。只要根据采深、煤层厚度与强度、开采层数、覆岩岩性等条件，经过计算，设计采、留条带煤柱的位置、宽度，即可付诸实施。主要缺点是煤炭资源采出率低，不符合国家改线解放煤柱的决策意图，对于获得开采京山铁路煤柱宝贵机遇的百年老矿来说，丢弃资源、缩短矿井服务年限的开采技术，必然遭到摒弃。而且开采条带宽度受到限制，工作面单产将受到影响，厚达 10~13 m 的 8~9 煤层合区留设煤柱在技术上尚有一定困难。

4）充填条带开采技术

它是在垮落条带开采技术的基础上充填采空区，其最大优点是地面下沉量最小，对保证铁路安全运行有利。但它集中了走向长壁全部充填法开采技术和垮落条带开采技术的缺点：煤炭资源采出率低，采煤工序复杂，增加开采成本，降低生产能力，充填材料来源无法解决等。

5）铁路正下方条带开采或充填条带开采技术与铁路两侧走向长壁顶板垮落法开采技术

根据采煤地表移动规律，在铁路正下方开采对线路影响大，而距线路较远开采对线路影响小，因此综合以上 4 种开采技术的特点，充分发挥其优点，尽量缩小其缺点。该开采技术是沿煤柱倾斜分为 3 个大条带，中间的大条带（即铁路正下方）采用条带或充填开采技术，两侧的大条带采用倾斜分层金属网人工顶板走向长壁顶板垮落综合机械化开采技术。

该技术的主要优点是铁路下沉量较走向长壁顶板垮落法开采技术小，对线路不必采取特殊维修工艺，维修费用大大降低；煤炭资源采出率较垮落条带开采技术和充填条带开采技术高，如采取采空区充填所花费用较少。

经过以上 5 种铁路煤柱开采技术的优缺点比较，优选铁路正下方条带开采或充填条带开采技术与铁路两侧走向长壁顶板垮落法开采技术。

2. 第二次唐山矿京山铁路煤柱开采技术优化

鉴于第一次唐山矿京山铁路煤柱开采技术优选时的煤炭开采科学技术水平局限，推荐采用铁路正下方条带开采或充填条带开采技术与铁路两侧走向长壁顶板垮落法开采技术。随着"九五"时期煤炭科技攻关，在特厚煤层开采技术和地表沉陷控制技术取得新进展，为进一步优化铁路煤柱开采技术创造了条件。

1）特厚煤层综采放顶煤技术日益成熟，逐渐取代倾斜分层金属网人工顶板走向长壁顶板垮落综合机械化开采技术

如采用综采放顶煤技术开采唐山矿厚达 10~13 m 的 8~9 煤层合区，相比过去倾斜分层金属网人工顶板分 3~4 个分层综采，一次采全高可以大大提高采煤工作面的煤炭生产能力和员工的劳动效率，减少掘进工程量和工作面衔接倒面搬家次数，从而大大降低煤炭生产成本；又能避免特厚煤层因分层厚度控制不好造成底分层不能开采和上下分层工作面巷道内错式布置造成的区段煤柱资源损失，提高煤炭资源采出率；特别是京山铁路煤柱的两侧是早已开采完的采空区，使京山铁路煤柱成为聚集高应力和高弹性能、具有冲击地压危险倾向的"孤岛"，综采放顶煤开采技术能有效防止冲击地压灾害的发生，确保安全生产。

2）开滦进行覆岩离层注浆控制地表沉陷技术探索

20 世纪 80 年代以来，辽宁抚顺矿务局采用地面钻孔向煤层开采后覆岩注水取得控制地表沉陷的效果明显。1992 年初，开滦矿务局组织工程技术人员研究覆岩离层注浆减沉的可行性，认为解决唐山矿开采京山铁路煤柱地表下沉量大、大范围积水区影响铁路路基稳定和大量农田破坏等诸多经济社会问题，必须进行地表沉陷控制。而传统的井下采空区充填开采存在工艺复杂又缺乏充填材料等，既增加开采成本又影响采煤工作面生产能力，且不能应用于特厚煤层的综采放顶煤开采。因此积极探索覆岩离层注浆控制地表沉陷技术具有必要性和紧迫性，决定将其列入矿务局年度科研计划项目。

1992 年 6 月至 1996 年 6 月，开滦矿务局聘请抚顺矿务局专家到唐山矿指导覆岩离层注浆减沉试验，本着先易后难、稳步推进的原则，先在 5 煤层的 3652 工作面开采进行覆岩离层注浆减沉试验，又在 8~9 煤层合区 3696 和 3694 工作面进行试验，为以后的研究探索积累了经验和教训。

1997 年 11 月至 2000 年 5 月，开滦矿务局与山东科技大学合作，在唐山矿 8~9 煤层合区 3696 和 3694 工作面（其上 5 煤层及第一分层都已采）进行综采放顶煤开采覆岩离层注浆减沉试验，取得了地面减沉效果显著、煤炭生产高产高效的优异成绩，并于 2000 年 5 月 23 日通过专家组鉴定，为唐山矿开采京山铁路煤柱打下了坚实基础。

3. 开滦唐山矿京山铁路煤柱开采技术优选结论

1）优化铁路煤柱开采技术考虑的因素

一是既能把采后覆岩运动和地表变形控制在一定程度内，创造对铁路进行必要维修的时间和空间条件，以确保铁路的安全运行；又能减轻对铁路两侧建（构）筑物的采动影响，通过简单维修能继续使用，节省搬迁资金，同时避免积水成坑造成土地和环境的破坏，节省征地费用和维持农业生产，减轻企业负担。

二是要求控制地表沉陷技术的实施，有利于唐山矿特厚煤层开采技术的升级换代——采用综采放顶煤技术，使百年老矿调整煤炭生产结构，一举解决已陷入生产经营困境的矿井生存与发展问题，同时有效防止具有冲击地压危险的煤柱开采发生事故，确保矿井安全。

三是要求控制地表沉陷技术简便易行、成本较低、材料来源广泛，又不影响井下采煤工作面的生产和安全，真正实现煤炭单产高、经济效益好、资源采出率高。

综合考虑以上因素，决定开滦唐山矿京山铁路煤柱开采技术优选地面钻孔覆岩离层注浆减沉、井下特厚煤层综采放顶煤开采技术。

2）覆岩离层注浆减沉综采放顶煤开采技术的优势

一是覆岩离层注浆减沉综采放顶煤开采技术将控制地面沉陷与煤炭生产二者分开进行，使地面钻孔注浆减沉不影响井下的煤炭生产，使采煤工作面生产工艺简化，有利于采用高产高效的综采放顶煤技术，既能减少地面下沉，保证铁路运输安全和减轻建（构）筑物与农田的破坏，又大幅度提高工作面单产和工效，实现地面沉陷控制与煤炭高产高效的双赢。

二是开滦唐山矿井田范围上方有唐山发电厂的粉煤灰储灰场，经多年排灰即将储满，急需建设新储灰场。使用粉煤灰进行覆岩离层注浆减沉，资源充足、运输便捷、费用低廉，同时又能为电厂解决新建储灰场的燃眉之急，节省土地征用、工程建设的费用，有利于变废为用、推行循环经济，减少环境污染，一举多得。

三是开滦唐山矿经过多年的覆岩离层注浆减沉试验，特别是 2 个综采放顶煤工作面的开采试验，减沉率高，已经取得良好的技术经济效果。同时已在地面建立了注浆系统，可继续使用、节省投资。尤其是拥有一支覆岩离层注浆减沉开采技术的专业施工队伍和管理人员，积累了丰富的实践经验，为京山铁路煤柱开采实施覆岩离层注浆减沉提供了坚实基础。

1.4 研究优化开滦唐山矿京山铁路煤柱开采技术的意义

经过优化，选择覆岩离层注浆减沉综采放顶煤技术开采唐山矿京山铁路煤柱，不仅具有保证铁路安全运行、减轻建（构）筑物与农田的破坏、实现煤矿高产高效开采的巨大经济效益和社会效益，而且会产生深远的影响。主要表现在以下各个方面。

1.4.1 京山铁路煤柱开采技术关系到唐山矿的生存与发展

在世纪之交，地处唐山市中心的开滦唐山矿已开采煤炭超过 120 年，为国民经济的发展做出了重要贡献，形成拥有一万多名职工、数万名家属的矿区社会。矿井开采已延深至 13 水平，井深、巷远、环节多，水、火、瓦斯、煤尘、冲击地压等灾害威胁严重，加之可采储量越来越少，历史包袱沉重，使企业生产经营陷入困境。开采京山铁路煤柱是唐山矿极为重大的紧迫问题，如不能及时开采，企业生产经营将难以为继，矿井面临大幅度减产亏损、大量矿工下岗失业的局面，矿区社会繁荣稳定将受到严重影响。

经过几十年的努力争取，开采京山铁路煤柱终于获得国家批准。但此时又出现新的问题：铁路两侧已建有密集的建（构）筑物，使原来单纯铁路下压煤开采问题变成了铁路与建（构）筑物下压煤开采，问题更加严重和复杂。如不采取地表沉陷控制技术开采，必然危及铁路行车安全甚至停运，不能达到国家批准开采京山铁路煤柱的要求；而且建（构）筑物破坏需搬迁重建、地表沉陷积水、大面积农田淹水不能耕种绝收，势必给企业带来沉重的经济负担和巨大的社会压力；如果选择的地表沉陷控制技术和井下煤炭开采技术不当，又将使京山铁路煤柱不能实现安全、高产、高效、高采出率开采，不能达到开采京山铁路煤柱使百年老矿实现生产结构调整、企业走出经营困境、延长矿井服务年限、实现科学发展的目标。因此，唐山矿覆岩离层注浆减沉与综采放顶煤开采京山铁路煤柱的组合技术研究，将有效解决企业面临的两难问题，既能保证铁路和地面建（构）筑物经过必要的维修、仍然正常运营和使用；又能高产高效开采煤炭，彻底扭转矿井减产亏损的局面，减少企业搬迁与征地的负担，实现地面保护与井下开采、企业经济效益与社会效益的双赢。

1.4.2 唐山矿京山铁路煤柱开采技术研究是"三下"压煤开采新探索

目前我国一次能源的生产与消费结构中，煤炭约占 70%，且绝大部分是井工开采。2010 年全国煤炭产量达到 32.4×10^8 t，同比增长 8.9%。专家预计在未来几十年内，我国以煤为主的能源结构不会改变，煤炭产量仍将随国民经济发展需求增加而增长。据预测，到 2020 年全国的煤炭需求将达到 40×10^8 t 左右。因此，煤炭工业能否健康发展是事关我国能源安全和经济可持续发展的重大问题。随着生产矿井开采历史延长、可采储量减少，尤其是我国东部地区煤矿更加严重，煤炭资源枯竭与经济发展之间的矛盾将日益突出，而储量丰富的西部地区的大规模开采又受到运输等条件制约。我国生产矿井"三下"压煤约为 140×10^8 t，这些压煤大多分布在对煤炭需求较为迫切的东部经济发达地区，因此"三下"压煤开采一直是我国煤炭行业亟待解决的重要课题，研究技术上可行、经济上合理的"三下"压煤开采技术，是关系煤炭企业可持续发展、保障国家能源安全的带有全局性战略意义的紧迫问题。

"三下"压煤开采涉及地面经济建设与生态环境保护、煤炭企业的生存发展与矿区社会的繁荣稳定等方方面面，是一个复杂的系统工程，必须统筹企业与地方、当前与长远、技术与经济、需求与可行的关系，从实际情况出发，经过缜密的分析、研究与论证，优选针对性强、可操作、能产生巨大经济和社会效益的开采技术。

通常"三下"压煤开采，往往因采取的地面沉陷控制技术而影响了煤炭生产的高产高效，单产低、成本高，经济效益差、采出率低，弃之不采可惜，采之效果不佳，使"三下"压煤成为煤矿生产的两难选择。覆岩离层注浆减沉与综放安全高效开采的组合技术的研究，就是要达到如下目的：既能有效控制、减少地表下沉量及其下沉速度，确保地面铁路和建（构）筑物经必要维修实现安全运行与正常使用，保护土地资源和矿区环境；又能使矿井煤炭生产实现安全、高产、高效益、高采出率，减少开采成本，延长矿井寿命，取得最大的经济效益和最佳的社会效果。覆岩离层注浆减沉与综放安全高效开采的组合技术研究的成功，必将为"三下"压煤开辟出一条产量高、效率高、采出率高、成本低、效益好、安全好的"三高一低两好"的开采新途径。

1.5 覆岩离层注浆减沉综放开采京山铁路煤柱技术研究内容与路线

1.5.1 主要研究内容

1. 覆岩离层规律与注浆减沉机理的研究

（1）研究覆岩离层形成的条件；在不同采动条件下，离层的发生、发展、稳定和逐渐趋于闭合的动态过程。

（2）研究采动覆岩离层空间体积的预测理论与方法，离层最大注浆量预测理论，充分采动条件下的覆岩离层注浆的效果与规律。

（3）研究离层带内注浆充填体的分布形态，及其对地表下沉曲线形态的影响，减沉率与注采比的函数关系，注浆减沉条件下的地表沉陷预计理论。

（4）研究用于注浆的充填材料，粉煤灰及其浆液的物理力学性能，注浆浆液水渗流规律。

2. 新型高效覆岩离层注浆减沉技术的研究

（1）针对特厚煤层综采放顶煤开采引起覆岩大幅移动、地面急剧变形的特点，研究新型高效注浆技术，提高减沉率。

（2）优化注浆减沉方案设计，科学确定注浆钻孔的结构、注浆的层位、注浆有效半径，以及注浆工艺与参数，提高减沉率。

（3）开发注浆参数自动监测系统，自动采集并上传注浆压力、流量和浆液密度等参数，科学指导注浆减沉工程的实施。

（4）开展注浆减沉实证研究，采取钻孔取芯、测井、数字摄像等手段，验证覆岩离层发育规律理论、注浆减沉机理。

（5）通过采区地表移动变形观测，准确计算覆岩离层注浆减沉率。

3. 特厚铁路煤柱综放安全高效开采技术的研究

针对唐山矿铁路煤柱开采的时空特点，在实施地面钻孔覆岩离层注浆减沉的条件下，对厚达10～13 m的8～9煤层合区采用综采放顶煤技术开采，使百年老矿借铁路煤柱开采之机，实现生产结构调整、经营状况改善的科学发展目标。

（1）研究特厚煤层综采放顶煤开采的采区布置、回采工艺、巷道支护和配套设备，通过特厚煤层开采技术的升级换代，使煤炭生产的产量高、效率高、采出率高、成本低、效益好、安全好。

（2）研究具有冲击地压危险的孤岛煤柱安全开采技术措施，防止冲击地压灾害事故的发生，确

保矿工生命和国家财产的安全。

（3）研究高瓦斯矿井、自然发火特厚煤层在综采放顶煤开采条件下，工作面瓦斯治理和防止煤层自然发火的技术措施，杜绝矿井瓦斯和内因火灾事故的发生。

（4）研究地面钻孔向地下注入大量粉煤灰浆液的情况下，防止浆液与井下采煤工作面连通，避免干扰煤炭生产和水害事故发生的技术措施。

1.5.2 主要研究路线

1. 室内新型相似材料模拟覆岩离层实验研究

通过"恒温恒湿密闭相似材料模拟实验室"的实验，重点研究覆岩离层动态规律，主要包括：离层带的形成条件，可注浆离层层位的上限与下限，不同开采条件下离层从生成、发展、最后闭合（或稳定）的时间周期，离层的空间形态与体积大小等，以及地层岩石力学参数测试、粉煤灰力学物理性能测试、注浆浆液流体力学性能测试和注浆浆液中重金属含量测试等。

2. 覆岩离层计算机模拟与理论研究

采用计算机数值模拟，模拟煤层开采过程中覆岩的离层从产生、发展到闭合（或稳定）的过程，实现离层量的数值方法预计，模拟覆岩各带随开采推进的发展变化过程，分析岩石力学参数、开采参数对下沉值和下沉曲线形态的影响，为注浆减沉设计提供依据。

3. 矿山岩石力学模型与防治冲击地压的研究

通过建立矿山岩石力学模型，分析冲击地压发生的原因；研究综采放顶煤开采时，"围岩—煤体"力学结构模型中顶底板、煤层运动和应力分布发生的改变，以及覆岩离层注浆岩层水饱和后，其强度与刚性、围岩支承压力与采场煤体应力场的变化，揭示防治冲击地压的机理。

4. 现场工程试验与观测研究

（1）在唐山矿京山铁路煤柱首采区，依次进行特厚煤层综放开采工作面的覆岩离层注浆减沉工程试验。

（2）完成综放开采条件下的采场覆岩导水断裂带高度观测。

（3）实测覆岩离层观测钻孔发生、发展过程，离层层位和垂向位移量等。

（4）通过施工验证钻孔取芯、测井和数字全景钻孔摄像等，验证注浆减沉技术机理与效果。

（5）通过在首采区设置地表岩移观测站，定期观测地面下沉值以准确计算减沉率。

2 国内外覆岩离层注浆减沉开采技术研究进展

地下煤层开采破坏了上覆岩体的原始应力平衡状态，覆岩应力重新分布的结果会导致采场围岩变形、破坏、垮落，以及整个上覆岩层的移动。岩层的变形、破坏和移动首先发生于采场围岩，进而波及上覆岩体直至地表。

地表的移动与变形是覆岩体移动与变形在地表的最终反映。岩层与地表的移动与变形，导致地表塌陷和地面建（构）筑物破坏，村庄被迫搬迁，特别是在高潜水位矿区，煤炭开采沉陷对土地资源的破坏十分严重，开采后形成的塌陷盆地大面积积水，农田无法耕种，人们赖以生存的环境遭恶化。据统计，我国开采万吨原煤造成土地塌陷面积平均达 $0.20 \sim 0.33 \ hm^2$，由此引发一系列经济和社会问题。因此，研究如何科学合理地开采"三下"压煤并控制开采沉陷破坏的问题具有重大意义。

2.1 国外开采沉陷控制理论研究与技术成果

2.1.1 美国

（1）美国在密歇根州和北达科他州等州，用采空区注浆（水泥或粉煤灰浆）的办法，控制地表沉陷保护地表建筑。

（2）美国宾夕法尼亚州环境局于 1997 年在其劳伦斯镇进行了为期一年多的矿井注浆减沉工程，以保护地面古建筑。

（3）美国矿产局（USBM）近年来推广了开采沉陷监测新技术（如 TDR 系统）。

（4）美国学者 S. S 彭著的《煤矿地层控制》中用压力拱理论解释直接位于工作面采空区上方的直接顶板呈卸压状态，指出此处顶板内出现了滑动、下沉和离层现象。

（5）美国 Z. T 比尼斯基教授对覆岩 3 个移动带进行研究，认为裂缝带中的岩层产生了离层和断裂。

2.1.2 欧洲国家

（1）德国学者 H. 克拉茨在他的著作《采动损害及其防护》中曾对覆岩产生离层有过研究。

（2）俄国的 В. Л. Самарин1990 年发表《采动岩体中离层空间的形成》一文称，为了完善水体下采煤计算工作，重点研究了离层带形成问题，描述离层带出现的位置、影响因素等。通过相似材料模拟实验，得出离层分布高度 $h = 1.5D_2 - 30$（当 $20 \ m \leq D_2 \leq 0.7 \ H$ 时，式中 D_2 为工作面长度），并指出当 $D_2 > 0.7 \ H$ 时将不出现离层。

（3）波兰于 1989 年曾进行了覆岩离层注浆减沉实验，通过钻孔将工业废料充填采动覆岩离层空隙，地表下沉比垮落法开采减少 20% ~ 30%。

2.1.3 其他研究成果

国外在开采沉陷理论、沉陷力学分析方法和统计分析方法的理论研究成果主要有以下几点：

（1）Asadi、Ahmad 等提出用剖面函数方法对煤层开采沉陷进行预计。

（2）Lee Saro 等比较了 3 种沉陷预计的模型（概率模型、频数比统计模型和 GIS 系统的衰退模型）的特点和准确率，提出频数比统计模型的预计要比其他两种模型精确。

（3）Jung Hahn Chul 等提出 PS 技术（Persistent Scatterers SAR Interferometry）非常适用于开采后地表下沉观测和测量。

（4）Kim Kidong 提出用 GIS 和神经网络进行地表沉陷预计。

（5）Gray Donald D. 提出用静态模型模拟地表沉陷，并进行了粉煤灰浆液的测定，实验室测试了注浆的流变参数。

（6）Diez R. R. 提出了计算急倾斜煤层开采沉陷预计方法。

（7）Ambrozic Tomaz 等提出用人工神经网络进行地表沉陷预计等。

以上国外地下煤层开采覆岩离层注浆减沉研究大多限于实验室理论研究，尚未见大范围工业性应用试验报告，故所收集资料较少。

2.2　国内注浆减沉理论研究与应用成果

2.2.1　国内注浆减沉理论研究成果

近年来国内关于覆岩移动规律与注浆减沉理论的研究比较活跃，成果丰硕，主要有以下几点：

（1）钱鸣高院士提出了岩层控制的关键层理论，揭示了主关键层对地表沉陷的控制作用，认为对岩体活动全部或局部起决定作用的岩层为关键层，前者可称为岩层运动的主关键层，后者可称为亚关键层。

（2）许家林就覆岩主关键层对地表下沉动态过程的影响进行了研究，得出了主关键层对地表移动的动态过程起控制作用，主关键层的破断将导致地表快速下沉，地表下沉速度随主关键层的周期破断而呈跳跃性变化；地表移动影响角和移动影响边界并非一成不变，而是随主关键层破断明显向外扩展。

（3）张玉卓研究了覆岩的离层条件和离层量的计算方法，分析了覆岩离层的发育演化规律，提出了岩层运动速度场理论，建立了覆岩稳定平衡结构模型，提出了注浆减沉预计的影响函数法。

（4）姜岩运用弹性薄板理论研究了离层产生的条件和离层量的预计方法。

（5）郭惟嘉以地表移动观测数据反演，用动态数值计算模型研究了覆岩离层规律，给出了确定离层高度的理想公式。

（6）徐乃忠提出了利用地表覆岩的概率积分值和控制层岩梁挠曲值二者之叠加来计算注浆条件下沉陷量的方法，认为地层结构、控制层刚度、悬空面积、荷载以及注浆量、充填密实度等是影响注浆效果的主要因素，并提出了注浆减沉的评价方法及注浆减沉优化设计原则。

（7）成枢等讨论了在离层注浆条件下和不同岩层组合条件下地表下沉的预计公式。

（8）王金庄、康建荣等进一步探讨了采动覆岩发展的时空规律和离层带注浆减沉效果评价方法。

（9）姜德义、蒋再文等以矿山开采沉陷理论和弹性薄板理论为基础，提出了覆岩离层注浆沉降计算模型，确定上覆岩层离层空间发育的岩层和岩层间的最大离层间隙量，并可对注浆条件下的地表下沉进行量化预计。

（10）麻凤海采用神经网络理论，用定性因素和定量因素相结合的方法进行了地表沉陷及注浆效果的预测和评价。

（11）赵德深、范学理等研究了注浆浆液在离层内的流动规律和存在状态，分析了已有注浆减沉工程的实验效果，指出了进一步提高注浆减沉效果的技术途径及应用条件。

2.2.2　国内注浆减沉技术研究应用成果

（1）国内 20 世纪先后有抚顺老虎台矿、新汶华丰矿、兖州东滩矿、济宁二号井、枣庄田陈矿、大屯徐庄矿等进行了注浆减沉试验。

（2）开滦唐山矿从 1992 年开始探索注浆减沉开采"三下"压煤，1998 年至 2000 年在其特厚煤层综放工作面进行的注浆减沉开采试验，取得较好的效果。

（3）钟亚平、高延法等通过开滦唐山矿覆岩离层注浆减沉开采实践，提出了多层位注浆方法和注采比等重要概念，并研发出高效注浆新技术，为唐山矿注浆减沉开采特厚京山铁路煤柱提供了技术支撑。

总之，国内科技工作者在注浆减沉理论及覆岩移动规律研究领域不断进行探索，各自从不同方面对覆岩离层产生的条件、离层发展的时空规律、离层注浆充填技术、离层注浆减沉效果评价方法等进行了研究探索，丰富了覆岩离层注浆减沉的理论与实践，为开滦唐山矿采用覆岩离层注浆减沉综放开采特厚京山铁路煤柱提供了借鉴。

2.3 开滦唐山矿进行综放工作面覆岩离层注浆减沉开采试验

开滦矿务局为解决"三下"压煤开采问题，做好开采京山铁路煤柱技术储备和积累工作经验，自1992年起，局、矿两级领导组织有关科技人员开展了广泛的调查研究，先后在3692、3694工作面积极进行覆岩离层注浆减沉开采技术的研究与应用，经过反复摸索、不断改进，终于在3696综采放顶煤工作面成功进行了覆岩离层注浆减沉开采试验，深化了覆岩离层规律和注浆减沉机理研究，取得了较好的技术成果和经济社会效益，为下一步京山铁路煤柱实施覆岩离层注浆减沉综放安全高效开采奠定了坚实的基础。

2.3.1 开滦唐山矿3696综放工作面概况

1. 工作面位置与煤层赋存情况

覆岩离层注浆减沉综放开采试验工作面位于开滦唐山矿12水平北翼7南石门下山采区的3696工作面，其东邻风井工业广场保护煤柱，西为本煤层的3694工作面（已采），南至京山铁路保护煤柱，北为该工作面终采线，上部5煤层已采完毕。

3696综放工作面走向长380 m，倾斜长90 m，煤层倾角在5°~15°，煤层厚度约13 m，已采用倾斜分层开采了2.6 m厚的顶分层，剩余煤厚约10.4 m，采用综采放顶煤技术开采，工作面可采储量40.5×10^4 t（图2-1）。

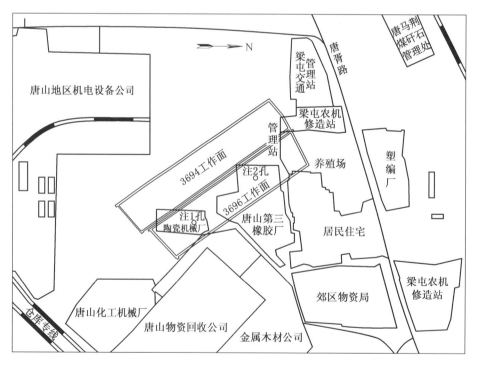

图2-1　唐山矿3696综放工作面井上下对照图

2. 工作面覆岩结构特征

3696工作面对应地面标高+15.5 m，平均采深789 m，地层由上往下依次为：

（1）第四系冲积层，厚度约 165.0 m。

（2）基岩岩层（为典型的中硬型沉积地层）。其中：①深度在 165.0～468.0 m 范围内岩层结构具有上硬下软特征，在 165.0～359.0 m 一段内岩层多由厚度较小的砂岩和部分泥岩组成；359.0～468.0 m 一段内岩层主要由厚度较大的粉砂岩、细砂岩和部分泥岩组成，岩层软硬差别明显；②深度在 468.0～540.0 m 范围内岩层主要由粉砂岩、细砂岩及少数泥岩组成，砂岩类岩层厚度普遍较大，砂岩与泥岩呈硬软结构，煤层开采后容易发生离层，为注浆减沉提供了可能；③深度在 540.0 m 以下的岩层主要由砂岩和页岩组成，大部分岩层的厚度较小，与上部岩层相比，岩性较软。

3．工作面对应地面建筑物情况

在 3696 综放工作面开采受采动影响的范围内，有十多家企事业单位和民宅，建筑物总面积为 47233 m²，占地面积 724 亩（1 亩 = 666.67 m²），建筑物多为砖木结构，如搬迁费用 1.83 亿元。3696 综放工作面开采地面需搬迁单位明细表见表 2-1。

表 2-1　3696 综放工作面开采地面需搬迁单位明细表

序　号	单 位 名 称	占地/亩	建筑面积/m²	结　构	备　注
1	开平物资局	46	3662	砖混	
2	物资回收公司	111	8715	砖木	有铁路专用线
3	净化设备厂	12	1823	砖木	
4	袁庄汽车队	5	1267	砖木	
5	保温砖厂	37	7769	砖木	
6	得义饭馆	2	274	砖木	
7	梁屯花厂	9	1473	砖木	
8	梁屯农机站	4	284	砖木/砖混	
9	108 户住宅	33	2000	砖木	
10	金属公司	153	10873	框架	有铁路专用线
11	木材公司	172	6235	框架	有铁路专用线
12	储运站	112	728	框架	有铁路专用线
13	百货库	23	1568	框架	
14	线材厂	5	562	砖混	
合计		724	47233		搬迁费 1.83 亿元

2.3.2　覆岩离层注浆减沉综放开采试验的意义

1．唐山矿亟待开采"三下"压煤

开滦唐山矿地处市区中心，虽有地质储量近 5×10^8 t，但绝大部分为"三下"压煤，其中京山铁路保护煤柱达 2.05×10^8 t，其他建筑物下压煤超过 0.7×10^8 t，另外还有各种等级的道路纵横整个井田范围。由于"三下"压煤量大，已经严重影响煤炭生产布局，不能保证矿井采掘正常衔接与生产均衡稳定。覆岩离层注浆减沉综放开采试验将有助于"三下"压煤开采探索有别于条带开采、充填开采和协调开采的新途径，为开采京山铁路保护煤柱做好技术准备。

2．地面建（构）筑物搬迁维修费用不堪重负

为维持煤炭生产，唐山矿每年用于地面建（构）筑物搬迁及维修费用高达 2000 多万元。如 3696 综放工作面仍采取搬迁开采，一方面搬迁费用高，严重影响企业的经济效益；另一方面企事业单位和城市居民的搬迁将带来诸多问题，影响企地关系，给煤矿造成巨大的经济和社会压力。

3. 唐山矿迫切需要开采3696综放工作面

唐山从企业经济效益出发，迫切需要提升开采技术，改特厚煤层倾斜分层金属网人工顶板开采为综采放顶煤开采，故决定在3696工作面试验综放开采，以提高矿井煤炭产量和经济效益，又可作为今后开采京山铁路保护煤柱的练兵。因此，在3696工作面开展覆岩离层注浆减沉综采放顶煤开采技术试验研究，将对唐山矿解放"三下"压煤，提高企业经济效益，延长矿井服务年限，维护矿区安定团结具有重大的现实意义，也为下一步开采京山铁路保护煤柱做好技术储备，具有深远的战略意义。

2.3.3 3696综放工作面实施覆岩离层注浆减沉的有利条件

1. 工作面采后能形成覆岩离层注浆的条件

从以上3696工作面覆岩结构特征分析可知，煤层覆岩岩层厚薄、软硬相间，工作面煤厚在10m以上，综放开采后具有产生覆岩离层的良好条件。

2. 具有充足的注浆充填材料来源

唐山矿井田范围内有唐山发电厂的粉煤灰储灰场，采用电厂粉煤灰作为注浆材料，资源充足，既可节省材料购置、运输费用，又能废物利用、保护环境，还可为唐山发电厂今后储灰提供空间，一举多得。

3. 拥有实施覆岩离层注浆减沉的技术能力

开滦唐山矿从1992年开始研究试验覆岩离层注浆减沉技术，到3696工作面开采的1998年，已经具有良好的实施条件：已经建成厂房注浆站，购置了必要注浆设备，铺设了输浆管路；锻炼出一支专业钻孔施工与注浆队伍，能够承担覆岩离层注浆工作。

2.3.4 3696综放工作面覆岩离层注浆减沉工程设计

1. 注浆钻孔孔位设计原则

1）要有利于钻孔保护

因为注浆钻孔是在工作面上方，其服务期间必然要经受采动影响，应将钻孔布置在覆岩移动层剪切变形量最小处，避免注浆钻孔受剪切损坏。

2）要有利于注浆减沉

应使注浆钻孔位于覆岩移动下沉离层空间最大，同时兼顾利于浆液的流动，以增加注浆量、提高减沉率。

2. 注浆钻孔孔位与深度设计

1）确定注浆钻孔孔位

为保证注浆工程的可靠和取得较好的效果，根据3696综放工作面开采范围、采高、倾角和地层条件，优化设计了两个注浆钻孔：在工作面走向上，注浆钻孔孔位布置分别距开切眼90m和距终采线120m位置，两孔之间相距170m。

在工作面倾向上，注浆钻孔孔位适当靠近工作面回风巷一侧，设计孔位距工作面回风巷40m，距工作面运输巷60m位置（图2-2）。

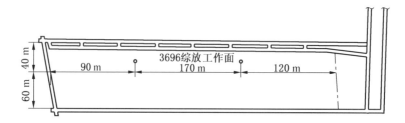

图2-2 开滦唐山矿3696工作面注浆钻孔平面布置图

两个注浆钻孔孔位坐标为：

1 号注浆钻孔：$X = 384090$，$Y = 70843$；

2 号注浆钻孔：$X = 384232$，$Y = 70749$。

2）确定注浆钻孔深度

确定注浆钻孔深度考虑的因素如下：

一是要防止钻孔注入的粉煤灰浆窜入工作面影响安全生产，注浆钻孔孔底应在导水断裂带以上，并有一定的安全间隔。

二是分析导水断裂带以上岩层结构，在煤层顶板以上有 4 处可能产生覆岩离层，将其作为钻孔注浆的目标层（表 2 - 2）。

表 2 - 2　3696 综放工作面覆岩预计产生离层处的岩层岩性情况表　　　　　　　　　　m

离层序号	离层至煤层顶板距离	离层处上/下位岩层岩性	上/下位岩层厚度	1 号注浆钻孔至离层深度（该处煤层埋深 748 m）	2 号注浆钻孔至离层深度（该处煤层埋深 777 m）
一	187	灰白色中粒砂岩	7.00	561	590
		深灰色页岩	4.13		
二	221	青灰色中粒砂岩	3.94	527	556
		杂色页岩	15.00		
三	248	灰色中粒砂岩	7.43	500	529
		杂色砂质页岩	10.82		
四	272	青灰色中粒砂岩	14.17	476	505
		杂色页岩	7.24		

综合上述两个因素的考虑，根据以前覆岩离层注浆开采的经验，确定 1 号注浆钻孔深度为568 m，2 号注浆钻孔深度为 597 m，均超过预计的第一离层的深度。

3. 注浆钻孔结构设计

根据覆岩地层和注浆减沉的需要，注浆钻孔结构由上至下分为松散层固井段、基岩固井段、花套管注浆段、裸孔注浆段 4 段。

1）松散层固井段

该段包括冲积层全厚和基岩顶部风化段，长度 182 ~ 192 m，采用套管固井，以防松散段塌孔。

2）基岩固井段

该段指松散段以下至基岩中预计产生第四个离层以上的一段钻孔，用于防止此段在注浆过程中孔壁坍塌堵孔。其中，1 号注浆钻孔基岩固井段深度 182 ~ 465 m，长度 283 m；2 号注浆钻孔基岩固井段深度 192 ~ 503 m，长度 311 m。

3）花套管注浆段

该段对应第二、第三、第四离层位置，下套管护井不固井，套管壁上开有小孔，用于防注浆过程中此段塌孔，又能使浆液注入离层中。其中，1 号注浆钻孔花套管注浆段深度 465 ~ 553 m，长度 88 m；2 号注浆钻孔花套管注浆段深度 503 ~ 582 m，长度 79 m。

4）裸孔注浆段

该段对应最底下第一离层的注浆钻孔段，不用套管护井。其中，1 号注浆钻孔裸孔注浆段深度 553 ~ 568 m，长度 15 m；2 号注浆钻孔裸孔注浆段深度 582 ~ 597 m，长度 15 m。

2.3.5 3696 综放工作面注浆减沉开采试验历程

1.3696 综放工作面开采、钻孔施工与覆岩离层注浆情况

（1）3696 综放工作面于 1998 年 3 月底投入回采，到 1998 年 12 月 17 日工作面开采结束（图 2 - 3），共生产原煤 46.7×10^4 t。

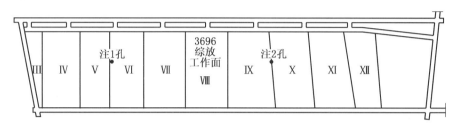

图 2 - 3 开滦唐山矿 3696 综放工作面开采进度图

（2）1 号注浆孔于 1998 年 1 月 12 日开孔，同年 4 月 5 日施工完成；2 号注浆孔于 1998 年 1 月 4 日开孔，同年 3 月 7 日施工完成。

（3）3696 综放工作面覆岩离层注粉煤灰浆自 1998 年 4 月 10 日开始，一直延续到 1999 年 2 月 15 日才结束。其中 1 号注浆孔注浆起止日期为 1998 年 4 月 10 日至 1998 年 9 月 5 日，2 号注浆孔注浆起止日期为 1998 年 4 月 14 日至 1999 年 2 月 15 日。

2. 钻孔注浆量统计

1 号注浆孔向覆岩离层累计注入粉煤灰浆 120852 m^3，其中粉煤灰 27530.18 t；2 号注浆孔向覆岩离层累计注入粉煤灰浆 350162 m^3，其中粉煤灰 84988.48 t。两孔共注入粉煤灰浆 471014 m^3，其中粉煤灰 112518.66 t。

2.3.6 3696 综放工作面覆岩离层注浆减沉率

1. 不注浆开采 3696 综放工作面的预计地表移动变形最大值

经采用概率积分法对 3696 综放工作面在不进行覆岩离层注浆开采的情况下预计地表移动变形值，其中预计地表最大下沉值 1105.0 mm（表 2 - 3），预计地表移动变形各项等值线如图 2 - 4 至图 2 - 8 所示。

表 2 - 3　3696 综放工作面不注浆开采的预计地表移动变形最大值

预 计 项 目	单 位	预计最大值
下沉值 W	mm	1105.0
倾斜变形值(走向)I_z	mm/m	3.6, -3.6
倾斜变形值(倾向)I_y	mm/m	3.0, -3.2
曲率变形值(走向)K_z	mm/m/m	0.01, -0.03
曲率变形值(倾向)K_y	mm/m/m	0.01, -0.02
水平移动值(走向)U_z	mm	417.5, -413.4
水平移动值(倾向)U_y	mm	436.1, -284.0
水平变形值(走向)E_z	mm/m	1.6, -3.7
水平变形值(倾向)E_y	mm/m	1.4, -2.6

2.3696 综放工作面开采地面岩移观测情况

1）地表岩移观测站设置

在 3696 综放工作面对应地面根据地表具体的地形地貌设置地表岩移观测站，由走向测线和倾向测线组成，测线和测点布置如图 2 - 9 所示。

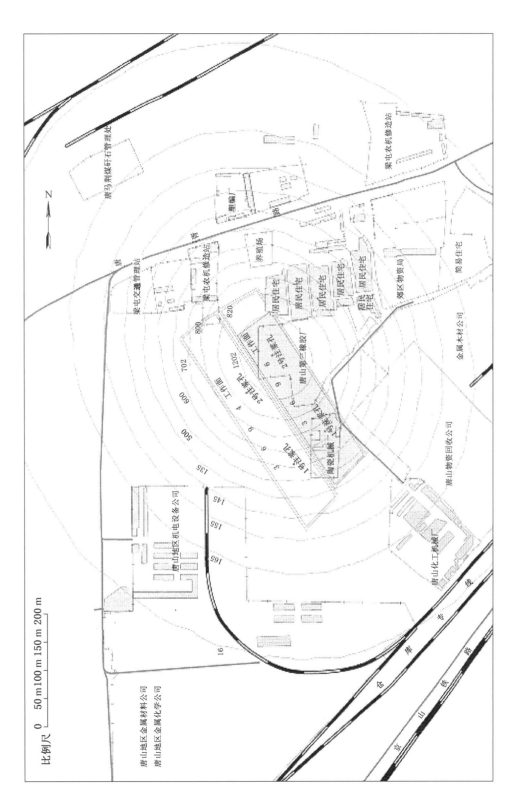

图 2-4 开滦唐山矿 3696 综放工作面不注浆开采预计地表下沉等值线图

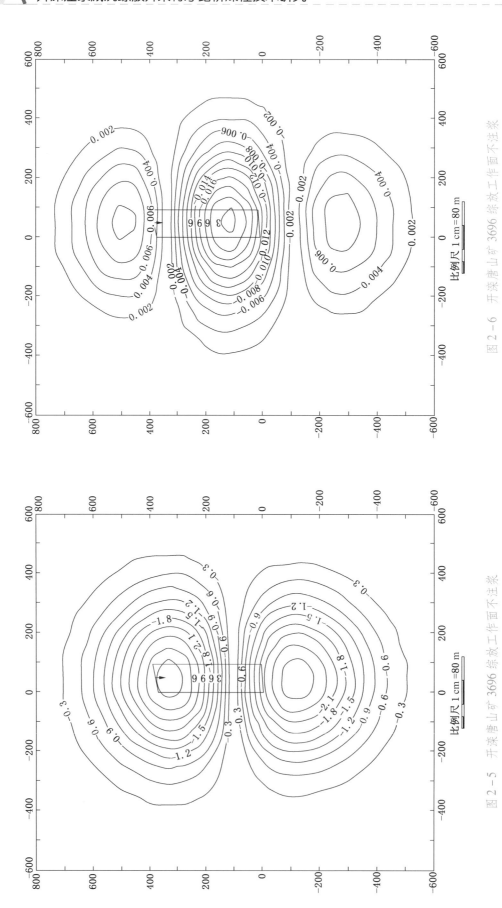

图 2-6 开滦唐山矿 3696 综放工作面不注浆
开采预计地表曲率变形等值线图

图 2-5 开滦唐山矿 3696 综放工作面不注浆
开采预计地表倾斜变形等值线图

比例尺 1 cm = 80 m

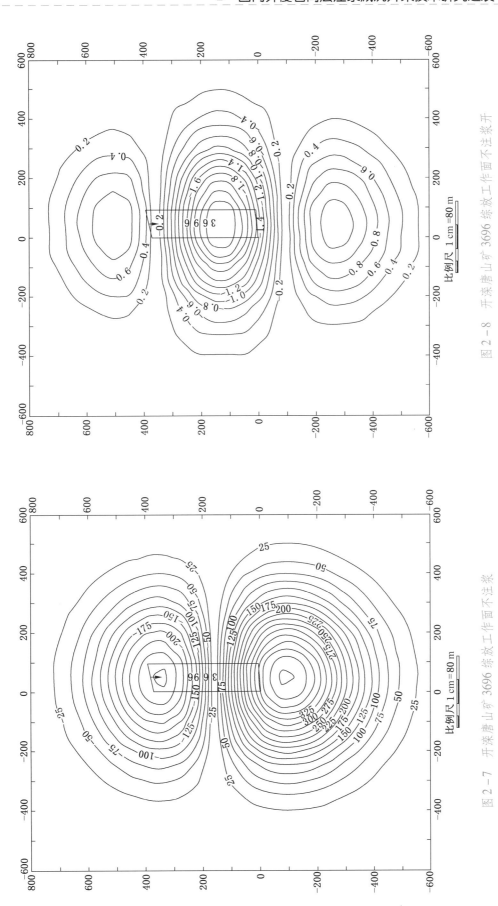

图 2 - 8 开滦唐山矿 3696 综放工作面不注浆开采预计地表水平变形等值线图

图 2 - 7 开滦唐山矿 3696 综放工作面不注浆开采预计地表水平移动等值线图

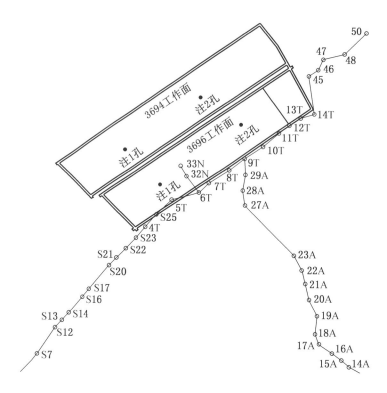

图 2-9 开滦唐山矿 3696 综放工作面地面岩移观测站布置图

2）地面岩移观测与计算结果

从 3696 综放工作面开采前的 1998 年 3 月 25 日首次观测至采后的 1999 年 8 月 25 日最后一次观测，共观测 24 次，最后一次观测已是开采结束后的 8 个月零 10 天，地表移动已趋于稳定。

1999 年 8 月 25 日进行的最后一次地面沉降观测，岩移观测线最大下沉测点的下沉值为 169 mm。由于最大下沉测点未在开采沉陷盆地的最大下沉点位置，经采用"平面测点移动拟合法"计算，求出地表最大下沉值为 186.7 mm，其地表下沉等值线图如图 2-10 所示。

3. 覆岩离层注浆开采 3696 综放工作面的地表减沉率

将覆岩离层注浆开采 3696 综放工作面的地表实际最大下沉值 186.7 mm 与预计不注浆开采地表最大下沉值 1105.0 mm 相比，减少下沉 918.3 mm，3696 综放工作面覆岩离层注浆开采的减沉率为 83.10%。

2.3.7 覆岩离层注浆减沉开采 3696 综放工作面的效益

1. 覆岩离层注浆减沉开采投入的费用

注浆减沉投入费用包括施工准备、厂房建设、设备购置、钻孔施工、管路铺设、注浆运行及地面观测和维修等费用，共计投入 322.42 万元，折合吨煤投入 6.91 元。

2. 覆岩离层注浆减沉开采产生的经济效益

由于注浆减沉效果明显，采后地面建筑物基本上未出现一级以上的损坏，原定 14 个单位可不必搬迁，节省搬迁费 1.83 亿元；地面也没有发生积水淹地现象，节省征水淹地费 496.6 万元、青苗补偿费 227 万元、复垦费 183.5 万元。

注浆减沉产生的经济效益合计 19207.1 万元，投入产出比为 1∶59.57。

3. 覆岩离层注浆减沉开采的社会效益

（1）覆岩离层注浆减沉使用了唐山发电厂储灰场粉煤灰 112518.66 t，为唐山发电厂增加了储灰空间，可节省征地建场排灰费用 101.2 万元。

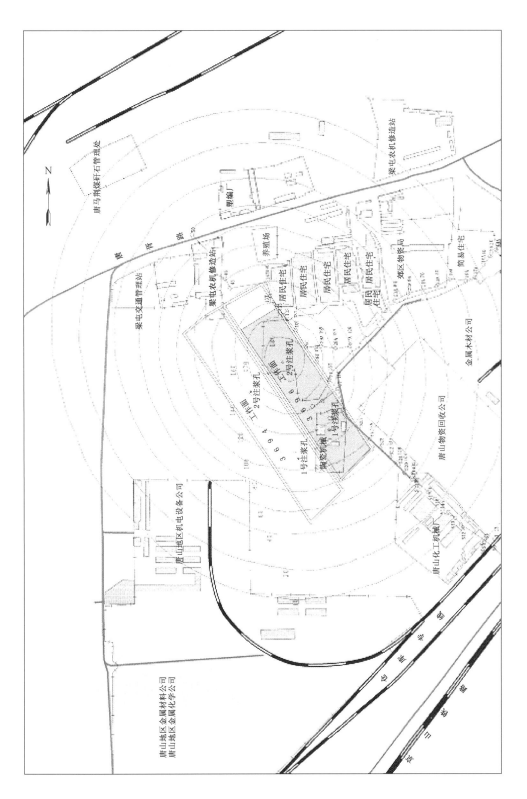

图 2-10 开滦唐山矿 3696 综放工作面覆岩离层注浆开采后地表下沉等值线图

（2）开滦唐山矿通过覆岩离层注浆减沉开采 3696 综放工作面的成功实践，实现了煤炭生产高产高效、矿井生产均衡稳定、企业经济效益好，又避免了搬迁征地产生企地矛盾，确保了矿区安定团结，取得了巨大的社会效益，同时也为今后开采京山铁路保护煤柱积累了经验，为全国同行类似条件的"三下"压煤开采提供了借鉴。

3　开滦唐山矿京山铁路煤柱覆岩离层规律研究

为了揭示京山铁路煤柱覆岩离层规律，开滦矿务局联合中国矿业大学（北京）、山东科技大学和煤炭科学研究总院唐山分院，先后开展了新型相似材料模拟覆岩离层实验、覆岩离层计算机模拟与数值计算和现场实测覆岩离层动态等覆岩离层规律研究，取得了丰硕成果。

3.1　新型相似材料模拟覆岩离层实验研究

所谓相似材料模拟是指基本参数相同情况下的模拟，这时模型和原型呈一定比例，二者的物理性质基本一致，区别只在于各物理量的大小不同。因此，相似材料模拟是保持物理本质一致的模拟。自1937 年在苏联全苏矿山测量科学研究院首次将相似材料模拟实验用于研究岩层与地表移动问题至今，作为室内研究的一种重要手段，该方法具有研究周期短、成本低、成果形象直观而且可严格控制模拟对象的主要参量等优点，特别是能对影响因素进行重复分析，已被广泛用于矿山开采岩层移动规律研究中。相似材料模拟与实地观测和理论研究相结合，对指导建筑物下、铁路下、水体下压煤开采实践发挥了重要作用。

3.1.1　建设新型恒湿恒温相似材料模拟实验室

用相似材料模拟实验方法研究京山铁路煤柱覆岩离层规律的实质，是根据相似原理将研究范围内的矿山岩层以一定比例缩小，用相似材料制成模型，模拟煤层开采而引起的岩层运动的实验。但由于实验室环境的变化，造成相似材料的力学参数变化而使模拟实验结果产生误差，以实验过程中温度和湿度的影响最为突出，而温度和湿度受当时季节与天气控制，冬季与夏季的温度和湿度差别很大，必然对相似材料的力学参数造成影响，使以往的模拟实验只能获得一些定性的结论。

为提高相似材料模拟实验成果的精度，创建了"新型恒湿恒温相似材料模拟实验室"，使相似材料模拟覆岩离层实验在环境条件控制的实验室内进行，因而模拟实验结果更加接近实际情况。新型恒湿恒温相似材料模拟实验室如图 3-1 所示。

图 3-1　新型恒湿恒温相似材料模拟实验室

新型恒湿恒温相似材料模拟实验室采用彩钢复合夹心板做成可拆卸组装式结构，使用空调、加湿器调节室内温度和湿度，采用温度计、相对湿度计监测，是一种简单易行、费用低廉的实验设施。

3.1.2 新型相似材料模拟实验特点与目的

1. 新型相似材料模拟实验特点

新型相似材料模拟实验是在恒湿恒温条件下进行的，实验的环境因素——温度和湿度能得到有效控制，力求克服因模型材料干燥造成的误差，增加实验成果的可靠性。

2. 新型相似材料模拟实验目的

在新型恒湿恒温相似材料模拟实验室进行京山铁路煤柱覆岩离层发育规律模拟实验，获得覆岩离层发育的层位、时间和离层缝宽度等实验成果。

3.1.3 新型相似材料模拟实验模型参数

1. 选择模拟实验对象

在开滦唐山矿京山铁路煤柱首采区内有地质勘探钻孔山岳补—4钻孔的资料，参照其岩层赋存情况建造新型相似材料模拟实验模型，模拟首采区综放工作面开采覆岩离层规律。

模拟首采区综放工作面的岩层范围是由地表至煤层底板下 16 m 深，累计厚度 593.90 m，包括基岩以上第四系冲积层厚度（189.40 m）和基岩厚度（404.50 m）。

2. 模拟实验工作面参数

模拟实验的首采区综放工作面走向长 960 m，倾斜宽 150 m，煤层倾角 9°，煤层平均厚度 10.14 m，工作面内煤层赋存稳定，无构造变化。

3. 确定模拟实验模型参数

设计几何相似比 $C_L = 1/300$，密度相似比设计为 $C_\gamma = 1/1.6$。由此导出：弹模相似比 $C_E = C_L C_\gamma = 1/480$；应力相似比 $C_\sigma = C_L C_\gamma = 1/480$；时间相似比 $C_t = C_L^{\frac{1}{2}} = 1/17.3$。

根据山岳补—4钻孔实际岩芯柱状图进行组合模拟，这样既考虑了制作模型的可操作性，又兼顾模型的合理性。

在确定相似材料的配制之前，对模拟实验对象——唐山矿京山铁路煤柱首采区山岳补—4钻孔岩芯试件进行单轴抗压强度、弹性模量和泊松比实测，岩芯试件的实测值见表 3－1；据此力学参数进行相似模拟材料的配制，模拟实验相似材料配制表见表 3－2。

表 3－1　唐山矿京山铁路煤柱山岳补—4钻孔岩层实测力学参数表

编号	岩层岩性	单轴抗压强度/MPa	弹性模量/MPa	泊松比	编号	岩层岩性	单轴抗压强度/MPa	弹性模量/MPa	泊松比
1	砂层与黏土层互层	—	—	—	13	泥岩	33.1	5800	0.209
2	中砂岩	49.2	9210	0.123	14	粉砂岩	40.1	9100	0.142
3	中砂岩、细砂岩	51.0	19890	0.125	15	中砂岩	49.2	9210	0.123
4	粉砂岩	40.1	17000	0.142	16	细砂岩、粉砂岩	41.1	8460	0.142
5	细砂岩	90.1	17000	0.127	17	粉砂岩	40.1	9100	0.142
6	中砂岩	49.2	9210	0.123	18	黏土岩、粉砂岩	51.0	9890	0.123
7	粗砂岩	51.0	9890	0.125	19	细砂岩、黏土岩	42.7	8700	0.180
8	中砂岩、细砂岩	51.0	19890	0.125	20	细砂岩、中砂岩	51.0	19890	0.125
9	泥岩	33.1	5800	0.209	21	粗砂岩、粉砂岩	49.8	9320	0.136
10	粉砂岩、细砂岩	41.1	8460	0.142	22	黏土岩	33.1	5800	0.209
11	粉砂岩	40.1	9100	0.142	23	黏土岩	33.1	5800	0.209
12	细砂岩	90.1	17000	0.127	24	细砂岩	90.1	17000	0.127

表 3-1（续）

编号	岩层岩性	单轴抗压强度/MPa	弹性模量/MPa	泊松比	编号	岩层岩性	单轴抗压强度/MPa	弹性模量/MPa	泊松比
25	砂质黏土岩	42.7	8700	0.180	30	粉砂岩	40.1	9100	0.142
26	煤	33.0	5800	0.209	31	砂质黏土岩	42.7	8700	0.180
27	细砂岩、中砂岩	51.0	19890	0.125	32	煤	33.0	5800	0.209
28	粉砂岩	40.1	9100	0.142	33	黏土岩	33.1	5800	0.209
29	煤	33.0	5800	0.209					

表 3-2 唐山矿京山铁路煤柱山岳补—4 钻孔岩层结构与模拟材料配制表

序号	岩层性质	原型 层厚/m	原型 累厚/m	模型 层厚/cm	模型 累厚/cm	配比号	密度/(t·m⁻³)	砂子/kg	碳酸钙/kg	石膏/kg	水/kg
1	砂层与黏土层互层	189.40	189.4	63.10	63.1	664	1.60	69.9	6.90	4.70	9.10
2	中砂岩	21.70	211.1	7.20	70.3	464	1.60	34.6	5.20	3.50	4.80
3	中砂岩、细砂岩	24.20	235.3	8.10	78.4	464	1.60	29.1	4.40	2.90	4.10
4	粉砂岩	25.06	260.1	8.34	86.7	664	1.60	32.0	3.20	2.10	4.20
5	细砂岩	13.50	273.6	4.50	91.2	464	1.60	33.1	4.90	3.30	4.60
6	中砂岩	21.70	295.1	7.20	98.4	464	1.60	34.6	5.20	3.50	4.80
7	粗砂岩	19.80	314.9	6.60	104.9	464	1.60	31.5	4.70	3.10	4.40
8	中砂岩、细砂岩	24.40	339.3	8.10	113.1	464	1.60	29.1	4.40	2.90	4.10
9	泥岩	7.10	346.4	2.40	115.4	673	1.55	35.1	4.10	1.80	4.60
10	粉砂岩、细砂岩	9.61	356.1	3.20	118.6	464	1.60	45.9	6.90	4.60	6.40
11	粉砂岩	8.19	364.3	2.73	121.4	664	1.60	41.9	4.20	2.80	5.50
12	细砂岩	13.85	378.1	4.62	125.9	464	1.60	33.1	4.90	3.30	4.60
13	泥岩	6.22	384.3	2.10	128.1	673	1.55	30.8	3.60	1.54	4.00
14	粉砂岩	25.03	409.4	8.34	136.4	664	1.60	32.0	3.20	2.10	4.20
15	中砂岩	7.55	416.9	2.50	138.9	464	1.60	36.1	5.40	3.60	5.10
16	细砂岩、粉砂岩	11.55	428.5	3.85	142.8	464	1.60	27.6	4.14	2.76	3.83
17	粉砂岩	24.40	452.8	8.13	150.9	664	1.60	31.2	3.12	2.08	4.04
18	黏土岩、粉砂岩	10.88	463.7	3.63	154.5	755	1.55	27.6	1.97	1.97	3.50
19	细砂岩、黏土岩	10.29	473.9	3.40	157.9	746	1.55	26.1	1.49	2.20	3.30
20	细砂岩、中砂岩	8.94	482.9	2.98	160.9	464	1.60	21.3	3.20	2.01	2.96
21	粗砂岩、粉砂岩	10.04	492.9	3.35	164.2	464	1.60	24.0	3.60	2.26	3.33
22	黏土岩	4.73	497.6	1.58	165.8	864	1.55	24.3	1.82	1.21	3.04
23	黏土岩	5.64	503.3	1.88	167.7	864	1.55	29.0	2.17	1.45	3.62
24	细砂岩	6.13	509.4	2.04	169.7	464	1.60	29.2	4.38	2.92	4.06
25	砂质黏土岩	20.69	530.1	6.90	176.6	864	1.55	35.4	2.66	1.77	4.43
26	煤	3.19	533.3	1.06	177.7	755	1.55	16.1	1.15	1.15	2.04
27	细砂岩、中砂岩	12.25	545.5	4.08	181.8	464	1.60	29.2	4.38	2.92	4.06

表 3 – 2（续）

序号	岩层性质	原型		模型		配比号	密度/ (t·m⁻³)	砂子/ kg	碳酸钙/ kg	石膏/ kg	水/ kg
		层厚/m	累厚/m	层厚/cm	累厚/cm						
28	粉砂岩	6.92	552.5	2.31	184.1	664	1.60	35.4	3.54	2.36	4.60
29	煤	2.13	554.6	0.71	184.8	755	1.55	10.7	0.77	0.77	1.37
30	粉砂岩	5.17	559.8	1.72	186.5	664	1.60	26.4	2.64	1.76	3.42
31	砂质黏土岩	8.62	568.4	2.87	189.4	864	1.55	22.1	1.66	1.10	2.76
32	煤	9.60	578.0	3.20	192.6	755	1.55	33.4	2.38	2.38	4.24
33	黏土岩	15.88	593.9	5.29	197.9	864	1.55	27.2	2.04	1.36	3.40

4. 模拟实验手段及装备

模拟实验采用 4.0 m×0.28 m×2.0 m 的平面应力实验台，实验台由框架系统、加载系统、测试系统组成。其中，加载系统采用液压缸加载；测试系统采用百分表量测地表的竖向沉降（地表下沉），采用灯光透镜式位移计测量地表和各个岩层的水平移动和下沉。

3.1.4 覆岩离层新型相似材料模拟实验成果

新型相似材料模拟实验模拟工作面开采进度，逐日逐班进行开挖，在每一步开挖结束后观测覆岩运动和地表移动的情况。模拟现场工作面开采速度为 3.5 m/d，根据时间相似比，模型中每天的开挖速度应为 3.5/17.3 = 0.2(m/d)。所以，采取每天上午 8：00 开挖 0.1 m、下午 4：30 开挖 0.1 m 的进度模拟工作面实际开采速度。

新型相似材料模拟覆岩离层实验取得以下成果：显示了煤层开采覆岩变形破坏过程、揭示了京山铁路煤柱覆岩离层规律、证实了覆岩离层注浆减沉的可能性。

1. 显示了煤层开采覆岩变形破坏过程

1）实验模拟煤层开采覆岩变形破坏过程

当煤层开采面积达到一定范围后，悬空的顶板就会在上覆岩层压力和自重作用下发生显著变形、弯曲和下沉，当内部应力超过岩层强度时就会发生破裂和垮落。

下部岩层变形破坏后，上部岩层将随之发生下沉、弯曲、离层以致破断，岩层破碎后在体积上会发生膨胀，从而减少上部岩层的下沉量。

覆岩变形破坏以这种方式逐层向上发展，变形范围的逐步扩展减小了上部岩层的弯曲曲率，当岩层的破坏发展到一定高度后，岩层内的拉应力小于自身抗拉强度，这时岩层就只发生下沉、弯曲和离层，不再发生垂直于层面方向的断裂破坏，仍保持岩层本身的连续性。

当岩层"变形范围"进一步扩大，变形集中程度降低和岩层层面曲率变小，不足以使岩层与它上部岩体发生离层，这时岩层与它上部岩层层面间仍保持弹性接触，与上部各岩层一起以整体弯曲的形式下沉；基岩上部的冲积层则随基岩一起下沉，这种下沉传播至地表形成下沉盆地，使地表发生沉陷和水平移动。

2）采场覆岩变形破坏的结构演变

京山铁路煤柱首采区开采面积较大，煤层开采后顶板岩层在自重及其覆岩垂向压力作用下会发生变形与破坏，这种变形与破坏逐层向上发展，使整个覆岩结构发生演变，形成新的覆岩结构形态。新的覆岩结构形态可划分为破裂带、离层带、弯曲带和松散层带"四带"，如图 3 – 2 所示。

破裂带为模型最下段的垮落矸石和断裂岩层，这些岩层已丧失了结构连续性，只对上部岩层起支撑作用，此垮落带与断裂带合称为破裂带。

离层带是破裂带之上的弯曲变形、自身层向尚具有结构连续性岩层，各岩层层面为滑动接触，呈

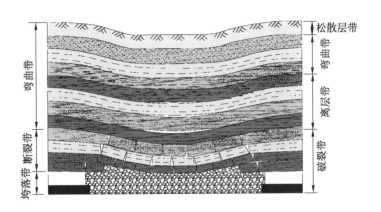

图 3 - 2　唐山矿京山铁路煤柱首采区开采后覆岩"四带"新结构形态

分层叠合结构，垂向各层间结构非连续。

弯曲带为离层带之上各岩层层面保持原有弹性接触和力学结构性质的岩层，以整体形式弯曲下沉。

松散层带是模型最上部的独具结构特征与力学性质的松散冲积层。

3）采场覆岩变形破坏结构演变分析

京山铁路煤柱首采区覆岩结构由软、中硬与硬岩性岩层相间组成，没有抗弯刚度很大的关键层。由新型相似材料模拟实验观测其覆岩运动呈分层依次下沉特征，如图 3 - 3 所示。

在煤层开采后，顶板及以上岩层依次垮落、下沉、离层、弯曲；覆岩离层带岩层法向离层明显，离层自发生形成至闭合周期较长；当地表沉陷稳定后，导水断裂带之上的离层带中仍残存一定的离层空间；地表下沉系数一般为 0.7 ~ 0.9。

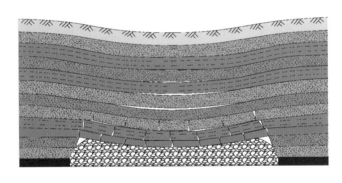

图 3 - 3　唐山矿京山铁路煤柱首采区开采后覆岩分层依次下沉情况

覆岩的变形破坏程度，可用破坏度 D 表示，D 分为 Ⅰ ~ Ⅵ 六级，分级图例及描述见表 3 - 3。

表 3 - 3　覆岩岩层破坏度分级图例与描述

分　级	破坏度	图　　例	破坏情况描述
Ⅰ	0 ~ 0.1		岩层整体移动，层内有微裂缝，但数量较少
Ⅱ	0.1 ~ 0.3		岩层内有数量较少的微裂纹，岩层之间有层间分离

表3-3（续）

分 级	破坏度	图 例	破 坏 情 况 描 述
III	0.3～0.5		岩层内有微小裂缝，基本上不断开，裂缝间连通性不好，岩层在全厚度内未断开或很少断开
IV	0.5～0.7		岩层层次完整，个别部位全厚断开，裂缝间连通程度较好
V	0.7～0.9		岩层全厚度断开，层次基本完整，裂缝间连通性好
VI	0.9～1.0		岩层完全断裂成岩块，岩块的块度大小不一，无一定规则，无层次性

采场覆岩一定高度岩层随工作面推进破坏度 D 的发展过程可用图3-4反映。图中 L_1、L_2 和 L_3 为工作面推进距离；D 为岩层破坏度；H_1、H_2、H_3 分别为垮落带、断裂带、离层带内岩层层位高度。

在垮落带 H_1 内，曲线表示工作面推进到 L_1 时，达到了顶板岩层的初始断裂步距，此垮落带内岩层随工作面推进破坏度 D 在很短时间内发展到1.0。

在断裂带 H_2 内，曲线表示工作面推进到 L_2 时，覆岩破坏发展到 H_2 处的岩层，此后断裂带内岩层随着工作面的继续推进，其破坏度 D 逐渐增加，最后达到不大于0.8的某一个数值。

在离层带 H_3 内，曲线表示工作面推进到 L_3 时，覆岩破坏发展到 H_3 处的岩层，由于该岩层离煤层距离较远，破坏发生的较晚，破坏度 D 值较小，最后一般不会大于0.3。

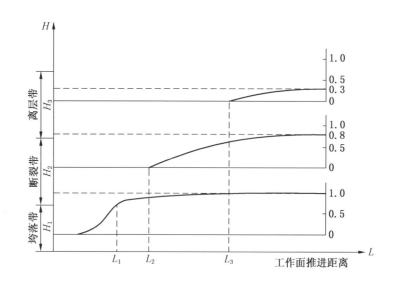

图3-4 采场覆岩不同层位岩层破坏度发展示意图

为形象地反映覆岩岩层破坏特征及破坏度分级对照关系，图 3－5 描绘了某一时刻覆岩破坏主要特征与破坏度 D 之间的关系。

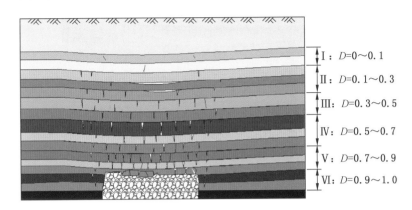

$$
\begin{aligned}
&I : D = 0 \sim 0.1 \\
&II : D = 0.1 \sim 0.3 \\
&III : D = 0.3 \sim 0.5 \\
&IV : D = 0.5 \sim 0.7 \\
&V : D = 0.7 \sim 0.9 \\
&VI : D = 0.9 \sim 1.0
\end{aligned}
$$

图 3－5　覆岩破坏特征及破坏度分级对照图

由表 3－3 和图 3－5 可看出：

当 $D = 0$ 时，表示岩层完好无损；

当 $D < 0.5$ 时，表示岩层未完全断裂；

当 $D > 0.5$ 时，表示岩层已完全断裂；

当 $D = 1.0$ 时，表示岩层充分破碎。

2. 揭示了京山铁路煤柱覆岩离层规律

1）形象反映覆岩离层发育过程

通过新型相似材料模拟京山铁路煤柱覆岩离层实验，观测到在不注浆条件下，随工作面推进覆岩离层的产生、发展到闭合的全过程：

当工作面顶板初次垮落后，随着工作面推进，顶板垮落带上部岩层相继发生弯曲、下沉和断裂，这些岩层虽然保持原有的层状形态，但岩层层面方向已丧失了结构力学性质的连续性。

随着工作面继续推进，覆岩岩层变形向上发展，变形范围也逐步扩展，从而在相邻岩层之间因厚度和力学性质的不同而产生离层，并随着岩层变形向上发展而向上发展。

下部覆岩垮落碎胀的岩石堆积，可减少上部岩层的下沉量和弯曲率。当岩层的断裂破坏发育到一定高度时，上部岩层只发生弯曲下沉和离层，虽然仍呈现连续状态，但由于下沉过程中岩层层面已发生了错动与离层，所以层面之间已是非连续的。

当工作面走向推进达到充分采动时，下部岩层的离层缝最终会闭合，但覆岩上部岩层中仍有残存的离层空间。

离层带上部岩层以整体弯曲形式下沉，基岩之上的松散冲积层则随下部基岩一同下沉。

新型相似材料模拟京山铁路煤柱覆岩离层实验动态情景如图 3－6 至图 3－10 所示。图 3－6 反映当工作面自开切眼往外推采 160 m 时，工作面以上高度 200 m 左右处的覆岩岩层会产生离层。图 3－7 至图 3－10 反映随着工作面继续推进，覆岩离层从下到上依次或同时产生，离层缝的大小和持续时间与上位岩层的厚度和刚度有关，上位岩层的厚度和刚度越大，离层持续的时间越长。

模拟实验表明，覆岩离层从萌生、扩展至最大一般需要 20～30 d 时间。

2）清晰反映覆岩离层规律

分析京山铁路煤柱首采区工作面推进到不同位置时模拟采场覆岩变形破坏的图像，清楚显示覆岩离层是由于首采区 8～9 煤层开采，使覆岩在自身重量的作用下，岩层从下往上产生垮落、断裂、弯

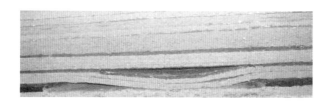

图 3 - 6 唐山矿京山铁路煤柱工作面推进距离为 $L = 160$ m 时覆岩离层情景

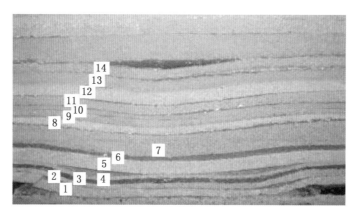

图 3 - 7 唐山矿京山铁路煤柱工作面推进距离为 $L = 360$ m 时覆岩离层情景

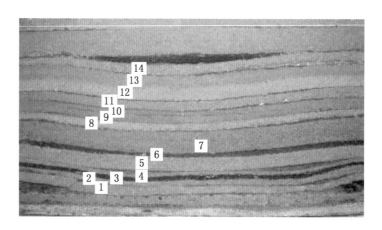

图 3 - 8 唐山矿京山铁路煤柱工作面推进距离为 $L = 460$ m 时覆岩离层情景

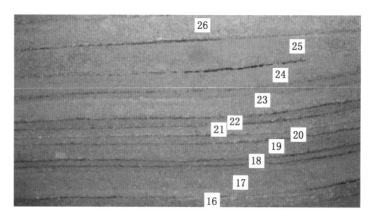

图 3 - 9 唐山矿京山铁路煤柱工作面推进距离为 $L = 550$ m 时覆岩离层情景

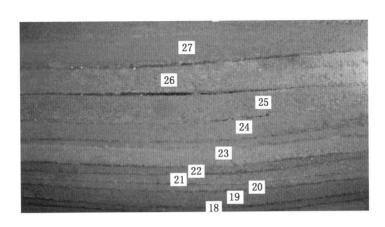

图 3 – 10   唐山矿京山铁路煤柱工作面推进距离为 $L=630$ m 时覆岩离层情景

曲变形和整体下沉的运动。覆岩离层的产生源于煤系沉积地层的层状结构，在弯曲变形段的各相邻岩层存在岩性、厚度以及自身力学性质的差异，一旦下位岩层的重量超过岩层之间的黏结力与岩层自身的抗拉、抗剪强度时，就会在相邻岩层层面和岩层内部产生破裂，使覆岩岩层垂向间变成非连续结构，从而形成离层。当离层裂隙端部的集中拉应力超过层面的单向抗拉强度值时，就会使裂隙进一步扩展，从而使离层裂隙不断扩大。

煤系地层上下相邻的岩层由于沉积年代和沉积环境不同，其岩层力学性质差别较大。上下岩层之间接触面弱黏结特性将产生两种离层方式：一是法向拉伸离层；二是层向剪切离层。当下位岩层的抗弯刚度小于上位岩层时就会产生拉裂离层，如图 3 – 11 所示；当两相邻岩层一起弯曲变形时就会产生剪切离层，如图 3 – 12 所示。

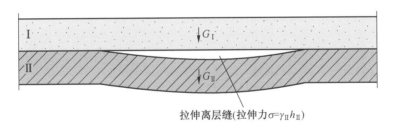

图 3 – 11   覆岩岩层法向拉伸离层

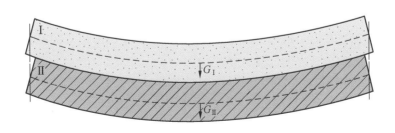

图 3 – 12   覆岩岩层层向剪切离层

由恒湿恒温新型相似材料模拟实验观测可知，基于采动程度的不同，结合覆岩中的离层与地表的采动程度，可划分为离层非充分采动状态、离层充分采动而地表非充分采动状态及地表充分采动状态3种。

离层非充分采动状态时，覆岩内离层较少，采出空间多残存于垮落带和断裂带中，如图3-13a所示。

离层充分采动而地表非充分采动状态时，覆岩内离层能够充分形成，离层个数多，离层缝宽度大，离层带内存在大量离层空间，如图3-13b所示。

地表充分采动状态时，虽然在采动过程中覆岩内曾经形成过离层带，但在开采稳定后离层多数都会闭合，仅残留少量离层空间，如图3-13c所示。

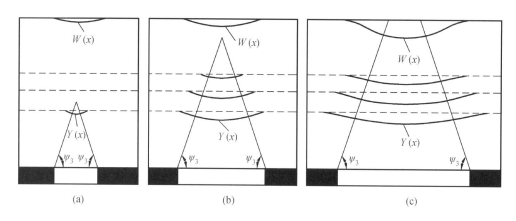

图3-13　覆岩离层与地表采动相结合的3种采动状态

3. 证实了覆岩离层注浆减沉的可能性

恒湿恒温新型相似材料模拟实验观测到覆岩离层发展最大高度为334 m，覆岩离层缝累计宽度值达到煤层采出厚度的0.58倍。如果对覆岩离层注浆能有效充填离层空间而阻止上部岩层弯曲下沉，就可达到减少地面沉降的目的，从而证实覆岩离层注浆减沉的可能性，以及注浆减沉可以期待的效果。

3.2　京山铁路煤柱覆岩离层数值仿真研究

恒湿恒温新型相似材料模拟京山铁路煤柱覆岩离层实验，形象地反映了覆岩离层动态过程。为进一步研究采动覆岩离层形成和发展的规律，通过建立覆岩动态结构力学模型进行计算机数值仿真研究。

3.2.1　采动覆岩离层二维数值仿真研究

通过对开滦唐山矿京山铁路煤柱工程地质模型概化，建立覆岩动态结构力学模型，并施加边界条件，进行覆岩移动数值仿真研究，再现煤层开采后覆岩离层产生的层位，预测离层缝的萌生、扩展和闭合过程，为注浆减沉方案设计提供依据。

1. 覆岩结构力学模型的建立

地层结构模型是数值仿真研究的基础，在对开滦唐山矿京山铁路煤柱首采区区域地质条件深入分析的基础上，根据首采区综放工作面的布置方式，建立工程地质模型如图3-14所示。

依据首采区走向剖面工程地质模型，采用二维数值仿真计算模型，模型的具体结构及计算工况如下：

走向剖面二维数值仿真模型如图3-15所示，模型水平方向长度为2000 m，垂直深度为900 m，从煤层底板直至地表，共划分单元5400个。根据京山铁路煤柱首采区地质柱状图资料分析，覆岩设置6处弱面，分别在顶板以上的50 m、90 m、149 m、202 m、240 m、306 m处。数值仿真计算工作

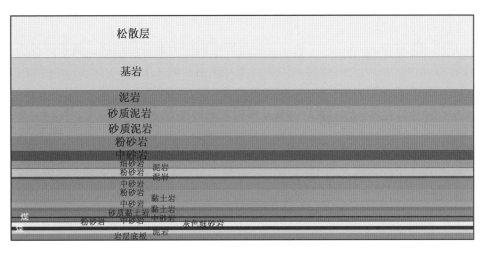

图 3-14　唐山矿京山铁路煤柱首采区走向剖面工程地质模型图

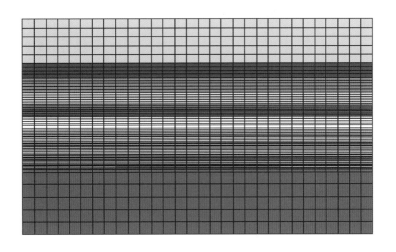

图 3-15　唐山矿京山铁路煤柱首采区走向剖面二维数值仿真计算模型

面推进到 200 m、300 m、400 m、500 m、600 m、700 m 时覆岩移动情况，研究京山铁路煤柱首采区覆岩离层规律。

2. 覆岩离层二维数值仿真计算步骤

在数值仿真模拟煤层开采采用指定死/活单元（Death/Birth）方法来实现，仿真开挖时令这部分单元死亡来实现开挖效果；而模拟采空区垮落则采用"限定位移法"，给顶板限定位移量为 0.9 M（M 为采出煤层的厚度）约束进行数值计算。

数值仿真使用有限元软件 ANSYS 进行计算，开挖仿真计算过程按以下步骤进行：

第一步，进行初始计算。

建立模型后，在未进行开挖的情况下，仅有自重和边界约束条件，左、右边界限定水平位移，底边界限定水平和垂直位移，上边界为自由边界，在这种状态下，计算初始应力场 $\{\sigma\}^0$ 和初始位移场 $\{d\}^0$。

第二步，进行第 i 次开挖计算（i 为开挖次数，$i=1$，2，…，n）。

在外载荷不变的情况下，根据工程模拟令本次开挖单元死亡，仿真煤层被采出，进行本次计算，得到本次开挖计算结果 $\{\sigma\}^i$ 和 $\{d\}^i$。

第三步，当 $i < n$ 时，重复第二步的计算。

以上各步开挖计算的 $\{\sigma\}^i$ 和 $\{d\}^i$ 表示开挖过程中的应力和变形结果，每步开挖引起的变形量要减去初始计算值（$\{\bar{d}\}^i = \{d\}^i - \{d\}^0$），即为该步开挖引起的变形量。

3. 覆岩离层二维数值仿真分析

唐山矿京山铁路煤柱首采区覆岩设置的 6 处弱面分别标记为 A、B、C、D、E、F，由图 3-16 至图 3-21 可以分析随工作面开采覆岩移动变形和离层发育的动态发展过程：

（1）如图 3-16 所示，当工作面推进到 200 m 时，下部弱面 A 处和 B 处出现离层，最大离层量为 17.0 mm。这说明当工作面推进到 150 ~ 200 m 处时，A 处上下的岩层出现了不同步沉降，弱面张开产生离层。

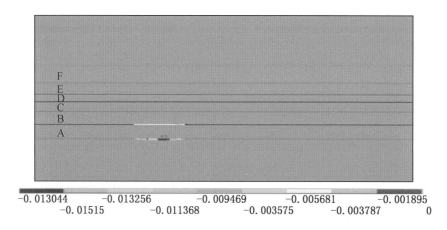

图 3-16　唐山矿京山铁路煤柱首采区工作面推进到 200 m 时覆岩离层发育状态图

（2）如图 3-17 所示，当工作面推进到 300 m 时，C、D 处开始出现离层，A、B 两处的离层量开始增大，最大离层量为 36.8 mm。

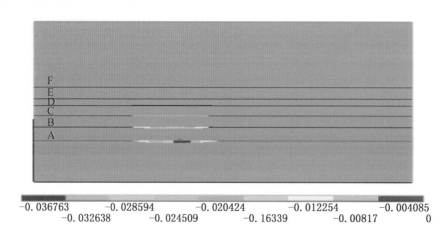

图 3-17　唐山矿京山铁路煤柱首采区工作面推进到 300 m 时覆岩离层发育状态图

（3）如图 3-18 所示，当工作面推进到 400 m 时，A、B、C、D、E 五处有离层出现，最大离层量为 68.4 mm，离层量最大的位置在从下到上的第二个弱面即 B 处，其他各处离层量值均较小，但大小不均，这与该弱面距煤层顶板的距离及弱面上下岩层的岩性密切相关。

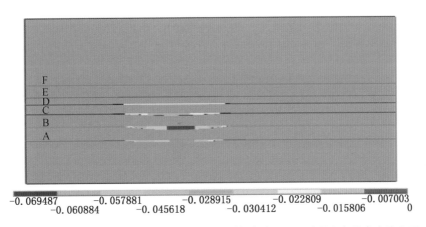

图 3-18 唐山矿京山铁路煤柱首采区工作面推进到 400 m 时覆岩离层发育状态图

（4）如图 3-19 所示，当工作面推进到 500 m 时，A、B、C、D、E、F 处均有离层出现，最大离层量达到 117.4 mm。

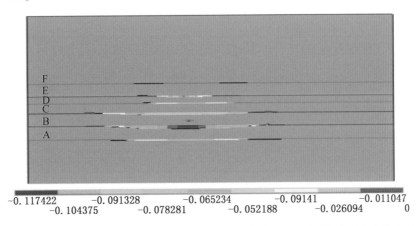

图 3-19 唐山矿京山铁路煤柱首采区工作面推进到 500 m 时覆岩离层发育状态图

（5）如图 3-20 所示，当工作面推进到 600 m 时，A、B、C 处的离层均趋向于闭合，上部的 E、F 两处明显分离，其中，最上弱面 F 处的最大离层量为 86.7 mm。

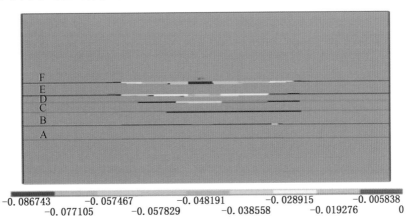

图 3-20 唐山矿京山铁路煤柱首采区工作面推进到 600 m 时覆岩离层发育状态图

（6）如图 3-21 所示，当工作面推进到 700 m 时，下部 5 个弱面处的离层除个别有残余裂缝外，大部分已闭合，最上部弱面 F 处的离层量最大，达到 74.6 mm。由此可知，如果由 F 向上继续设置弱面，此时上部的弱面也应是张开的，而由于所建模型没有在上部继续设置弱面，使得 F 处的离层量最大。

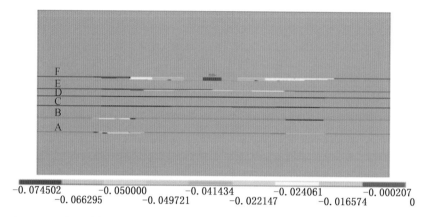

图 3-21　唐山矿京山铁路煤柱首采区工作面推进到 700 m 时覆岩离层发育状态图

4. 覆岩离层二维数值仿真计算曲线

根据以上首采区工作面推进 200 m、300 m、400 m、500 m、600 m、700 m 后，计算随开采覆岩移动变形和离层发育的数据，绘制各弱面离层量的发展过程曲线，如图 3-22 所示。

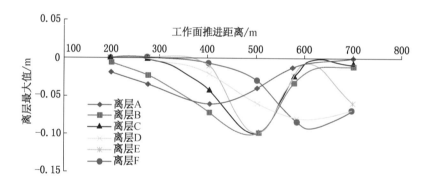

图 3-22　唐山矿京山铁路煤柱首采区覆岩各弱面随工作面推进离层发展过程曲线图

3.2.2　采动覆岩离层二维数值仿真研究结论

根据以上二维数值仿真研究分析，可以对开滦唐山矿京山铁路煤柱覆岩离层规律得出以下结论，用于指导覆岩离层注浆减沉工程：

（1）随着工作面开采推进，覆岩离层自下而上逐渐发展，最下部的离层会随着上部离层的出现而趋于闭合。每一离层都会呈现从开始到发展至最大，随后减小甚至闭合的过程。

（2）在中硬覆岩条件的中厚以上煤层开采，当工作面推进距离达到约采深的 1/3 后，破裂带上方的离层开始出现，可开始对离层进行注浆。

（3）开采达到一定范围后，离层发展到覆岩上部，在开采范围内的中间部位的下部离层一般会闭合，而上部覆岩及开切眼和终采线附近覆岩一般会有残余离层，有的离层甚至永不闭合。

（4）两相邻岩层的抗弯刚度存在的差别是能否产生离层的关键，离层对于岩层厚度具有较强的敏感性，如果相邻岩层岩性相近，上位岩层厚度较大，下位岩层厚度较小，上位厚度较大岩层的底面无疑是产生离层的位置。

（5）采动覆岩离层二维数值仿真研究揭示离层注浆必须适应覆岩离层规律，做到多层位、及时、有效注浆充填离层空间，才能取得较好的减沉效果。

3.3 京山铁路煤柱开采地表沉降三维数值仿真研究

利用三维有限差分计算软件 FLAC^{3D} 建立三维模型，研究覆岩在空间上的移动规律和覆岩内部的移动变形特点，预计随工作面开采地表下沉值和分布规律。

3.3.1 京山铁路煤柱开采地表沉降三维数值模型

在建立三维数值计算模型时，首先选择合理的计算范围，尽量避免受边界条件的影响，注意模型不能太大、交界网格应平滑过渡，避免网格形状、大小的骤变。根据唐山矿京山铁路煤柱首采区工作面开采部署安排，本次三维数值仿真研究模型选取沿工作面倾向方向和沿工作面走向方向各取 2000 m，煤层赋存情况与岩层均模拟实际地质条件建立，计算使用的岩石力学参数为实测参数。概化工程地质三维模型如图 3-23 所示。最终三维数值计算模型的大小为 2000 m×2000 m×900 m（长×宽×高），整个模型划分为 58860 个单元，63612 个节点，如图 3-24 所示。

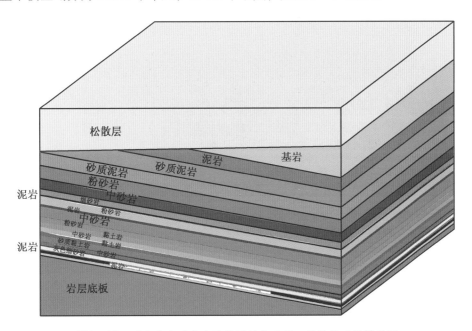

图 3-23 开滦唐山矿京山铁路煤柱首采区工程地质三维模型图

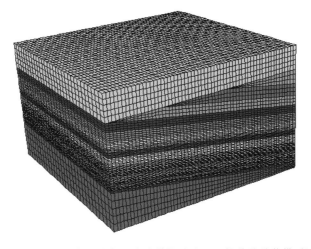

图 3-24 开滦唐山矿京山铁路煤柱首采区三维数值计算模型图

三维数值模拟选取 FLAC³ᴰ 有限差分程序，计算用摩尔 - 库仑准则的弹塑性本构关系，采用 Interface 接触单元模拟层间弱面，接触单元服从库仑剪破坏屈服准则和拉破坏屈服准则。

3.3.2 京山铁路煤柱开采地表沉降三维数值仿真结论

（1）京山铁路煤柱开采地表沉降三维数值模型模拟了煤层开采覆岩运动规律，采用 FLAC³ᴰ 有限差分计算软件，得到京山铁路煤柱首采区开采后的地表沉降三维曲面图（图 3 - 25）和地表沉降等值线图（图 3 - 26）。

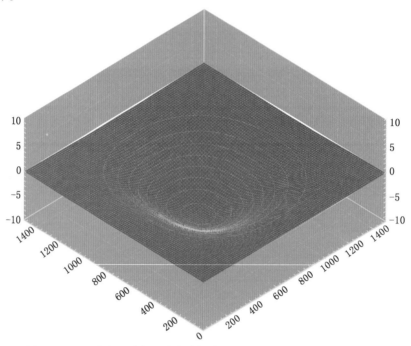

图 3 - 25 开滦唐山矿京山铁路煤柱首采区开采后地表沉降三维曲面图

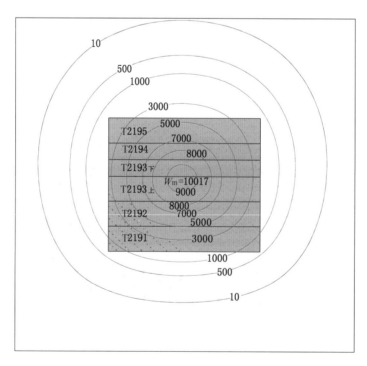

图 3 - 26 开滦唐山矿京山铁路煤柱首采区全采后地表沉降等值线图

（2）按京山铁路煤柱首采区 8～9 煤层合区平均采高 11.28 m，上部 5 煤层已采，8～9 煤层合区属于重复采动，当唐山矿铁路煤柱首采区全采后地表最大下沉值为 $W_\mathrm{m} = 1.2 \times 0.74 \times 11.28 = 10.017$ m。

3.4 现场观测京山铁路煤柱覆岩运动与离层发育规律

开滦唐山矿为深入进行覆岩运动和离层发育规律的研究，先后在铁二区首采区以西的二采区现场施工了 2 个观测钻孔，实地进行覆岩岩层运动与离层的观测，其中一个观测钻孔位于 T2294 综放工作面上方，另一个观测钻孔位于 T2291 综放工作面上方。通过现场观测覆岩岩层动态情况，为研究覆岩离层发育规律提供准确、翔实的第一手资料。

3.4.1 现场覆岩动态观测内容与方法

1. 现场覆岩动态观测内容

现场覆岩动态观测覆岩离层发生、发展、闭合的岩层运动全过程，具体观测内容包括：采场覆岩导水断裂带高度以上纵向范围离层带内各个岩层的运动情况；从岩层开始移动变形，一直到岩层移动变形稳定的周期变化；岩层沿铅垂方向的位移值等。

2. 现场覆岩动态观测方法

现场覆岩动态观测要选取合适位置，由地面施工覆岩离层观测钻孔，并在钻孔孔口附近设置观测站。在钻孔孔内预计产生覆岩离层的部位设置用压缩木制作的多个测点，钻孔孔内测点布置如图 3 - 27 所示。压缩木测点分别用 ϕ2mm 钢丝连接并引至地面，各钢丝绕过观测架的滑轮与重锤连接，通过测量钢丝的下垂量变化来观测覆岩岩层的移动与离层，观测架装置如图 3 - 28 所示。

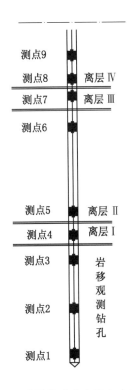 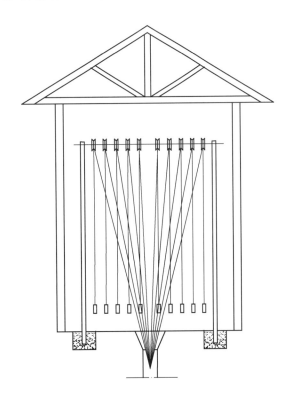

图 3 - 27 观测钻孔孔内测点布置示意图　　　　图 3 - 28 钻孔孔口观测架装置示意图

3.4.2 观测钻孔孔内测点的安装步骤

1. 组装测点装置

测试覆岩离层观测钻孔的孔径及深度，以便确定测点压缩木的外径与安装深度，并组装测点装置，如图 3 - 29 所示。

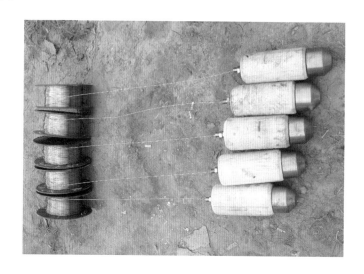

图 3 - 29 用于观测钻孔内组装好的测点装置

2. 截取好连接测点装置的钢丝

根据各个测点设置的深度、孔口观测支架的高度和孔口预留的钢丝长度截取好各条连接测点装置的 ϕ2 mm 钢丝。

3. 连接观测装置

将组装好的压缩木测点装置与 ϕ2 mm 钢丝连接并编好顺序号码，ϕ2 mm 钢丝缠绕孔口观测架滑轮后与重锤相连。

4. 将测点装置下入钻孔内安装

按照安装顺序在钻孔内安装测点装置，先装 1 号测点，把组装好的压缩木测点放置在钻杆底端，然后用钻机将钻杆缓慢下放到设计深度，并在地面孔口固定好 1 号钢丝；然后以此再装 2 号测点、3 号测点等其他测点。

5. 地面观测系统就绪

钻孔内各测点装置要放置一天时间，待压缩木充分膨胀固定在钻孔孔壁后，拉紧各条钢丝并测量观测记录。观测架滑轮至重锤的 ϕ2 mm 钢丝长度，作为观测覆岩运动与离层的基点。

现场安装实践表明，钻孔内测点装置的安装难度大、技术性强，主要表现为安装过程中在孔内悬挂几百米深的测点装置会发生旋转，从而造成连接钢丝缠绕在一起，致使测点无法安装到位；即便安装到位，也因钢丝缠绕无法观测到真实的岩层位移与离层。为此研究开发了"深井钻孔岩移观测装置及其岩移测点的安装方法"，已向国家知识产权局申报发明专利（申请号 200710100358.1），国家知识产权局受理书如图 3 - 30 所示。

3.4.3 现场覆岩动态观测记录

现场覆岩动态观测记录采取人工观测记录和自动监测两种手段。

1. 人工观测记录

在钻孔孔口观测房设专人一天三班值班观测，做到认真、仔细、准确。具体观测时间视开采进度而定：在工作面开采推进到观测钻孔之前，安排每班观测 1 次，即 1 次/8 h；在工作面开采推进过观测钻孔之后，每小时观测 1 次，即 1 次/h，必要时可加密为每 10 min 观测 1 次，此后又恢复每班观测 1 次，直至工作面开采结束后。人工观测记录的表格见表 3 - 4。

中华人民共和国国家知识产权局

共 1 页

邮政编码:100081	A	发文日期:
北京市海淀区四道口路11号银辰大厦902室 北京凯特来知识产权代理有限公司 赵镇勇 申请号:200710100358.1		2007 年 6 月 8 日

专利申请受理通知书

根据中华人民共和国专利法第二十八条及其实施细则第三十九条、第四十条的规定，申请人提出的专利申请国家知识产权局专利局予以受理。现将确定的申请号和申请日通知如下：

申请号: **200710100358.1**

申请日: 2007 年 6 月 8 日

申请人: 中国矿业大学（北京）

发明名称: 深井钻孔岩移观测装置及其岩移测点的安装方法

经核实确认国家知识产权局专利局收到如下文件：

请求书　每份页数:2　份数:2	摘要　每份页数:1　份数:2
摘要附图　每份页数:2　份数:2	权利要求书　每份页数:1　份数:2
说明书　每份页数:4　份数:2	说明书附图　每份页数:1　份数:2
专利代理委托书	费用减缓请求书
费用减缓请求证明	提前公开声明
实质审查请求	

简要说明

1. 根据专利法第二十八条规定，申请文件是邮寄的，以寄出的邮戳日为申请日。若申请人发现上述申请日与邮寄申请文件之日不一致时，可在收到本通知书起两个月内向国家知识产权局专利局受理处提交意见陈述书及挂号条存根，要求办理更正申请日手续。
2. 申请号是国家知识产权局给予每一件被受理的专利申请的代号，是该申请最有效的识别标志。申请人向我局办理各种手续时，均应准确、清晰写明申请号。
3. 寄给审查员个人的文件或汇款不具法律效力。
4. 中间文件、分案申请、要求本国优先权的申请应直接寄交国家知识产权局专利局受理处。

中华人民共和国国家知识产权局

审查员:孙婷婷　　　　　　0723-5-C11006

邮政编码:100088　　地址:北京市海淀区蓟门桥西土城路六号国家知识产权局专利局受理处　　邮政信箱:北京 8020 信箱

图3-30　"深井钻孔岩移观测装置及其岩移测点的安装方法"专利受理书

表3-4　现场覆岩动态人工观测记录表　　　　　　　　　　　　　　mm

观测时间	1号测点	2号测点	3号测点	4号测点	5号测点	6号测点

2. 自动监测

采用新型的 KJ56 型位移监控系统，将其位移传感器与观测钻孔孔口装置上悬挂的重锤连接，就可自动监测到钢丝悬挂的重锤位移变化，即钻孔内各测点相对于孔口地表的位移值。位移信号由传感器转化为数值信号，传输到系统主机——控制中心的计算机，再由计算机进行数据处理、存储、输出与显示。KJ56 型位移监控系统如图 3 - 31 所示。

在观测过程中要密切注意重锤的位置，及时调整钢丝卡头，防止重锤位置过高或者过低超出观测范围，使之始终处于可以观测读数的最佳位置。

(a) 观测钻孔孔口观测架

(b) 自动监测系统主要部件图

(c) 观测钻孔孔口自动监测系统

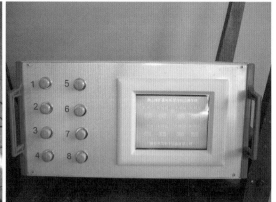
(d) 观测钻孔孔口自动监测显示器

图 3 - 31　KJ56 型位移监控系统

3.4.4　现场观测研究 T2294 综放工作面覆岩运动

1. T2294 综放工作面简介

T2294 综放工作面位于唐山矿京山铁路煤柱铁二区二采区，东邻首采区，为该采区的首采工作面，其上下方及终采线一侧均未开采，所处位置如图 3 - 32 所示。

1）T2294 综放工作面开采条件

T2294 工作面走向长度 1195 m，工作面倾斜长度 144 m，属 8 ~ 9 煤层合区，平均厚度 10.3 m，

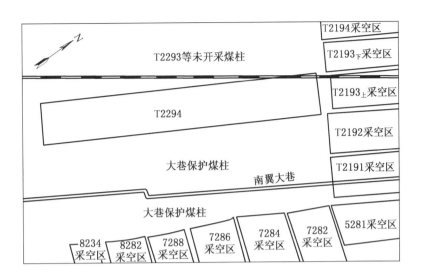

图 3-32　唐山矿京山铁路煤柱铁二区二采区 T2294 综放工作面平面位置示意图

煤层结构为复合结构，中间有 1~3 层夹石，厚度为 0.1~0.5 m，岩性为灰褐色泥岩。煤层沉积稳定，平均倾角 14°。工作面地质储量 262.32×10⁴ t，可采储量 209.86×10⁴ t。煤质为 1/3 焦煤。

T2294 综放工作面基本顶为灰色细中砂岩，厚 8.6 m；直接顶为深灰色粉砂岩，厚 5.3 m；基本底为灰黑色粉砂岩，厚 4.0 m，断口参差状，致密性脆；直接底为灰黑色泥岩，厚 5.5 m。煤层平均埋深 716 m，覆岩中第四系冲积层厚 180 m。

2）地质构造情况

T2294 综放工作面处于大型地质构造鞍部，有主要断层 1 条即 F 断层，次要断层 6 条即 f1~f6，其中 f2、f5、f6 断层表现为板断底不断，地质构造产状见表 3-5。

表 3-5　T2294 综放工作面地质构造产状一览表

构造编号	断层性质	落差/m	走向/(°)	倾向/(°)	倾角/(°)	对回采影响程度
F	正	1.5~7.0	175	265	79	影响较大
f1	正	2.3	80	350	85	影响中等
f2	正	1.6	98	8	60	影响较小
f3	正	2.4	124	214	80	影响中等
f4	正	1.5	124	214	80	影响较小
f5	正	0.5	80	170	80	影响极小
f6	逆	0.5	165	75	33	影响极小

2. T2294 综放工作面覆岩运动现场观测设计

1）观测钻孔位置选择

观测钻孔选择在靠 T2294 综放工作面终采线一端，钻孔至设计终采线的距离为 150 m，在工作面的倾斜方向上钻孔与回风巷的距离是 77 m，与运输巷的距离是 67 m，孔口坐标 $X = 382365.152$，$Y = 70423.903$，如图 3-33 所示。

2）钻孔内覆岩运动观测点布置

覆岩运动观测点层位是根据观测钻孔的地层描绘（表 3-6），选择观测需要与可靠安装固定测点的位置来确定，孔内共设置 6 个覆岩运动观测点，位置所在层位见表 3-7 和图 3-34。T2294 综放工

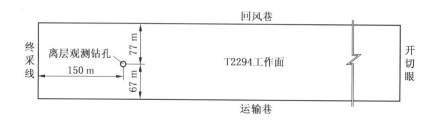

图 3 - 33　T2294 综放工作面覆岩运动观测钻孔布置平面图

作面覆岩运动观测钻孔处的煤层埋深为 721 m，6 个覆岩运动观测点均布置在距煤层顶板 177 m 以上的坚硬岩层中。

T2294 综放工作面覆岩运动观测钻孔于 2005 年 6 月 30 日开始钻进，8 月 16 日成孔，孔深 544m。8 月 22 日至 26 日进行测点安装，覆岩运动观测系统于 2005 年 9 月 24 日组建完毕并开始工作。

表 3 - 6　T2294 综放工作面覆岩运动观测钻孔地层描绘

层号	孔深/m	层厚/m	岩石名称	岩　性　描　述
	370.35			370.35 m 以上为无芯钻进
1	374.84	4.49	中砂岩	浅灰绿色，成分以石英、长石为主，夹暗色岩屑，孔隙式胶结，岩性坚硬、致密，岩芯完整呈柱状，分选中等，磨圆为次圆状，显水平层理
2	379.49	4.65	粉砂岩	浅灰色，上部岩芯较完整，下部岩芯破碎，具滑面，平坦状断口
3	383.00	3.51	细砂岩	白色，成分以石英、长石为主，夹暗色岩屑，孔隙式胶结，岩性坚硬、致密，岩芯完整呈柱状，分选差，磨圆为次棱角状，显水平层理，层面上夹黑色炭化膜
4	408.55	25.55	中砂岩	灰绿色，成分以石英为主，长石次之，夹暗色岩屑，孔隙式胶结，岩性坚硬、致密，分选中等，磨圆为次圆状，岩芯完整呈柱状，呈条带状层理，局部岩芯破碎，近直立裂隙发育，上部 0.5 m 为浅绿色细砂岩。测点位置 6
5	415.56	7.01	泥岩	紫红色，岩性较细腻，具滑面，含铝土质，岩芯破碎
6	440.86	25.30	粗砂岩	青灰白色，成分以石英为主，长石次之，夹暗色岩屑，孔隙式胶结，岩性坚硬、致密，分选中等，磨圆为次圆状。上部岩芯较破碎，中部岩芯较完整，局部岩芯破碎，近直立裂隙发育。测点位置 5
7	457.37	16.51	粉砂岩	紫红~青灰色，上部岩芯较破碎，裂隙发育，下部较为完整，性脆，硬度低
8	474.86	17.49	中砂岩	青灰色，成分以石英为主，长石次之，孔隙式胶结，岩芯较完整呈柱状，岩性坚硬、致密，有少量裂隙发育，硬度中等。测点位置 4
9	476.51	1.65	粉砂岩	紫红~青灰色，岩性脆，较破碎，滑面发育
10	478.61	2.10	细砂岩	青灰色，岩芯完整呈柱状，较坚硬从上到下岩性逐渐粗糙，下部 0.3 m 为粗砂岩
11	485.13	6.52	粉砂岩	青灰色，岩芯破碎，裂隙发育，具滑面，上部岩性较细腻，下部颗粒渐粗，近细砂岩
12	493.41	8.28	细砂岩	灰色，岩性致密，岩芯完整，成分以石英为主，上部夹 0.5 m 粉砂岩，下部岩性为中砂岩。测点位置 3

表 3-6（续）

层号	孔深/m	层厚/m	岩石名称	岩 性 描 述
13	520.04	26.63	粉砂岩	紫红～青灰色，全层岩芯破碎呈碎块状，局部岩性细腻为泥岩，滑面和近直立裂隙发育，夹细砂岩薄层
14	524.89	4.85	细砂岩	青灰色，成分以石英长石为主，岩性致密坚硬。上部岩芯破碎呈块状，近直立裂隙发育。测点位置2
15	528.74	3.85	粉砂岩	灰黑色，岩芯破碎，见大量植物化石，裂隙发育，面无充填物
16	541.80	11.06	细砂岩	青灰色，岩性较致密，坚硬，局部岩芯破碎呈块状，岩芯缺失严重。测点位置1
17	544.0	2.20	中砂岩	灰白色成分以石英长石为主，暗色岩屑次之，岩性致密坚硬，分选较好，磨圆为次圆状。岩芯缺失严重

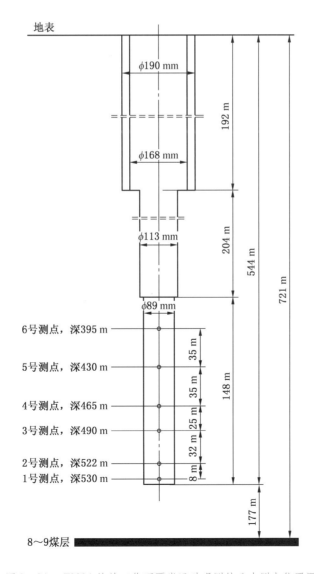

图 3-34　T2294 综放工作面覆岩运动观测钻孔内测点位置图

表 3-7　T2294 综放工作面覆岩运动观测钻孔内观测点位置

位置点号	深度/m	至煤层距离/m	所在岩层岩性、厚度
1 号测点	530	191	细砂岩，厚 11.06 m，青灰色，岩性较致密、坚硬
2 号测点	522	199	细砂岩，厚 4.85 m，青灰色，成分以石英、长石为主，岩性致密、坚硬
3 号测点	490	231	细砂岩，厚 8.28 m，灰色，岩性致密，成分以石英为主
4 号测点	465	256	中砂岩，厚 17.49 m，青灰色，成分以石英为主、长石次之，岩性致密、坚硬
5 号测点	430	291	粗砂岩，厚 25.30m，青灰白色，成分以石英为主、长石次之，岩性致密、坚硬
6 号测点	395	326	中砂岩，厚 25.55m，灰绿色，成分以石英为主、长石次之，岩性致密、坚硬

3. T2294 综放工作面覆岩运动现场观测记录

根据观测计划安排，自 2005 年 9 月 24 日 0 时起对观测钻孔内各观测点动态进行观测测量，此时工作面距观测钻孔 102.7 m。2006 年 2 月底 T2294 综放工作面采完收坑，观测一直持续到 2006 年 5 月底。各观测点测量数据见表 3-8 至表 3-13。

表 3-8　T2294 综放工作面覆岩运动观测钻孔内 1 号测点动态记录表

序号	年	月	日	时	测点逐次相对孔口地面下沉量/mm	测点相邻两次下沉间隔时间/h	测点每次下沉速度/(mm·h^{-1})	各月底工作面位置与钻孔距离/m	备　注
0	2005	9	24	0	0			-102.7	开始观测
1	2005	10	12	16	1	448	0.0022	-60.0	首次下沉
2	2005	10	22	16	5	240	0.0208	-42.8	
3	2005	10	23	8	7	16	0.4375		
4	2005	10	30	0	16	200	0.0800	-27.5	10 月 12 日至 30 日共下沉 4 次，月下沉 29 mm，平均下沉速度 1.45 mm/d
5	2005	11	1	1	14	7	2.0000		
6	2005	11	2	1	8	24	0.3333		
7	2005	11	3	19	18	42	0.4286		
8	2005	11	5	10	2	39	0.0513		
9	2005	11	9	10	5	96	0.0521		
10	2005	11	11	8	10	46	0.2174		
11	2005	11	12	9	7	25	0.2800		
12	2005	11	20	14	1	197	0.0051	0	工作面采到孔底
13	2005	11	27	14	1	168	0.0060		
14	2005	11	29	22	2	56	0.0357		
15	2005	11	30	22	9	24	0.3750	+16.8	11 月共下沉 11 次，月下沉 77 mm，平均下沉速度 2.57 mm/d

表 3-8（续）

序号	年	月	日	时	测点逐次相对孔口地面下沉量/mm	测点相邻两次下沉间隔时间/h	测点每次下沉速度/（mm·h⁻¹）	各月底工作面位置与钻孔距离/m	备 注
16	2005	12	5	22	4	120	0.0333		
17	2005	12	6	22	1	24	0.0417		
18	2005	12	7	6	2	8	0.2500		
19	2005	12	7	14	3	8	0.3750		
20	2005	12	9	22	1	56	0.0179		
21	2005	12	10	14	2	16	0.1250		
22	2005	12	11	14	3	24	0.1250		
23	2005	12	13	6	2	40	0.0550		
24	2005	12	13	22	2	16	0.1250		
25	2005	12	14	14	3	16	0.1875		
26	2005	12	14	22	1	8	0.1250		
27	2005	12	15	22	1	24	0.0417		
28	2005	12	16	14	2	16	0.1250		
29	2005	12	16	22	3	8	0.3750		
30	2005	12	19	6	1	56	0.0179		
31	2005	12	19	22	2	16	0.1250		
32	2005	12	21	14	7	40	0.1750		
33	2005	12	22	14	1	24	0.0417		
34	2005	12	23	6	1	14	0.0714		
35	2005	12	24	6	1	24	0.0417		
36	2005	12	24	14	4	8	0.5000		
37	2005	12	25	14	2	24	0.0833		
38	2005	12	25	22	1	8	0.1250		
39	2005	12	28	14	2	64	0.0313		
40	2005	12	30	6	2	38	0.0526		
41	2005	12	30	14	2	8	0.2500		
42	2005	12	30	22	1	8	0.1250	+65.1	12月共下沉27次，月下沉57 mm，平均下沉速度1.84 mm/d
43	2006	1	1	22	8	24	0.3333		
44	2006	1	3	0	2	26	0.0769		
45	2006	1	4	22	10	46	0.2174		
46	2006	1	5	14	3	16	0.1875		
47	2006	1	6	6	1	14	0.0714		
48	2006	1	7	17	1	35	0.0286		
49	2006	1	11	8	1	87	0.0115		

表 3-8（续）

序号	年	月	日	时	测点逐次相对孔口地面下沉量/mm	测点相邻两次下沉间隔时间/h	测点每次下沉速度/（mm·h⁻¹）	各月底工作面位置与钻孔距离/m	备　注
50	2006	1	11	15	6	7	0.8571		
51	2006	1	13	3	1	36	0.0278		
52	2006	1	16	16	8	85	0.0941		
53	2006	1	19	12	12	68	0.1765		
54	2006	1	21	3	1	39	0.0256		
55	2006	1	25	7	1	100	0.0100		
56	2006	1	25	15	3	8	0.3750		
57	2006	1	25	20	1	5	0.2000		
58	2006	1	30	0	1	100	0.0100	+112.5	1月共下沉16次，月下沉60 mm，平均下沉速度1.94 mm/d
59	2006	2	5	17	12	161	0.0745	+120.0	
60	2006	2	8	8	8	63	0.1270		
61	2006	2	9	2	1	18	0.0556		
62	2006	2	9	22	1	20	0.0500		
63	2006	2	12	22	5	72	0.0694		
64	2006	2	17	10	4	108	0.0370		
65	2006	2	18	5	1	19	0.0526		
66	2006	2	20	10	4	53	0.0755		
67	2006	2	24	6	1	92	0.0109		
68	2006	2	25	9	2	27	0.0741	+141.0	2月底采完收坑，全月共下沉10次，月下沉39 mm，平均下沉速度1.39 mm/d
69	2006	3	4	6	1	93	0.0108		
70	2006	3	6	14	18	56	0.3214		
71	2006	3	12	0	1	130	0.0077		
72	2006	3	20	8	10	200	0.0500	+141.0	3月共下沉4次，月下沉30 mm，平均下沉速度0.97 mm/d
73	2006	4	2	6	1	286	0.0035		
74	2006	4	6	8	2	98	0.0204		
75	2006	4	14	8	2	194	0.0103		
76	2006	4	30	9	2	385	0.0052	+141.0	4月共下沉4次，月下沉7 mm，平均下沉速度0.23 mm/d
77	2006	5	2	16	4	55	0.0727		

表3-8（续）

序号	年	月	日	时	测点逐次相对孔口地面下沉量/mm	测点相邻两次下沉间隔时间/h	测点每次下沉速度/(mm·h⁻¹)	各月底工作面位置与钻孔距离/m	备　注
78	2006	5	11	0	1	200	0.0050	+141.0	5月共下沉2次，月下沉5 mm，平均下沉速度0.16 mm/d

表3-9　T2294综放工作面覆岩运动观测钻孔内2号测点动态记录表

序号	年	月	日	时	测点逐次相对孔口地面下沉量/mm	测点相邻两次下沉间隔时间/h	测点每次下沉速度/(mm·h⁻¹)	各月底工作面位置与钻孔距离/m	备　注
0	2005	9	24	0	0			-102.7	开始观测
1	2005	10	24	8	10	600	0.0167		首次下沉
2	2005	10	30	16	17	152	0.1118	-27.5	10月共下沉2次，月下沉27 mm，平均下沉速度0.87 mm/d
3	2005	11	1	1	14	17	0.8235		
4	2005	11	2	1	6	24	0.2500		
5	2005	11	3	19	16	42	0.3810		
6	2005	11	5	10	3	39	0.0769		
7	2005	11	9	10	8	96	0.0833		
8	2005	11	12	8	8	70	0.1143		
9	2005	11	12	9	6	1	6.0000		
10	2005	11	13	8	1	23	0.0435		
11	2005	11	30	22	6	422	0.0142	+16.8	11月共下沉9次，月下沉68 mm，平均下沉速度2.27 mm/d
12	2005	12	4	22	1	96	0.0104		
13	2005	12	5	22	4	24	0.1667		
14	2005	12	6	22	2	24	0.0833		
15	2005	12	7	6	2	8	0.2500		
16	2005	12	7	14	3	8	0.3750		
17	2005	12	9	22	1	56	0.0179		
18	2005	12	10	14	3	16	0.1875		
19	2005	12	10	22	1	8	0.1250		
20	2005	12	11	14	2	16	0.1250		
21	2005	12	13	6	1	40	0.0250		
22	2005	12	13	22	2	16	0.1250		
23	2005	12	14	14	3	16	0.1875		

表 3-9（续）

序号	年	月	日	时	测点逐次相对孔口地面下沉量/mm	测点相邻两次下沉间隔时间/h	测点每次下沉速度/（mm·h⁻¹）	各月底工作面位置与钻孔距离/m	备 注
24	2005	12	15	22	2	32	0.0625		
25	2005	12	16	14	2	16	0.1250		
26	2005	12	16	22	3	8	0.3750		
27	2005	12	19	6	1	56	0.0179		
28	2005	12	20	22	4	40	0.1000		
29	2005	12	21	14	3	16	0.1875		
30	2005	12	21	22	1	8	0.1250		
31	2005	12	23	14	1	40	0.0250		
32	2005	12	24	14	5	24	0.2083		
33	2005	12	24	22	1	8	0.1250		
34	2005	12	27	14	1	64	0.0156		
35	2005	12	28	6	1	16	0.0625		
36	2005	12	28	14	1	8	0.1250		
37	2005	12	29	6	2	16	0.1250		
38	2005	12	30	14	1	32	0.0313		
39	2005	12	31	0	1	10	0.1000	+65.1	12 月共下沉 28 次，月下沉 55 mm，平均下沉速度 1.77 mm/d
40	2006	1	1	22	9	46	0.1957		
41	2006	1	3	0	1	26	0.0385		
42	2006	1	4	22	5	46	0.1087		
43	2006	1	6	6	1	32	0.0313		
44	2006	1	11	15	12	129	0.0930		
45	2006	1	12	9	1	18	0.0556		
46	2006	1	16	16	2	103	0.0194		
47	2006	1	16	17	4	1	4.0000		
48	2006	1	18	23	1	54	0.0185		
49	2006	1	19	12	13	13	1.0000		
50	2006	1	22	5	1	65	0.0154		
51	2006	1	25	7	1	74	0.0135		
52	2006	1	25	15	1	8	0.1250		
53	2006	1	28	8	1	65	0.0154	+112.5	1 月共下沉 14 次，月下沉 53 mm，平均下沉速度 1.71 mm/d
54	2006	2	5	17	11	201	0.0547		
55	2006	2	8	9	12	64	0.1875		

表 3-9（续）

序号	年	月	日	时	测点逐次相对孔口地面下沉量/mm	测点相邻两次下沉间隔时间/h	测点每次下沉速度/（mm·h⁻¹）	各月底工作面位置与钻孔距离/m	备　注
56	2006	2	9	7	1	22	0.0455		
57	2006	2	9	22	1	15	0.0667		
58	2006	2	12	22	1	72	0.0139		
59	2006	2	17	14	2	112	0.0175		
60	2006	2	19	7	1	41	0.0244		
61	2006	2	20	10	3	27	0.1111		
62	2006	2	25	9	5	119	0.0420	+141.0	2 月共下沉 9 次，月下沉 37 mm，平均下沉速度 1.32 mm/d
63	2006	3	4	6	2	165	0.0121		
64	2006	3	6	14	11	56	0.1964		
65	2006	3	8	15	1	49	0.0204		
66	2006	3	11	7	1	64	0.0156		
67	2006	3	20	8	8	217	0.0369	+141.0	3 月共下沉 5 次，月下沉 23 mm，平均下沉速度 0.74 mm/d
68	2006	4	6	8	5	408	0.0123		
69	2006	4	15	22	3	230	0.0130		
70	2006	4	30	9	1	347	0.0029	+141.0	4 月共下沉 3 次，月下沉 9 mm，平均下沉速度 0.30 mm/d
71	2006	5	18	0	3	423	0.0071	+141.0	5 月共下沉 1 次，月下沉 3 mm，平均下沉速度 0.10 mm/d

表 3-10　T2294 综放工作面覆岩运动观测钻孔内 3 号测点动态记录表

序号	年	月	日	时	测点逐次相对孔口地面下沉量/mm	测点相邻两次下沉间隔时间/h	测点每次下沉速度/（mm·h⁻¹）	各月底工作面位置与钻孔距离/m	备　注
0	2005	9	24	0	0			-102.7	开始观测
1	2005	10	24	8	1	600	0.0017		首次下沉
2	2005	10	25	16	2	32	0.0625		
3	2005	10	27	8	5	40	0.1250		
4	2005	10	31	16	18	104	0.1731	-27.5	10 月 20 日至 31 日共下沉 4 次，下沉 26 mm，平均下沉速度 2.17 mm/d

表 3 - 10（续）

序号	年	月	日	时	测点逐次相对孔口地面下沉量/mm	测点相邻两次下沉间隔时间/h	测点每次下沉速度/（mm·h⁻¹）	各月底工作面位置与钻孔距离/m	备　　注
5	2005	11	1	1	4	9	0.4444		
6	2005	11	2	1	1	24	0.0417		
7	2005	11	3	19	23	42	0.5476		
8	2005	11	5	10	2	39	0.0513		
9	2005	11	9	10	7	96	0.0729		
10	2005	11	11	8	12	46	0.2609		
11	2005	11	20	14	1	222	0.0045	0	工作面采到孔底
12	2005	11	25	6	1	112	0.0089		
13	2005	11	30	22	6	136	0.0441	+ 16.8	11月共下沉9次，月下沉57 mm，平均下沉速度1.90 mm/d
14	2005	12	5	22	5	120	0.0417		
15	2005	12	6	22	1	24	0.0417		
16	2005	12	7	6	2	8	0.2500		
17	2005	12	8	22	4	40	0.1000		
18	2005	12	9	22	3	24	0.1250		
19	2005	12	10	14	1	16	0.0625		
20	2005	12	10	22	2	8	0.2500		
21	2005	12	13	6	2	56	0.0357		
22	2005	12	13	22	2	16	0.1250		
23	2005	12	14	14	3	16	0.1875		
24	2005	12	16	14	2	48	0.0417		
25	2005	12	17	22	1	32	0.0313		
26	2005	12	19	6	2	32	0.0625		
27	2005	12	20	14	3	32	0.0938		
28	2005	12	22	1	1	35	0.0286		
29	2005	12	22	22	2	21	0.0952		
30	2005	12	23	6	4	8	0.5000		
31	2005	12	24	6	1	24	0.0417		
32	2005	12	24	14	3	8	0.3750		
33	2005	12	25	14	1	24	0.0417		
34	2005	12	26	6	2	16	0.1250		
35	2005	12	29	6	1	24	0.0417		
36	2005	12	29	22	1	16	0.0625		
37	2005	12	30	14	1	16	0.0625	+ 65.1	12月共下沉24次，月下沉50 mm，平均下沉速度1.61 mm/d

表 3 - 10（续）

序号	年	月	日	时	测点逐次相对孔口地面下沉量/mm	测点相邻两次下沉间隔时间/h	测点每次下沉速度/（mm·h⁻¹）	各月底工作面位置与钻孔距离/m	备 注
38	2006	1	1	22	15	56	0.2679		
39	2006	1	3	0	1	26	0.0383		
40	2006	1	4	22	2	46	0.0435		
41	2006	1	5	14	2	16	0.1250		
42	2006	1	10	16	1	122	0.0082		
43	2006	1	11	15	15	23	0.6511		
44	2006	1	15	18	1	99	0.0101		
45	2006	1	18	18	1	72	0.0139		
46	2006	1	19	12	5	18	0.2778		
47	2006	1	21	4	1	40	0.0250		
48	2006	1	21	8	2	4	0.5000		
49	2006	1	22	17	1	33	0.0303		
50	2006	1	25	7	5	62	0.0806		
51	2006	1	25	15	4	8	0.5000	+112.5	1 月共下沉 14 次，月下沉 56 mm，平均下沉速度 1.81 mm/d
52	2006	2	5	17	6	266	0.0226	+120.0	
53	2006	2	8	8	17	63	0.2698		
54	2006	2	9	22	1	38	0.0263		
55	2006	2	11	0	1	26	0.0385		
56	2006	2	12	22	5	46	0.1087		
57	2006	2	18	22	1	144	0.0069		
58	2006	2	20	10	8	36	0.2222		
59	2006	2	25	9	2	119	0.0168	+141.0	2 月底采完收坑，全月共下沉 8 次，月下沉 41 mm，平均下沉速度 1.46 mm/d
60	2006	3	6	14	15	221	0.0679		
61	2006	3	11	19	1	125	0.0080		
62	2006	3	20	8	11	205	0.0878	+141.0	3 月共下沉 3 次，月下沉 27 mm，平均下沉速度 0.87 mm/d
63	2006	4	1	20	7	300	0.0233		
64	2006	4	15	22	3	338	0.0089	+141.0	4 月共下沉 2 次，月下沉 10 mm，平均下沉速度 0.33 mm/d

表 3 - 10（续）

序号	年	月	日	时	测点逐次相对孔口地面下沉量/mm	测点相邻两次下沉间隔时间/h	测点每次下沉速度/(mm·h⁻¹)	各月底工作面位置与钻孔距离/m	备　注
65	2006	5	11	0	2	602	0.0033		
66	2006	5	18	0	3	168	0.0179	+141.0	5月共下沉2次，月下沉5 mm，平均下沉速度0.16 mm/d

表 3 - 11　T2294 综放工作面覆岩运动观测钻孔内 4 号测点动态记录表

序号	年	月	日	时	测点逐次相对孔口地面下沉量/mm	测点相邻两次下沉间隔时间/h	测点每次下沉速度/(mm·h⁻¹)	各月底工作面位置与钻孔距离/m	备　注
0	2005	9	24	0	0			-102.7	开始观测
1	2005	10	24	16	1	608	0.0016		首次下沉
2	2005	10	26	8	2	40	0.0500		
3	2005	10	28	16	3	56	0.0536		
4	2005	10	29	8	1	16	0.0625		
5	2005	10	31	16	16	56	0.2857	-27.5	10月共下沉5次，月下沉23 mm，平均下沉速度0.74 mm/d
6	2005	11	2	1	4	33	0.1212		
7	2005	11	3	19	6	42	0.1429		
8	2005	11	5	10	2	39	0.0513		
9	2005	11	9	10	8	96	0.0833		
10	2005	11	11	8	11	46	0.2391		
11	2005	11	12	9	15	25	0.6000		
12	2005	11	25	6	1	309	0.0032		
13	2005	11	26	14	2	32	0.0625		
14	2005	11	29	6	1	64	0.0156		
15	2005	11	29	14	1	8	0.1250		
16	2005	11	30	22	4	32	0.1250	+16.8	11月共下沉11次，月下沉55 mm，平均下沉速度1.83 mm/d
17	2005	12	4	22	2	96	0.0208		
18	2005	12	5	22	4	24	0.1667		
19	2005	12	6	22	2	24	0.0833		
20	2005	12	8	22	3	48	0.0625		
21	2005	12	9	22	1	24	0.0417		
22	2005	12	10	14	2	16	0.1250		

表 3-11（续）

序号	年	月	日	时	测点逐次相对孔口地面下沉量/mm	测点相邻两次下沉间隔时间/h	测点每次下沉速度/（mm·h⁻¹）	各月底工作面位置与钻孔距离/m	备　注
23	2005	12	11	14	5	24	0.2083		
24	2005	12	13	6	2	40	0.0500		
25	2005	12	13	22	2	16	0.1250		
26	2005	12	14	14	4	16	0.2500		
27	2005	12	15	22	2	32	0.0625		
28	2005	12	16	14	1	16	0.0625		
29	2005	12	17	14	2	24	0.0833		
30	2005	12	19	6	2	40	0.0500		
31	2005	12	19	22	1	16	0.0625		
32	2005	12	20	14	1	16	0.0625		
33	2005	12	21	14	1	24	0.0417		
34	2005	12	21	22	3	8	0.3750		
35	2005	12	23	6	2	32	0.0625		
36	2005	12	24	14	7	32	0.2188		
37	2005	12	25	14	2	24	0.0833	+65.1	12月共下沉21次，月下沉51 mm，平均下沉速度1.65 mm/d
38	2006	1	1	22	17	16	0.4375		
39	2006	1	3	22	1	48	0.0208		
40	2006	1	4	22	4	24	0.1667		
41	2006	1	5	14	1	16	0.0625		
42	2006	1	7	17	1	51	0.0196		
43	2006	1	11	15	4	94	0.0426		
44	2006	1	12	7	1	16	0.0625		
45	2006	1	13	8	1	25	0.0400		
46	2006	1	16	3	1	67	0.0149		
47	2006	1	16	17	4	14	0.2857		
48	2006	1	16	19	1	2	0.5000		
49	2006	1	18	9	4	38	0.1053		
50	2006	1	19	12	6	27	0.2222		
51	2006	1	23	3	1	87	0.0115		
52	2006	1	25	7	7	52	0.1346		
53	2006	1	28	18	1	83	0.0120	+112.5	1月共下沉16次，月下沉55 mm，平均下沉速度1.77 mm/d
54	2006	2	3	14	1	140	0.0071		

表 3 - 11（续）

序号	年	月	日	时	测点逐次相对孔口地面下沉量/mm	测点相邻两次下沉间隔时间/h	测点每次下沉速度/(mm·h⁻¹)	各月底工作面位置与钻孔距离/m	备 注
55	2006	2	5	17	11	51	0.2157		
56	2006	2	8	8	7	63	0.1111		
57	2006	2	9	22	3	38	0.0789		
58	2006	2	12	22	5	72	0.0694		
59	2006	2	20	10	6	180	0.0333		
60	2006	2	24	7	1	93	0.0108		
61	2006	2	25	10	3	27	0.1111	+141.0	2月底采完收坑，全月共下沉8次，月下沉37 mm，平均下沉速度1.32 mm/d
62	2006	3	3	18	1	152	0.0066		
63	2006	3	4	6	1	12	0.0833		
64	2006	3	4	14	1	8	0.1250		
65	2006	3	6	14	19	48	0.3958		
66	2006	3	6	22	1	8	0.1250		
67	2006	3	8	15	1	41	0.0244		
68	2006	3	16	17	1	194	0.0052		
69	2006	3	20	8	9	87	0.1034		
70	2006	3	27	22	1	182	0.0055	+141.0	3月共下沉9次，月下沉35 mm，平均下沉速度1.13 mm/d
71	2006	4	2	6	1	128	0.0078		
72	2006	4	6	8	2	98	0.0204	+141.0	4月共下沉2次，月下沉3 mm，平均下沉速度0.10 mm/d
73	2006	5	9	8	2	744	0.0027		
74	2006	5	11	0	1	40	0.0250	+141.0	5月共下沉2次，月下沉3 mm，平均下沉速度0.10 mm/d

表 3 - 12　T2294 综放工作面覆岩运动观测钻孔内 5 号测点动态记录表

序号	年	月	日	时	测点逐次相对孔口地面下沉量/mm	测点相邻两次下沉间隔时间/h	测点每次下沉速度/(mm·h⁻¹)	各月底工作面位置与钻孔距离/m	备 注
0	2005	9	24	0	0			-102.7	开始观测
1	2005	10	24	16	1	720	0.0014		首次下沉
2	2005	10	27	16	2	72	0.0278		

表 3-12（续）

序号	年	月	日	时	测点逐次相对孔口地面下沉量/mm	测点相邻两次下沉间隔时间/h	测点每次下沉速度/（mm·h⁻¹）	各月底工作面位置与钻孔距离/m	备 注
3	2005	10	28	8	2	16	0.1250		
4	2005	10	29	16	1	32	0.0313		
5	2005	10	31	16	14	48	0.2917	-27.5	10 月共下沉 5 次，月下沉 20 mm，平均下沉速度 0.65 mm/d
6	2005	11	3	19	7	75	0.0933		
7	2005	11	9	10	2	135	0.0148		
8	2005	11	11	8	17	22	0.7727		
9	2005	11	30	22	2	470	0.0043	+16.8	11 月共下沉 4 次，月下沉 28 mm，平均下沉速度 0.93 mm/d
10	2005	12	4	22	3	96	0.0313		
11	2005	12	5	22	3	24	0.1250		
12	2005	12	7	6	1	32	0.0313		
13	2005	12	8	22	3	40	0.0750		
14	2005	12	9	22	2	24	0.0833		
15	2005	12	10	14	1	16	0.0625		
16	2005	12	11	14	3	24	0.1250		
17	2005	12	13	6	2	16	0.1250		
18	2005	12	13	22	2	16	0.1250		
19	2005	12	14	14	3	16	0.1875		
20	2005	12	15	22	2	32	0.0625		
21	2005	12	16	14	1	16	0.0625		
22	2005	12	16	22	2	8	0.2500		
23	2005	12	17	14	2	16	0.1250		
24	2005	12	17	22	2	8	0.2500		
25	2005	12	20	14	2	64	0.0313		
26	2005	12	20	22	1	8	0.1250		
27	2005	12	21	14	5	16	0.3125		
28	2005	12	23	6	2	40	0.0500		
29	2005	12	24	14	3	32	0.0938		
30	2005	12	25	14	2	24	0.0833		
31	2005	12	25	22	1	8	0.1250		
32	2005	12	27	22	1	48	0.0208		
33	2005	12	31	0	7	74	0.0946	+65.1	12 月共下沉 24 次，月下沉 56 mm，平均下沉速度 1.81 mm/d
34	2006	1	1	0	2	24	0.0833		

表 3-12（续）

序号	年	月	日	时	测点逐次相对孔口地面下沉量/mm	测点相邻两次下沉间隔时间/h	测点每次下沉速度/（mm·h⁻¹）	各月底工作面位置与钻孔距离/m	备　注
35	2006	1	1	22	5	22	0.2273		
36	2006	1	5	14	5	16	0.3125		
37	2006	1	6	6	2	16	0.1250		
38	2006	1	8	3	1	45	0.0222		
39	2006	1	12	8	1	101	0.0099		
40	2006	1	12	15	2	7	0.2857		
41	2006	1	16	4	1	85	0.0118		
42	2006	1	18	8	1	52	0.0192		
43	2006	1	18	16	1	8	0.1250		
44	2006	1	19	12	9	20	0.4500		
45	2006	1	21	24	1	60	0.0167		
46	2006	1	25	15	2	87	0.0230		
47	2006	1	25	18	1	3	0.3333		
48	2006	1	27	16	1	46	0.0217		
49	2006	1	30	22	1	66	0.0512	+112.5	1 月共下沉 16 次，月下沉 36 mm，平均下沉速度 1.16mm/d
50	2006	2	3	17	1	67	0.0149		
51	2006	2	5	17	11	48	0.2292		
52	2006	2	7	14	1	21	0.0476		
53	2006	2	8	8	11	18	0.6111		
54	2006	2	12	22	3	110	0.0273		
55	2006	2	20	10	7	180	0.0389		
56	2006	2	25	10	6	120	0.0500	+141.0	2 月底采完收坑，全月共下沉 7 次，月下沉 40 mm，平均下沉速度 1.43 mm/d
57	2006	3	1	18	1	104	0.0096		
58	2006	3	6	14	5	116	0.0431		
59	2006	3	6	22	1	8	0.1250		
60	2006	3	20	8：30	5	322.5	0.0155		
61	2006	3	20	8：40	1	0.17	5.8824		3 月共下沉 5 次，月下沉 13 mm，平均下沉速度 0.42 mm/d
62	2006	4	30	9	1	240.33	0.0042	+141.0	4 月共下沉 1 次，月下沉 1 mm，平均下沉速度 0.03 mm/d
63	2006	5	31	24	0	759	0	+141.0	5 月无下沉

表 3-13 T2294 综放工作面覆岩运动观测钻孔内 6 号测点动态记录表

序号	年	月	日	时	测点逐次相对孔口地面下沉量/mm	测点相邻两次下沉间隔时间/h	测点每次下沉速度（mm·h^{-1}）	各月底工作面位置与钻孔距离/m	备 注
0	2005	9	24	0	0			-102.7	开始观测
1	2005	10	31	16	9	880	0.0102	-27.5	首次下沉。10 月共下沉 1 次，月下沉 9 mm，平均下沉速度 0.29 mm/d
2	2005	11	3	19	3	65	0.0462		
3	2005	11	9	10	1	135	0.0074		
4	2005	11	11	8	5	46	0.1087		
5	2005	11	30	22	2	470	0.0043	+16.8	11 月共下沉 4 次，月下沉 11 mm，平均下沉速度 0.37 mm/d
6	2005	12	4	22	1	96	0.0104		
7	2005	12	5	22	1	24	0.0417		
8	2005	12	9	22	1	96	0.0104		
9	2005	12	10	14	1	16	0.0625		
10	2005	12	15	22	1	128	0.0078		
11	2005	12	17	22	7	48	0.1458		
12	2005	12	19	22	2	48	0.0417		
13	2005	12	20	14	2	16	0.1250		
14	2005	12	20	22	2	8	0.2500		
15	2005	12	21	14	4	16	0.2500		
16	2005	12	23	14	2	48	0.0417		
17	2005	12	23	22	1	32	0.0313		
18	2005	12	24	22	2	24	0.0833		
19	2005	12	25	14	2	16	0.1250		
20	2005	12	25	22	1	8	0.1250		
21	2005	12	30	6	7	104	0.0673		
22	2005	12	31	0	1	18	0.0556	+65.1	12 月共下沉 17 次，月下沉 38 mm，平均下沉速度 1.23 mm/d
23	2006	1	1	22	9	46	0.1957		
24	2006	1	5	14	3	88	0.0341		
25	2006	1	8	8	5	66	0.0758		
26	2006	1	12	21	1	109	0.0092		
27	2006	1	16	17	7	92	0.0761		
28	2006	1	17	17	1	24	0.0417		

表 3-13（续）

序号	年	月	日	时	测点逐次相对孔口地面下沉量/mm	测点相邻两次下沉间隔时间/h	测点每次下沉速度（mm·h⁻¹）	各月底工作面位置与钻孔距离/m	备 注
29	2006	1	19	12	7	43	0.1628		
30	2006	1	21	8	2	44	0.0455		
31	2006	1	23	20	1	60	0.0167		
32	2006	1	25	15	3	43	0.0698		
33	2006	1	27	22	1	55	0.0182	+112.5	1月共下沉11次，月下沉40 mm，平均下沉速度1.29 mm/d
34	2006	2	3	17	4	163	0.0245		
35	2006	2	5	17	4	48	0.0833		
36	2006	2	6	22	1	29	0.0345		
37	2006	2	8	8	8	53	0.1509		
38	2006	2	12	22	5	110	0.0455		
39	2006	2	15	15	1	65	0.0154		
40	2006	2	20	10	1	115	0.0087	+141.0	2月底采完收坑，全月共下沉7次，月下沉24 mm，平均下沉速度0.86 mm/d
41	2006	3	1	18	1	224	0.0045		
42	2006	3	6	22	1	124	0.0081		
43	2006	3	20	8	11	322	0.0342	+141.0	3月共下沉3次，月下沉13 mm，平均下沉速度0.42 mm/d
44	2006	4	30	24	0	1000	0	+141.0	4月无下沉
45	2006	5	2	16	4	40	0.1000		
46	2006	5	18	13	3	381	0.0079	+141.0	5月共下沉2次，月下沉7 mm，平均下沉速度0.23 mm/d

4. T2294 综放工作面覆岩运动观测成果

对 T2294 综放工作面覆岩运动观测数据进行整理和分析，可以得到以下成果。

1）采场覆岩运动经历的过程

自 2005 年 9 月 24 日 0 点开始对 T2294 综放工作面覆岩运动观测钻孔内各观测点进行观测，此时工作面距观测钻孔 102.7 m，设此时钻孔孔口地面标高为零，钻孔内各测点与钻孔孔口地面相对移动值亦为零。

2005 年 10 月 6 日 T2294 综放工作面推采到距观测钻孔 60 m 处，此时测得孔口地面下沉了 59 mm，但各测点相对孔口地面均无下沉。而后到 10 月 12 日 16 时观测到钻孔内最深的 1 号测点首次下沉 1 mm。

2005 年 11 月 20 日 T2294 综放工作面推进到观测钻孔处，在此之前，随着工作面推进距观测钻孔越来越近，1 号测点下沉的次数增多，下沉的幅度增大，下沉的速度加快；以后随着工作面推过观测钻孔且距离越来越远时，1 号测点下沉的次数、下沉的幅度、下沉的速度逐渐减少。

2006 年 2 月底 T2294 综放工作面采完收坑，自 3 月起 1 号测点下沉的次数、下沉的幅度、下沉的速度显著减少，到 2006 年 5 月底趋于稳定。

观测统计显示，1 号测点以上的各测点也陆续出现上述过程。

2）采场覆岩岩层发生运动的原因

据表 3-8 至表 3-13 各观测点下沉记录可整理出各观测点逐月下沉动态汇总表 3-14 至表 3-19。由表中的逐月下沉量、平均下沉速度和与工作面的距离之间的对应关系，可见各测点的下沉（即工作面覆岩岩层运动）的发生取决于工作面开采。

表 3-14 至表 3-19 揭示采场覆岩岩层运动的规律：观测钻孔内各测点的下沉（即工作面覆岩岩层运动）随着工作面推进到一定距离时开始发生，随着与工作面距离的缩短而发展，然后随着与工作面距离的增大逐渐减弱，最后因工作面采完收坑而趋于稳定。

表 3-14　T2294 综放工作面覆岩运动观测钻孔内 1 号测点逐月下沉动态汇总表

时　间	各月下沉次数/次	日平均下沉次数/次	相对孔口地面月下沉量/mm	各月最大一次下沉量/mm	日平均下沉速度/（mm·d⁻¹）	各月底工作面位置与钻孔距离/m	各月工作面日平均推进度/m	备　注
2005 年 9 月 24 日						−102.7		开始观测
2005 年 10 月 12 日	1		1		0	−60.0		首次下沉
2005 年 10 月 31 日	4	0.13	29	16	1.45	−27.5	1.625	
2005 年 11 月 30 日	11	0.37	77	18	2.57	+16.8	1.477	11 月 20 日工作面采过观测孔
2005 年 12 月 31 日	27	0.87	57	7	1.84	+65.1	1.558	
2006 年 1 月 31 日	16	0.52	60	12	1.94	+112.5	1.529	
2006 年 2 月 28 日	10	0.36	39	12	1.39	+141.0	1.018	工作面月底采完
2006 年 3 月 31 日	4	0.13	30	18	0.97	+141.0	0	
2006 年 4 月 30 日	4	0.13	7	2	0.23	+141.0	0	
2006 年 5 月 31 日	2	0.06	5	4	0.16	+141.0	0	
合　计	79		305					

表 3-15　T2294 综放工作面覆岩运动观测钻孔内 2 号测点逐月下沉动态汇总表

时　间	各月下沉次数/次	日平均下沉次数/次	相对孔口地面月下沉量/mm	各月最大一次下沉量/mm	日平均下沉速度/（mm·d⁻¹）	各月底工作面位置与钻孔距离/m	各月工作面日平均推进度/m	备　注
2005 年 9 月 24 日						−102.7		开始观测
2005 年 10 月 31 日	2	0.06	27	17	0.87	−27.5	1.625	首次下沉

表 3 – 15（续）

时　间	各月下沉次数/次	日平均下沉次数/次	相对孔口地面月下沉量/mm	各月最大一次下沉量/mm	日平均下沉速度/(mm·d⁻¹)	各月底工作面位置与钻孔距离/m	各月工作面日平均推进度/m	备　注
2005 年 11 月 30 日	9	0. 30	68	16	2. 27	+ 16. 8	1. 477	11 月 20 日工作面采过观测孔
2005 年 12 月 31 日	28	0. 90	55	5	1. 77	+ 65. 1	1. 558	
2006 年 1 月 31 日	14	0. 45	53	13	1. 71	+ 112. 5	1. 529	
2006 年 2 月 28 日	9	0. 32	37	12	1. 32	+ 141. 0	1. 018	工作面月底采完
2006 年 3 月 31 日	5	0. 16	23	11	0. 74	+ 141. 0	0	
2006 年 4 月 30 日	3	0. 10	9	5	0. 30	+ 141. 0	0	
2006 年 5 月 31 日	1	0. 03	3	3	0. 10	+ 141. 0	0	
合　计	71		275					

表 3 – 16　T2294 综放工作面覆岩运动观测钻孔内 3 号测点逐月下沉动态汇总表

时　间	各月下沉次数/次	日平均下沉次数/次	相对孔口地面月下沉量/mm	各月最大一次下沉量/mm	日平均下沉速度/(mm·d⁻¹)	各月底工作面位置与钻孔距离/m	各月工作面日平均推进度/m	备　注
2005 年 9 月 24 日						– 102. 7		开始观测
2005 年 10 月 31 日	4	0. 13	26	18	0. 84	– 27. 5	1. 625	
2005 年 11 月 30 日	9	0. 30	57	23	1. 90	+ 16. 8	1. 477	11 月 20 日工作面采过观测孔
2005 年 12 月 31 日	24	0. 77	50	5	1. 61	+ 65. 1	1. 558	
2006 年 1 月 31 日	14	0. 45	56	15	1. 81	+ 112. 5	1. 529	
2006 年 2 月 28 日	8	0. 29	41	17	1. 46	+ 141. 0	1. 018	工作面月底采完
2006 年 3 月 31 日	3	0. 10	27	15	0. 87	+ 141. 0	0	
2006 年 4 月 30 日	2	0. 07	10	7	0. 33	+ 141. 0	0	
2006 年 5 月 31 日	2	0. 06	5	3	0. 16	+ 141. 0	0	
合　计	66		272					

3）T2294 综放工作面覆岩运动与工作面推进度之间的关系

归纳表 3 –14 至表 3 –19 数据，可得 T2294 综放工作面覆岩运动量（即各观测点下沉量）与工作面开采推进度逐月统计见表 3 –20。

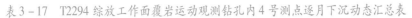

表 3-17 T2294 综放工作面覆岩运动观测钻孔内 4 号测点逐月下沉动态汇总表

时 间	各月下沉次数/次	日平均下沉次数/次	相对孔口地面月下沉量/mm	各月最大一次下沉量/mm	日平均下沉速度/（mm·d⁻¹）	各月底工作面位置与钻孔距离/m	各月工作面日平均推进度/m	备 注
2005 年 9 月 24 日						-102.7		开始观测
2005 年 10 月 31 日	5	0.16	23	16	0.74	-27.5	1.625	
2005 年 11 月 30 日	11	0.37	55	15	1.83	+16.8	1.477	11 月 20 日工作面采过观测孔
2005 年 12 月 31 日	21	0.68	51	7	1.65	+65.1	1.558	
2006 年 1 月 31 日	16	0.52	55	17	1.77	+112.5	1.529	
2006 年 2 月 28 日	8	0.29	37	11	1.32	+141.0	1.018	工作面月底采完
2006 年 3 月 31 日	9	0.29	35	19	1.13	+141.0	0	
2006 年 4 月 30 日	2	0.07	3	2	0.10	+141.0	0	
2006 年 5 月 31 日	2	0.06	3	2	0.10	+141.0	0	
合 计	74		262					

表 3-18 T2294 综放工作面覆岩运动观测钻孔内 5 号测点逐月下沉动态汇总表

时 间	各月下沉次数/次	日平均下沉次数/次	相对孔口地面月下沉量/mm	各月最大一次下沉量/mm	日平均下沉速度/（mm·d⁻¹）	各月底工作面位置与钻孔距离/m	各月工作面日平均推进度/m	备 注
2005 年 9 月 24 日						-102.7		开始观测
2005 年 10 月 24 日				1		-60.0		首次下沉
2005 年 10 月 31 日	5	0.16	20	9	0.65	-27.5	1.625	
2005 年 11 月 30 日	4	0.13	28	17	0.93	+16.8	1.477	11 月 20 日工作面采过观测孔
2005 年 12 月 31 日	24	0.77	56	7	1.81	+65.1	1.558	
2006 年 1 月 31 日	16	0.52	36	9	1.16	+112.5	1.529	
2006 年 2 月 28 日	7	0.25	40	11	1.43	+141.0	1.018	工作面月底采完
2006 年 3 月 31 日	5	0.16	13	5	0.42	+141.0	0	
2006 年 4 月 30 日	1	0.03	1	1	0.03	+141.0	0	
2006 年 5 月 31 日	0	0	0		0	+141.0	0	
合 计	62		194					

表 3 - 19　T2294 综放工作面覆岩运动观测钻孔内 6 号测点逐月下沉动态汇总表

时　间	各月下沉次数/次	日平均下沉次数/次	月相对孔口地面下沉量/mm	各月最大一次下沉量/mm	日平均下沉速度/(mm·d⁻¹)	各月底工作面位置与钻孔距离/m	各月工作面日平均推进度/m	备　注
2005 年 9 月 24 日						-102.7		开始观测
2005 年 10 月 31 日	1	0.03	9	9	0.29	-27.5	1.625	首次下沉
2005 年 11 月 30 日	4	0.13	11	5	0.37	+16.8	1.477	11 月 20 日工作面采过观测孔
2005 年 12 月 31 日	17	0.55	38	7	1.23	+65.1	1.558	
2006 年 1 月 31 日	11	0.35	40	9	1.29	+112.5	1.529	
2006 年 2 月 28 日	7	0.25	24	8	0.86	+141.0	1.018	工作面月底采完
2006 年 3 月 31 日	3	0.10	13	11	0.42	+141.0	0	
2006 年 4 月 30 日	0	0	0		0	+141.0	0	
2006 年 5 月 31 日	2	0.06	7	4	0.23	+141.0	0	
合　计	45		142					

表 3 - 20　T2294 综放工作面覆岩运动观测点下沉量与工作面推进度统计表

时　间	1 点相对孔口地面累计下沉量/mm	2 点相对孔口地面累计下沉量/mm	3 点相对孔口地面累计下沉量/mm	4 点相对孔口地面累计下沉量/mm	5 点相对孔口地面累计下沉量/mm	6 点相对孔口地面累计下沉量/mm	各月底工作面至钻孔距离/m	备　注
2005 年 9 月 24 日	0.00	0.00	0.00	0.00	0.00	0.00	-102.7	开始观测
2005 年 10 月 31 日	29.00	28.00	28.00	24.00	20.00	9.00	-27.5	10 月 12 日 1 点首次下沉，此时工作面距钻孔 -60 m
2005 年 11 月 30 日	106.00	96.00	85.00	79.00	48.00	20.00	+16.8	11 月 20 日工作面采至钻孔位置
2005 年 12 月 31 日	163.00	151.00	135.00	130.00	104.00	58.00	+65.1	
2006 年 1 月 31 日	223.00	204.00	191.00	185.00	140.00	98.00	+112.5	
2006 年 2 月 28 日	262.00	241.00	232.00	222.00	180.00	122.00	+141.0	工作面采完收坑

表 3 – 20（续）

时　间	1 点相对孔口地面累计下沉量/mm	2 点相对孔口地面累计下沉量/mm	3 点相对孔口地面累计下沉量/mm	4 点相对孔口地面累计下沉量/mm	5 点相对孔口地面累计下沉量/mm	6 点相对孔口地面累计下沉量/mm	各月底工作面至钻孔距离/m	备　注
2006 年 3 月 31 日	292.00	264.00	259.00	257.00	193.00	135.00	+141.0	
2006 年 4 月 30 日	299.00	273.00	269.00	260.00	194.00	135.00	+141.0	
2006 年 5 月 31 日	304.00	276.00	274.00	263.00	194.00	142.00	+141.0	

根据表 3 – 20 中数据，以 2005 年 11 月 20 日工作面采到观测钻孔位置和 2006 年 2 月底工作面采完收坑为阶段标志，将 T2294 工作面覆岩运动划分为以下 3 个阶段。

第一阶段，自 1 号测点首次下沉至工作面采到观测钻孔位置时止，即 2005 年 10 月 12 日至 11 月 20 日的 40 天时间，各观测点下沉（即覆岩岩层运动）情况：

1 号测点共下沉 12 次，下沉 94 mm，平均下沉速度 2.35 mm/d；

2 号测点共下沉 10 次，下沉 90 mm，平均下沉速度 2.25 mm/d；

3 号测点共下沉 11 次，下沉 78 mm，平均下沉速度 1.95 mm/d；

4 号测点共下沉 11 次，下沉 70 mm，平均下沉速度 1.75 mm/d；

5 号测点共下沉 8 次，下沉 46 mm，平均下沉速度 1.15 mm/d；

6 号测点共下沉 4 次，下沉 18 mm，平均下沉速度 0.45mm/d。

第二阶段，自工作面采过观测钻孔位置至工作面采完收坑止，即 2005 年 11 月 21 日至 2006 年 2 月 28 日的 100 天时间，各观测点下沉（即覆岩岩层运动）情况：

1 号测点共下沉 56 次，下沉 168 mm，平均下沉速度 1.68 mm/d；

2 号测点共下沉 52 次，下沉 151 mm，平均下沉速度 1.51 mm/d；

3 号测点共下沉 48 次，下沉 154 mm，平均下沉速度 1.54 mm/d；

4 号测点共下沉 50 次，下沉 152 mm，平均下沉速度 1.52 mm/d；

5 号测点共下沉 48 次，下沉 134 mm，平均下沉速度 1.34 mm/d；

6 号测点共下沉 36 次，下沉 104 mm，平均下沉速度 1.04 mm/d。

第三阶段，工作面采完收坑以后，即 2006 年 3 月 1 日至 5 月 31 日 92 天时间，各观测点下沉（即覆岩岩层运动）情况：

1 号测点共下沉 10 次，下沉 42 mm，平均下沉速度 0.46 mm/d；

2 号测点共下沉 9 次，下沉 35 mm，平均下沉速度 0.38 mm/d；

3 号测点共下沉 7 次，下沉 42 mm，平均下沉速度 0.46 mm/d；

4 号测点共下沉 13 次，下沉 41mm，平均下沉速度 0.45 mm/d；

5 号测点共下沉 6 次，下沉 14 mm，平均下沉速度 0.15 mm/d；

6 号测点共下沉 5 次，下沉 20 mm，平均下沉速度 0.22 mm/d。

归纳总结 T2294 综放工作面覆岩岩层运动（通过各观测点下沉反映）3 个阶段的情况如下：

第一阶段是工作面推采距观测孔越来越近，覆岩下部岩层由于距煤层近，首先开始下沉，然后上部岩层逐渐下沉，下部岩层的下沉量和下沉速度都大于上部岩层。

第二阶段是工作面推过观测孔且距离越来越远，覆岩各个岩层下沉量继续增加，但下部岩层平均下沉速度相对第一阶段有所降低，而上部岩层平均下沉速度则比第一阶段加快。

第三阶段是工作面采到终采线，转入回撤机电设备和液压支架，工作面停止推进后覆岩各个岩层下沉量显著减少且下沉速度显著降低。

以上分析表明，覆岩岩层运动量（即各观测点下沉量）与工作面开采推进度关系密切。随着工作面推采距观测孔越来越近，覆岩运动从下部岩层向上部岩层逐步发展，上部岩层发展滞后下部岩层；随着工作面推过观测孔而距离越来越远，下部岩层下沉速度逐渐降低，上部岩层下沉速度加快；当工作面停采后，覆岩各岩层运动（即各观测点下沉）下沉量减少且下沉速度降低，并逐渐趋于稳定。

4）T2294 综放工作面覆岩运动的特点

通过对"T2294 综放工作面覆岩运动观测孔各测点下沉记录表""T2294 综放工作面覆岩运动观测孔各测点逐月下沉动态汇总表"和"T2294 综放工作面覆岩运动观测点下沉量与工作面推进度统计表"的分析，总结 T2294 综放工作面覆岩运动呈以下特点：

（1）T2294 综放工作面覆岩运动呈间断性。

在 T2294 综放工作面覆岩运动观测孔内的各观测点所处的岩层为粗、中、细砂岩，自然抗压强度为 50 ~ 90 MPa，岩性较致密坚硬。在 T2294 综放工作面正常推采的条件下，各岩层的下沉不是匀速的，而是呈间断性的。如 1 号测点首次下沉发生在 2005 年 10 月 12 日 16 时，相隔 10 d 后的 10 月 22 日 16 时才发生第二次下沉，可紧接着的 10 月 23 日 8 时又发生第三次下沉，相隔仅 16 h。其他各测点下沉也出现类似情形。

（2）T2294 综放工作面覆岩各岩层的下沉不同步。

由于各观测点所处的岩层厚度及岩性的差别，受工作面开采影响各岩层下沉不同步，上部岩层下沉滞后于下部岩层，下沉量也小于下部岩层，呈现由下往上逐步发展的过程。如 1 号测点首次下沉发生在 2005 年 10 月 12 日 16 时，2 号测点和 3 号测点首次下沉发生在 12 天之后的 10 月 24 日 8 时，4 号测点和 5 号测点首次下沉发生在 8 h 之后的 10 月 24 日 16 时，6 号测点首次下沉则发生在 10 月 31 日 16 时。截止到 10 月 31 日 24 时，6 个测点累计下沉量也不相同，分别为 29、28、28、24、20、9 mm，上部岩层下沉量小于下部岩层。

（3）覆岩各岩层运动的时间和幅度不确定。

虽然覆岩各岩层运动总的规律是受工作面开采推进所支配，但各岩层运动下沉的具体时间和幅度则因岩层厚度及岩性的差别而出现差异。从各测点下沉记录可见，各岩层每次下沉的间隔时间不等，有时相邻两次下沉间隔几天，而有时一天内又下沉 2 ~ 3 次，相邻两次下沉相隔仅几个小时甚至几十分钟；每次下沉的幅度也不相同，有时一次下沉值达 18 mm，而多数为几毫米，甚至仅 1 mm。

（4）覆岩离层形成与发育的制约因素。

由于 T2294 综放工作面覆岩岩层运动的间断性、不同步和不确定的特点，致使覆岩岩层中产生了离层。T2294 综放工作面为唐山矿京山铁路煤柱铁二区二采区的首采工作面，其上下方及终采线一侧均未开采，工作面采宽 144 m，平均采深 716 m，采宽与采深之比仅为 0.20，故地表属于极不充分采动；设计覆岩运动观测钻孔的位置距工作面终采线较近，且工作面覆岩中存在多个较厚的坚硬岩层，开采后能够形成多个关键层，阻碍了上部岩层和地表的下沉，造成覆岩离层发育不够充分。

据 T2294 综放工作面覆岩运动观测数据整理出观测钻孔内 1 号测点以上覆岩离层量逐月统计表（表 3 - 21）。在停采结束 3 个月后，孔口地面累计下沉 565 mm，1 ~ 6 号测点之间各岩层仍残留离层空间 304 mm，6 号测点以上的岩层离层量有 142 mm。

从表 3 - 21 可知，工作面开采引起的覆岩内岩层离层量，受距煤层远近、岩层岩性、观测点之间的岩层厚度和岩层沉降压实等因素影响而出现差别，但总的趋势是：工作面开采引起覆岩内岩层离层，其离层量随着工作面推采靠近观测孔而急剧增加，又随着工作面停采而增速逐渐变缓；工作面停采后，覆岩岩层的离层量大部分遗留在覆岩的上部岩层中。

表 3-21 T2294 综放工作面观测孔 1 号测点以上覆岩离层量逐月统计表　　　　　　mm

时　间	1 号测点与2 号测点之间离层量	2 号测点与3 号测点之间离层量	3 号测点与4 号测点之间离层量	4 号测点与5 号测点之间离层量	5 号测点与6 号测点之间离层量	6 号测点与地面之间离层量	孔口地面下沉值	1 号测点以上覆岩离层量合计	备　注
2005 年 10 月 31 日	1.00	0.00	4.00	4.00	11.00	9.00	133	29	10 月 12 日 1 号测点首次下沉，此时工作面距钻孔 -60 m
2005 年 11 月 30 日	10.00	11.00	6.00	31.00	28.00	20.00	285	106	11 月 20 日工作面采至钻孔位置
2005 年 12 月 31 日	12.00	16.00	5.00	26.00	46.00	58.00	320	163	
2006 年 1 月 31 日	19.00	13.00	6.00	45.00	42.00	98.00	415	223	
2006 年 2 月 28 日	21.00	9.00	10.00	42.00	58.00	122.00	477	262	工作面采完收坑
2006 年 3 月 31 日	28.00	5.00	2.00	64.00	58.00	135.00	513	292	
2006 年 4 月 30 日	26.00	4.00	9.00	66.00	59.00	135.00	555	299	
2006 年 5 月 31 日	28.00	2.00	11.00	69.00	52.00	142.00	565	304	

图 3-35 和图 3-36 分别所示为 T2294 综放工作面覆岩运动观测孔孔口地面下沉曲线图与下沉速度曲线图。图 3-37 所示为观测孔内 6 个测点相对观测钻孔孔口地面的下沉曲线图，各条下沉曲线对应纵坐标的数值即为各测点相对观测钻孔孔口地面的下沉量，而各测点下沉曲线之间的距离则为各测点之间的离层量，测点 6 的下沉曲线对应纵坐标的数值为测点 6 以上岩层中的离层量。

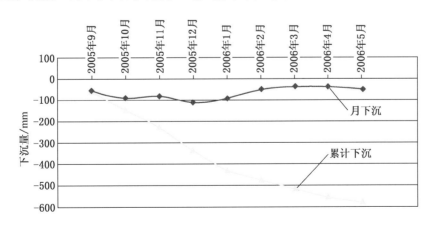

图 3-35 T2294 综放工作面覆岩运动观测孔孔口地面下沉曲线图

3.4.5 现场观测研究 T2291 综放工作面覆岩运动

1. T2291 综放工作面简介

T2291 综放工作面亦位于唐山矿京山铁路煤柱首采区西邻的二采区，在 T2294 综放工作面以北约

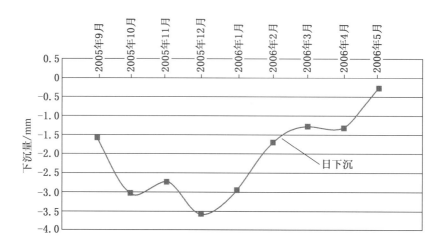

图 3 - 36 T2294 综放工作面覆岩运动观测孔孔口地面下沉速度曲线图

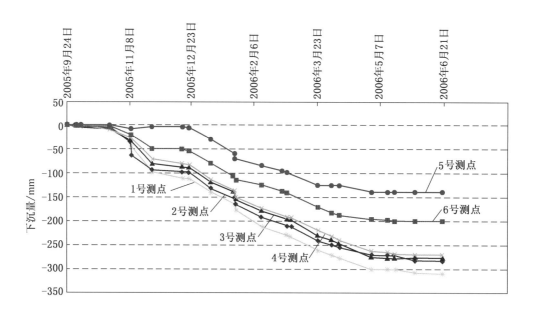

图 3 - 37 T2294 综放工作面覆岩观测钻孔内 6 个测点相对孔口地面的下沉曲线图

300 m。该工作面走向长度 1062 m，工作面倾斜长度 138 m，煤层平均厚度 10.0 m，煤层平均倾角 12°，地质储量 185.74 × 10⁴ t，可采储量 148.59 × 10⁴ t，煤层平均埋深 623 m，第四系冲积层厚度为 150 m。

煤层基本顶为灰色细砂岩，厚度约 14.5 m；直接顶为灰色砂质泥岩，厚度约 4 m；伪顶为灰色泥岩，厚度约 0.5 m；基本底为深灰色砂质泥岩，厚度 2.0 m；煤层直接底为深灰色泥岩，厚约 4.5 m。

2. 现场观测 T2291 综放工作面覆岩运动

1）T2291 综放工作面覆岩运动观测钻孔位置选择

T2291 综放工作面观测钻孔布置在走向距开切眼 350 m 处，在工作面倾斜长度的中间，钻孔与回风巷、运输巷的距离都是 69 m，如图 3 - 38 所示。观测钻孔处的 8 ~ 9 煤层合区的顶板标高为 -623 m，地表标高 +13 m，则观测孔处 8 ~ 9 煤层合区的埋深为 636 m。

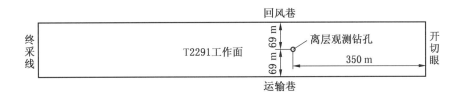

图 3-38　T2291 综放工作面覆岩运动观测钻孔布置平面图

2）T2291 综放工作面覆岩运动观测孔内观测点布置

根据 T2291 综放工作面覆岩岩层柱状表（表 3-22）和观测需要与测点安装可能等因素分析，观测层位选择在孔深 496~356 m 范围内，共布置 6 个观测点，由下往上编号 1~6，各测点之间距离分别为 26、25、25、20、44 m。测点布置见表 3-23 和图 3-39。

2006 年 10 月 6 日进场作 T2291 综放工作面覆岩运动观测钻孔施工准备，10 月 9 日开始钻进，11 月 16 日完孔，孔深 502.0 m。

表 3-22　T2291 综放工作面覆岩运动观测孔基岩柱状表（320.32~502 m 段）

层号	孔深/m	层厚/m	岩层性质	岩 性 描 述
	320.32			320.32 m 以上无芯钻进
1	320.47	0.15	中砂岩	灰白色，成分以石英为主，孔隙式胶结，岩性坚硬、致密，岩芯完整呈柱状
2	321.97	1.50	粉砂岩	红褐色~杂色，岩芯完整呈柱状，岩性致密，较细腻，显水平层理
3	326.74	4.77	中粗砂岩	灰白色，成分以石英、长石为主，夹暗色岩屑，孔隙式胶结，岩性坚硬、致密，岩芯完整呈柱状，分选性中等，磨圆为次圆状，上部为中砂岩，下部为粗砂岩
4	330.69	3.95	粉砂岩	紫红色~青灰色，岩芯破碎，裂隙发育，岩性较致密、性脆，硬度低，显水平层理
5	344.23	13.54	中砂岩	青灰色，成分以石英为主、长石次之，孔隙式胶结，岩性坚硬、致密，分选中等，磨圆为次圆状，岩芯完整呈柱状，呈水平层理
6	351.88	7.65	粉砂岩	青灰色~紫红色，岩性致密，较细腻，岩芯较完整，局部岩芯破碎
7	352.68	0.80	细砂岩	青灰色，成分以石英、长石为主，岩性坚硬、致密，岩芯完整呈柱状
8	360.48	7.80	中粗砂岩	青灰色~灰白色，成分以石英为主、长石次之，孔隙式胶结，岩芯完整呈柱状，岩性坚硬、致密，显水平层理，下部变粗为粗砂岩，分选中等，磨圆为次圆状。测点 6 位置
9	373.74	13.26	粉砂岩	紫红色~青灰色，岩芯破碎呈块状，裂隙发育，岩性较细腻，局部夹泥岩薄层
10	374.34	1.65	中砂岩	青灰色，成分以石英为主，岩芯完整呈柱状，岩性坚硬、致密，显水平层理，分选中等，磨圆为次圆状
11	391.59	17.25	粉砂岩	紫红色~青灰色，岩性较细腻，岩芯破碎呈碎块状，近直立裂隙发育，局部夹泥岩薄层
12	392.49	0.90	细砂岩	灰色，岩性致密，较坚硬，岩芯完整呈柱状，显水平层理，底部 0.10 m 为粉砂岩
13	404.74	12.25	中粗砂岩	灰白色，成分以石英为主，岩芯完整呈柱状，岩性坚硬、致密，孔隙式胶结，显水平层理，分选中等，磨圆为次圆状。测点 5 位置
14	412.08	7.34	粉砂岩	浅灰色，岩芯破碎呈碎块状，裂隙发育
15	429.03	16.95	中粗砂岩	灰白色，成分以石英、长石为主，暗色岩屑次之，岩性致密、坚硬，分选较好，磨圆为次圆状，岩芯完整呈柱状，局部近直立裂隙发育。测点 4 位置

表 3-22（续）

层号	孔深/m	层厚/m	岩层性质	岩 性 描 述
16	436.43	7.40	粉砂岩	紫红色~青灰色，岩芯破碎呈碎块状，近直立裂隙发育
17	449.36	12.93	中粗砂岩	灰白色，成分以石英、长石为主，暗色岩屑次之，岩性致密、坚硬，分选较好，磨圆为次圆状，岩芯完整呈柱状。测点3位置
18	464.25	14.89	粉砂岩	灰黑色，岩芯破碎呈碎块状，显水平层理，近直立裂隙发育，夹数层细砂岩薄层
19	473.72	9.47	中砂岩	灰白色，成分以石英为主，岩性致密、坚硬，岩芯完整呈柱状，分选较好，磨圆为次圆状，显水平层理，局部岩芯破碎。测点2位置
20	476.87	3.15	粉砂岩	浅灰黑色，岩芯破碎呈碎块状，显水平层理，近直立裂隙发育，夹细砂岩薄层
21	478.47	1.60	粗砂岩	白灰色，成分以石英、长石为主，暗色岩屑次之，岩性致密、坚硬，岩芯完整呈柱状，分选中等，磨圆为次棱角状，含小砾石，粒径在5 mm左右
22	483.76	5.26	细砂岩	青灰色，岩性较致密，岩芯破碎呈块状，岩芯缺失，显条带状外观
23	493.81	10.05	中砂岩	青灰色~灰白色，成分以石英为主，岩性致密、坚硬，岩芯完整呈柱状，分选中等，磨圆为次圆状，条带状外观，上部较细为细砂岩，下部为中砂岩
24	502	24.86	粉砂岩	浅灰黑色，岩芯破碎呈碎块状，显水平层理，近直立裂隙发育，局部夹细砂岩薄层，见大量植物叶化石。测点1位置

表 3-23 T2291 综放工作面覆岩运动观测孔内测点位置表

测点	深度/m	至煤层顶板距离/m	所在岩层厚度、岩性描述
1号	496	140	粉砂岩，厚24.86 m，浅灰黑色，岩芯呈碎块状，显水平层理，近直立裂隙发育
2号	470	166	中砂岩，厚9.47 m，灰白色，成分以石英为主，岩性致密、坚硬，岩芯完整呈柱状，显水平层理
3号	445	191	中粗砂岩，厚12.93 m，灰白色，成分以石英、长石为主，岩性致密、坚硬，岩芯完整呈柱状
4号	420	216	中粗砂岩，厚16.95 m，灰白色，成分以石英、长石为主，岩性致密、坚硬，岩芯完整呈柱状，局部近直立裂隙发育
5号	400	236	中粗砂岩，厚12.25 m，灰白色，成分以石英为主，岩性致密、坚硬，岩芯完整呈柱状，孔隙式胶结，显水平层理
6号	356	280	中粗砂岩，厚7.80 m，青灰色~灰白色，成分以石英为主、长石次之，孔隙式胶结，岩性致密、坚硬，岩芯完整呈柱状，显水平层理

3）T2291 综放工作面覆岩运动观测成果

T2291 综放工作面于 2006 年 10 月投产，2007 年 12 月开采结束。地面观测站于 2006 年 11 月 7 日进行首次测量，测量观测孔孔口标高及孔内各测点相对孔口深度，并以此为基准进行覆岩运动测量。覆岩运动观测至 2007 年 10 月 14 日结束，历时 11 个多月，取得以下观测成果：

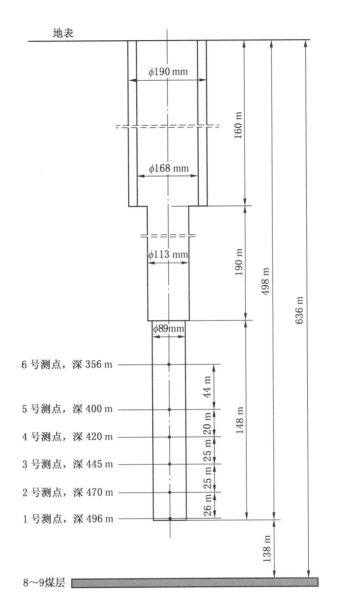

图 3 - 39　T2291 综放工作面覆岩运动观测钻孔内测点布置图

（1）观测揭示孔口下沉与工作面开采推进度的关系。

通过观测资料分析整理，得出观测孔孔口下沉量与下沉速度和工作面距离关系（表 3 - 24），以及观测孔口地面下沉量及下沉速度与 T2291 综放工作面开采推进度关系曲线图（图 3 - 40）。

表 3 - 24　T2291 综放工作面覆岩运动观测孔孔口下沉量与工作面距离关系

时　　间	工作面与观测孔的距离/m	工作面月进度/m	观测孔孔口地面月下沉量/mm	观测孔孔口地面日下沉速度/（mm·d⁻¹）
2006 年 11 月 7 日	− 290.5	40.0	0	0
2006 年 12 月 31 日	− 229.9	60.6	37	0.69
2007 年 1 月 31 日	− 153.5	76.4	23	0.74
2007 年 2 月 28 日	− 85.0	68.5	27	0.96

表 3-24（续）

时　　间	工作面与观测孔的距离/m	工作面月进度/m	观测孔孔口地面月下沉量/mm	观测孔孔口地面日下沉速度/（mm·d⁻¹）
2007 年 3 月 31 日	-0.5	84.5	170	5.48
2007 年 4 月 30 日	83.0	83.5	316	10.53
2007 年 5 月 31 日	150.5	67.5	284	9.16
2007 年 6 月 30 日	209.6	59.1	199	6.63
2007 年 7 月 31 日	314.5	104.9	206	6.64
2007 年 8 月 31 日	347.5	33.0	56	1.81
2007 年 9 月 30 日	421.5	74.0	37	1.23
2007 年 10 月 14 日	445.5	24.0	10	0.71

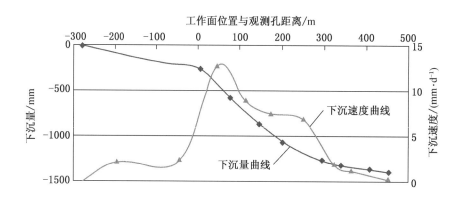

图 3-40　T2291 综放工作面距观测孔距离与孔口下沉量及下沉速度关系曲线图

由表 3-24 和图 3-40 可知，当工作面距观测孔在 85 m 以上时，孔口下沉量及下沉速度均较小；当工作面靠近并采过观测孔乃至越过观测孔 300 m 以内时，孔口下沉量及下沉速度加大并达最大值；此后随着工作面距观测孔越来越远时，孔口下沉量及下沉速度又逐渐变小。

（2）观测揭示覆岩离层发育规律。

通过整理 T2291 综放工作面覆岩运动观测孔所得原始数据，得到工作面开采推进度与观测孔内各测点相对孔口地面逐月累计下沉量（即各测点所在岩层的逐月累计下沉量）关系，见表 3-25；观测孔内各测点的逐月下沉量和下沉速度见表 3-26。

表 3-25　T2291 综放工作面覆岩运动观测孔孔内各测点逐月累计下沉量表

时　　间	工作面与观测孔的距离/m	观测孔孔口地面下沉量/mm	观测孔孔内各测点相对孔口地面累计下沉量/mm					
			1 号	2 号	3 号	4 号	5 号	6 号
2006 年 11 月 30 日	-290.5	0	0	0	0	0	0	0
2006 年 12 月 31 日	-229.9	37	4	3	3	2	2	0
2007 年 1 月 31 日	-153.5	60	9	7	7	6	6	5
2007 年 2 月 28 日	-85.0	87	15	10	9	7	7	6
2007 年 3 月 31 日	-0.5	257	22	18	16	12	10	8
2007 年 4 月 30 日	83.0	573	135	120	107	102	88	31

表 3 - 25（续）

时　　间	工作面与观测孔的距离/m	观测孔孔口地面下沉量/mm	观测孔孔内各测点相对孔口地面累计下沉量/mm					
			1 号	2 号	3 号	4 号	5 号	6 号
2007 年 5 月 31 日	150.5	857	268	260	255	255	252	246
2007 年 6 月 30 日	209.6	1056	623	618	614	607	602	580
2007 年 7 月 31 日	314.5	1262	636	630	625	620	613	587
2007 年 8 月 31 日	347.5	1318	640	636	629	625	616	592
2007 年 9 月 30 日	421.5	1355	643	641	636	633	627	610
2007 年 10 月 14 日	445.5	1365	644	642	638	634	629	614

表 3 - 26　T2291 综放工作面覆岩运动观测孔各测点逐月下沉量与下沉速度表

时　　间	1 号月下沉量/mm	1 号月下沉速度/(mm·d⁻¹)	2 号月下沉量/mm	2 号月下沉速度/(mm·d⁻¹)	3 号月下沉量/mm	3 号月下沉速度/(mm·d⁻¹)	4 号月下沉量/mm	4 号月下沉速度/(mm·d⁻¹)	5 号月下沉量/mm	5 号月下沉速度/(mm·d⁻¹)	6 号月下沉量/mm	6 号月下沉速度/(mm·d⁻¹)
2006 年 11 月 30 日	0	0	0	0	0	0	0	0	0	0	0	0
2006 年 12 月 31 日	4	0.129	3	0.097	3	0.097	2	0.065	2	0.065	0	0
2007 年 1 月 31 日	5	0.161	4	0.129	4	0.129	4	0.129	4	0.129	5	0.161
2007 年 2 月 28 日	6	0.214	3	0.107	2	0.071	1	0.036	1	0.036	1	0.036
2007 年 3 月 31 日	7	0.226	8	0.258	7	0.226	5	0.161	3	0.097	2	0.065
2007 年 4 月 30 日	113	3.767	102	3.400	91	3.033	90	3.000	78	2.600	23	0.767
2007 年 5 月 31 日	133	4.290	140	4.516	148	4.774	153	5.100	164	5.290	215	6.936
2007 年 6 月 30 日	355	11.833	358	11.933	359	11.967	352	11.733	350	11.667	334	11.133
2007 年 7 月 31 日	13	0.419	12	0.387	11	0.355	13	0.419	11	0.355	7	0.226
2007 年 8 月 31 日	4	0.129	6	0.194	4	0.129	5	0.161	3	0.097	5	0.161
2007 年 9 月 30 日	3	0.100	5	0.167	7	0.233	8	0.267	11	0.367	18	0.600
2007 年 10 月 14 日	1	0.071	1	0.071	2	0.143	1	0.071	2	0.143	4	0.286

根据表 3 - 25 和表 3 - 26 可知，T2291 综放工作面覆岩离层发生、发展到停止的全过程可划分为以下 3 个阶段：

第一阶段为采场覆岩离层发生与缓慢发展阶段，时间为 2006 年 10 月至 2007 年 3 月。此期间 T2291 综放工作面从开切眼推采至距观测孔 0.5 m。

当 T2291 综放工作面从开切眼推采距观测钻孔 290.5 m 以上时，此时工作面开采尚未影响到观测钻孔位置，钻孔孔口地面与钻孔内各测点相对孔口地面的下沉量均为 0，覆岩离层尚未发生。

随着 T2291 综放工作面的开采推进距观测钻孔间距在 290.5 ~ 0.5 m 之间时，工作面开采造成煤层顶板垮落并向上传递，引起上覆岩层的移动和变形，从而导致孔口地面和孔内各测点相继下沉，此时下沉量和下沉速度呈缓慢增加状态。如 2006 年 12 月至 2007 年 2 月孔口地面逐月的下沉量仅为 37（含 12 月以前的下沉量）、23、27 mm/月，对应的下沉速度为 0.69、0.74、0.96 mm/d；观测孔内以最下面的 1 号点为例，其相对孔口地面的下沉量仅为 4、5、6 mm/月，对应的下沉速度为 0.129、0.161、0.214 mm/d，其他各点的下沉量和下沉速度均比 1 号点要小，表明覆岩由下往上因工作面开采影响而下沉，各测点下沉值之差即为覆岩岩层之间产生的离层值。

到 2007 年 3 月 31 日 T2291 综放工作面推进至距观测钻孔 0.5 m 时，测得孔口地面下沉了 257 mm，其中 3 月下沉量达 170 mm，下沉速度为 5.48 mm/d，表明工作面从距观测钻孔 85 m 推采逐渐接近观测孔位置时，观测孔孔口地面下沉加快。但钻孔内 1~6 号测点在 3 月份相对孔口地面分别只下沉了 7、8、7、5、3、2 mm，下沉速度分别为 0.226、0.258、0.226、0.161、0.097、0.065 mm/d，表明钻孔内测点下沉滞后孔口地面的下沉。

第二阶段为采场覆岩离层发育、急剧发展阶段，时间为 2007 年 4 月至 7 月。此期间 T2291 综放工作面从距观测孔 0.5 m 至推采过观测孔 314.5 m，观测孔孔口地面及孔内各测点相对孔口地面的下沉量和下沉速度随着工作面的开采推进呈急速增加状态。观测孔孔口地面逐月的下沉量分别为 316、284、199、206 mm/月，对应的下沉速度分别为 10.53、9.16、6.63、6.64 mm/d，与第一阶段相比增加了 1 个数量级。其中，2007 年 4 月工作面由观测钻孔位置往前推进至 83 m 一段，钻孔孔口地面该月下沉量和日下沉速度均达到最大值；此时 T2291 工作面覆岩离层观测孔内各测点的下沉量和下沉速度也相继达到最大值，只是时间滞后于孔口地面。以最下面的 1 号测点为例，2007 年 4 月至 7 月相对孔口地面逐月的下沉量（即离层量）分别为 113、133、355、13 mm/月，对应的下沉速度分别为 3.767、4.290、11.833、0.419 mm/d。

2007 年 6 月 T2291 综放工作面由采过观测钻孔 150.5 m 继续往前推进至 209.6 m 一段，钻孔内各测点相对孔口地面月下沉量分别为 355、358、359、352、350、334 mm/月，对应下沉速度分别为 11.833、11.933、11.967、11.733、11.667、11.133 mm/d，达到各测点下沉（即离层）的最大值。此阶段采场覆岩离层发育并急剧发展，特别是 6 号测点以上的岩层中也产生了 334 mm 的离层空间。

第三阶段为采场覆岩离层减小至逐渐闭合阶段，时间为 2007 年 8 月及以后。此时 T2291 综放工作面推采越过观测孔 314.5 m，随着工作面开采推进离观测孔距离逐渐增大，孔口地面及孔内各测点相对孔口地面的下沉量和下沉速度明显减小。

观测数据表明，2007 年 8 月至 10 月 14 日孔口地面逐月的下沉量分别为 56、37、10 mm/月，对应的下沉速度分别为 1.81、1.23、0.71 mm/d，与第二阶段相比降低了 1 个数量级；观测孔内各测点相对孔口地面下沉量和下沉速度亦逐渐减少。以最下面的 1 号点为例，相对孔口地面逐月的下沉量（即离层量）分别为 4、3、1 mm/月，对应的下沉速度分别为 0.129、0.100、0.071 mm/d；2007 年 10 月 14 日 T2291 工作面位置已推采越过观测孔 1365m，此时孔内 1~6 号测点相对孔口地面的累计下沉量（即离层量）分别为 644、642、638、634、629、614 mm，各点之间的离层量分别为 2、4、4、5、15 mm，6 号点以上的岩层中则有 614 mm 的离层空间，表明随着工作面的开采推进远离观测孔后，覆岩下部岩层的离层趋于闭合，离层向上部岩层发展。

总之，观测孔位置处的覆岩离层的产生、发展及闭合是受工作面推采决定的，它在工作面推进到距观测孔一定距离时开始发生，又随着距离的缩短而发展并达到最大值，以后随着与工作面距离的增大逐渐减弱，最后因距离太远而逐渐趋于闭合。

3.5 现场观测研究京山铁路煤柱覆岩运动与离层发育规律结论

以上介绍了开滦矿务局联合中国矿业大学（北京）、山东科技大学和煤炭科学研究总院唐山分院，为了揭示京山铁路煤柱覆岩离层规律，先后开展的实验室新型相似材料模拟实验、计算机模拟覆岩离层与数值计算和现场覆岩运动与离层动态实测研究，取得了丰硕成果，得出以下结论。

（1）京山铁路煤柱开采后覆岩中将产生离层，能够采取地面钻孔对覆岩离层进行注浆以减少地表沉降。

通过实验室新型相似材料模拟实验和计算机模拟覆岩离层研究，表明京山铁路煤柱开采后，其软硬相间的覆岩中将会产生离层；现场进行的 T2294 和 T2291 两个综放工作面开采覆岩运动与离层动态观测结果，实测到工作面开采引发的覆岩离层产生、发展及闭合的全过程。这样从实验模拟到现场实测都确认：京山铁路煤柱开采后，在覆岩中将产生离层，实施覆岩离层注浆减沉开采京山铁路煤柱，以保证铁路安全运行是可行的。

（2）京山铁路煤柱覆岩运动与离层受工作面开采进度影响。

上述研究表明，工作面开采引起覆岩运动产生离层，离层与工作面的位置密切相关：两个综放工作面观测钻孔内的各测点相对钻孔地面的下沉（即离层产生）在工作面推采至一定距离时才会发生，其下沉量（即离层量）随着工作面推采靠近观测钻孔而急剧增加，又随着工作面远离观测钻孔而减小，直至趋于闭合。这为京山铁路煤柱实施覆岩离层注浆减沉开采提出了把握最佳时机的要求。

（3）京山铁路煤柱覆岩运动与离层呈现由下往上发展的规律。

现场覆岩运动与离层动态实测研究表明，由于工作面开采造成顶板垮塌，向上传递引起覆岩运动和变形，故距煤层最近的 1 号测点最早下沉，而且与 2 号点之间岩层产生离层，以后随着工作面位置的变化和时间的推移，离层由下往上发展，而且离层受岩层厚度和岩性强度等因素影响而出现差别。随着工作面远去而使覆岩运动趋于稳定，这时的覆岩离层量大部分遗留在 6 号测点以上的覆岩岩层中。京山铁路煤柱实施覆岩离层注浆减沉开采时，离层注浆必须适应覆岩运动与离层规律，才能取得好的减沉效果。

（4）京山铁路煤柱覆岩离层发育程度与采动程度密切相关。

现场观测的两个综放工作面地质条件基本相同，其走向长度、倾斜长度、煤层厚度、倾角、埋深和观测孔在工作面倾斜方向位置与观测孔的结构、孔内测点的数量和所处的岩层岩性都非常相似。但由于 T2291 综放工作面与 T2294 综放工作面周边开采情况不同、观测钻孔在工作面走向方向的位置不同，造成采场覆岩离层发育程度出现差异：T2294 综放工作面仅东边已采，其余 3 边尚未开采，观测孔位于距设计终采线 150 m 处；而 T2291 工作面北、东两边已采，只西、南两边尚未开采，观测孔位于距开切眼 350 m 处。表 3 - 10 统计表明，T2294 综放工作面观测孔内 1 号测点以上覆岩运动形成的离层量合计为 304 mm；而表 3 - 14 统计表明，T2291 综放工作面观测孔内 1 号测点以上覆岩运动形成的离层量合计为 644 mm，可见采动程度对覆岩离层的影响非常密切，采动程度越充分，引起的覆岩运动越强烈，覆岩离层发育就越充分；并且采场地表沉陷幅度与采动程度密切相关，T2294 综放工作面观测孔口地面下沉 565 mm，而 T2291 综放工作面观测孔口地面却下沉了 1365 mm。覆岩离层发育程度与采动程度密切相关的规律，揭示实施覆岩离层注浆减沉开采京山铁路煤柱，必须根据采动程度做好离层注浆设计，才能取得好的减沉效果。

4 煤层开采覆岩离层注浆减沉机理研究

4.1 覆岩离层注浆的力学分析

对覆岩离层进行注浆，覆岩受到注入浆液的力学作用和粉煤灰体的充填作用，覆岩变形破坏状况将发生改变。通过分析覆岩离层注浆的浆液力学作用、离层发育情况、浆液流动规律及灰层沉积形态等，研究探索覆岩离层注浆减沉的机理。

4.1.1 覆岩离层空间形态与浆液压力

1. 覆岩离层空间形态

覆岩离层空间的形态一般呈上凹下凸的透镜状，这是与覆岩岩层的运动弯曲形态相对应的，如图4-1所示。

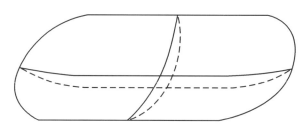

图4-1 覆岩离层形态示意图

2. 离层空间内浆液压力

注入离层缝内的浆液在封闭的离层空间内呈承压状态，以覆岩离层埋深400 m为例，此时覆岩离层缝内浆液的压力应该等于注浆钻孔孔口的浆液压力加上钻孔内浆液液柱形成的压力，其表达式为

$$P_{离} = \gamma H + P_{孔口} = 1.18 \times 10^3 \times 400 + P_{孔口} = 472 \times 10^3 (kg/m^2) + P_{孔口}$$
$$= 4.82 (MPa) + P_{孔口} \qquad (4-1)$$

式中　$P_{离}$——离层缝内浆液的压力，MPa；

　　　　γ——注浆浆液的密度，1.18×10^3 kg/m³；

　　　　H——注浆钻孔的深度，m；

　　　　$P_{孔口}$——注浆钻孔孔口处的注浆压力，MPa。

4.1.2 覆岩离层空间内承压浆液力学分析

1. 承压浆液的力学作用方向

承压浆液的力学作用方向有向上、向下和水平方向3个。

（1）向上的浆液压力对离层上部岩层起到支托作用，阻止上部岩层下沉，从而起到减少地表沉陷。

（2）向下的浆液压力对离层下部岩层起到压实作用，使离层空间扩大而注入更多的承压浆液，持续对离层上部岩层起到支托作用。

（3）承压浆液的水平力学作用向离层空间的四周边缘施压，像楔子一样将岩层撑开，称之为水楔作用，起到促进离层扩展的作用，同样使离层空间扩大而注入更多的承压浆液，持续对离层上部岩层起到支托作用。

承压浆液的力学作用如图 4 – 2 所示。

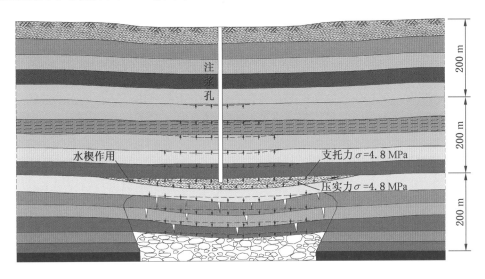

图 4 – 2　覆岩离层空间内承压浆液的力学作用示意图

2. 承压浆液对上部岩层的支托作用

仍以覆岩离层埋深 400 m 为例，钻孔浆液作用在离层内的压力高达 4. 8 MPa + $P_{孔口}$，当注浆浆液充满钻孔时，浆液的支托力能够支托起离层一半以上厚度岩层的重量。在连续大流量注浆条件下，承压浆液的支托力能够，也必然会有效地阻止其上部岩层的下沉和离层。承压浆液对上部岩层的支托作用在开滦范各庄矿覆岩离层注浆减沉综放开采沙河公路桥和铁路桥保护煤柱的实践中得到证实。

（1）开滦范各庄矿覆岩离层注浆减沉综放开采沙河公路桥保护煤柱实践中，因冲积层底部注浆充填造成地表隆起现象，证实承压浆液对上部岩层的支托作用。

范各庄矿井田第四系冲积层中含 4 ~ 5 层黏土层，特别是冲积层底部的黏土层隔断了冲积层与基岩的水力联系，有良好的封闭性。在沙河公路桥保护煤柱覆岩注浆减沉综放开采实施过程中，发现沙河公路桥东北侧的东小树林处有地表隆起的现象，隆起中心位于公路桥东北方向 210 m 处，隆起最高达 2. 7 m，体积约 9900 m³。分析原因为注浆钻孔受采动影响，造成钻孔内注浆管在基岩面处断裂，浆液窜入冲积层底部充填造成地表隆起并导致该处沙河河床抬高影响河水下泄，被迫进行河道开挖才恢复流水。其承压浆液对上部岩层的支托作用可用以下公式表示：

$$P_{冲} = \gamma H + P_{孔口} \geqslant \gamma_{冲} H \qquad (4 – 2)$$

式中　$P_{冲}$——冲积层底部的浆液压力，MPa；

　　　γ——注浆浆液的密度，$1. 18 \times 10^3$ kg/m³；

　　　H——冲积层底部的深度，m；

　　　$P_{孔口}$——注浆钻孔孔口处的注浆压力，MPa；

　　　$\gamma_{冲}$——冲积层密度，10^3 kg/m³。

（2）开滦范各庄矿覆岩离层注浆减沉综放开采沙河铁路桥保护煤柱实践中，采取冲积层底部注浆控制和抬升铁路桥，证实承压浆液对上部岩层的支托作用。

范各庄矿在覆岩离层注浆减沉综放开采沙河铁路桥保护煤柱的实践中，受沙河公路桥保护煤柱开采出现的冲积层底部注浆使地表隆起的启发，为弥补覆岩离层注浆的不足，对冲积层底部进行注浆充填作为补充。观测数据显示，冲积层底部注浆调节作用明显，不仅控制了铁路桥的下沉，还上升了

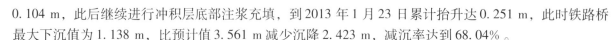

0.104 m，此后继续进行冲积层底部注浆充填，到 2013 年 1 月 23 日累计抬升达 0.251 m，此时铁路桥最大下沉值为 1.138 m，比预计值 3.561 m 减少沉降 2.423 m，减沉率达到 68.04%。

3. 承压浆液对下部岩层的压实作用

覆岩离层内的承压浆液，对其下部岩层也施加着同样大小的压力。下部垮落带和裂隙带内的岩层已经破碎、断裂，离层下部岩层的抗弯能力较小，在承压浆液压力作用下，离层下部各岩层将被压实。这样，会使正在注浆的离层缝宽度进一步扩大。

承压浆液向下的压力在具备三个条件时，其压实作用会十分突出：一是承压浆液的压力值大；二是离层下部岩层抗弯能力很小；三是注浆浆液始终充满钻孔时，其承压浆液压力不会因下部岩层的压实而变化，而是随下部岩层的压实下沉且始终"跟进"并保持不变，将减少上部岩层滞后的下沉。

4. 承压浆液对离层边缘的水楔作用

承压浆液的另一个作用就是对覆岩离层缝边缘的水楔作用，即在该压力的作用下，离层缝边缘将被撑开，承压浆液会像一个"楔子"一样去撑开还未离开的层面。在承压浆液压力的持续作用下，浆液会不断撑裂或撕裂岩层层面，扩展着离层的面积与空间，使"跟进"注入的承压浆液充满离层空间。

4.1.3　覆岩离层注浆力学分析的启示

综上所述，由于覆岩离层空间内的承压浆液的力学作用，既有效地支托其上部岩层不再下沉，阻止离层向上发育；又因对下部岩层的压实和对覆岩离层缝边缘的水楔作用，不断地扩展着离层的空间。覆岩离层注浆力学分析揭示了要取得离层注浆减少地面沉陷效果的关键所在：

（1）设计地面注浆钻孔深度应尽量对覆岩下部最早产生的离层缝注浆，使浆液充填与离层产生同步进行。

（2）在对覆岩最早产生的离层及时注浆的同时，必须保证浆液供给充足，以持续足量注浆提高注浆量和浆液浓度，使覆岩离层空间内的承压浆液的力学作用得到充分发挥，有效地阻止覆岩离层继续向上发育，才能提高注浆减沉率。

4.2　覆岩离层注浆浆液流动的规律

4.2.1　覆岩离层注浆纵向流动范围

注浆浆液在覆岩纵向的流动范围取决于两个因素：一个是覆岩离层的纵向高度；另一个是注浆钻孔的结构。

1. 覆岩离层纵向高度因素

由覆岩岩层运动规律可知：在厚煤层一次采全厚、覆岩中无起控制作用的关键层、地表接近充分采动的条件下，覆岩离层会发展到基岩的最上部一个岩层，这就决定了注浆浆液在覆岩纵向的流动范围。

2. 注浆钻孔结构因素

针对覆岩离层产生和发育的特点，要求注浆钻孔能服务于覆岩离层产生、发展、闭合的全过程，以提高注浆减沉的效果。为使注浆浆液进入覆岩的所有离层，注浆钻孔的结构设计应让注浆浆液流动的纵向范围扩展至覆岩的所有离层，即对钻孔深度范围内的基岩全段注浆，以提高注浆减沉率，如图 4-3 所示。

4.2.2　覆岩离层注浆层向流动范围

钻孔注浆浆液在覆岩离层层面内流动范围的大小，主要取决于离层空间的高度和注浆压力。离层空间高度越大，离层空间底部沉积的粉煤灰层对浆液流动的阻碍就越小，越有利于浆液流动，层向注浆范围就越大；而注浆压力越大，其水平方向的水楔作用将扩大浆液在覆岩离层层面的流动范围。

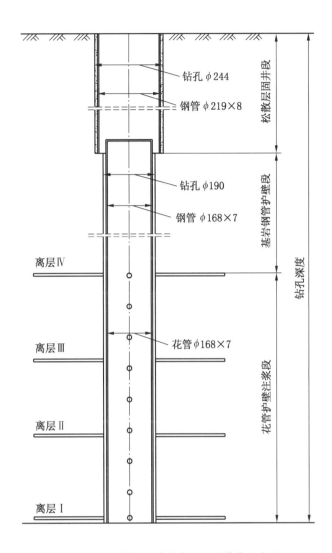

图 4-3   注浆钻孔覆岩离层全段结构示意图

1. 影响覆岩离层空间的因素分析

影响覆岩离层空间大小的主要因素有 5 个：工作面采高 M、工作面宽度 D_1、离层层位高度 h_1、覆岩结构和采用的注浆工艺。

当采高越大产生的覆岩离层空间就越大，走向长壁工作面倾斜长度越大和地层中有控制性关键层时离层空间就越大，离层层位高度越靠近下部其离层空间就越大，采用"有压连续注浆"工艺时，承压浆液的力学作用能够保持和扩大离层空间，具备这些因素时注浆钻孔的层向注浆范围就会更大。

2. 覆岩离层注浆层向流动范围分析

覆岩离层钻孔注浆的层向流动范围可用两个参数来描述，一个是沿工作面开采推进方向的 R_1，另一个是反方向一侧的 R_2。由于工作面开采推进方向一侧的离层在逐渐扩大，反方向一侧的离层在逐渐闭合，所以 $R_1 > R_2$。

根据开滦唐山矿覆岩离层注浆综放开采特厚煤层的实践，在唐山矿开采地质条件下，覆岩离层注浆层向注浆范围可建立如下经验公式：

$$R_1 = 90\sqrt{M}$$

式中 R_1——工作面推进方向的注浆范围，m；

M——工作面采高，m。

工作面推进反方向一侧的注浆范围 R_2 按近似 R_1 的50%计算，其表达式为

$$R_2 \approx R_1/2$$

4.2.3 覆岩离层空间注浆后粉煤灰的沉积形态

1. 注浆浆液在覆岩离层空间内流动过程

在注浆压力的作用下，注浆浆液在覆岩离层空间内向注浆钻孔四周扩散，流动过程如图4-4所示。该图中的①、②、③、④、⑤、⑥和箭头表示浆液在覆岩离层空间流动的先后顺序和方向。

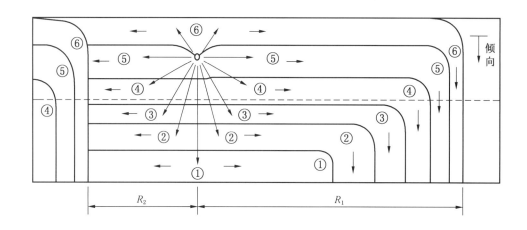

图4-4 覆岩离层空间内钻孔注浆浆液流动过程示意图

2. 粉煤灰浆液在离层空间内沉积过程

由于覆岩岩层具有一定的倾角，所以钻孔注浆初期浆液必然是沿倾向流动，覆岩离层空间内的倾向一侧开始逐渐沉积粉煤灰，随着注浆浆液的增加浆液逐渐向走向两侧和倾斜上方流动，粉煤灰沉积的范围不断扩展，如图4-5a所示。

当粉煤灰堆积高度接近到注浆钻孔孔底时，注浆钻孔孔底的灰层将堆积成如图4-5b所示的形态，钻孔孔底沉积的粉煤灰形成浆液冲击凹坑，冲击凹坑周围是粉煤灰的堆积台，四周范围粉煤灰沉积的表面因浆液流动形成了一定的坡度。

而后的注浆浆液沿粉煤灰沉积的表面流动，当粉煤灰沉积层增厚且离层上位岩层的空间变窄时，浆液流动阻力逐渐增大；如覆岩离层上位岩层发生沉降且离层空间被压缩时，浆液流动阻力会随之急增，最终阻力大于注浆压力，致使该钻孔不能对覆岩离层注浆而被迫终止。

综上所述，覆岩离层空间内粉煤灰沉积灰层的沉积过程为：在倾斜断面上首先沉积于下山方向一侧，随注浆量的增加沉积灰层逐渐增厚并逐渐向走向两侧和上山方向扩展，从而首先在离层空间内下山方向一侧粉煤灰呈走向条带状沉积；此后随注浆量的继续增加，走向条带状粉煤灰沉积层逐渐加宽；当注浆结束后，覆岩离层空间内粉煤灰沉积层的形态与离层空间形态近似，即呈上凹下凸的透镜状，如图4-6所示。

4.3 注浆浆液水的渗流规律

据开滦唐山矿注浆参数测定，当浆液相对密度为1.16时，压实湿粉煤灰体的体积占浆液体积25.44%，离析出来的注浆水体积占浆液体积的74.56%，可见其比例是较大的。如此大量的注浆水直接关系到采煤工作面作业环境和生产安全，必须认真研究注浆浆液水的渗流问题。

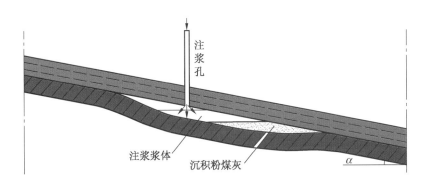

(a) 倾向剖面示意图

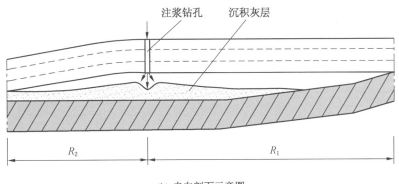

(b) 走向剖面示意图

图 4-5 覆岩离层空间内粉煤灰沉积示意图

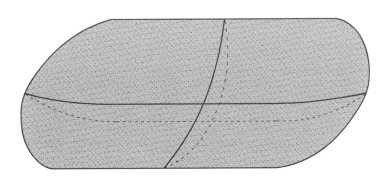

图 4-6 覆岩离层空间内粉煤灰沉积层形态示意图

4.3.1 建立注浆浆液水渗流模型

覆岩岩体的水力联系有两个途径：一是岩层中的孔隙，二是岩层之间的裂隙。根据孔隙和裂隙在渗流中发挥作用的不同，可以分别建立渗流模型来研究。当考虑裂隙和孔隙共同作用时，宜选择裂隙网络渗流模型。在很多情况下，岩层之间裂隙的透水性远大于岩层中孔隙的透水性，为简化计算可以忽略岩层中孔隙的透水性，采用拟连续介质模型。

在建立模型时，作如下基本假设：

（1）水在岩层裂隙中的流动服从 Darcy 定律。

（2）各个岩层都看作均质的各向同性体，其渗透性也是各向同性。

（3）μ_s 和 K 不随 σ 变化（不受骨架变形影响）。

（4）岩层为水平岩层，浆液在钻孔四周均匀对称分布。

根据注浆浆液充满离层空间的程度，分别建立无压渗流和承压渗流两个渗流模型来进行研究。

4.3.2 浆液水无压渗流模型研究

开滦唐山矿覆岩离层注浆工程实践证明：在覆岩离层注浆的初始阶段，离层空间未充满浆液且离层空间形成的速度大于注浆流量时，这个阶段注浆压力为零，甚至会出现负压，此时视为浆液水无压渗流模型。在注浆前，覆岩离层的上、下位岩体中可能含有一定的水分，但处于非饱和状态，即其中的含水介质孔隙或裂隙没有完全被水充满，这时的岩层含水率可视为初始含水率（用 θ_0 表示）。在注浆浆液到达离层空间后，浆液水会慢慢渗入到岩体中，使岩体的含水率随时间的延长而增加，到达饱和时的含水率用 θ_s 表示。实验研究表明，在非饱和岩体中的渗透系数 K 和含水率 θ 具有一定的函数关系。

无压渗流模型分为两种：在浆液未充满离层空间时可视为无压下渗；当注浆浆液接触到上部岩体后，可视为较小压力下的上渗。无压渗流阶段下渗模型如图 4-7 所示。

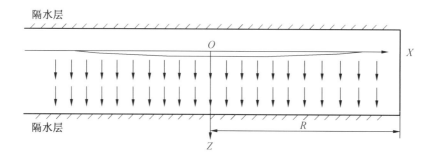

图 4-7 覆岩离层注浆无压渗流阶段下渗模型

当浆液接触到离层上位岩体后，开始进入以上渗为主的过程，这时下渗仍在进行，但下部岩体因已吸取了一定量水逐渐向饱和状态趋近，这个过程与下渗过程类似，区别是它是在一较小压力 P 的作用下进行的，较小压力渗流模型如图 4-8 所示。

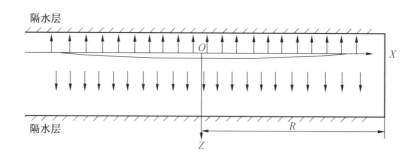

图 4-8 覆岩离层注浆较小压力渗流模型

4.3.3 浆液水承压渗流模型研究

当离层的上下位岩体吸水达到饱和后，随着继续注浆，注浆进入有压阶段，浆液中的水在注浆压力的作用下不断地向上向下补给到岩体中，使之在以后的一段时间内一直处于饱和状态，水分不断地向四周运移，该阶段为承压渗流阶段，承压渗流模型如图 4-9 所示。

注浆浆液水在岩体中的渗流与离层上下岩体的岩性、含水率、离隔水层的间距、注浆压力等多种

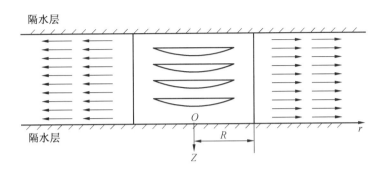

图4-9 覆岩离层注浆承压阶段渗流模型

因素相关。一般来说，如果离层的上下隔水层间距很近，则上下岩体中水分会很快达到饱和，从而进入有压渗流阶段，此时以有压渗流为主；如果离层的上下隔水层间距较远，而且岩体含水率不高，则无压渗流阶段会持续较长的时间。而且两种渗流方式并不是截然分开的，它们常常是互相交叉或同时进行，只是在不同阶段以某种渗流方式为主而已。

4.3.4 注浆浆液水的分布

通过以上离层带内浆液水的渗流分析，可知注浆浆液水除少量贮存于离层空间内的压实湿灰体中外，其余均被离层上下岩体裂隙吸收或沿岩层裂隙网络渗流到远处，不会以液态形式贮存在离层空间中，这已被开滦唐山矿在特厚京山铁路煤柱覆岩离层注浆综放开采首采区结束后的检验钻孔施工时未见液态浆液水所证实。

从渗流模型可知：浆液水在无压渗流阶段主要是垂直方向的上下渗流，使围岩达到水饱和状态；在有压渗流阶段主要是沿层向的水平渗流，可达一定的渗流范围。离层上下部岩体中如存在隔水性能较好的黏土岩层时，这些隔水岩层就成为浆液水渗流的上下边界。

假定离层带注浆段岩层吸水性和渗透性是均一的，因开滦唐山矿特厚京山铁路煤柱首采区的采煤工作面形状为矩形，则浆液水在围岩中的渗流范围也近似矩形。整个首采区工作面开采顺序是从两侧向中间顺序开采与注浆的，先开采注浆的工作面覆岩离层带浆液水渗流已经使其周围岩体达到饱和，后开采注浆的工作面覆岩离层带浆液水主要沿覆岩走向渗流。如果离层带围岩裂隙、空隙相对均匀，各岩层渗透性和吸水率相同，则浆液水渗流范围曲线趋近于矩形；反之，则曲线趋近于椭圆形。

4.4 覆岩离层注浆减沉的机理

通过地面钻孔对覆岩离层注浆，注入离层内的是粉煤灰浆，它是如何对减少地表沉陷起作用的呢？通过理论研究和开滦唐山矿特厚京山铁路煤柱覆岩离层注浆综放开采首采区的实践，揭示了覆岩离层注浆减沉的机理。

通过地面钻孔进入覆岩离层带的浆液，在充满覆岩离层空间后，由于承压浆液的力学作用，对离层上部岩层起到支托作用，阻止了覆岩离层向上的发展。而粉煤灰浆液中的粉煤灰颗粒很快就会离析，在3~5 min之内就会沉淀在离层空间的底部，形成水分饱和的粉煤灰体，称为饱和水灰体。在覆岩压力作用下，其析出的注浆水通过岩层裂隙及孔隙渗流到相邻岩层中，这时沉淀在离层中的饱和水灰体将会失去部分水分，最终形成含有一定水分的压实湿粉煤灰体，简称"压实灰"。压实灰将永久充填在覆岩离层空间中，支撑着上覆岩层，起到对上覆岩层与地表减少沉陷的作用。另外，当覆岩中存在含有黏土矿物的泥岩和页岩等软弱岩层时，软岩吸水膨胀也能起到一定的减沉作用。

综上所述，覆岩离层注浆的减沉机理可以归纳为4个方面：承压浆液支托减沉机理、压实灰充填减沉机理、压实灰支撑减沉机理和软岩膨胀减沉机理。

4.4.1 承压浆液支托减沉机理

承压浆液支托减沉机理是指采场覆岩离层随着工作面的推进，经历产生—发展—闭合的过程，当地面钻孔注浆能及时跟随覆岩离层产生—发展—闭合的过程，其注浆体积又能与覆岩离层的发育空间同步匹配，则承压浆液将对离层上部岩层起到支托作用，阻止了覆岩离层向上的发展，此为承压浆液支托减沉机理。

4.4.2 压实灰充填减沉机理

压实灰充填减沉机理是指承压浆液在覆岩压力作用下，其析出的注浆水通过岩层裂隙及孔隙渗流到相邻岩层中，最终剩下压实湿粉煤灰体永久充填在覆岩离层的空间内，从而减少了离层上部岩层的下沉量，发挥着充填减沉的作用。离层内每充填单位体积的压实灰，地表将对应地减少单位体积的沉陷量。

4.4.3 压实灰支撑减沉机理

所谓压实灰支撑减沉机理，通常在倾斜煤层走向长壁工作面开采时，覆岩中产生的离层缝也是倾斜的。注入的粉煤灰浆液首先会从下山方向一侧开始沉积成饱和水灰体，后经上覆岩层压实形成压实灰，上山一侧往往会存在一定的残余离层空间。压实灰仅充填了部分离层空间体积，形成了走向压实灰条带，支撑上部岩层不再下沉和离层。这种走向压实灰条带的支撑作用，使地表减少的沉陷体积要大于离层内充填的压实灰体积。

以开滦唐山矿特厚京山铁路煤柱覆岩离层注浆综放开采首采区为例，首采区内沿煤层倾向划分了6个工作面。根据上述分析，在每个工作面的覆岩离层空间中压实灰仅充填了下山方向一侧大部分离层空间体积，上山方向一侧会存在一定的残余离层空间，很难沉积满压实灰。在整个首采区6个工作面覆岩离层注浆综放开采后，在上覆岩层的离层空间中，就会形成一个呈条带状分布的压实灰灰体，共同对上部岩层起到支撑作用，其支撑减沉原理如图4-10和图4-11所示。

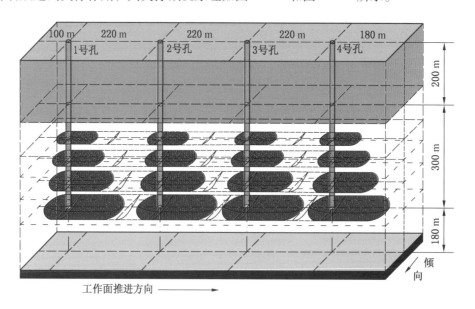

图4-10 支撑减沉机理-离层内压实灰分布与离层内残留空间示意图

4.4.4 软岩层吸水膨胀减沉机理

所谓软岩层吸水膨胀减沉机理，是因为软岩吸水率高、膨胀性显著。采场覆岩中如存有含黏土矿物的软岩时，注浆后软岩吸水膨胀也能起到一定的减沉作用。以开滦唐山矿特厚京山铁路煤柱覆岩离层注浆综放开采首采区为例，其境内的"山岳补—4"钻孔岩芯表明，8~9合区煤层覆岩内共有黏土

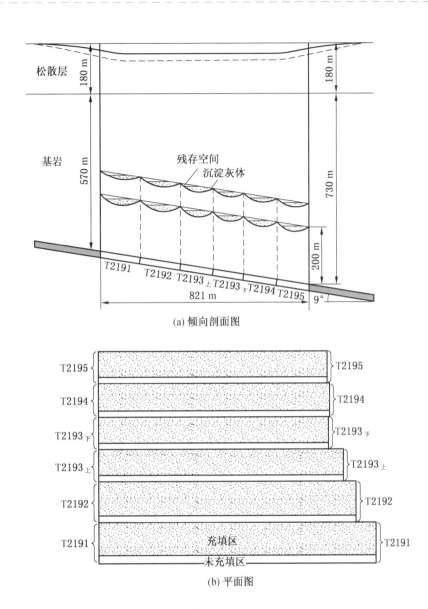

(a) 倾向剖面图

(b) 平面图

图 4-11 支撑减沉机理-压实灰分布

类岩层 8 层（表 4-1），累计厚度为 74.17 m。

表 4-1 首采区内 "山岳补—4" 钻孔岩芯中黏土岩层统计表

层　　号	深度/m	岩　　性	层厚/m
1	346.4	泥岩	7.1
2	384.3	泥岩	6.22
3	463.7	黏土岩、粉砂岩	10.88
4	473.9	细砂岩、黏土岩	10.29
5	497.6	黏土岩	4.73
6	503.3	黏土岩	5.64

表 4-1 (续)

层 号	深度/m	岩 性	层厚/m
7	530.1	砂质黏土岩	20.69
8	568.4	砂质黏土岩	8.62
累计	—		74.17

实测 8~9 合区煤层覆岩中黏土矿物成分见表 4-2 和表 4-3, 黏土矿物微观结构如图 4-12 所示。这些黏土类岩层在覆岩离层注浆过程中吸水后体积膨胀, 具有一定的减少地面沉陷的作用。

表 4-2 首采区 8~9 煤层覆岩中黏土矿物成分测试成果表   %

岩性	矿 物 种 类 与 含 量								黏土矿物总量
	石英	钾长石	斜长石	方解石	白云石	石盐	黄铁矿	菱铁矿	
岩样 1	25.9	—	16.3	—	2.3	1.0	0.6	—	53.9
岩样 2	49.8	1.4	0.2	0.8	3.4	—	—	5.9	38.5

表 4-3 黏土矿物成分测试成果表   %

岩 性	伊利石/蒙脱石	伊利石	高岭石	绿泥石	合 计
岩样 1	96	—	3	1	100
岩样 2	57	9	28	6	100

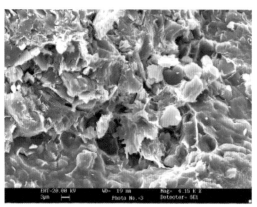

(a) 软岩层颗粒间高岭石及片状C/S混层, 自生石英晶体

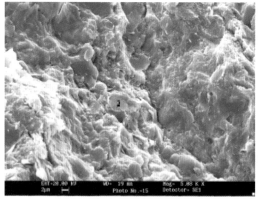

(b) 软岩层颗粒间片状高岭石

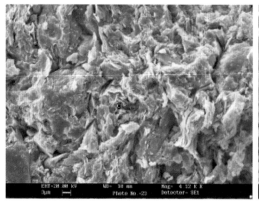

(c) 软岩层颗粒间片状高岭石和少量伊利石

(d) 软岩层中长石淋滤溶孔中丝状伊利石

(e) 软岩层中溶孔内针叶状绿泥石

图 4-12 首采区 8~9 煤层覆岩中黏土矿物微观结构图

（钻孔岩芯电镜扫描）

4.5 覆岩离层注浆减沉地表沉陷研究

通过采场覆岩离层规律和注浆减沉机理的分析研究得知，随着采场覆岩离层的产生—发展—闭合的动态过程，地面钻孔注入覆岩离层空间粉煤灰浆中的粉煤灰颗粒会在很短的时间产生沉淀，从而在离层空间下部形成饱和水粉煤灰体，上部离析出的注浆水先后通过无压渗流和承压渗流两种方式经岩体裂隙向四周渗流；而沉淀形成的饱和水粉煤灰体经覆岩离层逐渐闭合形成压实湿粉煤灰体最终留在覆岩离层中，对覆岩离层下沉和地表沉陷起到充填与支撑作用。分析研究注浆减沉对地表沉陷产生的影响，主要关注下沉曲线或曲面的形态和参数的变化。

4.5.1 注浆沉积灰体对地表下沉的影响

对于近水平煤层，离层的空间形态呈水平放置的上凹下凸的凹透镜状，那么注浆后沉积的粉煤灰体也会呈凹透镜状存于离层空间内，这种对称平铺的凹透镜状注浆体对地表下沉曲线的形态不会产生影响，其所产生的作用是减少地表的下沉量，也就是降低了下沉系数 q，即由 q 下降至 $q_{注}$。

对于倾斜煤层，离层的空间形态呈倾斜放置的凹透镜状，那么注浆后沉积的粉煤灰将首先堆于下山方向一侧，如果注浆量有限则注浆体的作用相当于减少了下山一侧的采宽。这种情况将对两个地表移动参数产生改变：一是使下沉系数 q 减小；二是使最大下沉角 θ 增大，即最大下沉点向下山方向的偏移量减小，但对地表下沉曲线的形态不会有明显影响。如果注浆充分，注浆材料能充满离层空间，那么注浆的作用主要是减小下沉系数 q。

通过上述分析可知，注浆只会改变地表移动参数，不会改变下沉曲线的形态，其中最主要的参数是下沉系数 q。注浆后的下沉系数 $q_{注}$ 取决于注浆量的大小，所以应该由注浆量来确定 $q_{注}$。

4.5.2 地表下沉等值线函数——超椭圆函数

为掌握开采沉陷盆地任意点的移动变形，设立网状地表岩移观测站，进行全面积的地表移动观测，可获得宝贵的第一手资料。但通常全面积地表移动变形的观测和预计仅在主断面上进行，然后把主断面计算所使用的概率积分法推广到计算任意点。在计算移动变形各参数中，下沉值是计算其他各参数的基础。根据下沉等值线形态的分析研究出表达下沉等值线的函数——超椭圆函数，该函数适用于近水平煤层矩形工作面开采时的地表下沉等值线，其拟合计算效果良好。

1. 地表下沉等值线函数——超椭圆函数

解析几何中的椭圆函数是一个二次函数：

$$\frac{x^2}{a^2} + \frac{y^2}{b^2} = 1$$

如果把指数扩展到 k 次，则上述函数式变为

$$\left(\frac{x}{a}\right)^k + \left(\frac{y}{b}\right)^k = 1$$

式中 k——实数，当 $0 < k < 2$ 时称之为亚椭圆，当 $2 < k < +\infty$ 时称之为超椭圆，不同 k 值时函数的图形如图 4 – 13 所示。

其中，当 $a = b$ 时，亚椭圆和超椭圆分别变为亚圆和超圆。

近水平煤层矩形工作面开采沉陷盆地下沉等值线如图 4 – 14 所示，对比图 4 – 13 和图 4 – 14 可见下沉等值线与超圆（或超椭圆）曲线形态相似，可以试用超椭圆函数作为下沉等值线的函数。

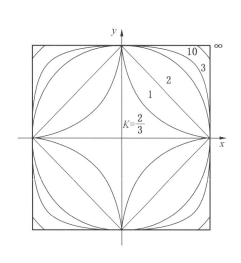

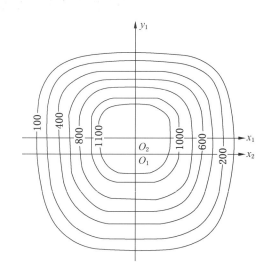

图 4 – 13　亚圆、圆和超圆曲线图　　　　　　图 4 – 14　开采沉陷盆地下沉等值线图

2. 地表下沉等值线拟合计算

根据实测资料求下沉等值线的超椭圆函数，可按如下曲线拟合方法。设由实测资料得到 n 个下沉值为某一常数的点，其坐标为 (x_i, y_i)，其中 $i = 1$、2、$\cdots$、n，$n > 0$，由超椭圆方程可得

$$y = b\left[1 - \left(\frac{x}{a}\right)^k\right]^{\frac{1}{k}}$$

建立目标函数为

$$J = \sum_{i=1}^{n}\left[y(x_i) - y_i\right]^2$$

目标函数 J 取得极小值时的 a、b、k 值即为最优解，将 a、b、k 值代入目标函数的函数式即得到所求下沉超椭圆函数等值线，最优化方法求解举例说明如下：

某煤矿 331 工作面地表设立了网状观测站，该工作面煤层倾角平均 4°，采深平均 130.2 m，第一分层平均采高 1.85 m，工作面走向长度 540 m，倾斜长度 136 m，由观测成果绘出的下沉等值线如图 4 – 15 所示。

为求得各条下沉等值线的超椭圆函数，取图 4 – 15 所示的坐标系各参数列于表 4 – 4，其中 W 为下沉值，a、b 分别为下沉等值线在 x、y 轴上的截距。

求下沉等值线的超椭圆函数的关键是 k 值的确定，可用一种简便的近似方法求得。首先作直线

表 4 - 4　超椭圆函数地表下沉等值线参数表

W/mm	a/m	b/m	X_0/m	k
100	123	90	94	2.58
200	112	75	86	2.62
300	104	66	81	2.77
400	98	61	77	2.87
500	93	56	75	3.22
600	88	52	71	3.23
700	84	47	69	3.52
800	81	43	67	3.65
900	78	39	64	3.50
1000	74	35	60	3.31
1100	67	29	57	4.29
1200	57	24	45	2.93

$x/a = y/b$，设该直线与下沉等值线交点的坐标为 $(x_0，y_0)$，则其关系式为

$$\frac{x_0}{a} = \frac{y_0}{b}$$

把 x_0 和 y_0 代入椭圆函数公式后为

$$\left(\frac{x_0}{a}\right)^k + \left(\frac{y_0}{b}\right)^k = 1$$

联立上两式可得

$$\begin{cases} k = \dfrac{\ln2}{\ln a - \ln x_0} \\ k = \dfrac{\ln2}{\ln b - \ln y_0} \end{cases}$$

根据表 4 - 4 中各下沉等值线的超椭圆函数的 k 值，绘出超椭圆曲线如图 4 - 15 所示。

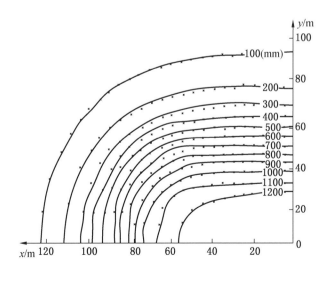

图 4 - 15　超椭圆函数计算值与实测下沉等值线对比图

该工作面煤层倾角只有 4°，视为近水平煤层，这样可以认为 x、y 两方向同性，即下沉分布相同，可把下沉等值线作为超圆函数曲线。根据下沉等值线的形态，建立如图 4 – 16 所示的坐标系，相对于图 4 – 15 所示的坐标系的 y 轴左移了 37 m，这样一来各下沉等值线在 x、y' 轴上的截距分别相等或相近，见表 4 – 5。

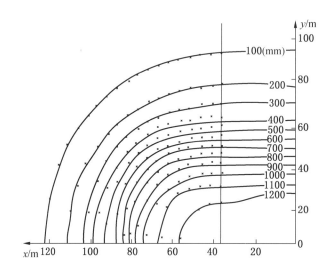

图 4 – 16　超圆函数计算值与实测下沉等值线对比图

表 4 – 5　超圆函数地表下沉等值线参数表

W/mm	a/m	b/m	X_0/m	k
100	86	89	62.5	2.17
200	75	75	53.5	2.05
300	67	66	47.5	2.02
400	61	59	44	2.12
500	56	55	41.5	2.31
600	51	51	38	2.36
700	47	47	35	2.35
800	44	43	32	2.18
900	41	39	29	2.00
1000	37	34	26.5	2.08
1100	30	28	22	2.23
1200	20	19.5	14.5	2.16

由图 4 – 15 可见 W_{200}、W_{300}、W_{900} 和 W_{1000} 这 4 条下沉等值线较接近于圆，其余 8 条则为超圆。图 4 – 16 所示绘出了实测下沉等值线和超圆函数计算值线，可见拟合效果较好。

4.5.3　地表下沉等值线形态分析

1. 长壁工作面地表下沉等值线一般为椭圆形

采用长壁法开采的工作面一般为矩形，覆岩沉陷传播到地表形成的下沉盆地也必然带有矩形的特征。如果覆岩软弱且采深很小、采高及开采面积又较大，则下沉等值线趋近于矩形；但大多数覆岩岩层都具有一定的抗弯刚度，在矩形工作面的 4 个角下沉不充分时，地表下沉盆地的下沉等值线在 4 个角较为圆滑，成为一条圆滑的趋近于椭圆形闭合曲线。

由上述分析可知，下沉等值线应是介于矩形和椭圆形之间的闭合曲线，因此超椭圆曲线用于下沉等值线的拟合是比较合适的。

2. 概率积分法求下沉盆地任意点的下沉值

用概率积分法求下沉盆地任意点下沉值的计算公式为

$$W(x,y) = W_0 \int_{-s_0}^{s_0} \int_{-t_0}^{t_0} \frac{1}{r^2} \mathrm{e}^{-\frac{\pi}{r^2}[(x-s)^2+(y-t)^2]} \mathrm{d}s\mathrm{d}t$$

式中　W_0——最大下沉值；

s_0——采煤工作面长度的一半；

t_0——采煤工作面宽度的一半；

r——开采影响半径。

当 x、y 两方向开采影响半径不同时，上述公式可改为

$$W(x,y) = W_0 \int_{-s_0}^{s_0} \int_{-t_0}^{t_0} \frac{1}{r_1 r_2} \mathrm{e}^{-\pi[\frac{(x-s)^2}{r_1^2}+\frac{(y-t)^2}{r_2^2}]} \mathrm{d}s\mathrm{d}t$$

式中　r_1、r_2——x、y 方向的开采影响半径。

根据二重积分中值定理，由上式可得

$$W(x,y) = W_0 \frac{1}{r_1 r_2} \mathrm{e}^{\pi[\frac{(x-\eta_0)^2}{r_1^2}+\frac{(y-\xi_0)^2}{r_2^2}]} 2s_0 2t_0 \quad (-s_0 < \eta_0 < s_0, -t_0 < \xi_0 < t_0)$$

设 $Q = \frac{4W_0 s_0 t_0}{r_1 r_2}$，则上式可转化为

$$W(x,y) = Q\mathrm{e}^{\pi[\frac{(x-\eta_0)^2}{r_1^2}+\frac{(y-\xi_0)^2}{r_2^2}]}$$

令 $W(x,y) = C$，则上式可化简为

$$\frac{(x-\eta_0)^2}{r_1^2} + \frac{(y-\xi_0)^2}{r_2^2} = \frac{1}{\pi}\ln\frac{C}{Q} \quad （椭圆形函数）$$

$$(x-\eta_0)^2 + (y-\xi_0)^2 = \frac{r^2}{\pi}\ln\frac{C}{Q} \quad （圆形函数）$$

上两式分别是椭圆形和圆形函数，其下沉等值线是椭圆或圆形曲线。因而由概率积分法计算地表下沉值时，其下沉等值线也是椭圆形或圆形曲线。

4.6 覆岩离层空间体积与最大允许注浆量预计

4.6.1 影响覆岩离层空间体积大小的因素

1. 覆岩离层空间体积影响因素分析

由覆岩离层规律研究得知离层空间体积大小主要影响因素有煤层采高、工作面采宽、离层层位高度和岩层抗弯刚度等。其影响表现在：

（1）离层空间的法向高度与煤层采高成正比。

（2）离层空间的倾向宽度与工作面的采宽成对应关系。

（3）离层层位越低，则其空间体积越大。

（4）离层上位岩层与下位岩层抗弯刚度的比值越大，则其空间体积越大。

2. 覆岩离层空间体积与注浆工艺关系

在一定的采场覆岩条件下，不同的注浆减沉工艺会对离层空间体积产生影响：

（1）如采用非连续无压注浆工艺，注浆力学作用小，则离层空间体积较小。

（2）如采用连续有压注浆工艺，由于承压浆液的支托作用、压实作用和水楔作用，其离层空间

体积则大得多。研究连续有压注浆条件下的离层空间体积预计方法，对采场覆岩离层注浆减沉具有重要的理论意义和工程实用价值。

3. 覆岩离层空间形态图

从前面京山铁路煤柱覆岩离层规律研究得知，产生离层的下位岩层抗弯刚度相比上位岩层要小，下位岩层弯曲沉降幅度较上位岩层要大，其离层空间形态如图 4-17 所示，其中 W_0 表示离层下部岩层弯曲下沉值，y_0 表示离层上部岩层弯曲下沉值，离层空间形态近似碟形。

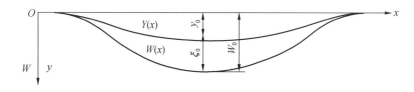

图 4-17　覆岩离层空间形态示意图

4.6.2　离层的下位岩层沉陷曲线

覆岩离层的下位岩层弯曲沉降致使裂隙发育，抗弯刚度变得很小，视为其下沉规律符合开采沉陷计算理论中的覆岩岩层移动规律，设 $W(x)$ 为离层的下位岩层下沉曲线函数，其计算图如图 4-18 所示。

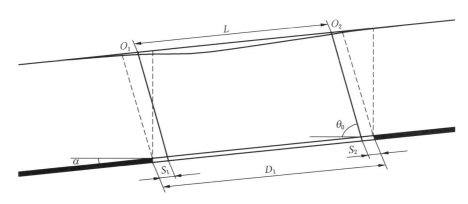

图 4-18　离层的下位岩层下沉曲线计算图

离层下位岩层的下沉曲线函数 $W(x)$ 可以用概率积分法等岩移预计理论计算：

$$\begin{cases} W(x) = W'(x) - W'(x-L) \\ W'(x) = W_0 \int_0^r \frac{1}{r} e^{-\pi(x-S)^2/r^2} ds \end{cases}$$

$$L = D_1 - S_1 - S_2$$

$$W_0 = qM$$

式中　W_0——离层的下位岩层最大下沉值；

r——主要影响半径，m；

L——沉陷预计宽度，m；

D_1——工作面倾向采宽，m；

S_1——工作面倾向下山一侧的拐点偏移距，m；

S_2——工作面倾向上山一侧的拐点偏移距，m；

q——下沉系数；

M——采高，m。

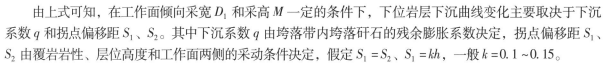

由上式可知,在工作面倾向采宽 D_1 和采高 M 一定的条件下,下位岩层下沉曲线变化主要取决于下沉系数 q 和拐点偏移距 S_1、S_2。其中下沉系数 q 由垮落带内垮落矸石的残余膨胀系数决定,拐点偏移距 S_1、S_2 由覆岩岩性、层位高度和工作面两侧的采动条件决定,假定 $S_1 = S_2$、$S_1 = kh$,一般 $k = 0.1 \sim 0.15$。

4.6.3 离层的上位岩层挠度曲线

离层上位岩层在承压浆液的力学作用下,离层上位岩层尚具有结构完整性,在倾向断面上可以看作是两端固支梁,其挠度曲线 $y(x)$ 应用弹性力学解析法计算,其关系式为

$$y(x) = \frac{(q_0 \cos\theta) L^4}{12 W_z h} \frac{x^2}{L^2}\left(1 - \frac{x}{L}\right)^2$$

$$W_z = \frac{1}{6} E h^2$$

式中　q_0——梁所受均布载荷;

　　　L——梁的跨度;

　　　h——梁的厚度;

　　　E——岩层的弹模;

　　　W_z——岩梁的抗弯刚度。

4.6.4 覆岩离层空间体积预计

如图 4-17 所示,离层空间的法向高度为 $W(x) - y(x)$,设离层空间的平面范围为 S,则离层空间体积 $Q_{离}$ 为

$$Q_{离} = \iint_S \left[W(x) - y(x) \right] \mathrm{d}x\mathrm{d}y$$

4.6.5 离层最大允许注浆量

在采场覆岩离层注浆过程中,一方面浆体中的粉煤灰会逐渐沉淀,另一方面浆体中的水会在液压力的作用之下向周围岩体渗流。采场覆岩离层空间最大允许注浆量,就等于离层空间体积 $V_{离}$ 加上渗流流量 $V_{渗}$,即

$$V_{浆} = V_{离} + V_{渗}$$

式中　$V_{浆}$——离层允许注浆量,m^3;

　　　$V_{离}$——离层空间体积,m^3;

　　　$V_{渗}$——注浆水渗流流量,m^3。

要实现覆岩离层空间最大允许注浆量,必须做到及时、充足、高浓度、连续不断的注浆,以适应覆岩离层的规律,充分发挥注浆减沉的三个力学作用,使单位时间内注入离层空间的浆体流量 $V_{浆}$ 满足单位时间离层空间增量 $V_{离}$ 和单位时间渗流流量 $V_{渗}$,优化覆岩离层注浆技术,才能实现最佳的注浆减沉效果。

4.7 覆岩离层注浆减沉率及计算

4.7.1 注浆比与注灰比

1. 注浆比

当注入离层空间内粉煤灰浆总体积与对应井下采出空间体积之比时,称为注浆比。其表达式为

$$K_{浆} = V_{浆} / V_{采}$$

式中　$K_{浆}$——注浆比;

　　　$V_{浆}$——注入离层空间内粉煤灰浆的总体积,m^3;

　　　$V_{采}$——对应井下采出空间体积,m^3。

2. 注灰比

当注入离层空间内形成的压实湿灰体的体积与对应井下采出空间体积之比时，称为注灰比。其表达式为

$$K_v = V_{灰} / V_{采}$$

式中　K_v——注灰比；

　　　$V_{灰}$——离层空间内压实湿灰体的体积，m^3；

　　　$V_{采}$——对应井下采出空间体积，m^3。

4.7.2　注浆减沉率及其关系

1. 注浆减沉率

覆岩离层注浆减沉效果可用注浆减沉率来表示，将注浆减沉后地表最大下沉量的减少值与不注浆时地表最大下沉量的比值，称为注浆减沉率。其表达式为

$$r = \Delta W / W_0$$
$$\Delta W = W_0 - W_{注}$$

式中　　r——注浆减沉率；

　　　ΔW——注浆减沉后地表的减沉量，mm；

　　　W_0——不注浆时地表最大下沉量，mm；

　　　$W_{注}$——注浆减沉后地表最大下沉量，mm。

2. 注浆减沉率与下沉体积及下沉系数的关系

注浆减沉率还可以用下沉体积和下沉系数来计算，其计算结果与用注浆减沉后地表最大下沉量减少值与不注浆时地表最大下沉量比值求得的注浆减沉率是一致的。

（1）用下沉体积计算注浆减沉率的公式为

$$r = \Delta V / V_0$$
$$\Delta V = V_0 - V_{注}$$

式中　ΔV——注浆减少地表下沉的体积，m^3；

　　　V_0——不注浆时地表下沉体积，m^3；

　　　$V_{注}$——注浆减沉后地表下沉体积，m^3。

（2）用下沉系数计算注浆减沉率的公式为

$$r = \Delta q / q_0$$

式中　Δq——下沉系数减少量，$\Delta q = q_0 - q_{注}$；

　　　q_0——不注浆时下沉系数；

　　　$q_{注}$——注浆减沉后下沉系数。

3. 注浆减沉率与采动程度的关系

根据采动程度可以将注浆减沉率分为阶段注浆减沉率和最终注浆减沉率。

阶段注浆减沉率是指地表非充分采动条件下注浆减沉后地表的减沉率。

最终注浆减沉率是指地表充分采动条件下注浆减沉后地表的减沉率。

4.7.3　注浆减沉体积系数及其确定

1. 塌陷体积系数与计算

将不注浆开采条件下地表塌陷的体积与对应井下采出空间体积之比，称为塌陷体积系数。其表达式为

$$K_{塌} = V_0 / V_{采}$$

式中　$K_{塌}$——塌陷体积系数；

V_0——不注浆时开采地表塌陷体积，m^3；

$V_{采}$——对应井下采出空间体积，m^3。

根据地表的采动充分程度，塌陷体积系数可以分为：地表充分采动条件下 $K_{塌}$ 和非充分采动条件下 $K_{塌}^*$。在地表采动达充分采动时，塌陷体积系数可达到该地质条件下的最大值。对于一般中硬地层，地表充分采动时 $K_{塌}=0.7\sim0.9$。

地表是否达充分采动程度，主要取决于井下煤层开采宽度、开采深度和上覆岩层的性质。设 L_θ 为开采区域宽度沿开采影响传播角在地面的投影长度，H_0 为平均采深，则地表充分采动的条件为

坚硬岩层：$\qquad\qquad\qquad\qquad\qquad L_\theta/H_0 \geqslant 1.2$

中硬岩层：$\qquad\qquad\qquad\qquad\qquad L_\theta/H_0 \geqslant 0.8$

软弱岩层：$\qquad\qquad\qquad\qquad\qquad L_\theta/H_0 \geqslant 0.5$

开滦唐山矿京山铁路煤柱首采区覆岩岩性为中硬岩层，其 L_θ/H_0 值大于 0.8，故首采区开采完毕的地表已达充分采动程度。

2. 注浆减沉体积系数与计算

将注入离层空间内形成的压实湿灰体体积与地表减沉体积之比称为注浆减沉体积系数，注入离层空间内形成的压实湿灰体体积 $V_{灰}$ 可以由注浆参数监测系统测得的注浆量和注浆浓度计算得出，而注浆后使地表减沉体积可用不注浆开采预计沉陷体积与注浆减沉后地表岩移观测成果求得实际沉陷体积的差值计算得出。其表达式为

$$\phi = \Delta V/V_{灰}$$

式中　ϕ——注浆减沉体积系数；

ΔV——注浆后使地表减沉体积，m^3；

$V_{灰}$——离层空间内压实湿灰体体积，m^3。

3. 影响注浆减沉体积系数的因素

（1）注浆减沉体积系数 ϕ 值与覆岩岩性有关。当岩层岩性越软其 ϕ 值就越小，软岩 ϕ 值接近于 1；中硬岩层的 ϕ 值在 1.2~1.4 之间；坚硬岩层 ϕ 值更大些。通常注浆减沉体积系数 ϕ 一般大于 1，这是因为注入离层空间内的粉煤灰体在离层空间起到充填和支撑作用。

（2）注浆减沉体积系数 ϕ 值与采动程度有关。

当采动程度达到充分采动时，可准确求出减沉体积系数 ϕ，并用于计算充分采动时的注浆减沉率；而当采动程度为非充分采动时，地表的下沉值远远小于井下开采煤层的厚度，在采场上覆岩层内存在着大量的残留空间，离层注浆后粉煤灰充填了这些离层空间，对其上部岩层的下沉起到支撑充填作用，因此地表下沉量会减少。当相邻工作面开采时，其注浆支撑充填作用就会充分显现出来。

4.7.4　注浆减沉率与注采比的关系

由注浆减沉体积系数的概念可得

$$\Delta V = \phi V_{灰}$$

由塌陷体积系数的概念可得

$$V_0 = K_{塌} V_{采}$$

将上述两式代入注浆减沉率的定义公式，可得

$$r = \frac{\Delta V}{V_0} = \frac{\phi V_{灰}}{K_{塌} V_{采}} = K_v \frac{\phi}{K_{塌}}$$

上式说明注浆减沉条件下注浆减沉率与注浆（灰）比的关系。注浆减沉率与注浆（灰）比成正比，要提高覆岩离层注浆减沉率、最大限度地控制地表下沉，必须提高注浆（灰）比和注浆减沉体积系数，也就是增加注入覆岩离层中的粉煤灰浆（灰）量。

5 开滦唐山矿京山铁路煤柱安全高效开采技术研究

通过京山铁路特厚煤柱开采技术和地表沉陷控制技术的分析比较,确信地面铁路经采取地面钻孔对覆岩离层注浆减少地表沉陷并辅之必要的维修,可使京山铁路煤柱开采引起的地表下沉与变形控制在铁路允许的限度内,并能够保证铁路的安全运行。这种将地表沉陷控制与井下煤炭生产分开进行互不干扰,就为充分发挥采煤工作面的生产能力、提高煤炭生产的单产与工效、实现百年老矿高产高效、减面减人,从而为推进企业生产结构调整创造了有利条件。本章主要研究开滦唐山矿特厚京山铁路煤柱安全高效开采技术,以使企业获得最大的经济效益。

5.1 开滦唐山矿京山铁路煤柱开采规划

唐山矿京山铁路煤柱在井田中部沿走向留设,在井田范围内压煤线路长度 13.3 km,压煤面积约 14 km², 地质储量 2.05×10^8 t,可采储量 1.32×10^8 t。

5.1.1 开滦唐山矿开采京山铁路煤柱布局

根据唐山矿京山铁路煤柱赋存情况,结合矿井开拓部署和生产衔接安排,将井田内铁路煤柱划分为 5 个区块,自西向东依次为岳铁区、铁一区、铁二区、铁三区和铁四区(图 5 - 1),各区域煤炭储量见表 5 - 1。

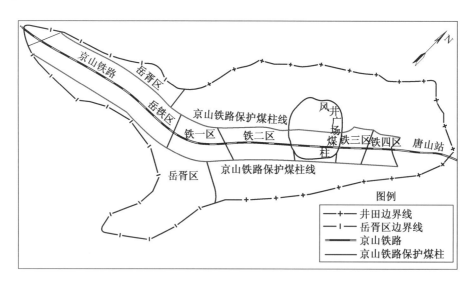

图 5 - 1 开滦唐山矿京山铁路煤柱分区示意图

表 5 - 1 唐山矿京山铁路煤柱分区域煤炭储量表 10^4 t

区　　域	地　质　储　量	可　采　储　量
岳铁区	8393.9	5961.2
铁一区	2426.8	1778.1
铁二区	3150.6	2412.9

表 5-1（续） 10^4 t

区 域	地 质 储 量	可 采 储 量
铁三区	1907.3	1465.8
铁四区	2121.0	1629.1
其 他	2495.2	—
合 计	20494.8	13247.1

在唐山矿京山铁路煤柱5个区域中，铁二区正处于现生产区域南翼与北翼之间，开采条件优越、开发工程量最少、投入生产时间最短，能够尽快收到铁路煤柱开采产生的效益；同时铁二区位于新风井工业广场附近，离唐山发电厂的储灰场最近，有利于实施覆岩离层注浆减少地面沉陷技术，因此选择铁二区为唐山矿京山铁路煤柱首先开发的区域，以后区域开采衔接顺序为铁一区、岳铁区、铁三区和铁四区。

5.1.2 开滦唐山矿京山铁路煤柱铁二区开采方案

1. 京山铁路煤柱铁二区地质条件和水文地质条件

1）京山铁路煤柱铁二区位置

唐山矿京山铁路煤柱铁二区东为新风井工业广场保护煤柱，西邻铁路煤柱铁一区，南北均为已采区。铁二区走向长度2170 m，倾斜长度900 m，开采面积约 1.71×10^6 m^2。

2）京山铁路煤柱铁二区煤层赋存条件

铁二区内有2个主采煤层，自上而下分别为5煤层（厚2.5~3.0 m）和8~9煤层合区（厚达10~13 m），两个煤层之间相距约50 m。煤层倾角较缓，地质构造简单，赋存条件适合综合机械化开采。

3）京山铁路煤柱铁二区水文地质条件

铁二区地面无积水、无水系通过。主要充水因素为5煤层顶板砂岩裂隙含水层涌水，预计5煤层开采后涌水量为3.72 t/min，8~9煤层开采后增加涌水量为0.5 t/min，合计为4.22 t/min。

2. 京山铁路煤柱铁二区开采技术条件

1）瓦斯

根据首采区两侧已开采实际揭露，预计铁二区最大瓦斯涌出量将超过10 m^3/min，属高瓦斯区域。

2）煤尘

铁二区各煤层煤尘均有爆炸危险性，煤尘爆炸指数为32.46%~38.41%。

3）煤层自燃倾向

铁二区8~9煤层为自然发火煤层，自然发火期为10~12个月。

3. 京山铁路煤柱铁二区采区划分

根据京山铁路煤柱赋存条件和相邻生产区域开拓系统情况以及现有采掘设备的能力，设计将铁二区分为两个采区，分别命名为铁二区一采区和铁二区二采区。其中铁二区一采区确定为首采区，是实施覆岩离层注浆减少地表沉陷与安全高效开采特厚8~9煤层合区组合技术的场地。

4. 京山铁路煤柱首采区采煤方法选择

1）首采区巷道布置

首采区地质构造为一宽缓向斜，走向长度平均为1100 m，倾斜长度平均为900 m，面积约 1×10^6 m^2，首采区地面标高 +14 m。

根据现有生产区域的巷道系统及煤层之间的间距，首采区巷道按煤层分别布置，即5煤层、8~9煤层合区分别布置各自的采区巷道。

首采区5煤层采区巷道布置：在南翼11水平一北石门距石门口230 m处开口，按设计的方向、坡度和长度开掘运料巷道，见5煤层后掘进首采区5煤层的轨道上山，并在其西30 m间距平行掘进5煤层带式输送机上山与一北石门煤仓相通，然后在上山西侧布置5煤层的采煤工作面。

首采区8~9煤层合区的采区运料巷道共用5煤层的运料巷道，在运料巷道的8~9煤层合区透点位置，分别沿煤层的顶板和底板掘进首采区8~9煤层合区的轨道上山和带式输送机上山并与采区煤仓相通，两条上山平行布置且水平间距30 m，然后在上山西侧布置8~9煤层合区采煤工作面。

考虑到首采区两侧已是采空区，从防治冲击地压灾害和尽量使采后的京山铁路垂直下沉、减少京山铁路的水平位移，为保证铁路安全运行和减少维修工程量创造条件，8~9煤层合区各采煤工作面走向均平行京山铁路线，回采顺序由铁路煤柱两侧交替向中间回采，采掘衔接安排为T2191→T2195→T2192→T2194→T2193$_上$→T2193$_下$，首采区8~9煤层合区各工作面布置图如图5-2所示，其基本参数见表5-2。

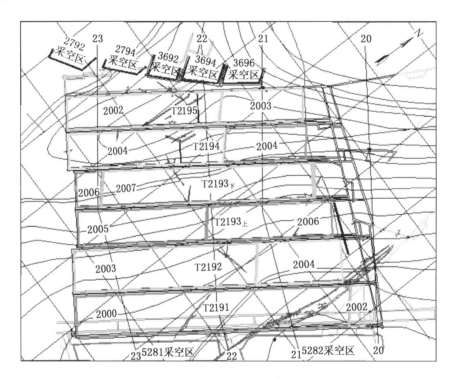

图5-2　唐山矿京山铁路煤柱首采区8~9煤层合区工作面布置图

表5-2　唐山矿京山铁路煤柱首采区8~9煤层合区工作面基本参数表

工作面编号	T2191	T2192	T2193$_上$	T2193$_下$	T2194	T2195
走向长度/m	1040	960	905	872	852	854
倾斜长度/m	145	150	124	124	124	120
采高/m	12.42	10.14	10.54	10.78	11.40	12.42
倾角/(°)	10	9	13	10	10	4

2）首采区采煤工艺

首采区煤层赋存条件优越，在煤炭科学研究总院唐山分院、煤炭工业规划设计研究院论证和原煤炭工业部专家咨询意见的基础上，确定首采区5煤层采用走向长壁综合机械化开采，全部垮落法管理顶板，于1998年1月投入回采，已在2000年上半年之前开采完毕，2000年下半年转入8~9煤层合区开采。

自20世纪70年代引进综采以来，开滦唐山矿8~9煤层合区一直采用倾斜分层金属网假顶下行垮落综合机械化采煤法开采，解决了特厚煤层实现综合机械化开采的技术课题，最早创出我国综采工作面年产百万吨的高产纪录，为我国推广综采起到带头示范作用，其技术经验曾经在国内许多矿务局推广。但倾斜分层金属网假顶综采巷道掘进工程量大，工作面开采工序复杂，因分层采高控制不准造成底分层不能开采而丢煤，使煤炭产量、生产效率、企业效益、资源回收等都受到制约。随着综采放顶煤技术日益成熟和广泛应用，以及唐山矿在特厚煤层3696工作面开展覆岩离层注浆减沉综采放顶煤开采试验取得成功经验的基础上，决定首采区8~9煤层合区6个工作面均选用综采放顶煤技术开采。

5.2 开滦唐山矿京山铁路煤柱首采区综放高产高效开采技术研究

5.2.1 高产高效机电保障技术

1. 优选首采区8~9煤层合区综放工作面采运设备

唐山矿京山铁路煤柱首采区8~9煤层合区为10 m以上的特厚煤层，采用综采放顶煤技术开采，必须优选工作面采、支、运设备，使采煤机、放顶煤液压支架和前后部刮板输送机"三机"配套，才能为实现综放工作面高产高效目标打下坚实基础。

1）放顶煤液压支架

采用开滦唐山矿自主研制的ZFS5600 – 16/32型低位放顶煤液压支架，该支架既吸取了国内外综采放顶煤支架的优点，又密切结合唐山矿京山铁路煤柱的开采条件，其特点是支架后部空间较大，便于后部刮板输送机的安装、检修和拆除，通过支架掩护梁上铰接的尾梁加小插板的摆动和伸缩来控制放顶煤，其技术参数见表5 – 3。工作面两端头过渡支架采用ZPT4400 – 15/29型支架支护顶板。

表5 – 3 ZFS5600 – 16/32液压支架性能及主要参数表

支架名称	ZFS5600 – 16/32 型
支架用途	低位放顶煤
额定初撑力	5236 kN
额定工作阻力	5600 kN
支架高度	1600 ~ 3200 mm
支架宽度	1420 ~ 1590 mm
支架重量	19.5 t
立柱千斤顶初撑力/工作阻力	1309 ~ 1400 kN
推前溜千斤顶	行程700 mm、拉力633 kN、推力277 kN
推后溜千斤顶	行程800 mm、拉力265 kN、推力368 kN

2）液压系统

工作面液压系统由2台RB200/3.15型乳化液泵和一台R×2000型乳化液箱及远距离输液的无缝钢管组成，泵的高压排液出口装有高压安全阀和自动卸载阀（压力控制阀），保证了液压系统工作的可靠性。

3）采煤机

工作面选用MG375 – W型采煤机，适用于工作面倾角不小于35°、有瓦斯煤尘爆炸危险、含夹矸煤层的开采，机组功率为375 kW，采高在1.8~3.6 m之间。

工作面机采高度为2.8 mm，采放高度比为1:3。采煤机每刀进度0.5 m，放顶煤步距为1.0 m，即进两刀放一次顶煤。

4）刮板输送机

工作面前部刮板输送机选用 SGE – 730/400 型刮板输送机，与 MG375 – W 型采煤机配套使用，安全可靠且灵活性好，适应性强；工作面后部刮板输送机选用 SGE – 750 型刮板输送机，具有运量大、强度高、寿命长特点，工作面前后部输送机均为整体铸造的封底中部槽以减少输送机运行阻力和故障，实践证明工作面选用的刮板输送机能充分满足放顶煤开采的需要。

5）巷道运输设备

工作面运输巷道选用能力配套的转载机、破碎机和带式输送机组成运输系统：

（1）转载机。其型号 SEE960/375、电机功率 375 kW、运输能力 2200 t/h。

（2）破碎机。其型号 PLM2200、电机功率 200 kW、破碎能力 2200 t/h。

（3）带式输送机。其型号 S1200/2×200、电机功率 3×200 kW、选用进口的弗兰德减速器，输送带带宽 1.2 m、带速 3.15 m/s、输送能力 1200 t/h、运输距离可达 1000 m，设有输送带跑偏自动调整装置，带式输送机机尾设置 DY1200 型液压快速推移装置，可满足工作面日进 10 m 以上的进度，减少了停机时间，提高了开机率，满足了特厚煤层综采放顶煤高产高效的要求。

运输巷道的运输系统将工作面生产的煤炭输送到 T2190 底边眼的 SSJ – 1200/2×200 型带式输送机上，再运至采区煤仓。

综采放顶煤工作面主要设备见表 5 – 4。

表 5 – 4　首采区 8~9 煤层合区综放工作面主要设备一览表

设备名称	设备型号	数量	使用地点	容量/kW	电压/V
液压支架	ZFS5600 – 16/32	80	工作面		
液压支架	ZPT4400 – 15/29	4	工作面		
采煤机	MG375 – W	1	工作面	375	1140
输送机（前部）	SGE – 730/400	1	工作面前部	200×2	1140
输送机（后部）	SGE – 750	1	工作面后部	400×2	3300
转载机	SEE960/375	1	刮板输送机道	375	3300
破碎机	PLM2200	1	刮板输送机道	200	3300
乳化液泵	RB200/3.15	2	边眼	125×4	660
带式输送机	S1200/2×200	1	刮板输送机道	200×3	1140
带式输送机	SSJ – 1200/2×200	2	T2190 底边眼	200×2	1140

2. 综放工作面大功率设备供电保障技术

为实现煤炭高产高效要求，综放工作面所选用的设备都大型化，装机容量大大增加。整个系统包括工作面采煤机、前后部刮板输送机、工作面的液压泵站、转载机、破碎机、带式输送机等，装机总容量达 4370 kW，其中单台设备功率最大的是工作面后部刮板输送机，由 2 个 400 kW 电机驱动，其直接起动将造成电网波动，不但影响到同一处供电的其他设备，重载起动时甚至会影响到井下中央配电室。

为保证所有设备均能正常起动运转，根据各类设备负荷集中程度、系统电压损失、现有设备状况及控制投入等因素，对全系统采用 3 种等级电压供电和 3 种电机起动方式：

（1）移动干式变压器由 3 条 3×50 mm² 6 kV 电缆供电，各种设备电机由干式变压器降至 3300 V、1140 V、660 V 电压供电。实践证明，该供电方式工作可靠，投资相对较少，成功解决了综放工作面大功率装机容量的安全可靠供电问题。

（2）对于功率大、负荷集中且必须重载起车的设备电机，采用提高电压等级和变频调速的方式来减少对电网冲击。如工作面后部刮板输送机和工作面转载机、破碎机，采用 3300 V 高电压供电和变频调速方式起动，从而增大了起动转矩和降低起动电流，保证电网的稳定和设备正常启动。

（3）对于功率虽大但能空载起动、设备负荷比较分散、电机功率相对较小的，采用 1140 V 或 660 V 电压供电，可以降压启动或直接启动。

5.2.2 特厚煤层沿底掘进巷道支护技术

首采区 8~9 煤层合区采用综采放顶煤技术开采，工作面必须沿煤层底板推采，为提高煤炭资源采出率、保证工作面前后部刮板输送机与工作面转载机的合理搭接，其巷道和开切眼必须沿煤层底板托煤顶掘进。

开滦唐山矿以往类似条件都是采用 U 型钢拱形棚子支护，掘进效率低、成本费用高，劳动强度大，采面推进过程中替换棚子的工作量大，而且工作面两出口断面严重收缩，不能满足高产高效和安全生产的需要。为此开滦矿务局与煤炭科学研究总院组织联合攻关，研究开发沿底掘进巷道顶煤锚杆支护技术，以解决综采放顶煤工作面上下端头支护与制约安全高效开采的关键问题。

首采区综放工作面巷道沿煤层底板掘进，巷道的上顶和两帮都是松软煤体，单向抗压强度仅 10 MPa 左右。通过研究分析和现场试验，研发出一套全煤巷道组合锚杆技术和锚杆支护工程监测系统，形成全煤巷道锚杆支护机械化作业线，使全煤巷道掘进快速、安全可靠、成本降低、效率提高，为综放工作面生产提供简化上下端头支护、减轻劳动强度、日进多循环的安全高产高效巷道支护技术保证，并确保了综放工作面的采掘正常衔接。

1. 采用动态信息设计法进行全煤巷道锚杆支护设计

1）支护设计采用动态信息法

动态信息设计法是在详细调查支护地点地质条件、测定围岩强度和矿井地应力的基础上，采用有限差分数值计算程序 FLAC3.3 进行计算机模拟分析，结合数值计算、工程类比和设计经验，提出初始设计；设计在现场实施后经工程监测，详细收集围岩位移和锚杆受力数据，及时反馈信息用以验证和修改初始设计，使全煤巷道锚杆支护设计建立在科学可靠的基础上。

2）巷道断面与支护形式

针对首采区 8~9 煤层合区采深大（$H > 600$ m）、高应力（水平应力高达 45 MPa）、特厚煤层（$M = 10~13$ m）沿底板掘进巷道、上顶有 8 m 左右厚强度低的煤顶的具体条件，巷道采用直墙平拱断面和组合锚杆支护，提高了巷道支护质量。

设计巷道顶部用树脂加长锚固高强度锚杆 + 金属网 + W 形钢带和小直径预应力锚索加固补强联合支护，高强度锚杆选用长度 2.4 m 的 ϕ22.5 mm 20Mnsi 螺纹钢锚杆，树脂加长锚固长度 1.7 m，锚杆间排距为 0.8 m×0.8 m，顶部两侧锚杆以 60° 斜角深入到巷道两帮轮廓外 0.5 m，保证巷道上顶和两腮角得到有效支护，实现巷道顶部载荷向两帮转移。

巷顶加固补强支护随巷道锚杆支护同时进行，每两排锚杆间距增设一根小直径预应力锚索，并保证锚入煤层直接顶板 1 m 以上。锚索由 1×7 股高强度低松弛的预应力钢绞线组成，直径 15.24 mm，长度 9 m 左右，采用加长树脂锚固，张拉预紧力至 100 kN。

巷道两帮采用金属锚杆 + 树脂锚固 + 金属网 + 钢筋带支护，锚杆材质为 A3 圆钢，直径 18 mm，长度 1.8 m，间排距为 0.8 m×0.8 m，每帮布置 3 根，其中靠近顶底部的锚杆分别与水平呈 ±10° 角，采用树脂锚固（图 5-3）。

研发的全煤巷道直墙平拱组合锚杆支护与煤体形成承载结构，其支护效果优于架棚支护，巷道顶、帮煤体的整体性和稳定性大大提高，特别是上下端头部位支护可靠、工作面出口断面高度符合要求、生产工艺简单，为综放工作面安全高产高效提供了支护保证，经现场使用证明支护是成功的。

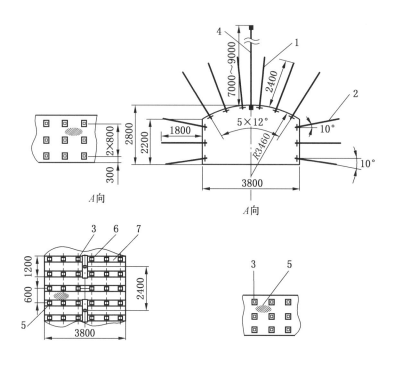

1—顶锚杆；2—帮锚杆；3—金属托盘；4—锚索；5—菱形金属网；6—锚索托盘；7—W 形钢带

图 5 - 3　首采区特厚 8~9 煤层合区全煤巷道组合锚杆支护图

2. 优化全煤巷道锚杆支护机械化作业线

首采区 8~9 煤层合区综放工作面巷道采用 MRH - S100 - 41 型掘进机落煤、装煤，再配 SJ - 44 型 650 mm 带式输送机运煤，顶锚杆（索）钻孔和安装使用 MQT - 50 型风动锚杆钻机，帮锚杆钻孔和安装使用 MZ - 1.2 型煤电钻，组成安全高效全煤巷道锚杆支护机械化作业线，对巷道周边煤体破坏小、成型好，随掘进及时锚杆支护从而保证作业人员安全。

工作面开切眼因综采设备安装需要，跨度达 7 m，采取两次掘进施工成巷，一次先掘出 3500 mm 宽，二次再刷扩 3500 mm 达到设计宽度。为保证开切眼支护安全可靠，布置 3 列锚索加固，间距仍为 2.4 m（图 5 - 4）。

3. 建立全煤巷道锚杆支护工程监测系统

首采区大采深高应力特厚煤层 8~9 煤层合区全煤巷道从开始掘进到回采结束，进行了全过程的矿压监测，包括锚杆锚固力抽检，顶板离层监测和巷道变形观测。全面观测记录巷道表面位移、巷道深部位移、锚杆受力情况、锚索受力情况、顶煤离层情况和锚杆锚固力、锚杆预紧力等数值变化，研究掌握其矿压显现规律，为进一步优化改进设计提供了可靠依据。

1）掘进及安装期间巷道矿压情况

监测结果表明：巷道在开掘后 5~6 d 便趋于稳定，巷道围岩（煤）的位移很小；在掘进及安装期间，锚杆受力最大值仅 54 kN，巷道表面位移速度最大值仅 0.31 mm/d，深部位移几乎为 0，显示锚杆支护及时有效控制巷道围岩（煤），安全可靠性高。

开切眼大跨度锚杆 + 锚索支护与煤顶形成稳定的承载结构，及时有效地控制了围岩（煤）的塑变和破坏，保证了工作面设备安全快速安装。

2）回采期间巷道矿压情况

进入回采期间，围岩（煤）位移速度加快，最大位移速度达到 15.5 mm/d，但整个回采期间总的

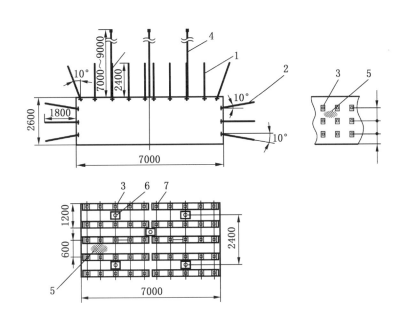

1—顶锚杆；2—帮锚杆；3—金属托盘；4—锚索；5—菱形金属网；6—锚索托盘；7—W形钢带

图5-4　首采区特厚8~9煤层合区全煤开切眼锚杆支护图

位移量并不大，巷道两帮移近量190 mm，顶底板位移量215.5 mm，断面收缩率仅12.7%，不需维修即可满足综采工作面安全高效开采需要。

工作面采动超前影响范围为40~50 m，相比架棚支护巷道影响范围60~80 m缩小了，说明组合锚杆支护效果优于架棚支护。锚杆受力从距工作面40 m开始增加，随着距离缩小而逐渐增大，到距工作面5 m以内时锚杆受力达最大值（106.0 kN），是掘进期间的2倍。帮锚杆受力值最大为66.5 kN，二者均有较高的强度储备。

4. 全煤巷道组合锚杆支护效果

开滦矿务局与煤科总院研发的首采区特厚8~9煤层合区综放工作面全煤巷道组合锚杆支护技术、机械化作业线和锚杆支护工程监测系统，经现场实施，取得了显著的经济效益和社会效益。

1）组合锚杆支护技术为安全高产提供保障

首采区开采实践表明，组合锚杆支护稳定可靠，强度储备系数高，保证了综放工作面掘进、安装及回采的安全高效；研发的全煤巷道锚杆支护机械化作业线加快了巷道掘进速度，改善了作业环境，降低了工人劳动强度，实现了减人提效。

2）组合锚杆支护技术降低巷道支护与生产成本

组合锚杆支护技术与原架棚支护，大大降低了巷道和开切眼的支护成本，节省了大量巷道维修量及费用；组合锚杆支护安全可靠，提高了综放工作面机电设备安装速度和工作效率，也取消了回采期间工作面上下出口替回拱形支架的工作量，大大提高了工作面推进速度，成为综放工作面实现安全高产的重要措施。

5.2.3　提高综放工作面煤炭资源采出率技术

唐山矿京山铁路煤柱首采区8~9煤层合区综放工作面的采放比为1∶3，放顶煤的采出率决定着综放工作面煤炭资源采出率的高低，也是体现综采放顶煤技术先进性的一项重要指标。为此，在综放工作面实现高产高效的同时，开滦唐山矿采取了一系列行之有效的技术措施，努力提高煤炭资源的采出率。

1. 优化设计减少煤炭资源损失

1) 首采区回采巷道坚持沿煤层底板掘进

综采放顶煤一次采全煤厚的煤炭资源,其煤层下部是综合机械化工作面推采,上部顶煤在矿压和支架的共同作用下破碎、垮落。因此在首采区开采设计、施工时,回采巷道必须严格沿煤层底板掘进,使全煤厚都处于开采技术的掌控之中,防止丢底煤损失,从而提高煤炭资源的采出率。

2) 邻近采空区的巷道坚持沿空掘进

相邻工作面之间的煤柱一旦形成将是资源的永久损失,因此在工作面巷道设计时要尽量缩小工作面之间的煤柱宽度。唐山矿首采区工作面设计时,将邻近采空区的工作面巷道坚持沿采空区边缘布置、施工,既可以减少工作面之间的煤柱损失,又使巷道处于支承压力的减压区,有利于巷道的维护与使用。

优化设计使首采区综放开采与分层综采的煤炭资源采出率相比,避免了分层综采因地质构造引起的煤层厚度变化及未能严格控制分层采高影响合理分层而造成的底煤不能开采的煤层厚度损失,减少了分层综采工作面巷道内错式布置的煤柱损失,提高了煤炭资源的采出率。

2. 改进回采工艺减少煤炭资源损失

1) 严格坚持工作面沿底开采

在工作面推采时,要掌握好采煤机的挖底量,挖底量小会造成丢底煤损失,挖底量过大又会使机组啃底影响煤质和损害设备,因此要密切关注采煤机的卧底情况,始终使采煤机滚筒沿煤层底板切割,防止丢底煤。

在推移工作面前后刮板输送机时,要清理机道和底板浮煤并调整好推移角度,使刮板输送机始终贴着煤层底板,防止刮板输送机往上飘或往下扎,避免引起采煤机丢底煤割煤和损失放顶煤的回收量。

2) 减少采空区遗煤损失

由于顶煤的采出率低于机采的采出率,提高顶煤的采出率成为影响全煤厚采出率的关键。唐山矿在首采区综放工作面生产过程中,创新放顶煤工艺,采取有效措施提高顶煤采出率。

(1) 保证工作面推进速度与顶板垮落同步,做到移架后顶煤及时垮落放出,防止顶板垮落矸石堵塞支架放煤口,影响顶煤的回收。

(2) 采取多轮顺序放煤工艺,使顶煤均匀泄放,防止矸石窜出影响放煤和污染煤质。

(3) 改进后部刮板输送机,增加中部槽宽度并降低其高度,增设落煤导流器,使垮落的顶煤尽量多地流进中部槽中,减少采空区遗煤。

3) 改进端头支护有利上下出口放顶煤

综放工作面上下出口是人员、材料进出通道和运输设备搭接处,控顶面积大、设备多。为保证上下出口的安全,通常不放顶煤造成资源损失。唐山矿为此专门研制了工作面端头支架,加强上下端头支护强度与整体性,使放顶煤范围扩大到巷道,减少了上下出口顶煤的损失。

3. 加强管理提高资源采出率

唐山矿首采区综放开采过程中始终强化资源管理,使提高煤炭资源采出率的各项技术措施真正得到落实。

1) 勘查工作面实际煤厚制定采出率指标

在采煤工作面巷道掘进完工后,认真探测煤层厚度,准确计算煤炭资源量,科学制订综放工作面煤炭资源采出率指标。

2) 煤炭产量准确计量核算

在工作面回采期间,对综放工作面实际采出的煤炭数量准确计量,认真核算工作面回采率。

3) 严格奖惩制度

在煤炭生产管理中，把工作面煤炭资源采出率列为采煤队的重要考核指标，与职工收入、干部奖惩紧密挂钩，使提高煤炭资源采出率成为干部职工的自觉行动。

4. 首采区 8~9 煤层合区综放开采煤炭资源采出率

据统计，唐山矿自 2000 年 7 月投产到 2007 年底止，采用综采放顶煤技术开采京山铁路煤柱首采区 8~9 煤层合区 6 个工作面，通过采取以上技术措施，首采区 8~9 煤层合区煤炭资源采出率达到 82.19%，比相同条件采区原分层开采的煤炭资源采出率 77.20% 提高了 4.99%。

5.3 开滦唐山矿京山铁路煤柱首采区安全开采保障技术

唐山矿京山铁路煤柱首采区 8~9 煤层合区属高瓦斯区域、煤尘具有爆炸危险性、煤层容易自燃，这些开采条件给安全生产带来严重威胁：采用综采放顶煤技术开采，随着煤炭产量的增加，瓦斯、煤尘、自燃问题将日益突出；同时京山铁路煤柱因两侧已采而积聚高应力、具有发生冲击地压的危险等。因此要实现首采区 8~9 煤层合区的安全高效开采，必须认真研究一套安全保障技术作支撑。

5.3.1 "一通三防" 安全保障技术

1. 综放工作面的通风保障技术

针对首采区高瓦斯区域 8~9 煤层合区综采放顶煤开采瓦斯涌出量大的特点，设计综放工作面采用全负压 E 型通风方式，即运输巷道进风，回风巷道和沿顶板掘进的辅助回风巷回风（图 5-5）。

根据工作面瓦斯发放量及来源分析，设计巷道断面都在 $10\ m^2$ 以上，最佳配风量为 $16.7\ m^3/s$，能够有效地保证综放工作面安全高效生产用风，并辅以准备班在工作面和巷道用煤电钻打眼泄放瓦斯，有效地减轻了生产班风排瓦斯的压力，确保工作面各处和风流中瓦斯浓度控制在《煤矿安全规程》规定的安全浓度以下。

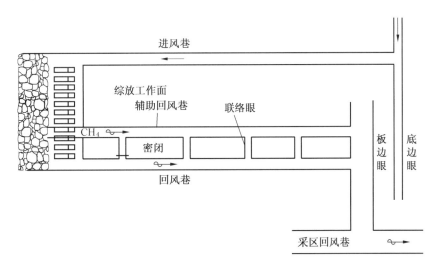

图 5-5 首采区综放工作面 E 型通风系统示意图

2. 综放工作面瓦斯治理技术

首采区 8~9 煤层合区综放工作面在采煤机割煤和支架放顶煤时瓦斯会大量涌出，为防止工作面上隅角和采空区内瓦斯聚集超限形成安全隐患，开滦唐山矿研究出一套综合治理瓦斯技术。

1) 工作面上隅角瓦斯超限治理技术

实践表明，综放工作面开采初期瓦斯涌出量不大，采用全负压 E 型通风方式时，上隅角瓦斯浓度不会超限。当推进达一定距离、工作面基本顶垮落后，其采空区与周边的已采区连通，在负压通风的作用下工作面上隅角瓦斯浓度将出现超限，为保证安全采用以下技术进行治理：

（1）当瓦斯浓度小于2.5%时，在工作面回风巷距离上隅角50 m处安装专用局部通风机抽排瓦斯，能够使工作面上隅角瓦斯不超限。但要注意保持巷道断面，防止巷道变形使抽排风筒受到挤压而影响抽放效果。

（2）为有效治理上隅角瓦斯超限，可采取回风巷老塘埋管抽放。瓦斯抽放管路安置在离底板高0.5 m处，打好木垛保护并与矿井瓦斯抽放系统相连。随着工作面的推采，抽放管路深入工作面采空区后即可抽出上隅角里聚集的瓦斯，使工作面回风流瓦斯浓度控制在0.4%、工作面上隅角瓦斯浓度在0.6%以下，有效地保证了综放工作面安全高效生产。

2）高位钻孔抽放采空区瓦斯

根据采场覆岩运动规律，在工作面回采推进过程中，采场覆岩将形成"三带"，即垮落断裂带、离层带和弯曲下沉带，将在采场覆岩中形成裂隙和空间、成为瓦斯流动的通道。通过工作面高位钻孔进行负压抽放，把覆岩裂隙空间内的瓦斯抽出，从而减少向采场涌出的瓦斯量。

图5-6所示为在相邻工作面的巷道内布置钻场，按设计向垮落断裂带施工顶板高位钻孔抽放采空区瓦斯的技术措施示意图。

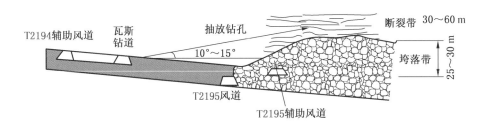

图5-6　在相邻工作面的巷道内施工高位钻孔抽放采空区瓦斯示意图

图5-7所示为在相邻综放工作面辅助回风巷内布置钻场，按设计超前施工顶板高位钻孔向采煤工作面垮落断裂带抽放采空区瓦斯的技术措施示意图。

通过采取高位钻孔抽放采空区瓦斯的技术措施，大大减少了采空区瓦斯向工作面采场空间的涌出量，使瓦斯治理由被动转为主动，有力保证了工作面安全高效生产。

3）辅助回风巷封闭抽放

随着工作面的推采，把沿煤层顶板掘进的辅助回风巷逐段（50~100 m）进行封闭，逐段封闭的密闭采用木段加黄泥砌筑，密闭以内的工作面回风巷与辅助回风巷间的联络眼用双层大板封闭，并用煤和水泥灌严双层大板之间的空间，利用安设在边眼的移动抽瓦斯泵进行抽放，把采空区内的瓦斯直接抽排到采区回风巷或与矿井瓦斯抽放系统相连，减少采空区瓦斯向采场空间的涌出，辅助回风巷封闭抽放系统示意图如图5-8所示。

现场实测首采区8~9煤层合区综放工作面瓦斯涌出量高达12 m³/min，采用辅助回风巷封闭进行抽放，抽出流量达到20 m³/min、瓦斯浓度为30%~40%，即抽出纯瓦斯量达6~8 m³/min，从而大大减少了采空区瓦斯向采场空间的涌出量，使工作面回风流瓦斯浓度从1.1%~1.2%降到0.6%~0.7%，保证了工作面安全生产。

4）地面钻孔抽放采空区瓦斯

统计分析唐山矿矿井瓦斯涌出量有45%来源于采空区，采煤工作面瓦斯有75%来源于采空区，采取地面钻孔抽放采空区的瓦斯，可减少采空区瓦斯涌入工作面和矿井巷道内。

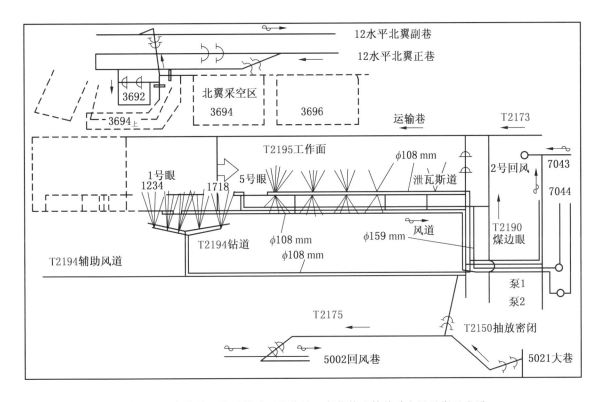

图 5-7 在综放工作面辅助回风巷施工高位钻孔抽放采空区瓦斯示意图

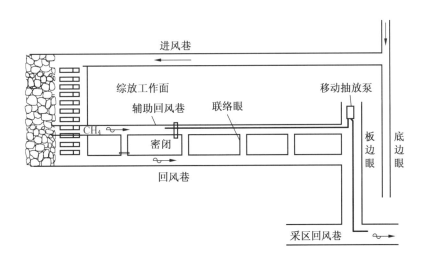

图 5-8 综放工作面辅助回风巷封闭抽放系统示意图

地面抽放采空区瓦斯的钻孔设计如图 5-9 所示。地面至基岩面以下 15 m 段钻孔孔径为 215 mm，基岩面以下 15 m 往下至导水断裂带上部孔径为 159 mm，导水断裂带上部至孔底孔径为 108 mm。

设计地面抽放采空区瓦斯的钻孔结构：地面至基岩面以下 15 m 段下 ϕ168 mm 套管，套管与孔壁之间采用水泥砂浆进行封堵；地表至导水断裂带上部段下 ϕ127 mm 的套管（其中地面至基岩面以下 15 m 段为双重套管），套管与孔壁之间也用水泥砂浆进行封堵；从导水断裂带上部至孔底放置 ϕ89 mm 花套管，花套管上部 ϕ127 mm 套管重合 20 m，花套管按三花眼布置，孔隙率 30%，如图 5-10

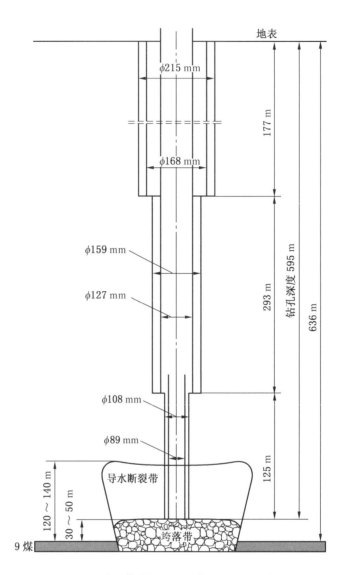

图 5-9 地面抽放采空区瓦斯钻孔设计示意图

所示。放置花套管段与孔壁之间不做封堵，为瓦斯抽采提供通道。设计的地面抽放采空区瓦斯钻孔结构避免了覆岩含水层承压水涌入井下造成水害事故，同时又能提高抽采效果。

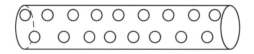

图 5-10 地面抽放采空区瓦斯钻孔花套管示意图

现场测量首采区地面钻孔抽采采空区瓦斯的浓度达 50% 左右，流量为 5.0 m³/min 以上，并且非常稳定，通过铺设抽放管路与固定瓦斯抽放利用系统连接，可供居民生活用气，既确保井下安全生产，又为节能减排、保护环境做出了贡献。2008 年 1—5 月份首采区地面钻孔抽采采空区瓦斯量统计见表 5-5。根据该区域采空区瓦斯赋存情况，预计该钻孔服务年限至少在 10 年以上，经济效益可达 2073.7 万元。

表 5-5 2008 年 1—5 月份首采区地面钻孔抽采采空区瓦斯量统计表

月份	平均浓度/%	平均流量/(m³·min⁻¹)	日抽采时间/h	月抽采天数/d	月抽采瓦斯量/(m³·min⁻¹)
1	50.5	5.2	23	21	76101.48
2	49.6	6.0	23	29	119099.52
3	51.3	5.3	23	31	116314.54
4	52.0	5.2	23	30	111945.60
5	53.6	5.4	23	31	123822.43
合计	—	—	—	—	547283.57

3. 综放工作面防治煤尘技术

首采区各煤层的煤尘均具有爆炸性，由于煤层强度低、易破碎，因此在煤炭生产的采、掘、运等环节中会产生大量煤尘，它既有爆炸危险，又会造成严重的职业危害，是煤矿安全生产的主要灾害之一。随着首采区 8~9 煤层合区特厚煤层综采放顶煤开采，工作面产尘量大的问题日益突出，能否有效防治煤尘，关系到煤矿安全高效开采。为此，开滦唐山矿从煤矿生产的全方位、全过程着眼，研发矿井综合防尘技术体系，其主要从以下 3 个方面入手。

1）从综采放顶煤产尘源头入手治理

综采放顶煤工作面的各生产工艺都会产生煤尘，必须逐一采取措施降尘、灭尘：

（1）实施煤层注水时，应先湿润煤体使煤炭采掘生产作业时降低产尘量。

（2）增加采煤（掘进）机供水压力和水量，提高自动内外喷雾降尘效果，实现强力喷雾封闭产尘点，降低采煤（掘进）机滚筒割煤的产尘量。

（3）设计综放开采使用的液压支架安装自动喷雾装置，使割煤后移架和放顶煤时自动喷雾灭尘，减少在移架、放煤过程中的产尘量。

（4）工作面前后刮板输送机、工作面转载机、破碎机和带式输送机等煤炭运输的各转载点洒水灭尘，并在工作面进风巷和回风巷设置水幕、降尘帘等净化风流措施。

以上综合降尘措施的实施收到了很好的效果，避免污染矿井风流，提高了采掘工作面作业环境质量，消除了煤尘爆炸灾害隐患。

2）掘进工作面采用压-抽联合通风降尘

开滦唐山矿研发了两种除尘风机与局部通风机配合进行压-抽联合通风，降低掘进作业的产尘量：

（1）采用自激式水浴水膜除尘风机配合局部通风机对掘进工作面实行压-抽联合通风，局部通风机将新风压入掘进巷道迎头，通过自激式水浴水膜除尘风机将掘进迎头含尘污浊空气抽出，含尘污浊空气经过除尘风机进行水浴，其中的游离煤尘与水雾凝聚形成液滴降落，从而净化了掘进工作面的回风流，其除尘效率达到 96% 以上。

（2）采用湿式振弦除尘风机配合局部扇风机对掘进工作面实行压-抽联合通风，局部扇风机将新风压入掘进巷道迎头，通过湿式振弦除尘风机将巷道迎头含尘污浊空气抽出，含尘污浊空气经过除尘风机内安设的水喷雾器向振弦过滤板喷雾净化，除尘效率在 92%~98% 之间。

以上两种除尘风机与局部扇风机配合进行压-抽联合降尘通风，经现场使用证明，具有除尘效率高、操作简单、耗水量小、成本低、易实施等优点，有效地降低了掘进工作面的煤尘危害。

3）建立和健全矿井防尘供水系统和防尘专业队伍

唐山矿利用排到地面井下涌水与地面生产生活污水经过净化作为供水水源，通过地面蓄水池进行静压供水，节省水资源。

矿井建成了防尘供水系统，井下各条巷道、各采掘生产场所均布设防尘供水管路，各个煤炭运输的转载点、卸载点均安装洒水喷雾降尘装置，实现生产全过程的洒水降尘。

各采掘工作面的进风巷和回风巷均安装净化风流的水幕和隔爆水袋，定期冲洗和刷白巷道，减少煤尘堆积。

全矿建立了以矿长为首的防尘工作领导小组，设置主管部门并配齐防尘专业队伍，建立责任制，定期巡回检测矿井各产尘点粉尘浓度，严格考核奖惩；提高全体员工防治煤尘尘害的主动性，使各项降灭尘措施落实到位，从而大大控制了产尘量，改善了井下作业环境，降低了矿工尘肺病发病率，杜绝了煤尘爆炸事故，有力地保证了矿井安全高效生产。

4. 综放工作面防治煤炭自燃技术

唐山矿首采区各煤层均有自然发火倾向，采用综采放顶煤开采 8 ～ 9 煤层合区特厚煤层，采空区空间大、遗留煤炭多，极易发生煤炭自然发火事故。为防止煤炭自燃灾害，开滦唐山矿在开采实践中通过科技攻关，形成了一套综合防治技术。

1）综合治理，防治煤炭自燃

（1）优化设计首采区采掘巷道布置，要保证采掘工作面安全可靠通风，防止风流紊乱和微风作业。

（2）及时对采空区进行封闭，设置防火构筑物，采用调压、喷涂等措施，杜绝采空区漏风。

（3）严格密闭管理，加强采空区气体检测，警惕煤炭氧化自燃，发现升温发火征兆要及时采取措施处置。

（4）提高工作面煤炭资源回采率，减少采空区残留煤炭，减少煤炭自燃的物质基础。

2）对采空区进行预防性灌浆防灭火

唐山矿采取对采空区进行灌注黄泥浆或粉煤灰浆，使其包裹采空区遗留煤炭，隔绝空气、防止煤炭氧化；同时遗煤经过湿润降温、氧化自热趋势得到抑制，首采区 T2193 综采放顶煤工作面预防性灌浆防灭火系统如图 5 - 11 所示。实践证明，采取预防性灌浆是防止采空区煤炭自然发火的有效措施。

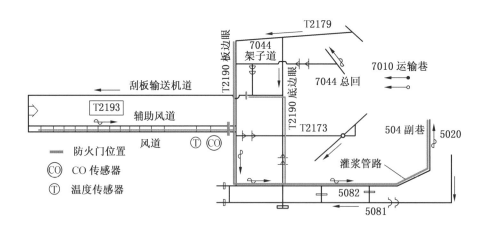

图 5 - 11　首采区 T2193 综采放顶煤工作面预防性灌浆防灭火系统示意图

3）建立健全自然发火预测预报系统

唐山矿为加强火险管理，形成了束管采集系统、安全监测系统和人工巡回检测共 3 种检测系统，研究确定了煤层自然发火标志性气体（如 CO、C_2H_4、C_2H_6 和 C_2H_4/C_2H_6）的含量及氧化自热温度指标，据此判定煤炭自燃迹象，及时发出自燃倾向预测预报，提前采取措施将内因火灾消灭在萌芽状态。

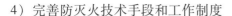

4）完善防灭火技术手段和工作制度

通过采取对采空区注水降温防火，向煤体注入凝胶或表面喷洒阻化剂降温隔氧，采用罗克休泡沫喷涂密闭或把马丽散注入煤体减少漏风，对采空区注入惰性气体（如 N_2、CO_2）以降低氧气含量防灭火，采取调整进风巷和回风巷风压实行均压通风减少漏风等防治煤炭自燃危险等技术手段，以及建立严密的防灭火组织体系、严格的规章制度，加强技术管理，严格考核奖惩等防灭火配套措施，有效地防治了内因火灾的发生，确保特厚煤层综采放顶煤安全高效开采。

5. 矿井安全监测监控技术

为贯彻落实国家煤矿安全监察局提出的 12 字瓦斯治理治理方针，唐山矿按照"监测监控"的要求安装了 KJ101 矿井安全监测系统，对保证首采区特厚煤层综采放顶煤安全高效开采发挥了防范事故的保障作用。其主要功能有以下 3 个方面。

1）扩展了安全监测监控范围

KJ101 矿井安全监测系统在监测瓦斯（甲烷 CH_4）的基础上，安全监测监控内容及范围扩展到一氧化碳（CO）、风速、风压、流量、温度、烟雾、大气压力、矿井负压、设备开停、风门开关等项目，安全监测系统还具有瓦斯超限报警断电、异地控制断电、地面遥控断电等功能。

矿井安全监测系统除在重点监测的特厚煤层综采放顶煤工作面安装传感器外，还遍布矿井所有生产作业场所和主要巷道、硐室；并给所有井下管技人员和现场班组长、机电检修工等人员都配有便携式瓦斯检测报警仪，形成定点监测和随机监测两套系统互为补充。

2）积极采用计算机网络技术实现信息共享

采用网络传输技术、计算机应用技术和多媒体技术等新技术，不断对安全监测监控系统进行技术改造，使安全监测系统功能不断扩展和延伸。

（1）建立矿井园区网和开滦矿区广域网，实现集团公司、煤业公司和生产矿井三级网上共享监测数据信息。

（2）开发监测数据分析管理软件，通过对实时接收的监测数据进行分析、处理，做到反馈及时、控制有效、信息畅通、方便查询。

（3）开发安监系统报警功能，采用先进的多通道短信发送装置，利用手机短信形式，将实时报警信息在第一时间发布到安全管技人员的手机上，在空间和时间上拓展了安全监控信息的传播范围，为管技人员及时掌握矿井危险信息、及时采取措施排除隐患发挥了重要作用。

3）加强安全监控信息管理

全矿建立了安全监控信息综合管理系统，将所属各安全监控系统采集的信息，集中到服务器中统一处理。各级领导和有关部门通过客户端与服务器连接，并以声、光提示和大屏幕显示等方式与管技人员进行信息交流，实现了实时数据浏览和历史数据查询，并自动生成各种参数曲线、报表、模拟图等功能。当出现瓦斯超限等异常情况时，以屏幕显示和声响报警等方式提醒注意。通过以上技术改进，使开滦矿务局所属各矿安全监测监控信息传递更加快捷，安全隐患发现处理更加及时，更具科学性和时效性，使安全监测监控系统真正为煤炭安全高效生产值班站岗、保驾护航。

通过应用以上各种矿井灾害防治技术，有效地杜绝了各种瓦斯、煤尘、自燃等灾害事故，保证了首采区特厚煤层综采放顶煤安全高效的开采。

5.3.2 首采区防治水害技术

唐山矿京山铁路煤柱首采区水文地质条件简单，地表无积水、无任何水系通过，煤系地层主要含水层为 5 煤层顶板砂岩裂隙含水层，预计 5 煤层开采后涌水量为 3.72 t/min，8~9 煤层合区开采后涌水量为 0.5 t/min，合计 4.22 t/min。这些涌水按照矿井设计的排水路线流入井底水仓后泵排地面，不会对综采放顶煤工作面的安全高效开采造成影响。

首采区 8~9 煤层合区采用覆岩离层注浆减沉综采放顶煤技术开采，为防止覆岩离层注浆减沉的大量浆液水窜入工作面影响作业环境、危及安全生产，成为首采区防治水害的重点，必须使注浆钻孔孔底位于导水断裂带以上，并留有一定的安全保护厚度。为此，科学确定导水断裂带的高度，对工作面实现安全生产至关重要。

1. 唐山矿井下实测确定覆岩导水断裂带高度

1）井下实测方案设计

唐山矿选择在首采区 T2192 综放面进行井下实测覆岩导水断裂带高度，T2192 综放面南邻 T2191 采空区，北邻 T2193上未采区，工作面走向长度 960 m、倾斜长度 150 m，煤层平均倾角 9°、平均采深为 613.5 m、平均煤厚 10.14 m。实测方案设计在其上方 5 煤层巷道中布置钻窝，向 T2192 工作面采空区上方打仰斜钻孔，采用井下导高观测仪观测覆岩导水断裂带的高度，该方案工程量小、成本低、简单易行。

实测方案设计两个覆岩导水断裂带高度观测钻孔，设计要素见表 5-6，施工示意图如图 5-12 所示。

表 5-6　首采区 T2192 综放面覆岩导水断裂带高度观测钻孔设计要素表

孔　号	钻孔仰角/(°)	钻孔长度/m	钻孔方位	孔径/mm
1 号	40	170	N145°W	89
2 号	36	180	N145°W	89

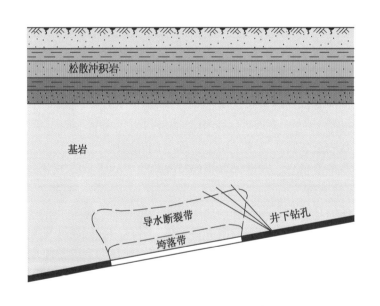

图 5-12　首采区 T2192 综放面覆岩导水断裂带高度观测钻孔施工示意图

井下导水断裂带高度观测仪由双端堵水器、连接管路和控制台 3 部分组成，双端堵水器（图 5-13）由两个起胀胶囊和注水探管组成，分别与起胀管路和注水管路相连接，各由起胀控制台和注水控制台控制，构成一个胶囊起胀和收缩的气压控制系统和岩层导水性的注水观测系统（图 5-14）。

为保证观测的可靠性，控制台增设两对过滤器以避免仪表堵塞影响测试；起胀胶囊采用优质高强度胶囊，保证在额定起胀压力下不破裂；起胀胶管采用高强度钢编管，避免拉断、磨断和挤裂；所有管路接头采用标准件和 O 形密封圈，防止水、气系统泄漏。

图 5-13 双端堵水器结构示意图

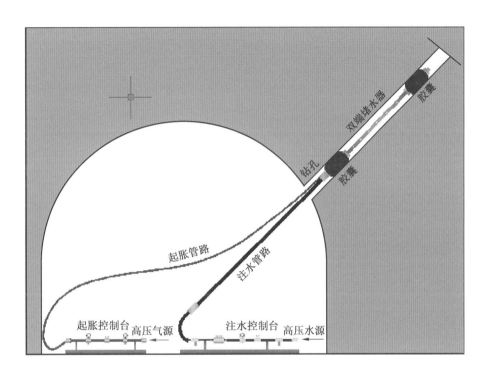

图 5-14 井下覆岩导水断裂带高度观测系统图

2）井下导水断裂带高度观测操作步骤

在覆岩导水断裂带高度观测钻孔施工完毕后，用钻机钻杆（或人力推动推杆）将胶囊处于无压收缩状态的双端堵水器在钻孔内推移到测试位置；然后在控制台开启起胀管路，对双端堵水器的两个胶囊注水加压，使之承压膨胀封堵两个胶囊之间的一段钻孔；再操作注水控制开关，对分隔出的该段钻孔进行注水，通过控制台上的注水流量表，观测出这段岩层单位时间的注水渗流量，从而测试出这段岩层的渗水性能。

3）井下导水断裂带高度观测时间选择

选择合理的覆岩导水断裂带高度观测时间，要考虑覆岩岩性、采后间隔时间等因素；当覆岩岩性为中硬时，其导水断裂带高度观测的最佳时间是开采后 2～3 个月；当覆岩岩性为软弱时，观测的最佳时间是开采过后 10～30 d；如观测时间距采后间隔时间过短，覆岩变形尚未稳定，施工钻孔难以成型，且观测时因钻孔变形容易卡住双端堵水器；如观测时间距采后间隔时间过长，覆岩会逐渐压实，覆岩导水断裂带高度会降低。

4）井下导水断裂带高度观测实施情况

2003 年 8—9 月对唐山矿首采区 T2192 综放面覆岩导水断裂带高度进行井下实测，共施工观测钻孔 2 个。其中，1 号钻孔因为岩层坚硬、150 型钻机的能力不够，实际钻进长度为 125 m，没能钻进至设计长度，故其观测范围是孔深 90～125 m 段；2 号钻孔施工时换成了 300 型钻机，也仅钻进了

172.5 m，仍没能施工至钻孔设计长度，原因是 300 型的钻机能力还不够、未能钻进至设计长度。

5）井下导水断裂带高度实测成果

1 号钻孔导水断裂带高度观测成果图如图 5 - 15 所示，其成果表见表 5 - 7。

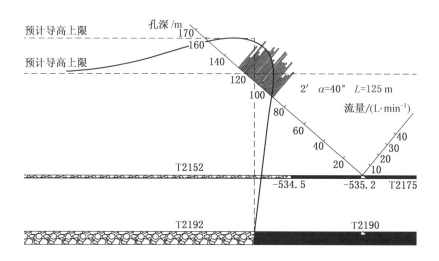

图 5 - 15　首采区 T2192 综放面 1 号钻孔覆岩导水断裂带高度观测成果图

表 5 - 7　首采区 T2192 综放面 1 号钻孔覆岩导水断裂带高度观测成果表

孔深/m	测点静压/MPa	岩层渗流量/(L·min⁻¹)	孔深/m	测点静压/MPa	岩层渗流量/(L·min⁻¹)
90	0.65	24	108.5	0.80	22
91.5	0.65	21	110	0.81	17
93.5	0.67	20	111.5	0.83	30
95	0.70	16	113	0.83	27
96.5	0.72	30	114.5	0.83	29
98	0.74	18	116	0.85	24
99.5	0.75	27	117.5	0.85	24
101	0.76	25	119	0.84	12
102.5	0.79	25	120.5	0.86	19
104	0.80	31	122	0.95	28
105.5	0.79	32	123.5	0.95	12
107	0.80	20	125	0.95	16

根据以上观测成果，可以得出 1 号钻孔的观测段全部处于导水断裂带之内的结论，由于受钻机能力制约没能钻进至设计长度，故未能观测到覆岩导水断裂带高度的上限。推测覆岩导水断裂带高度为

$$H_1 > 37 + 125 \times \sin 40°$$

式中　H_1——覆岩导水断裂带高度，m。

其中，37 m 为此处 5 煤层至 8~9 煤层合区的岩层间距，125 m 为 1 号钻孔的实际孔深，40° 为 1 号钻孔的仰角。计算上式可得

$$H_1 > 117.3 \text{ m}$$

2 号钻孔导水断裂带高度观测成果图如图 5 - 16 所示，其成果表见表 5 - 8。

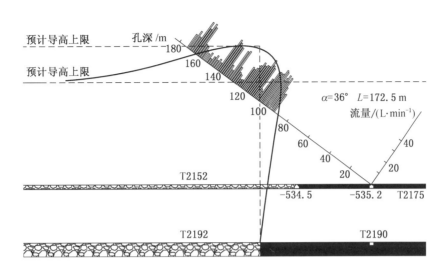

图 5-16　首采区 T2192 综放面 2 号钻孔覆岩导水断裂带高度观测成果图

表 5-8　首采区 T2192 综放面 2 号钻孔覆岩导水断裂带高度观测成果表

孔深/m	测点静压/MPa	岩层渗流量/(L·min⁻¹)	孔深/m	测点静压/MPa	岩层渗流量/(L·min⁻¹)
92		16	119.5		22
93		15	121		19
94		20	122		17
95		28	123		18
96		24	124.5		6
97		29	126		5
98	0.62	26	127.5		8
99		23	129		9
100		30	130.5		13
101		31	132		26
102		27	133.5		25
103		26	135		7
104		27	136.5		10
104		26	138		20
106.5		14	139.5		20
108		7	141		22
109		8	142.5		24
110	0.7	27	144		18
111	0.73	28	145.5		6
112	0.73	32	147		8
113.5	0.74	25	148.5		6
115	0.75	25	150		9
116.5	0.75	24	151.5		7
118		26	153		4

表 5 – 8（续）

孔深/m	测点静压/MPa	岩层渗流量/(L·min⁻¹)	孔深/m	测点静压/MPa	岩层渗流量/(L·min⁻¹)
154.5		8	164.5		22
156		6	166		17
158		9	167.5		22
160		10	169		12
161.5		11	171		16
163		20	172.5		12

根据 2 号钻孔的观测成果，得出该观测段仍全部处于导水断裂带内的结论，由于受钻机能力制约没能钻进至设计长度，故未观测到覆岩导水断裂带高度的上限。推测覆岩导水断裂带高度为

$$H_2 > 37 + 172.5 \times \sin 36° = 37 + 101.4 = 138.4 \text{ m}$$

2 号钻孔观测的 T2192 综放面覆岩导水断裂带高度采高比为

$$H_{li}/M > 138.4/10.14 = 13.6$$

即大于 13.6。

2. 唐山矿地面钻孔实测覆岩导水断裂带高度

为准确测定首采区综放面的覆岩导水断裂带高度，唐山矿在井下实测覆岩导水断裂带的基础上，又在首采区相邻的铁二区二采区 T2291 综放工作面进行地面钻孔观测采后覆岩导水断裂带发育高度，为设计注浆钻孔合理深度并确保覆岩离层注浆水不会进入采场提供可靠依据。

1）地面实测覆岩导水断裂带高度的钻孔设计

唐山矿地面钻孔实测覆岩导水断裂带高度地点选择在首采区相邻的铁二区二采区的 T2291 综放面，该面北邻已采区、南邻未采区，工作面走向长度 1062 m、倾斜长度 138 m，工作面煤层平均厚度 10.0 m，煤层平均倾角 12°，煤层平均埋深 623 m。观测钻孔布置在 T2291 工作面倾斜长度的中间，在工作面走向上距开切眼的距离为 350 m（图 5 – 17）。

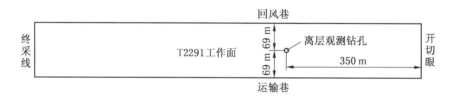

图 5 – 17　地面观测 T2291 综放面覆岩导水断裂带高度的钻孔布置平面图

2）地面钻孔观测覆岩导水断裂带高度的方法

通过地面钻孔观测覆岩导水断裂带高度的方法有两种：一种是观测钻孔钻进过程中孔内冲洗液水位变化来确定覆岩导水断裂带的位置，当钻孔内稳定的冲洗液存水突变到无水时，即可判定此处为工作面覆岩导水断裂带上限；另一种方法是采用导高观测仪测量覆岩导水断裂带高度，根据预计的导水断裂带发育高度，在钻进到此预计高度之上时每 2 m 一段进行岩层的导水性能测试，以实测到的导水性强的位置判定为采场覆岩导水断裂带高度。

3）地面钻孔观测导水断裂带高度的实测成果

2007 年 11 月 26 日至 12 月 9 日，唐山矿施工地面实测覆岩导水断裂带高度的钻孔，分别采取以上所述的两种方法观测覆岩导水断裂带高度。

采用观测钻孔钻进过程中冲洗液消耗量突变的方法时，观测到钻孔孔深 475 m 延深至 480 m 钻进

时，发现钻孔内稳定的冲洗液存水突变到无水，判定孔深 475 m 为工作面覆岩导水断裂带上限，其标高为 13 – 475 = –462 m，观测成果如图 5 – 18 所示。

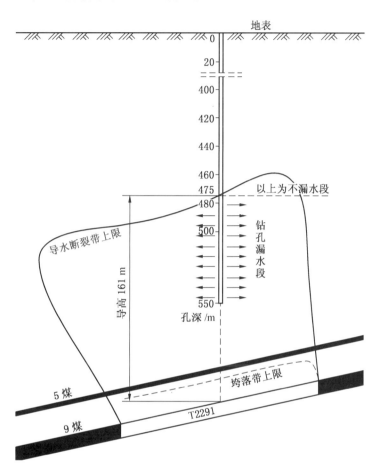

图 5 – 18   地面钻孔观测 T2291 综放工作面覆岩导水断裂带高度成果图

计算 T2291 工作面覆岩导水断裂带高度为

$$H_{li} = 623 - 462 = 161 \text{ m}$$

覆岩导水断裂带高度 H_{li} 与采高 M 的比值为

$$161 \text{ m} / 10.0 \text{ m} = 16.1$$

采用导高观测仪测量覆岩导水断裂带高度时，从钻孔施工至孔深 420 m 起，自上而下每 2 m 一段进行岩层的导水性能测试，测试共进行 37 段，一直测试到设计孔深。以实测到的导水性强的位置判定为采场覆岩导水断裂带高度。地面钻孔采用导高观测仪测量覆岩导水断裂带高度成果图如图 5 – 19 所示，其成果表见表 5 – 9。

根据导高观测仪测量岩层渗透性成果，可以判断 T2291 工作面采场覆岩导水断裂带发育的上限在观测钻孔深度 468 m 位置，其标高为 13 – 468 = –455 m，则 T2291 工作面采场覆岩导水断裂带高度为

$$H_{li} = 623 - 455 = 168 \text{ m}$$

则 T2291 工作面采场覆岩导高 H_{li} 与采高 M 的比值为 16.8。

4）地面钻孔覆岩导水断裂带高度观测成果分析

利用地面钻孔应用两种方法观测 T2291 综放工作面覆岩导水断裂带高度：161 m，它是采高的 16.1 倍；≥168 m，它是采高的 16.8 倍。这两组数值十分接近，证明利用地面钻孔进行覆岩导水断

裂带高度的测定比井下仰斜钻孔测定更准确。因此取地面钻孔覆岩导水断裂带高度观测成果二者的较大值作为首采区综放面覆岩导水断裂带高度，即覆岩导水断裂带高度是采高的 16.8 倍是合适的。

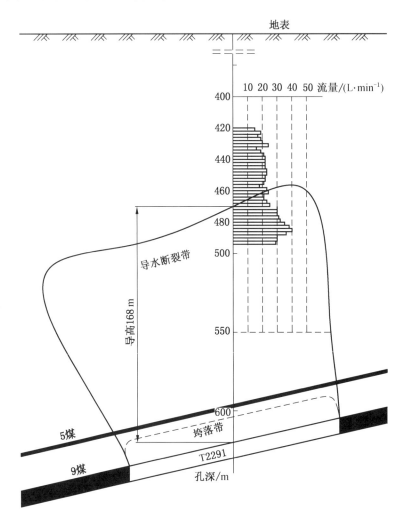

图 5 – 19　T2291 综放面地面钻孔覆岩导水断裂带高度实测成果图

表 5 – 9　地面钻孔采用导高观测仪实测 T2291 综放面覆岩导水断裂带高度成果表

孔深/m	岩层渗流量/(L·min⁻¹)	孔深/m	岩层渗流量/(L·min⁻¹)
420	15	438	22
422	19	440	22
424	17	442	22
426	19	444	22
428	20	446	23
430	24	448	23
432	16	450	22
434	19	452	22
436	21	454	21

表 5-9（续）

孔深/m	岩层渗流量/(L·min⁻¹)	孔深/m	岩层渗流量/(L·min⁻¹)
456	18	476	31
458	23	478	32
460	24	480	35
462	21	482	38
464	21	484	40
466	23	486	36
468	25	488	30
470	30	490	30
472	30	492	29
474	30		

从首采区地质钻孔柱状图可知，在覆岩导水断裂带高度以上有黏土层 4 层和沙质黏土岩 1 层，厚度分别为（由上至下）12.42 m、3.71 m、8.44 m、7.53 m 和 5.71 m，厚层黏土岩具有良好的阻隔水能力，同时考虑首采区 8~9 煤层合区厚度大，因此覆岩导水断裂带以上保护层厚度可取 8~9 煤层合区厚度的 3 倍。

据此设计注浆钻孔终孔深度应在覆岩导水断裂带高度加上保护层厚度以上，即设计注浆钻孔孔底距煤层顶板的防水安全岩柱的高度为

$$H_{sh} \geqslant H_{li} + H_b = 16.8 \times 10 + 3 \times 10 = 198 \text{ m}$$

式中　H_{sh}——防水安全岩柱的高度，m；

　　　H_{li}——导水断裂带的高度（16.8×10 m），m；

　　　H_b——保护层的厚度（3×10 m），m。

在确定防水安全岩柱高度时需要引起注意的是应考虑地质变化因素，如综放工作面所处的地质构造单元存在断层，而地表注浆孔正好施工在断层附近，注浆水就有可能通过断层渗入井下工作面，渗入量的大小和断层的导水性强弱有关。

3. 验证设定的首采区防水安全岩柱高度的可靠性

为验证以上设计的注浆钻孔终孔深度的可靠性，唐山矿在首采区开采过程中通过水文地质工作进行了验证。

1）连通试验

在覆岩离层注浆钻孔注浆浆液中加入示踪剂，通过观测工作面涌水中有无示踪剂来判断浆液水与井下综放工作面是否连通，试验结果表明按以上公式设计的注浆钻孔终孔深度，在注浆减沉综放开采过程中工作面均未发现示踪剂，从而有力地证明防水安全岩柱高度 H_{sh} 选取的准确性，能够确保注浆水不下渗到综放工作面影响作业环境及不会危及安全生产。

2）水质检测

为了观测注浆水是否渗入综放工作面，唐山矿在首采区综放工作面注浆减沉开采期间，定期取工作面水样进行检测，分析其中 Na^+、Ca^{2+}、Mg^{2+}、NH_4^+、Cl^-、SO_4^{2-} 等离子含量的变化。水质检测数据表明：在首采区综放工作面注浆减沉开采期间工作面涌水中各种离子的含量没有出现波动，说明注浆水未渗入综放工作面。

3）工作面涌水量测量

唐山矿在首采区综放工作面注浆减沉开采期间，定期对工作面涌水量进行测量，统计分析表明上

述设计的防水安全岩柱高度使各工作面涌水量不受覆岩离层注浆的影响，工作面掘进、回采期间的涌水量无明显变化，覆岩离层注浆对工作面不会造成水害威胁。

以上3种方法进行的验证结果证明，按以上防水安全岩柱高度设计的首采区注浆钻孔终孔深度是安全可靠的。

5.3.3 首采区防治冲击地压灾害技术

1. 唐山矿防治冲击地压的工作回顾

开滦唐山矿是一个有冲击地压危险的矿井，据统计资料，自1964年发生首次冲击地压造成人员伤亡以来，共发生冲击地压54次，其中较大的7次，造成多人伤亡。为防止冲击地压灾害的发生，开滦唐山矿持之以恒地开展了冲击地压发生机理和防治技术的研究。

统计显示：唐山矿绝大多数冲击地压发生在开采特厚井巷保护煤柱第一分层的过程中，例如11水平南翼运输大巷8~9煤层合区保护煤柱5287 N工作面第一分层在回采过程中，共发生冲击地压32次，严重影响安全生产。该5287 N工作面两侧煤层均已采完，其成为孤岛煤柱开采，该工作面可采走向长度458 m，工作面长度120 m，煤层倾角10°，煤厚10.72 m，煤层顶、底板均为砂质泥岩，岩性致密、强度较硬，采用倾斜分层金属网假顶下行垮落综合机械化技术开采。

1）冲击地压发生造成的危害

冲击地压发生时都伴有强烈的响声和围岩的振动，可传递数百米或数千米的范围；冲击地压使巷道底板隆起，巷道断面急剧收缩乃至堵塞（图5-20），巷道支架瞬间压缩、变形以致破坏，巷旁煤岩被挤压破碎射出（图5-21）；冲击地压产生强烈的冲击波，造成在此处作业人员内脏损伤致死；冲击地压还使作业场所设备器材倾覆挪移，瓦斯涌出增大、粉尘飞扬等，极易造成人员伤亡或引发次生灾害。

图5-20　冲击地压造成巷道底板隆起，巷道断面急剧收缩与堵塞　　　　图5-21　冲击地压使巷道支架瞬间急速压缩、变形以致破坏

分析唐山矿发生的冲击地压，有以下特征：

（1）发生冲击地压的工作面两侧或三面为采空区，呈孤岛煤柱开采，致使应力高度积聚。

（2）特厚煤层8~9煤层合区孤岛煤柱倾斜分层第一分层开采易发生冲击地压。

（3）在8~9煤层合区工作面上方5煤层如遗留煤柱，将造成支承压力集中，往往在此处发生冲击地压。

（4）冲击地压发生的地点不固定或在工作面巷道、工作面前方巷道、工作面底板巷道中。

由此类比，唐山矿京山铁路煤柱首采区8~9煤层合区如仍采取倾斜分层下行开采，同样面临发生冲击地压的危险，因此必须研究切实可行的防治发生冲击地压的技术措施，才能实现储存高应力的京山铁路煤柱 8~9 煤层合区的安全开采。

2）唐山矿研究冲击地压发生机理取得的成果

（1）总结唐山矿发生冲击地压相关因素。唐山矿自 1878 年建矿至今已有 130 多年历史，矿井延深到了 13 水平。分析 1964 年发生首次冲击地压以来的 54 次冲击地压记录，其发生通常具备以下相关因素：

一是开采深度因素，历次冲击地压均发生在 -530 m 标高以下，加上地面标高深度达 550 m，揭示在一定的开采深度才会发生冲击地压。

二是地质构造因素，采用套装法测试发生冲击地压区域的原岩应力，其最大水平应力是垂直应力的 3.88 倍，反映地质构造形成了强大的原始应力场。

三是煤（岩）力学因素，8~9 煤层合区的顶底板均为砂质泥岩，厚度大、岩性致密较硬，在顶底板夹持中的 8~9 煤层合区，煤层厚度大且煤体强度低、脆性较大，既能储存大量的弹性能量，又会因脆性破坏而瞬间释放弹性能发生冲击地压。

四是采动支承压力因素，采煤工作面冲击地压多发生在超前支承压力影响范围内的巷道中或处于上部遗留煤柱的局部应力集中区。

五是特厚煤层第一分层工作面开采时冲击地压危害严重，在以下的第二、三、四分层开采时却没有发生过。

六是在两侧采空或三面采空的工作面进行采掘活动或巷道套修时，积聚的高应力常会发生冲击地压。

（2）研究煤层开采"围岩—煤体"系统运动规律。当工作面从开切眼往前推采，使煤层顶板逐渐悬露并产生弯曲，作用在工作面煤壁的支承压力不断增大，顶板内的拉应力也不断增大，当其达到极限强度后顶板断裂，形成工作面的初次来压；随工作面继续推进，顶板的悬露长度又不断增加，当其拉应力大于自身岩石抗拉强度时，顶板岩层又将断裂、回转、下沉，形成工作面周期来压，工作面开采推进，煤层顶板发生周期性断裂运动，造成"围岩—煤体"系统应力周期性的变化。通过GMEAP 应力分析程序进行三维模拟分析，可以明显地看出受开采影响下的应力分布及集中程度。在应力集中程度高的区段，冲击地压易于发生，这是引起冲击地压的采动因素。

冲击地压发生的过程是煤、岩变形破坏的力学过程，开采造成"围岩—煤体"系统应力变化与集中，分为两种情况：

一是随工作面推进顶板逐渐悬露，煤体支承压力增加，由于顶板强度大大高于煤体强度，此时顶板仍稳定悬露，"围岩—煤体"系统释放能量很小，不足造成大的危害，表现为发生"煤炮"，引起煤体震动、煤尘飞扬，随着"煤炮"的发生系统积聚的能量得到释放。

二是在顶板发生断裂时，围岩和煤体都将释放大量的能量，瞬间作用在煤体上，使其超过煤体极限强度，进入应变软化区。当"围岩—煤体"系统释放的总能量大于煤体破碎、移动所需的能量时，"围岩—煤体"系统突然失稳而发生冲击地压，致使煤体压碎抛出、顶板下沉、底板鼓起、支架严重损坏、设备器材颠倒挪位、造成人员伤亡。"围岩—煤体"系统弹性能的破坏性释放，有时可传递到地表引起震动。

（3）提出"围岩—煤体"系统发生冲击地压的判别准则。

"围岩—煤体"系统释放能量造成失稳的判别准则为

$$\Delta E - \Delta G > 0$$

式中　ΔE——"围岩—煤体"系统释放的能量；

　　　ΔG——煤（岩）体发生破裂移动等损耗的能量。

顶板发生断裂的判别准则为

$$\sigma / R_t > 1$$

式中　σ——顶板悬露产生的集中应力；

　　　R_t——顶板的抗拉强度。

$\Delta E - \Delta G > 0$ 为"围岩—煤体"系统发生失稳应具备的充分条件，$\sigma / R_t > 1$ 为系统发生冲击地压的必要条件。

2. 首采区开采发生冲击地压危险性分析

1）京山铁路煤柱呈孤岛积聚了高应力

唐山矿京山铁路煤柱首采区 8 ~ 9 煤层合区的底板标高在 −740 ~ −550 m 之间，已经在唐山矿冲击地压发生的临界深度以下；首采区两侧都已是采空区，受采动支承压力和构造应力的双重作用，使 8 ~ 9 煤层合区煤体储存了高应力与高弹性能，具有发生冲击地压的危险性。

2）首采区最后一个工作面开采冲击地压危险增大

由于京山铁路煤柱宽近 900 m，被分成 6 个工作面开采，为减少铁路采沉的水平位移和避免跳采形成的多个孤岛工作面，工作面开采顺序是从两侧向中间对称协调开采。这样在采最后一个工作面（T2193$_下$）时，将形成孤岛煤柱中的孤岛工作面开采的状态，煤柱两侧的支承压力的峰值将重叠在一起，使首采区最后一个工作面的载荷急剧增大，所以发生冲击地压的可能性增大。

3. 首采区开采防治发生冲击地压技术研究

1）采用综放开采降低冲击地压的危险程度

据唐山矿冲击地压分析研究表明，绝大多数冲击地压发生在开采储存高应力的特厚孤岛煤柱第一分层工作面。唐山矿京山铁路煤柱首采区 8 ~ 9 煤层合区为避免冲击地压灾害发生，不再采用倾斜分层金属网假顶下行垮落综合机械化采煤法，改用综采放顶煤技术一次采全厚。

首采区工作面采用综放技术开采，使"围岩—煤体"系统的力学结构模型发生变化，由原来第一分层开采的"顶板—开采煤层—底煤—底板"结构变为"顶板—上方顶煤—机采煤层—底板"结构。唐山矿在首采区开采过程中进行了全面的矿压观测分析，揭示了综放开采由于上方顶煤的存在，相当于在工作面与坚硬顶板之间加了一个塑性垫层，使顶板、煤层的运动和应力分布发生根本性改变，对防治冲击地压发生起到关键性的作用，从而大大降低了冲击地压的危险程度。

矿压观测分析得出以下结论：

一是综采放顶煤开采使煤与顶板活动不同步，矿压实测顶煤在工作面前方 11.4 m 处开始产生位移，随着工作面推进位移量不断增加，直到工作面推过 4.4 m 时顶煤发生垮落，垮落角为 93°；而顶板则在距工作面 6.5 m 处才开始产生位移，随工作面推进位移量不断增加，直到工作面推过 6.02 m 时发生垮落。由此可见，从位移的发生发展看顶煤与顶板有相似的规律，但顶板开始产生位移滞后于顶煤 4.9 m，在工作面后方垮落滞后于顶煤 1.62 m。正是这种不同步，在顶煤与顶板之间形成了离层。

二是综采放顶煤开采使采动应力的增加发生变化，通过煤体应力测量发现：当采用倾斜分层开采时，第一分层工作面的前方 95 ~ 25 m 范围煤体应力缓慢升高，25 m 以内范围上升较快，增速率达 0.813 MPa/m，到距工作面 3.6 m 时达到最大值（峰值）25 MPa，以后急剧下降；当采用综采放顶煤开采时，工作面前方煤体应力随工作面推采也逐渐上升，但距工作面 22.8 m 时达到最大值（峰值）8.15 MPa，其在应力升高区增速率为 0.097 MPa/m。两种不同开采方法的应力测量表明，综放开采超前应力峰值距工作面煤壁远，应力增速率降低，应力峰值也降低。

三是综采放顶煤开采使顶板活动和矿压显现规律发生变化，通过工作面液压支架圆盘压力自记仪记录表明，综放工作面矿压显现要比原来第一分层综采工作面小：液压支架初撑力平均为 2296 kN，工作阻力平均为 2561 kN，仅为设计额定值的 58.0% 和 53.4%；工作面初次来压步距为 19.8 m，初次来压强度系数1.5；工作面周期来压步距为9 m，周期来压强度系数为1.21；工作面开采超前支承压力影响范围大，平均在130 m左右；巷道变形观测站测量巷道变形主要是底鼓，原因是顶板压力通过两侧煤体传递到底板并从底鼓变形中释放出来，巷道底鼓量大于水平移近量与顶板移近量。

综上所述，综放开采工作面矿压显现均比倾斜分层第一分层工作面小：液压支架工作阻力小，初次来压与周期来压的步距和强度小，支承压力峰值小，因此积聚的弹性能量小。当顶板拉伸断裂时，"围岩—煤体"系统释放的能量作用在顶煤上使其破碎，减少传递到工作面的能量。实践证明通过"顶板—上方煤顶—机采煤层—底板"力学系统的改变，上方顶煤（塑性垫层）的存在增强了煤体塑性变形能力，煤体的夹持作用减弱，从而综放开采大大降低了冲击地压的危险程度。

2）实施覆岩离层注浆有利于防治冲击地压

首采区由于实施了覆岩离层注浆减沉，有利于防治冲击地压，实现了高应力孤岛煤柱工作面的安全开采。覆岩离层注浆减沉防治冲击地压的机理主要表现在如下几个方面：

一是覆岩离层注浆起到软化岩层降低强度的作用，覆岩离层注浆使导水断裂带的上岩层处于饱和水状态，其强度与刚性会显著降低，从而减弱采场矿压显现强度，降低了发生冲击地压的危险性。这与煤层及顶板注水软化是同样的机理。表5-10为首采区覆岩主要岩层进行岩石物理力学试验的数据，从表中可以看出覆岩离层注浆含水饱和后软化了岩层、降低了强度，从而减少冲击地压发生的危险。

表5-10 首采区覆岩主要岩层含水量变化岩石物理力学试验数据表

试　　件	自然抗压强度/MPa	饱和抗压强度/MPa	饱和吸水率/%	软化系数
粗砂岩	51.0	31.1	1.425	0.61
中砂岩	49.2	36.9	1.07	0.75
细砂岩	90.1	69.4	0.61	0.77
粉砂岩	40.1	30.5	0.725	0.76

二是注浆压力对顶板悬顶载荷起到减负的作用，覆岩离层中注浆浆液压力不仅支托了离层的上位岩层，同时也挤压了离层的下位岩层，促使下位岩层更快的弯曲下沉，这样就减少了采空区上方覆岩的悬顶面积，减轻了采场周边围岩支承压力的集中程度，降低了支承压力峰值，这与强制放顶防治冲击地压的机理相同，从而降低了开采发生冲击地压的危险性。

三是覆岩离层内充填灰体起到降低煤体应力场的作用，首采区每个工作面都实施了覆岩离层注浆，因此在最后的T2193下工作面开采之前，其相邻的上下工作面的覆岩离层内充填了粉煤灰体，将其上覆岩层的重力荷载有效地传递到采空区的底板上，避免T2193下孤岛工作面成为上覆岩层载荷的"承载条带"，降低了两侧采空区上覆岩层"压力拱"拱基的支承荷载强度，减少了孤岛工作面的垂向支承荷载，从而弱化了孤岛工作面"围岩—煤体"系统的应力场，也就降低了冲击地压发生的危险性。

唐山矿京山铁路煤柱首采区的开采实践表明，在首采区开采的全过程中没有发生一次冲击地压，证明采用综采放顶煤技术和覆岩离层注浆减沉技术有效地解决了具有冲击地压危险的高应力特厚煤柱安全开采的问题，确保了煤炭生产的安全、高产。

6 京山铁路煤柱首采区覆岩离层注浆减沉设计

如前所述，唐山矿京山铁路煤柱首采区 8～9 煤层合区开采厚度大、埋深大，覆岩岩层软、硬相间分布，具备形成多个离层的条件；首采区各工作面为两侧向中间协调对称开采顺序，工作面回采时一侧为采空区，另一侧为实体煤，其采后在覆岩中能形成较为稳定、空间较大、持续时间较长的离层。这些条件有利于实施覆岩离层注浆减沉技术，为取得理想的注浆减沉效果，必须遵循覆岩离层发育规律和注浆减沉机理，做好首采区覆岩离层注浆减沉工程的科学设计。

6.1 首采区覆岩离层注浆减沉目标设计

6.1.1 未实施覆岩离层注浆首采区综放开采地表沉陷预计

根据首采区各工作面开采地质条件（表 6-1）分析，首采区 8～9 煤层合区平均厚度为 11.28 m，煤层平均倾角为 10°，平均开采走向长度 919 m，开采宽度 787 m，平均开采深度 653 m，其在走向和倾斜两个方向上均达到了充分采动程度。

表 6-1 首采区各工作面开采沉陷预计地质条件表

工 作 面	走向长度×斜长/(m×m)	平均开采深度/m	最上采深/m	倾角/(°)	煤厚/m
T2191	1040×145	594	565	10	12.42
T2192	960×150	613	588	9	10.14
T2193上	905×124	639	619	13	10.54
T2193下	872×124	691	656	10	10.78
T2194	852×124	691	686	10	11.40
T2195	854×120	708	694	4	12.42
首采区	919×787	653	635	10	11.28

首采区未实施覆岩离层注浆综放开采后的地表沉陷预计参数选取：

唐山矿实测开采下沉系数 q 为 0.74，首采区 8～9 煤层合区综放开采属一次重采，根据《建筑物、水体、铁路及主要井巷煤柱留设与压煤开采规程》，中硬覆岩的其下沉活化系数取 0.2，开采影响传播角 θ 取 $90° - 0.67\alpha$，上山影响角正切 $\tan\beta_上$ 取 1.8，下山影响角正切 $\tan\beta_下$ 取 1.7，拐点平移距 S 取 $0.02H$。其中 α 为煤层倾角，H 为煤层间距。

按照首采区工作面的开采顺序，预计 T2191、T2195、T2192、T2194、T2193上、T2193下 综放工作面在未实施覆岩离层注浆减沉开采后，各自引起的地表移动变形值见表 6-2。

表 6-2 预计首采区各工作面未实施覆岩离层注浆综放开采后的地表移动变形值

地表移动变形项目	T2191	T2195	T2192	T2194	T2193上	T2193下
最大下沉值 W_m/mm	4319.8	2747.5	3792.5	2939.7	3211.8	3519.8
最大倾斜值 i_m/(mm·m⁻¹)	19.84	9.82	15.24	9.48	13.01	13.65
最大曲率值 K_m/(mm·m⁻²)	0.245	0.095	0.163	0.081	0.141	0.142
最大水平移动值 u_m/mm	2179.0	1331.4	1731.4	1288.4	1577.8	1752.3

表 6-2（续）

地表移动变形项目	T2191	T2195	T2192	T2194	T2193上	T2193下
最大水平变形值 $\varepsilon_m/(mm \cdot m^{-1})$	26.2	12.7	18.2	10.6	16.5	17.8

在未实施覆岩离层注浆综放开采的情况下，按照工作面开采顺序逐个累计引起的地表移动变形预计值见表 6-3。

表 6-3 预计首采区未实施覆岩离层注浆逐个工作面综放开采后累计引起的地表移动变形值

首采区工作面开采顺序	T2191	T2191 和 T2195	T2191、T2195 和 T2192	T2191、T2195、T2192 和 T2194	T2191、T2195、T2192、T2194 和 T2193上	首采区全部开采后
最大下沉值 W_m/mm	4320	4445	7200	7204	7838	9864.5
最大倾斜值 $i_m/(mm \cdot m^{-1})$	19.84	20.4	25.83	25.94	31.85	31.41
最大曲率值 $K_m/(mm \cdot m^{-2})$	2179.0	2242.2	2712.5	2723.3	3305.0	3122.7
最大水平移动值 u_m/mm	0.245	0.213	0.221	0.224	0.208	0.214
最大水平变形值 $\varepsilon_m/(mm \cdot m^{-1})$	26.2	27.7	22.5	22.9	22	21.4

由表 6-3 看出，预计首采区 8~9 煤层合区在未实施覆岩离层注浆减沉的情况下全部综放开采后，地表最大下沉值计算见式（6-1）：

$$W = qkm\cos\alpha \qquad (6-1)$$

式中　W——煤层开采后地表最大下沉值；

　　　q——下沉系数；

　　　m——煤层开采厚度；

　　　α——煤层倾角；

　　　k——重复采动下沉活化系数，取 1.2。

$$W = 11.28 \times 0.74 \times 1.2 \times \cos 10° = 9864.5 \text{ mm}$$

图 6-1~图 6-6 所示为未实施覆岩离层注浆减沉的情况下，预计首采区工作面逐个开采后累计引起的地表下沉等值线图，其最大下沉值为 9864.5 mm。

6.1.2 首采区覆岩离层注浆减沉设计原则

首采区覆岩离层注浆减沉综放开采特厚 8~9 煤层合区，涉及煤矿安全生产、铁路正常运行、煤炭资源利用、生态环境保护和企业经济效益等各个方面，是一项复杂的系统工程。为此，首采区覆岩离层注浆减沉设计应全面统筹并遵循以下原则：

1. 确保安全的原则

（1）唐山矿京山铁路煤柱首采区 8~9 煤层合区平均厚度达 11.28 m，采用综采放顶煤技术开采，势必造成铁路下沉幅度大、速度快，给铁路安全运行带来严重威胁。因此覆岩离层注浆减沉设计在综合考虑注浆能力、充填材料供给、铁路维修力量和工作面推进速度等要素的基础上，要综合平衡协调，科学确定注浆减沉目标，确保铁路安全运行。

（2）唐山矿京山铁路煤柱首采区 8~9 煤层合区综放开采，由于属特厚煤层一次采全厚开采方法，覆岩垮落和导水断裂带发育高度大，而覆岩离层注浆减沉将在离层空间注入大量浆液，因此覆岩离层注浆减沉设计要防止浆液渗入井下工作面采场，确保注浆浆液不危及矿井安全生产而形成水患。

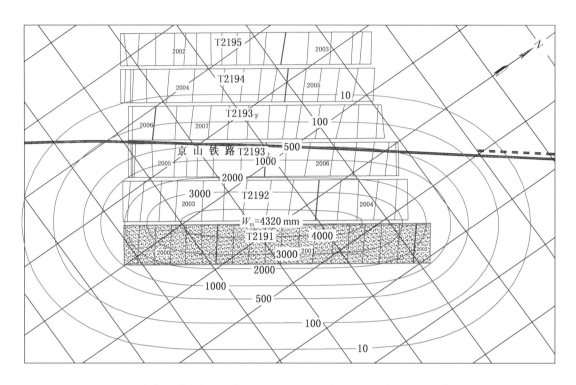

图6-1 未实施覆岩离层注浆T2191工作面综放开采后预计地表下沉等值线图

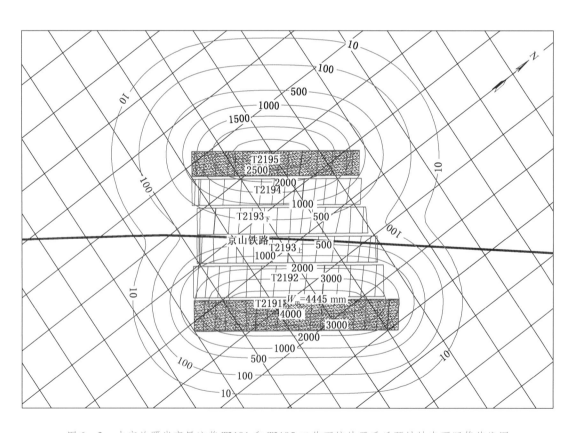

图6-2 未实施覆岩离层注浆T2191和T2195工作面综放开采后预计地表下沉等值线图

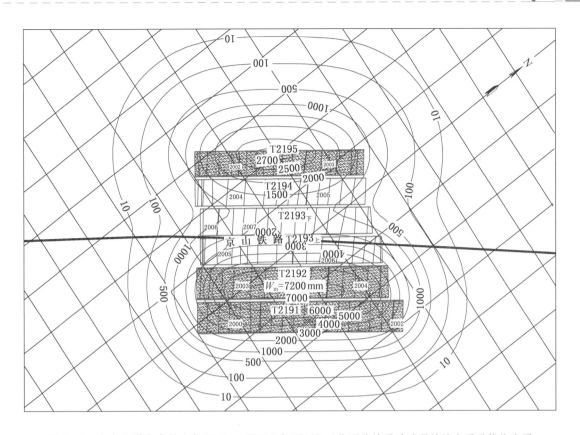

图6-3　未实施覆岩离层注浆 T2191、T2195 和 T2192 工作面综放开采后预计地表下沉等值线图

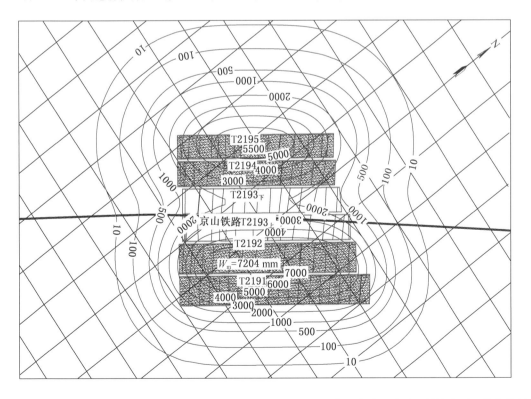

图6-4　未实施覆岩离层注浆 T2191、T2195、T2192 和 T2194 工作面综放开采后预计地表下沉等值线图

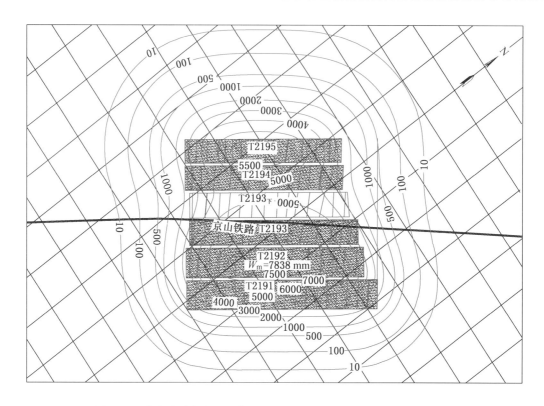

图 6-5　未实施覆岩离层注浆 T2191、T2195、T2192、T2194 和 T2193$_{上}$
工作面综放开采后预计地表下沉等值线图

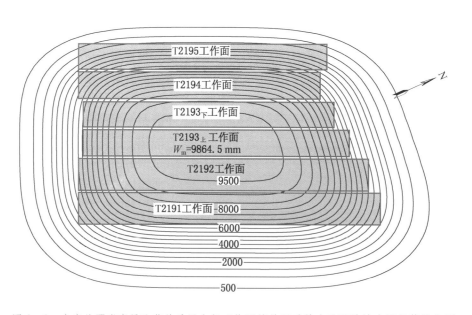

图 6-6　未实施覆岩离层注浆首采区全部工作面综放开采结束后预计地表下沉等值线图

2. 技术先进的原则

衡量覆岩离层注浆减沉是否成功，主要标志是地面减沉率的高低。因此覆岩离层注浆减沉设计要遵循覆岩离层发育规律和注浆减沉机理，紧密围绕提高地面减沉率，研究采用先进的注浆减沉技术，及时、充足、有效地充填覆岩离层空间，取得较高的减沉率。

（1）注浆钻孔的时空位置要合理。既要有利于在覆岩离层产生之初就能及时注浆、控制离层的发展；又要有利于钻孔的施工和保护，提高钻孔的使用寿命。

（2）注浆钻孔的终孔层位要选准。既要保证注浆浆液不下渗，不影响井下工作面生产和安全；又要尽早为覆岩产生的离层进行注浆，提高注浆减沉效果。

（3）注浆钻孔的结构要优化。首采区 8～9 煤层合区覆岩厚度大、岩性软硬的岩层相间分布，具备形成多个离层的条件，注浆钻孔设计要能够实施多个离层注浆，提高注浆钻孔的充填效率。

（4）注浆系统要完善。注浆设备配置合理，注浆能力充分，注浆参数科学，注浆工艺先进，注浆材料充足，浆液配置方便，能够满足实现覆岩离层注浆减沉目标的需要。

3. 效益最大化的原则

（1）节省地面建筑物的搬迁费用。首采区上方东北角的金属公司、木材公司和废旧物资回收公司 3 个单位如不实施覆岩离层注浆减沉开采，预计分别下沉 5.5 m、4.5 m、7.5 m，建筑物将遭到严重破坏而被迫搬迁。因此首采区覆岩离层注浆减沉设计要使地面 3 个公司通过维修保持正常经营、不再搬迁，为唐山矿节省巨额的搬迁费，减轻矿井经济负担。

（2）节省农田征地费。首采区如未实施覆岩离层注浆减沉开采，其地表沉陷波及范围广，会造成大量农田不能耕种而使征地数量多，因此覆岩离层注浆减沉设计应实现减少征地、节省费用，避免产生工农矛盾。

4. 绿色环保的原则

（1）按照循环经济的要求选择覆岩离层注浆材料，使废弃物转化为资源、变废为宝，降低成本，提高企业经济效益和社会效益。

（2）减少废弃物存放堆积占用土地，解决唐山发电厂粉煤灰储存场即将存满亟待征地建设新储场的燃眉之急；同时注浆减沉的浆液不会影响生态环境，确保绿色环保。

5. 精心组织的原则

覆岩离层注浆减沉工程工期长、技术工艺复杂，必须由高素质、高技能的专业施工队伍承担施工，通过精心组织、严格管理，确保工程质量，及时处理各种故障，为注浆减沉工程提供组织保障和技术支撑，使注浆钻孔钻进和覆岩离层注浆得以顺利实施。

6.1.3　首采区覆岩离层注浆减沉目标设定

依据首采区覆岩离层注浆减沉设计原则，统筹首采区覆岩离层注浆减沉的需要与可能，确定首采区覆岩离层注浆减沉目标为减沉率 50%，其考虑的主要因素如下：

（1）首采区开采面积大，8～9 煤层合区平均厚度达 11.28 m，铁路位于首采区倾斜方向的中部，且铁路煤柱两侧早已是采空区，属充分采动区。预计开采后铁路最大下沉值达 9864.5 mm，设计注浆减沉目标为减沉率 50%，可减小铁路一半的下沉量，使得铁路维修量减少，为铁路维修从空间和时间上创造有利条件，使铁路路基垫高和线路调整等维修工作能够在行车间隔的有限时间内完成，同时地表的下沉速度也会显著降低，确保铁路正常安全运行。

（2）首采区对应地表的铁路两侧为早期开采的沉陷区，开采沉陷后地表低于潜水位，成为常年积水深坑。首采区覆岩离层注浆减沉目标定为减沉 50%，就能保证开采沉陷后地表不积水，地面仍可充分利用，保护土地资源。对首采区上方的金属公司、木材公司和废旧物资回收公司 3 家企业，在覆岩离层注浆减沉综放开采后采取简单维修，仍能维持正常经营，避免异地搬迁支付巨额资金，减轻企业经济负担。

（3）首采区在地表充分采动的条件下，采用覆岩离层注浆减沉综放开采特厚煤层，在国内外均属首创。针对首采区煤层采厚大、开采面积大、所需注浆量大、注浆周期长，以及现有注浆站能力和注浆材料供给等实际情况，将首采区注浆减沉率确定为 50% 是一个较为稳妥的目标。

6.1.4 首采区覆岩离层注浆减沉目标实现后地表沉陷预计

依据首采区覆岩离层注浆减沉综放开采设计目标——地表减沉率50%，预计8~9煤层合区综放开采后地表最大下沉值 W_m 为未实施覆岩离层注浆减沉综放开采后地表最大下沉值的一半（$W = 9864.5/2 = 4932.3$ mm）；按照首采区各工作面的开采顺序，预计 T2191、T2195、T2192、T2194、T2193$_上$、T2193$_下$综放工作面陆续开采后，预计引起的地表移动变形值见表6-4。图6-7至图6-12所示为实施覆岩离层注浆减沉的 T2191、T2195、T2192、T2194、T2193$_上$ 和 T2193$_下$ 综放工作面依次开采后地表下沉等值线图，图6-13至图6-15所示为首采区实施覆岩离层注浆减沉全部工作面综放开采完后地表倾斜变形等值线图、地表曲率变形等值线图与地表水平移动等值线图。

表6-4　首采区覆岩离层注浆减沉综放工作面顺序开采后预计地表移动变形值

开　采　顺　序	T2191	T2191 和 T2195	T2191、T2195 和 T2192	T2191、T2195、T2192 和 T2194	T2191、T2195、T2192、T2194 和 T2193$_上$	首采区全部开采后
最大下沉值 W_m/mm	2160	2160	3299.2	3363.1	3926.2	4932.3
最大倾斜值 i_m/(mm·m^{-1})	8.13	8.13	13.87	13.27	14.85	17.17
最大曲率值 K_m/(mm·m^{-2})	893.6	893.6	1448.0	1360.7	1541.0	1662.4
最大水平移动值 u_m/mm	10.5	10.5	13.9	13.5	14.4	8.8
最大水平变形值 ε_m/(mm·m^{-1})	4.5	4.5	10.3	12.7	13.5	9.1

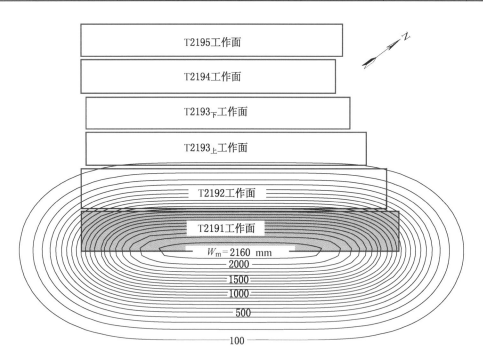

图6-7　实施覆岩离层注浆减沉 T2191 综放工作面开采后预计地表下沉等值线图

表6-5列出未实施覆岩离层注浆减沉和实施覆岩离层注浆减沉两种条件下预计首采区综放开采后地表移动变形值，从而看出实施覆岩离层注浆减沉综放开采后地表移动变形值有明显降低，从而大大减少了铁路的维修量，能够通过维修保证铁路安全运行；位于首采区上方的金属公司、木材公司和废旧物资回收公司3家企业在开采过程中进行必要的维修，能够正常使用，达到覆岩离层注浆减沉综放开采设计的不搬迁目的。

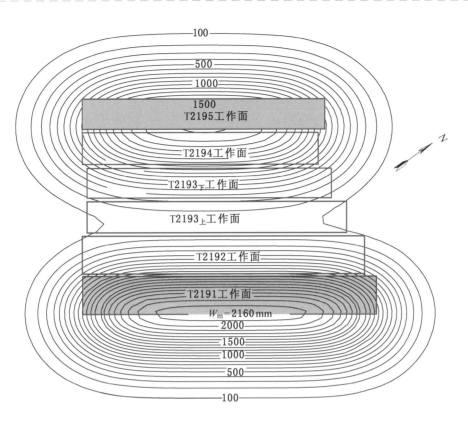

图 6-8 实施覆岩离层注浆减沉 T2191 和 T2195 综放工作面开采后预计地表下沉等值线图

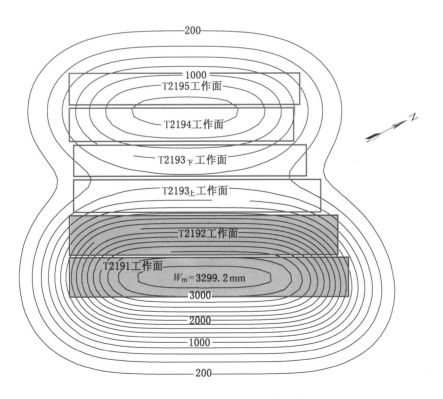

图 6-9 实施覆岩离层注浆减沉 T2191、T2195 和 T2192 综放工作面开采后预计地表下沉等值线图

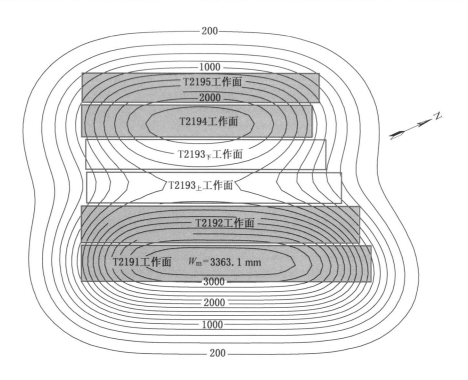

图 6 - 10　实施覆岩离层注浆减沉 T2191、T2195、T2192 和 T2194
综放工作面开采后预计地表下沉等值线图

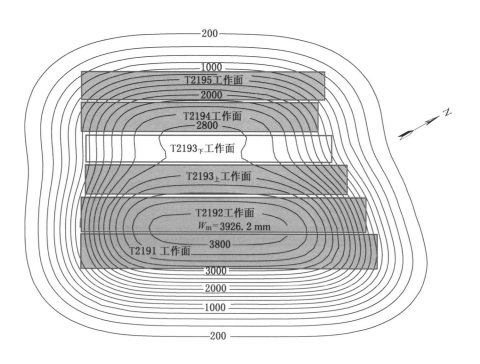

图 6 - 11　实施覆岩离层注浆减沉 T2191、T2195、T2192、T2194 和 T2193下
综放工作面开采后预计地表下沉等值线图

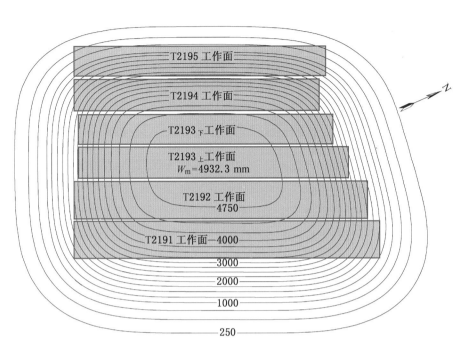

图 6-12 实施覆岩离层注浆减沉首采区全部综放工作面开采后预计地表下沉等值线图

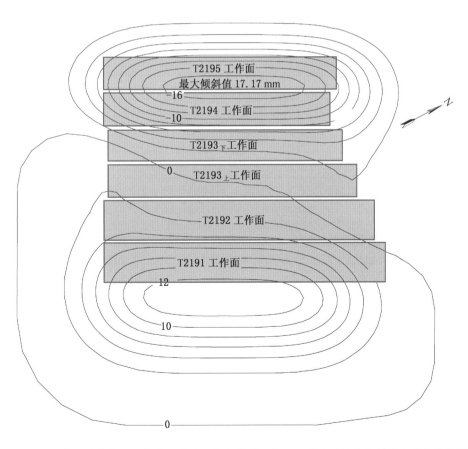

图 6-13 实施覆岩离层注浆减沉首采区全部综放工作面开采后预计地表倾斜变形等值线图

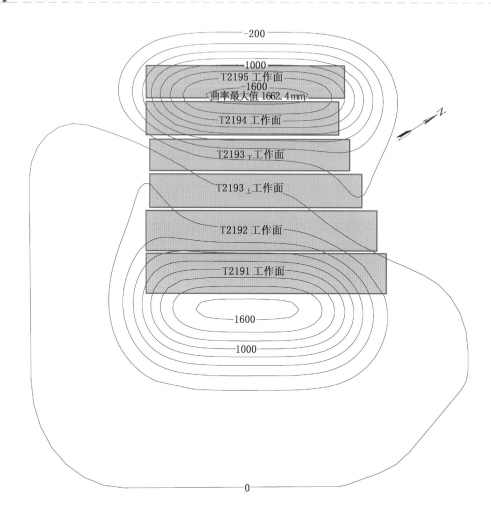

图6-14 实施覆岩离层注浆减沉首采区全部综放工作面开采后预计地表曲率变形等值线图

表6-5 首采区是否覆岩离层注浆减沉综放开采后地表移动变形值预计对比表

开采状况	未实施覆岩离层注浆减沉	实施覆岩离层注浆减沉	实施覆岩离层注浆减沉后降低比值/%
最大下沉值 W_m/mm	9864.5	4932.2	50
最大倾斜值 i_m/(mm·m^{-1})	31.41	17.17	45.34
最大曲率值 K_m/(mm·m^{-2})	3122.7	1662.4	46.76
最大水平移动值 u_m/mm	17.6	8.8	50
最大水平变形值 ε_m/(mm·m^{-1})	21.4	9.1	57.48

6.2 首采区覆岩离层注浆减沉钻孔设计

依据首采区覆岩离层注浆减沉设计的原则，要求注浆钻孔设计应做到时空位置合理，既要有利于在覆岩离层产生之初就能及时注浆、控制离层的发展，又要有利于钻孔的施工和保护、提高钻孔的使用效率；钻孔终孔层位选择准确，既要防止注浆浆液下渗、保证不影响井下工作面生产和安全，又要尽早为覆岩产生的离层进行注浆、提高注浆减沉效果；钻孔的结构应优化，首采区8~9煤层合区覆岩厚度大、岩层软硬相间分布，具备形成多个离层的条件，注浆钻孔设计应能够实施多个离层注浆，提高注浆钻孔的充填效率；通过科学的注浆钻孔设计，确保首采区覆岩离层注浆减沉目标的实现。

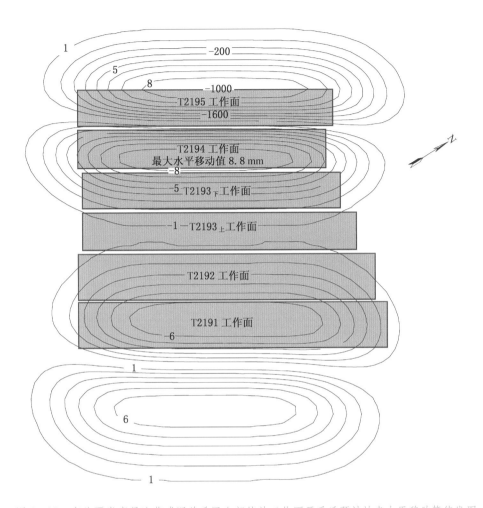

图 6 – 15　实施覆岩离层注浆减沉首采区全部综放工作面开采后预计地表水平移动等值线图

6.2.1　覆岩离层注浆钻孔的孔位设计

注浆钻孔孔位设计是确定钻孔的平面坐标，主要考虑以下几个方面的因素：一是有利于提高注浆量，紧跟覆岩离层的发生及时注浆；二是根据钻孔注浆的范围科学确定注浆钻孔的数量，既满足注浆需要又节省钻孔工程量；三是有利于注浆钻孔的保护，避免覆岩移动对钻孔造成损坏。

1. 靠近工作面开切眼的注浆钻孔走向孔位设计

靠近开切眼的注浆钻孔（通常编为 1 号注浆钻孔）距开切眼的位置要适中：如果太靠近开切眼，钻孔将处于覆岩变形集中区，不利于注浆钻孔的保护，使钻孔遭受变形损坏而无法实施离层注浆；距离开切眼太远，则不利于及早对覆岩产生的离层进行注浆，影响注浆减沉的效果。

图 6 – 16 所示为首采区开采下沉盆地拐点平移距示意图，在开切眼一侧的覆岩岩层下沉曲线的拐点平移距 S，是其岩层相对开采煤层高度 h 的函数。通过岩石力学有限单元法模拟分析，得出 S 与 h 的函数为

$$S_{(h)} = 4.85 h^{0.353}$$

假设 1 号钻孔孔底至 8 ~ 9 煤层合区的垂距为 200 m，则这一层位高度岩层下沉曲线的拐点平移距为

$$S_{(h)} = 4.85 \times 200^{0.353} \approx 31.5 \text{ m}$$

如煤层埋深为 594 m，则地表的拐点平移距为

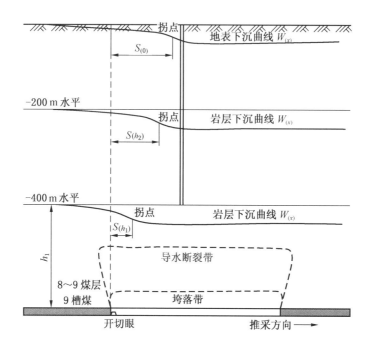

S_0—地表拐点平移距；$S_{(h)}$—某水平岩层下沉曲线拐点平移距；h—煤层高度

图 6-16　首采区开采下沉盆地拐点平移距示意图

$$S_{(0)} = 4.85 \times 594^{0.353} \approx 46.2 \text{ m}$$

由于拐点附近岩层的倾斜值和水平移动值最大，离层的上位岩层与下位岩层的相对水平移动最容易造成钻孔损坏。由上述计算结果可知：1 号钻孔至工作面开切眼的水平距离大于 80 m 就可避开岩层变形集中区，有利于注浆钻孔的保护，同时能兼顾尽早注浆和尽可能地增加注浆量，故 1 号注浆钻孔至开切眼的水平距离应在 80～110 m 为宜。

2. 在工作面走向长度注浆钻孔间距设计

前面已对覆岩离层注浆钻孔的注浆范围进行了研究，设沿工作面开采推进方向的钻孔注浆范围为 R_1，反方向一侧的钻孔注浆范围为 R_2。由于工作面开采推进方向一侧的离层在逐渐扩大，反方向一侧的离层在逐渐闭合，所以 $R_1 > R_2$。根据开滦集团唐山矿覆岩离层注浆综放开采特厚煤层 3696 工作面的实践经验，沿工作面开采推进方向的钻孔注浆范围可用下列经验公式计算：

$$R_1 = 90\sqrt{M} \tag{6-2}$$

式中　R_1——采面推进方向的注浆范围，m；

M——采高，m。

与工作面开采推进方向相反一侧的注浆范围 R_2 可按 R_1 的 50% 考虑，即 $R_2 \approx R_1/2$。依据式（6-2）求得唐山矿京山铁路煤柱首采区工作面走向方向的钻孔注浆范围 $R_1 = 300$ m，为确保设计目标实现，工作面走向长度的注浆钻孔间距可按小于 R_1 来布置。

3. 在工作面倾斜方向的注浆钻孔孔位设计

由于煤层和岩层具有一定的倾角，工作面采动在倾向上覆岩移动存在一个最大下沉角 θ，设煤层和岩层的倾角 α 为 12°，K 为 0.6，则：

$$\theta = 90° - K\alpha = 90° - 0.6 \times 12° = 82.8°$$

所以在覆岩离层带中，最大离层位置偏向倾向一侧。在煤层上方高度 200 m 的最大离层位置偏离距离约 25 m。这样，如果将注浆钻孔布置在工作面水平投影的中点，则相当于在覆岩离层内偏向上山方向一侧，这样布置有利于浆液在离层中的流动和提高注浆量。所以，设计工作面倾斜方向注浆钻孔的孔位应在工作面水平投影的中点，如图 6–17 所示。

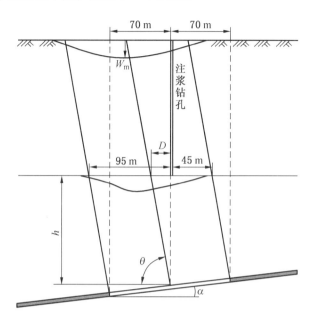

D—覆岩离层最大点偏移量

图 6–17　首采区工作面倾斜方向覆岩离层最大点偏移示意图

由图 6–17 可知，当 $h = 200$ m 时，D 为 25 m。通过设计工作面注浆钻孔在走向方向和倾斜方向的孔位，即可得到注浆钻孔平面坐标值。

6.2.2　覆岩离层注浆钻孔孔深设计

首采区各工作面采用综放一次采全高技术和覆岩离层注浆减少地面沉陷技术相配合，故注浆钻孔孔深设计就要确保覆岩离层注浆的浆液不会渗入工作面采场威胁安全生产，又能尽早对开采造成的覆岩离层进行注浆，提高减沉效果，同时还要考虑覆岩可能产生离层层位的位置等因素来综合确定。

1. 注浆钻孔深度要确保注浆不影响综放工作面安全开采

如前所述，为确保覆岩离层注浆浆液不会渗入工作面威胁安全生产，注浆钻孔深度应在工作面顶板导水断裂带加上防隔水保护层高度之上。根据首采区 8~9 煤层合区各工作面注浆钻孔处的煤层厚度确定工作面顶板导水断裂带高度，再加上防隔水保护层厚度（根据山岳 2 号钻孔的资料，在防隔水保护层段范围内有多层防隔水性能好的黏土层，可以隔绝注浆钻孔与导水断裂带的水力联系），以此来确定注浆钻孔深度：即孔深不大于 8~9 煤层合区埋深减去导水断裂带与保护层高度之和。

2. 钻孔孔深要有利于及早对覆岩离层注浆

首采区 8~9 煤层合区开采导致覆岩岩层产生破坏、移动，依据覆岩离层发育规律，在开采导水断裂带高度加防隔水保护层高度之上的基岩段，当相邻的上位岩层与下位岩层的抗弯刚度之比值大于 1 就会产生离层。比值越大，则离层缝会越宽，保持的时间也会越长。设计注浆钻孔孔深应在导水断裂带高度加防隔水保护层高度之上的第一个覆岩离层位置以下，以便尽早进行离层注浆减少地面沉陷。

6.2.3　覆岩离层注浆钻孔结构设计

注浆钻孔结构设计应以覆岩导水断裂带高度和防隔水保护层高度之上的基岩段可能产生的离层数为依据，既有利于对可能产生的所有离层进行注浆、提高注浆减沉效果，同时又要有利于钻孔的施工和保护。首采区注浆钻孔结构设计如图6-18所示。

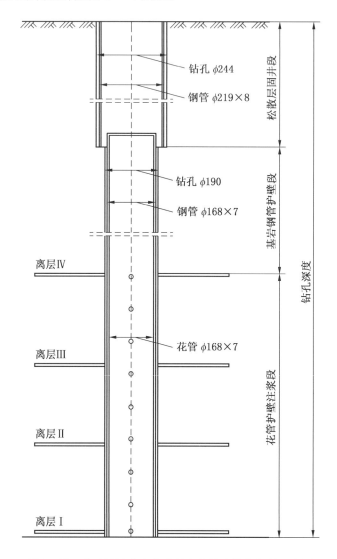

图6-18 首采区覆岩注浆减沉注浆钻孔结构设计示意图

设计首采区注浆钻孔结构由上至下分为3段：

1. 松散层固井段

松散层指地表至基岩一段，包括表土层、冲积层和基岩顶部风化带，由于该段岩层结构松散、强度较低，钻孔施工与使用期间容易垮坍造成事故，必须进行固井。采用 ϕ244 mm 钻头钻进至深入基岩 15 m、然后下 ϕ219 mm × 8 mm 钢管并用水泥砂浆与孔壁固结，防止孔壁垮坍堵孔，保护钻孔继续钻进和今后的注浆使用安全。

2. 基岩钢管护壁段

此段在基岩内采用 ϕ190 mm 钻头钻进、然后下 ϕ168 mm × 7 mm 钢管，上端与 ϕ219 mm × 8 mm 钢管重合 15 m，下端位于覆岩可能产生的最上一个离层位置之上，并用水泥砂浆将重合段 15 m 的 ϕ168 mm × 7 mm 钢管与 ϕ219 mm × 8 mm 钢管固结，起到保护钻孔和控制浆液流动空间的作用。

3. 花管护壁注浆段

此段指通过钻孔地质柱状图分析在开采导水断裂带高度加防隔水保护层高度之上可能产生最早离

层以上的离层段。该段亦采用 ϕ190 mm 钻头钻进、然后下带有小孔的 ϕ168 mm×7 mm 钢管（简称花管），上端 ϕ168 mm×7 mm 钢管相接，下端到钻孔底部，同样起保护钻孔作用、又能使 ϕ168 mm×7 mm 钢管内的注浆浆液进入 ϕ168 mm×7 mm 钢管与 ϕ190 mm 钻孔孔壁之间环状空隙，以实施对在开采导水断裂带高度加防隔水保护层厚度之上可能产生的所有离层进行注浆，有利于提高注浆减沉效果。

6.3 首采区各工作面覆岩离层注浆减沉钻孔设计

开滦唐山矿京山铁路煤柱首采 8~9 煤层合区共布置了 6 个综采放顶煤工作面，依据上述原则和钻孔设计，按开采顺序分别对每个综采放顶煤工作面的注浆钻孔孔位与间距、终孔深度和钻孔结构进行设计。

6.3.1 T2191 综放工作面注浆钻孔设计

T2191 综放工作面是首采区第一个开采的工作面，位于京山铁路的南侧，走向长度为 1040 m，倾斜宽 145 m，煤层平均厚度 12.42 m，平均倾角 10°，平均埋深 594 m。工作面南边为采空区，北边为尚未开采的 T2192 工作面。工作面采用综合机械化放顶煤开采，垮落式管理顶板。

1. T2191 综放工作面走向长度注浆钻孔布置

根据 3696 综放工作面的注浆实践，覆岩离层具有从萌生、逐渐增大、至最大、然后逐渐减小直至闭合的过程，以靠近工作面开切眼的钻孔命名为 1 号注浆钻孔，其余钻孔顺序命名为 2 号注浆钻孔、3 号注浆钻孔等。1 号注浆钻孔开始注浆的时间是在井下工作面推过注浆钻孔孔底 10~20 m 以后。考虑避开岩层变形集中区和结合地面施工的条件，设计 1 号注浆孔的孔位至开切眼走向距离为 98 m；按照钻孔在工作面开采推进方向的注浆范围 R_1 为 300 m。T2191 综放工作面走向长度范围内可布置 4 个注浆钻孔，4 个注浆钻孔的间距分别为 260 m、260 m 和 262 m，4 号注浆钻孔至工作面终采线距离 160 m。

2. T2191 综放工作面倾斜方向注浆钻孔布置

T2191 综放工作面煤层平均倾角 10°，在覆岩离层带中，最大离层位置偏向倾向一侧，如果将注浆钻孔孔底布置在工作面水平投影的中间，则相当于在离层内偏向上山方向一侧，有利于浆液在离层中的流动和提高注浆量。所以设计注浆孔的倾向孔位为工作面水平投影的中间。

T2191 综放工作面注浆孔平面布置如图 6-19 所示。

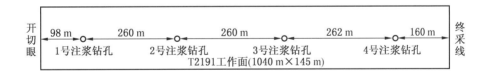

图 6-19 T2191 综放工作面注浆钻孔设计平面图

3. T2191 综放工作面注浆钻孔坐标

按以上注浆钻孔孔位设计的坐标值见表 6-6。

表 6-6 T2191 综放工作面注浆钻孔孔位设计的坐标值表

坐标	1 号注浆钻孔	2 号注浆钻孔	3 号注浆钻孔	4 号注浆钻孔
X	383123.00	383314.00	383501.18	383663.95
Y	71221.00	71383.00	71516.65	71632.87

预计离层位置	柱状	深度/m	厚度/m	岩性
		194.75	194.75	第四纪冲积层
		208.80	14.05	中砂岩
		210.30	1.50	泥岩
		221.20	10.90	中砂岩
		223.40	2.20	泥岩
		225.70	2.30	粉砂岩
		232.40	6.70	中砂岩
		235.50	3.10	泥岩
		249.50	14.00	粉砂岩
		254.30	4.80	细砂岩
		255.70	1.40	泥岩
		264.80	9.10	粉砂岩
离层Ⅳ		284.80	20.00	中砂岩
		285.90	1.10	泥岩
		293.40	7.50	细砂岩
		294.70	1.30	粉砂岩
		306.20	6.20	粗砂岩
离层Ⅲ		320.50	14.30	中砂岩
		324.00	3.50	细砂岩
		331.30	7.30	中砂岩
		338.70	7.40	粉砂岩(A层)
		345.70	7.00	中砂岩
		348.50	2.80	细砂岩
离层Ⅱ		361.20	12.70	中砂岩
		367.70	6.50	细砂岩
		370.00	2.30	粉砂岩
		372.40	2.40	中砂岩
		375.40	3.00	粉砂岩
		377.40	2.00	中砂岩
		381.40	4.00	中砂岩
		386.70	5.30	中砂岩
		388.10	1.40	细砂岩
离层Ⅰ		397.10	9.00	中砂岩
		403.30	6.20	细砂岩
		405.50	2.20	粗砂岩
		410.10	4.60	中砂岩
		412.90	2.80	细砂岩
		415.00	2.10	中砂岩
		420.00	5.00	粗砂岩

图 6-20 T2191 综放工作面 1 号注浆孔地质柱状与预计离层层位图

4. T2191 综放工作面注浆钻孔孔深设计

（1）确保注浆浆液不下渗钻孔孔深设计。如前所述，为确保注浆浆液不下渗，注浆钻孔孔底应在工作面顶板导水断裂带加防隔水保护层高度之上。根据 T2191 综放工作面各注浆钻孔所在地点的8~9煤层合区厚度计算工作面顶板导水断裂带高度，加上防隔水保护层厚度，则各注浆钻孔孔底深度应在各注浆钻孔处8~9煤层合区的埋深减去顶板导水断裂带高度加防隔水保护层厚度之和的位置以上。

（2）适应覆岩离层注浆减沉需要的钻孔孔深设计。分析 T2191 综放工作面1号注浆钻孔地质柱状图，在孔深285~397 m 段岩层预计产生 4 个主要离层（图 6-20），则1号注浆钻孔孔深应能对最下一个预计离层进行注浆。

其他注浆钻孔孔深设计以此类推，T2191 综放工作面各钻孔孔深和对应的预计离层位置见表6-7。

5. T2191 综放工作面注浆钻孔结构设计

T2191 综放工作面注浆钻孔结构见表6-8，各注浆钻孔松散层固井段、基岩钢管护壁段和花管护壁注浆段的长度随各钻孔处的冲积层厚度、煤层厚度与埋深的变化而有所变化。

（1）松散层固井段。松散层指地表至基岩顶部风化带一段，包括表土层、冲积层和基岩顶部风化带，采用 ϕ244 mm 钻头钻进深入基岩 15 m、然后下 ϕ219 mm × 8 mm 钢管并用水泥砂浆与孔壁固结，防止孔壁垮塌堵孔，保护钻孔继续钻进和今后的注浆使用安全。

（2）基岩钢管护壁段。此段在基岩内采用 ϕ190 mm 钻头钻进、然后下 ϕ168 mm ×7 mm 钢管，上端与 ϕ219 mm × 8 mm 钢管重合 15 m，下端位于覆岩可能产生的最上一个离层之上，并用水泥砂浆将重合段 15 m 和 ϕ168 mm × 7 mm 钢管与 ϕ190 mm 钢管固结，起到保护钻孔和控制浆液流动空间的作用。

（3）花管护壁注浆段。此段指通过钻孔地质柱状图分析在开采导水断裂带高度加防隔水保护层高度之上可能产生离层的岩层段。该段亦采用 ϕ190 mm 钻头钻进、然后下带有小孔的 ϕ168 mm × 7 mm 钢管（简称花管），上端 ϕ168 mm × 7 mm 钢管相接，下端到钻孔底部。既起到保护钻孔的作用，又能使 ϕ168 mm ×7mm 钢管内的注浆浆液进入 ϕ168 mm × 7mm 钢管与 ϕ190 mm 钻孔孔壁之间环状空隙，以对在开采导水断裂带高度加防隔水保护层厚度之上可能产生的所有离层进行注浆，有利于提高注浆减沉效果。

表6-7 T2191综放工作面预计覆岩离层层位与注浆钻孔设计深度表

离层层位	离层上、下位岩层岩性	离层上、下位岩层厚度/m	设计注浆钻孔深度/m			
			1号注浆钻孔	2号注浆钻孔	3号注浆钻孔	4号注浆钻孔
离层Ⅳ	中砂岩	20.0	284.8	278.8	272.8	266.8
	细砂岩	7.5				
离层Ⅲ	中砂岩	14.3	320.5	314.5	308.5	302.5
	细砂岩	3.5				
离层Ⅱ	中砂岩	12.7	361.2	355.2	349.2	343.2
	细砂岩	6.5				
离层Ⅰ	中砂岩	9.0	397.1	391.1	385.1	379.1
	细砂岩	6.2				
钻孔终孔深度/m	细砂岩	6.2	420	414	408	402

表6-8 T2191综放工作面覆岩离层注浆钻孔结构参数表

钻孔号/段		钻孔孔深/m	钻孔直径/mm	套管直径/(mm×mm)	套管下入深度/m
1	护壁段	0~198.52	244	219×8	0~198.52
	注浆段	198.52~430.0	190	168×7	430.0
2	护壁段	0~188.7	244	219×8	0~188.7
	注浆段	188.7~420.0	190	168×7	420.0
3	护壁段	0~188.7	244	219×8	0~188.7
	注浆段	188.7~420.0	190	168×7	420.0
4	护壁段	0~188.7	244	219×8	0~188.7
	注浆段	188.7~420.0	190	168×7	420.0

6.3.2 T2195综放工作面注浆钻孔设计

T2195综放工作面是首采区第二个开采的工作面，位于京山铁路的北侧，北邻3692、3694、3696采空区，南面是尚未开采的T2194综放工作面。T2195综放工作面走向长854 m，倾斜宽120 m，煤层平均厚度为12.42 m，平均倾角为4°，平均采深708 m，地面标高为+12 m，工作面采用综合机械化放顶煤开采，垮落式管理顶板。

1. T2195综放工作面注浆钻孔在走向方向布置

T2195综放工作面覆岩离层注浆钻孔走向方向布置要统筹考虑钻孔的注浆范围、提高注浆量与节省钻孔工程量、有利于保护该工作面东北部地面金属公司等3个企业的因素，科学确定注浆钻孔间距及个数。在工作面走向长度范围内共布置4个注浆钻孔，以靠近工作面开切眼的钻孔命名为1号注浆钻孔，其余钻孔顺序命名为2号注浆钻孔、3号注浆钻孔、4号注浆钻孔。结合地面施工条件，设计1号注浆钻孔孔位至开切眼水平距离为132 m，其余3个注浆钻孔的间距：1号注浆钻孔至2号注浆钻孔间距210 m，2号注浆钻孔至3号注浆钻孔间距200 m，3号注浆钻孔至4号注浆钻孔间距170 m，4号注浆钻孔至工作面终采线间距142 m。

2. T2195 综放工作面注浆钻孔在倾斜方向布置

T2195 综放工作面煤层平均倾角 4°，为使注浆钻孔在覆岩离层带中偏向上山方向一侧、有利于浆液在离层中的流动和提高注浆量，设计注浆钻孔的倾向孔位为工作面水平投影的中间，如图 6-21 所示。

图 6-21 T2195 综放工作面注浆钻孔设计平面图

3. T2195 综放工作面注浆钻孔坐标

按以上 T2195 综放工作面注浆钻孔孔位设计可得出坐标值，见表 6-9。

表 6-9 T2195 综放工作面注浆钻孔孔位设计坐标值表

坐 标	1 号注浆钻孔	2 号注浆钻孔	3 号注浆钻孔	4 号注浆钻孔
X	383544.623	383712.887	383878.545	384018.098
Y	70672.547	70795.111	70908.394	71007.225

4. T2195 综放工作面注浆钻孔孔深设计

如前所述，为确保注浆浆液不下渗，注浆钻孔孔底应在工作面顶板导水断裂带加防隔水保护层厚度之上。根据 T2195 综放工作面各注浆钻孔所在地点的 8~9 煤层合区厚度计算工作面顶板导水断裂带高度，加上防隔水保护层厚度，得出各注浆钻孔孔底距 8~9 煤层合区顶板的距离，各注浆钻孔孔底深度均应在此之上，即各注浆钻孔处 8~9 煤层合区的埋深减去顶板导水断裂带高度与防隔水保护层厚度之和为注浆钻孔的孔深。同时考虑适应覆岩离层注浆减沉的需要，钻孔孔深应能对最下一个预计离层进行注浆。设计各注浆钻孔孔深和预计覆岩离层位置见表 6-10。

表 6-10 T2195 综放工作面预计覆岩离层层位与注浆钻孔设计终孔深度表 　　　　　　m

离层层位	离层上、下位岩层岩性	离层上、下位岩层厚度	设计钻孔深度			
			1 号注浆钻孔	2 号注浆钻孔	3 号注浆钻孔	4 号注浆钻孔
离层Ⅳ	中砂岩	20.0	392	412	412	411
	细砂岩	7.5				
离层Ⅲ	中砂岩	14.3	428	468	468	467
	细砂岩	3.5				
离层Ⅱ	中砂岩	12.7	469	489	489	488
	细砂岩	6.5				
离层Ⅰ	中砂岩	9.0	506	525	525	524
	细砂岩	6.2				
钻孔终孔深度	细砂岩	6.2	511	531	531	530

5. T2195 综放工作面注浆钻孔结构设计

T2195 综放工作面各注浆钻孔结构见表 6-11，其松散层固井段、基岩钢管护壁段和花管护壁注浆段的长度随各钻孔处的冲积层厚度、煤层厚度与埋深的变化而有所变化，各段钻孔孔径、固井、钢管型号及连接方式同 T2191 综放工作面。

表6-11　T2195综放工作面注浆钻孔结构参数表

钻孔号/段		钻孔孔深/m	钻孔直径/mm	套管直径/(mm×mm)	套管下入深度/m
1	护壁段	0~205.86	244	219×8	0~205.86
	注浆段	205.86~511.6	190	168×7	511.6
2	护壁段	0~208.72	244	219×8	0~208.72
	注浆段	208.72~531.0	190	168×7	531.0
3	护壁段	0~203.0	244	219×8	0~203.0
	注浆段	203.0~531.0	190	168×7	531.0
4	护壁段	0~206.24	244	219×8	0~206.24
	注浆段	206.24~530.0	190	168×7	530.0

6.3.3 T2192综放工作面注浆钻孔设计

T2192综放工作面是首采区第3个开采的工作面，位于京山铁路的南侧，南邻T2191采空区，北面是尚未开采的T2193上综放工作面。T2192综放工作面走向长960 m，倾斜宽150 m，煤层平均厚度为10.14 m，平均倾角为9°，平均采深613 m，地面标高为+13 m，采用综合机械化放顶煤开采，垮落式管理顶板。

1. T2192综放工作面注浆钻孔在走向方向布置

T2192综放工作面覆岩离层注浆钻孔设计应综合考虑钻孔的注浆范围、提高注浆量与节省钻孔工程量、地面施工条件等因素，来确定钻孔间距及钻孔个数。在工作面走向长度范围内共布置4个注浆钻孔，以靠近工作面开切眼的钻孔命名为1号注浆钻孔，其余钻孔顺序命名为2号注浆钻孔、3号注浆钻孔、4号注浆钻孔。1号注浆钻孔孔位至开切眼水平距离为80 m，其余3个注浆钻孔的间距：1号注浆钻孔至2号注浆钻孔间距240 m，2号注浆钻孔至3号注浆钻孔间距240 m，3号注浆钻孔至4号注浆钻孔间距240 m，4号注浆钻孔至工作面终采线间距160 m。

2. T2192综放工作面注浆钻孔在倾斜方向布置

T2192综放工作面煤层平均倾角9°，为使注浆钻孔在覆岩离层带中偏向上山方向一侧、有利于浆液在离层中的流动、提高注浆量，设计注浆钻孔的倾向孔位为工作面水平投影的中间，如图6-22所示。

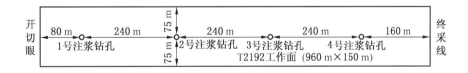

图6-22　T2192综放工作面注浆钻孔布置平面图

3. T2192综放工作面注浆钻孔坐标

按以上T2192综放工作面注浆钻孔孔位设计可得出坐标值，见表6-12。

表6-12　T2192综放工作面注浆钻孔孔位设计坐标值表

坐 标	1号注浆钻孔	2号注浆钻孔	3号注浆钻孔	4号注浆钻孔
X	383194	383357	383553	383751
Y	71090	71207	71345	71483

4. T2192 综放工作面注浆钻孔孔深设计

如前所述，为确保注浆浆液不下渗，注浆钻孔孔深应在工作面顶板导水断裂带加防隔水保护层厚度之上。根据 T2192 工作面各注浆钻孔所在地点的 8～9 煤层合区厚度计算工作面顶板导水断裂带高度，加上防隔水保护层厚度，得出各注浆钻孔孔底距 8～9 煤层合区顶板的距离，各注浆钻孔孔底深度均应在此之上，即各注浆钻孔处 8～9 煤层合区的埋深减去顶板导水断裂带高度与防隔水保护层厚度之和为注浆钻孔的孔深。同时考虑适应覆岩离层注浆减沉的需要，钻孔孔深应能对最下一个预计离层进行注浆。设计各注浆钻孔孔深和对应的覆岩离层预计位置见表 6-13。

表 6-13　T2192 综放工作面预计覆岩离层层位与注浆钻孔设计终孔深度表

离层层位	离层上、下位岩层岩性	离层上、下位岩层厚度/m	设计注浆钻孔深度/m			
			1 号注浆钻孔	2 号注浆钻孔	3 号注浆钻孔	4 号注浆钻孔
离层Ⅳ	中砂岩	20.0	316.0	312	316	272
	细砂岩	7.5				
离层Ⅲ	中砂岩	14.3	351.7	347.7	351.7	307.7
	细砂岩	3.5				
离层Ⅱ	中砂岩	12.7	392.4	388.4	392.4	348.4
	细砂岩	6.5				
离层Ⅰ	中砂岩	9.0	428.3	424.3	428.3	384.3
	细砂岩	6.2				
钻孔终孔深度/m	细砂岩	6.2	430.0	426	430	386

5. T2192 综放工作面注浆钻孔结构设计

T2192 综放工作面各注浆钻孔结构参数见表 6-14，其松散层固井段、基岩钢管护壁段和花管护壁注浆段的长度随各处的冲积层厚度、煤层厚度与埋深的变化而有所不同，各段钻孔孔径、固井、钢管型号及连接方式同 T2191 综放工作面。

表 6-14　T2192 综放工作面注浆钻孔结构参数表

钻孔号/段		钻孔孔深/m	钻孔直径/mm	套管直径/(mm×mm)	套管下入深度/m
1	护壁段	0～196.0	244	219×8	0～196.0
	注浆段	196.0～430.0	190	168×7	430.0
2	护壁段	0～190.5	244	219×8	0～190.5
	注浆段	190.5～426.0	190	168×7	426.0
3	护壁段	0～179.0	244	219×8	0～179.0
	注浆段	179.0～430.0	190	168×7	430.0
4	护壁段	0～173.0	244	219×8	0～173.0
	注浆段	173.0～386.0	190	168×7	386.0

6.3.4　T2194 综放工作面注浆钻孔设计

T2194 综放工作面是首采区第 4 个开采的工作面，位于京山铁路的北侧，其北邻 T2195 综放工作面采空区，南面是尚未开采的 T2193下 综放工作面。T2194 综放工作面走向长 852 m，倾斜宽 124 m，煤层平均厚度为 11.4 m，平均倾角为 10°，平均采深 691 m，地面标高为 +13 m，采用综合机械化放顶煤开采，垮落式控制顶板。

1. T2194 综放工作面注浆钻孔在走向方向布置

T2194 综放工作面注浆钻孔设计是在考虑钻孔的注浆范围、提高注浆量与节省钻孔工程量、地面施工条件，以及采面终采线附近地表有金属材料仓库和木材仓库需要加强注浆保护等因素后，来确定注浆钻孔间距及个数的。在工作面走向长度范围内共设计 4 个注浆钻孔，以靠近工作面开切眼的钻孔命名为 1 号注浆钻孔，其余钻孔顺序命名为 2 号注浆钻孔、3 号注浆钻孔、4 号注浆钻孔。1 号注浆钻孔孔位至开切眼水平距离为 80 m，其余 3 个注浆钻孔的间距：1 号注浆钻孔至 2 号注浆钻孔间距 250 m，2 号注浆钻孔至 3 号注浆钻孔间距 250 m，3 号注浆钻孔至 4 号注浆钻孔间距 180 m，4 号注浆钻孔至工作面终采线间距 92 m。

2. T2194 综放工作面注浆钻孔在倾斜方向布置

T2194 综放工作面煤层平均倾角 10°，为使注浆钻孔在覆岩离层带中偏向上山方向一侧，有利于浆液在离层中的流动、提高注浆量，设计注浆钻孔的倾向孔位为工作面水平投影的中间，如图 6 - 23 所示。

图 6 - 23　T2194 综放工作面注浆钻孔设计平面图

3. T2194 综放工作面注浆钻孔坐标

按以上 T2194 综放工作面注浆钻孔孔位设计可得出坐标值，见表 6 - 15。

表 6 - 15　T2194 综放工作面注浆钻孔孔位设计坐标值表

坐　　标	1 号注浆钻孔	2 号注浆钻孔	3 号注浆钻孔	4 号注浆钻孔
X	383430	383638	383842	383990
Y	70750	70892	71034	71140

4. T2194 综放工作面注浆钻孔孔深设计

如前所述，为确保注浆浆液不下渗，注浆钻孔孔深应在工作面顶板导水断裂带和防隔水保护层厚度之上。根据 T2194 综放工作面各注浆钻孔所在地点的 8 ~ 9 煤层合区厚度计算工作面顶板导水断裂带高度，加上防隔水保护层厚度，得出各注浆钻孔孔底距 8 ~ 9 煤层合区顶板的距离。各注浆钻孔孔底深度均应在此之上，即各注浆钻孔处 8 ~ 9 煤层合区的埋深减去顶板导水断裂带高度与防隔水保护层厚度之和为注浆钻孔的孔深。同时考虑适应覆岩离层注浆减沉的需要，钻孔孔深应能对最下一个预计离层进行注浆。设计各注浆钻孔孔深和预计的覆岩离层位置见表 6 - 16。

表 6 - 16　T2194 综放工作面预计覆岩离层层位与注浆钻孔设计终孔深度表　　　　　　　　m

离层层位	离层上、下位岩层岩性	离层上、下位岩层厚度	设计钻孔深度			
			1 号注浆钻孔	2 号注浆钻孔	3 号注浆钻孔	4 号注浆钻孔
离层Ⅳ	中砂岩	20.0	444.7	447.7	426.1	406.6
	细砂岩	7.5				
离层Ⅲ	中砂岩	14.3	457.3	460.7	438.7	419.2
	细砂岩	3.5				

表 6 – 16（续）   m

离层层位	离层上、下位岩层岩性	离层上、下位岩层厚度	设计钻孔深度			
			1 号注浆钻孔	2 号注浆钻孔	3 号注浆钻孔	4 号注浆钻孔
离层 II	中砂岩	12.7	490.9	493.9	472.3	452.8
	细砂岩	6.5				
离层 I	中砂岩	9.0	529.2	532.2	510.6	491.1
	细砂岩	6.2				
钻孔终孔深度	细砂岩	6.2	535	538	516.4	496.9

5. T2194 综放工作面注浆钻孔结构设计

T2194 综放工作面各注浆钻孔结构参数见表 6 – 17，其松散层固井段、基岩钢管护壁段和花管护壁注浆段的长度随各处的冲积层厚度、煤层厚度与埋深的变化而有所调整，各段钻孔孔径、固井、钢管型号及连接方式同 T2191 综放工作面。

表 6 – 17   T2194 综放工作面注浆钻孔结构参数表

钻孔号/段		钻孔孔深/m	钻孔直径/mm	套管直径/(mm×mm)	套管下入深度/m
1	护壁段	0 ~ 205.0	244	219 × 8	0 ~ 205.0
	注浆段	205.0 ~ 535.0	190	168 × 7	535.0
2	护壁段	0 ~ 215.0	244	219 × 8	0 ~ 215.0
	注浆段	215.0 ~ 538.0	190	168 × 7	538.0
3	护壁段	0 ~ 225.0	244	219 × 8	0 ~ 225.0
	注浆段	225.0 ~ 516.4	190	168 × 7	516.4
4	护壁段	0 ~ 207.2	244	219 × 8	0 ~ 207.2
	注浆段	207.2 ~ 496.9	190	168 × 7	496.9

6.3.5   T2193$_\text{上}$综放工作面注浆钻孔设计

T2193$_\text{上}$综放工作面是首采区第 5 个开采的工作面，也是首采区开采倒数第二个工作面，位于铁路煤柱的中部，南邻 T2192 综放工作面采空区，北侧是尚未开采的 T2193$_\text{下}$综放工作面。T2193$_\text{上}$综放工作面走向长 905 m，倾斜宽 124 m，煤层平均厚度为 10.54 m，平均倾角为 13°，平均采深 639 m，地面标高为 +12 m，采用综合机械化放顶煤开采，垮落式控制顶板。

1. T2193$_\text{上}$综放工作面注浆钻孔在走向方向布置

设计在工作面走向长度范围内共布置 4 个注浆孔，以靠近工作面开切眼的钻孔命名为 1 号注浆孔，其余钻孔顺序命名为 2 号、3 号、4 号。结合地面施工条件，确定 1 号注浆孔孔位至开切眼水平距离为 90 m，其余 3 个注浆钻孔的间距：1 号注浆孔至 2 号注浆孔间距 220 m，2 号注浆孔至 3 号注浆孔间距 220 m，3 号注浆孔至 4 号注浆孔间距 220 m，4 号注浆孔至工作面终采线间距 155 m。

2. T2193$_\text{上}$综放工作面注浆钻孔在倾斜方向布置

T2193$_\text{上}$综放工作面煤层平均倾角 13°，为使注浆钻孔在覆岩离层带中偏向上山方向一侧，有利于浆液在离层中的流动、提高注浆量，设计注浆钻孔的倾向孔位为工作面水平投影的中间，如图 6 – 24 所示。

3. T2193$_\text{上}$综放工作面注浆钻孔坐标

按以上 T2193$_\text{上}$综放工作面注浆钻孔孔位设计可得出坐标值，见表 6 – 18。

图 6 – 24 T2193上综放工作面注浆钻孔设计平面图

表 6 – 18 T2193上综放工作面注浆钻孔设计坐标值表

坐　　标	1 号注浆钻孔	2 号注浆钻孔	3 号注浆钻孔	4 号注浆钻孔
X	383284	383476	383668	383860
Y	70980	71114	71250	71384

4. T2193上综放工作面注浆钻孔孔深设计

如前所述，为确保注浆浆液不下渗，注浆钻孔孔深应在工作面顶板导水断裂带加防隔水保护层厚度之上。根据 T2193上综放工作面各注浆钻孔所在地点的 8～9 煤层合区厚度计算工作面顶板导水断裂带高度，加上防隔水保护层厚度，得出各注浆钻孔孔底距 8～9 煤层合区顶板的距离，各注浆钻孔孔底深度均应在此之上，即各注浆钻孔处 8～9 煤层合区的埋深减去顶板导水断裂带高度与防隔水保护层厚度之和为注浆钻孔的孔深。同时考虑适应覆岩离层注浆减沉的需要，钻孔孔深应能对最下一个预计离层进行注浆。设计各注浆钻孔孔深和预计的覆岩离层位置见表 6 – 19。

表 6 – 19 T2193上综放工作面预计覆岩离层层位与注浆钻孔设计终孔深度表　　　　　　　m

离层层位	离层上、下位岩层岩性	离层上、下位岩层厚度	设计注浆钻孔深度			
			1 号注浆钻孔	2 号注浆钻孔	3 号注浆钻孔	4 号注浆钻孔
离层Ⅳ	中砂岩	20.0	339	334	328	318
	细砂岩	7.5				
离层Ⅲ	中砂岩	14.3	387	382	376	366
	细砂岩	3.5				
离层Ⅱ	中砂岩	12.7	402	397	391	381
	细砂岩	6.5				
离层Ⅰ	中砂岩	9.0	447	442	436	426
	细砂岩	6.2				
钻孔终孔深度	细砂岩	6.2	453	448	442	432

5. T2193上综放工作面注浆钻孔结构设计

T2193上工作面各注浆钻孔结构见表 6 – 20，其松散层固井段、基岩钢管护壁段和花管护壁注浆段的长度随各处的冲积层厚度、煤层厚度与埋深的变化而有所调整，各段钻孔孔径、固井、钢管型号及连接方式同 T2191 综放工作面。

表 6 – 20 T2193上综放工作面注浆钻孔结构参数表

钻孔号/段		钻孔孔深/m	钻孔直径/mm	套管直径/（mm×mm）	套管下入深度/m
1	护壁段	0～215.0	244	219×8	0～215.0
	注浆段	215.0～453.0	190	168×7	453.0

表6-20（续）

钻孔号/段		钻孔孔深/m	钻孔直径/mm	套管直径/(mm×mm)	套管下入深度/m
2	护壁段	0~218.0	244	219×8	0~218.0
	注浆段	218.0~448.0	190	168×7	448.0
3	护壁段	0~214.7	244	219×8	0~214.7
	注浆段	214.7~442.0	190	168×7	442.0
4	护壁段	0~219.9	244	219×8	0~219.9
	注浆段	219.9~432.0	190	168×7	432.0

6.3.6 T2193下综放工作面注浆钻孔设计

T2193下综放工作面是首采区第6个开采的工作面，也是首采区最后开采的工作面，位于铁路煤柱的中部，京山铁路在其与T2193上综放工作面相邻边界的正上方。T2193下综放工作面南邻T2193上综放工作面采空区，北侧是T2194综放工作面采空区。T2193下综放工作面走向长872 m，倾斜宽124 m，煤层平均厚度为10.78 m，平均倾角为10°，平均采深668 m，地面标高为+13 m，采用综合机械化放顶煤开采，垮落式控制顶板。

1. T2193下综放工作面注浆钻孔在走向方向布置

由于T2193下综放工作面是首采区开采的最后一个工作面，其上下相邻区域均为采空区，属于孤岛开采，开采后两侧采空区将连成一片、首采区地表将达到充分采动，会对铁路安全运营造成较大影响。因此T2193下综放工作面开采注浆情况直接关系到整个首采区覆岩离层注浆减沉的效果，所以在设计注浆钻孔个数时应适当增加数量以充分注浆。T2193下综放工作面走向长872 m，在其他工作面布置4个钻孔的基础上增加1个钻孔，即工作面走向长度范围内共布置5个注浆钻孔，以靠近工作面开切眼的钻孔命名为1号注浆钻孔，其余钻孔顺序命名为2号注浆钻孔、3号注浆钻孔、4号注浆钻孔、5号注浆钻孔。结合地面施工条件，确定1号注浆钻孔孔位至开切眼水平距离为80 m，其余4个注浆钻孔的间距：1号注浆钻孔至2号注浆钻孔间距170 m，2号注浆钻孔至3号注浆钻孔间距170 m，3号注浆钻孔至4号注浆钻孔间距170 m，4号注浆钻孔至5号注浆钻孔间距170 m，5号注浆孔距工作面终采线间距112 m。

2. T2193下综放工作面注浆钻孔在倾斜方向布置

T2193下综放工作面煤层平均倾角10°，为使注浆钻孔在覆岩离层带中偏向上山方向一侧，有利于浆液在离层中的流动、提高注浆量，设计注浆钻孔的倾向孔位为工作面水平投影的中间，如图6-25所示。

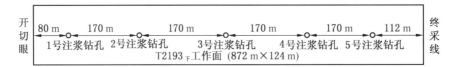

图6-25 T2193下综放工作面注浆钻孔设计平面图

3. T2193下综放工作面注浆钻孔坐标

按以上T2193下综放工作面注浆钻孔孔位设计可得出坐标值，见表6-21。

表6-21 T2193下综放工作面注浆钻孔设计坐标值表

坐　标	1号注浆钻孔	2号注浆钻孔	3号注浆钻孔	4号注浆钻孔	5号注浆钻孔
X	383364	383500	383644	383792	383940
Y	70873	70984	71079	71207	71316

4. T2193~下~综放工作面注浆钻孔孔深设计

如前所述,为确保注浆浆液不下渗,注浆钻孔孔深应在工作面顶板导水断裂带加防隔水保护层厚度之上。根据 T2193~下~综放工作面各注浆钻孔所在地点的 8~9 煤层合区厚度计算工作面顶板导水断裂带高度,加上防隔水保护层厚度,得出各注浆钻孔孔底距 8~9 煤层合区顶板的距离。各注浆钻孔孔底深度均应在此之上,即各注浆钻孔处 8~9 煤层合区的埋深减去顶板导水断裂带高度与防隔水保护层厚度之和为注浆钻孔的孔深。同时考虑适应覆岩离层注浆减沉的需要,钻孔孔深应能对最下一个预计离层进行注浆。设计各注浆钻孔孔深和对应的覆岩离层预计位置见表 6-22。

表 6-22　T2193~下~综放工作面预计覆岩离层层位与注浆钻孔设计终孔深度表　　　　　　　　m

离层层位	离层上、下位岩层岩性	层厚	设计钻孔深度				
			1 号注浆钻孔	2 号注浆钻孔	3 号注浆钻孔	4 号注浆钻孔	5 号注浆钻孔
离层Ⅳ	中砂岩	20.0	372	367	361	351	334
	细砂岩	7.5					
离层Ⅲ	中砂岩	14.3	420	415	409	399	382
	细砂岩	3.5					
离层Ⅱ	中砂岩	12.7	435	430	424	414	397
	细砂岩	6.5					
离层Ⅰ	中砂岩	9.0	476	471	465	455	443
	细砂岩	6.2					
钻孔终孔深度	细砂岩	6.2	482	477	471	461	449

5. T2193~下~综放工作面注浆钻孔结构设计

T2193~下~综放工作面各注浆钻孔结构见表 6-23,其松散层固井段、基岩钢管护壁段和花管护壁注浆段的长度随各处的冲积层厚度、煤层厚度与埋深的变化而有所调整。各段钻孔孔径、固井、钢管型号及连接方式同 T2191 综放工作面。

表 6-23　T2193~下~综放工作面注浆钻孔结构参数表

钻孔号/段		钻孔孔深/m	钻孔直径/mm	套管直径/(mm×mm)	套管下入深度/m
1	护壁段	0~223.4	244	219×8	0~223.4
	注浆段	223.4~482.0	190	168×7	482.0
2	护壁段	0~228.0	244	219×8	0~228.0
	注浆段	228.0~477.0	190	168×7	477.0
3	护壁段	0~230.0	244	219×8	0~230.0
	注浆段	230.0~471.0	190	168×7	471.0
4	护壁段	0~225.0	244	219×8	0~225.0
	注浆段	225.0~461.0	190	168×7	461.0
5	护壁段	0~217.0	244	219×8	0~217.0
	注浆段	217.0~449.0	190	168×7	449.0

6.3.7　首采区注浆钻孔设计汇总

以上分别对首采区 6 个工作面进行了覆岩离层注浆钻孔设计,汇总如图 6-26 与表 6-24 所示。

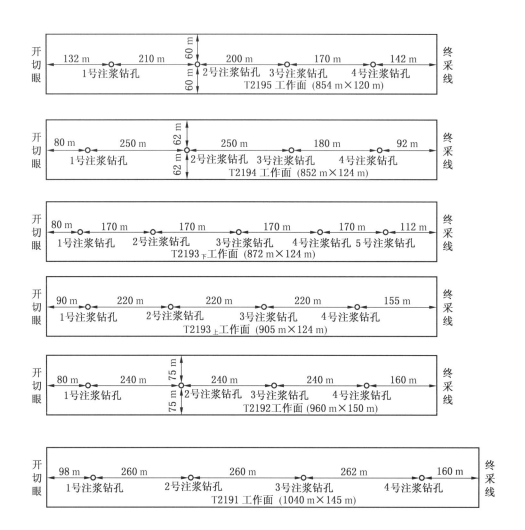

图6-26 首采区注浆钻孔设计平面布置示意汇总图

表6-24 首采区覆岩离层注浆钻孔设计坐标汇总表

工作面	坐 标	1号注浆钻孔	2号注浆钻孔	3号注浆钻孔	4号注浆钻孔	5号注浆钻孔
T2191	X	383123.00	383314.00	383501.18	383663.95	
	Y	71221.00	71383.00	71516.65	71632.87	
	钻孔间距	开切眼98 m　1号孔260 m　2号孔260 m　3号孔262 m　4号孔160 m终采线				
T2195	X	383544.623	383712.887	383878.545	384018.098	
	Y	70672.547	70795.111	70908.394	71007.225	
	钻孔间距	开切眼132 m　1号孔210 m　2号孔200 m　3号孔170 m　4号孔142 m终采线				
T2192	X	383194	383357	383553	383751	
	Y	71090	71207	71345	71483	
	钻孔间距	开切眼80 m　1号孔240 m　2号孔240 m　3号孔240 m　4号孔160 m终采线				
T2194	X	383430	383638	383842	383990	
	Y	70750	70892	71034	71140	
	钻孔间距	开切眼80 m　1号孔250 m　2号孔250 m　3号孔180 m　4号孔92 m终采线				

表6-24（续）

工 作 面	坐　标	1 号注浆钻孔	2 号注浆钻孔	3 号注浆钻孔	4 号注浆钻孔	5 号注浆钻孔
T2193上	X	383284	383476	383668	383860	
	Y	70980	71114	71250	71384	
	钻孔间距	开切眼 90 m　1 号孔 220 m　2 号孔 220 m　3 号孔 220 m　4 号孔 155 m 终采线				
T2193下	X	383364	383500	383644	383792	383940
	Y	70873	70984	71079	71207	71316
	钻孔间距	开切眼 80 m　1 号孔 170 m　2 号孔 170 m　3 号孔 170 m　4 号孔 170 m　5 号孔 112 m 终采线				

6.4　首采区覆岩离层注浆材料选取

依据首采区覆岩离层注浆减沉设计的原则要求，应及时、充足地将充填物注入覆岩离层的空间，因此对充填材料的选择要求来源充足、获取费用低、浆液配置和输送方便；同时还应体现循环经济和保护环境的要求，充分利用废弃物，减少存放占用土地和对环境造成污染，全面提高注浆减沉的经济效益和社会效益。

6.4.1　唐山矿首采区覆岩离层注浆材料选择粉煤灰

开滦唐山矿 3696 综放工作面注浆减沉工程实践表明，粉煤灰具有制浆快、浆液流动性好、滤水快等特点，且唐山发电厂燃煤发电排弃的粉煤灰储灰场就在唐山矿井田范围内，运输距离近、资源充足、费用低廉，符合来源广、易加工、成本低要求。又因为前期注浆减沉所建的注浆系统可利用，从唐山矿所处的环境以及粉煤灰物理化学性能看，首采区覆岩离层注浆选择粉煤灰作为注浆材料是最适宜的。

6.4.2　粉煤灰及其浆液物理化学性能分析

1. 粉煤灰化学元素分析

为了精确掌握粉煤灰中各种化学成分，自唐山矿井田范围内的唐山发电厂粉煤灰储灰场取两份样品，烘干后做粉煤灰矿物能谱定量分析。粉煤灰样品 1 分析结果如图 6-27、图 6-28 和表 6-25 所示；粉煤灰样品 2 分析结果如图 6-29、图 6-30 和表 6-26 所示。

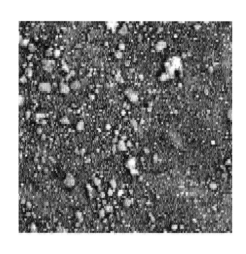

图6-27　粉煤灰样品1电子扫描图

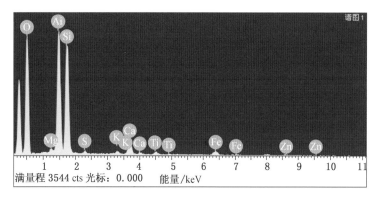

图6-28　粉煤灰样品1能谱图

表6-25　粉煤灰样品1化学元素成分分析成果表

元素	元素浓度	强度校正	质量百分比/%	原子百分比/%	化合物百分比/%	化学式	离子数目
Mg	0.43	0.7855	0.66	0.57	1.10	MgO	0.07
Al	14.47	0.8812	19.77	15.38	37.35	Al_2O_3	1.96
Si	14.05	0.7391	22.88	17.11	48.95	SiO_2	2.17
S	0.38	0.7323	0.62	0.41	1.55	SO_3	0.05
K	0.53	0.9800	0.66	0.35	0.79	K_2O	0.04
Ca	2.26	0.9483	2.86	1.50	4.01	CaO	0.19
Ti	0.66	0.8086	0.98	0.43	1.63	TiO_2	0.05
Fe	1.88	0.8312	2.72	1.02	3.50	FeO	0.13
Zn	0.60	0.7982	0.90	0.29	1.12	ZnO	0.04
其他			47.95	62.94			8.00
总量			100.00		100.00		

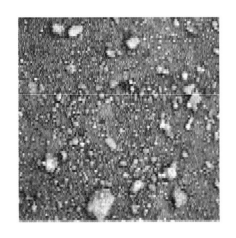

图6-29　粉煤灰样品2电子扫描图　　　　图6-30　粉煤灰样品2能谱图

表6-26　粉煤灰样品2化学元素成分分析成果表

元素	浓度	强度校正	质量百分比/%	原子百分比/%	化合物百分比/%	化学式	离子数目
Mg	0.44	0.7837	0.62	0.54	1.03	MgO	0.07
Al	15.47	0.8803	19.66	15.31	37.15	Al_2O_3	1.95
Si	15.35	0.7395	23.22	17.37	49.68	SiO_2	2.21
S	0.27	0.7306	0.41	0.27	1.03	SO_3	0.03
K	0.57	0.9800	0.65	0.35	0.78	K_2O	0.04
Ca	2.44	0.9483	2.88	1.51	4.03	CaO	0.19
Ti	0.66	0.8087	0.91	0.40	1.51	TiO_2	0.05
Fe	2.01	0.8317	2.70	1.02	3.48	FeO	0.13
Zn	0.75	0.7983	1.06	0.34	1.31	ZnO	0.04
其他			47.89	62.90			8.00
总量			100.00		100.00		

2. 粉煤灰颗粒粒径与分布分析

采用筛分法测定粉煤灰颗粒的粒径大小和分布范围,将粉煤灰放入干燥箱烘干,取出 100 g 进行筛分试验,实验室筛分结果见表 6 - 27,图 6 - 31 所示为粉煤灰筛分粒径分布图。

表 6 - 27 粉煤灰粒径分布统计表

粒径范围/mm	重量/g	重量所占比例/%
≥5	0.218	0.218
2 ~ 5	2.489	2.489
1 ~ 2	3.066	3.066
0.5 ~ 1	9.403	9.403
0.25 ~ 0.5	13.127	13.127
0.075 ~ 0.25	53.928	53.928
≤0.075	17.769	17.769
总量	100.00	100.00

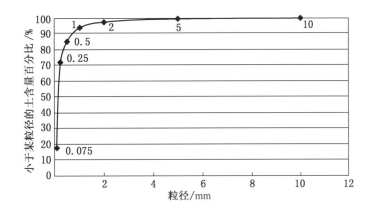

图 6 - 31 粉煤灰筛分粒径分布图

由上可见,唐山发电厂储灰场的粉煤灰 94.227% 的颗粒粒径在 1 mm 以下,仅 5.773% 的颗粒粒径在 1 mm 以上。

3. 粉煤灰浆液流动度与沉淀时间分析

通过实验测试粉煤灰浆液在不同浓度(密度)条件时的流动度和沉淀时间,实验方案与成果见表 6 - 28。

表 6 - 28 粉煤灰浆液性能实验成果表

序 号	粉煤灰浆液相对密度 $\gamma_{浆}$/(g·mL^{-1})	流 动 度	沉淀时间/s
1	1.125	8.6	75
2	1.150	8.5	78
3	1.175	8.6	85
4	1.200	8.6	120
5	1.225	9.0	144
6	1.250	9.0	152
7	1.270	9.0	163

分析实验结果，粉煤灰浆液性能有以下特点：

（1）灰浆相对密度由 1.125 增至 1.270 时，灰浆的流动度为 8.5～9.0，变化较小。可以认为在注浆工程中，灰浆相对密度在 1.1～1.3 的范围内，灰浆的黏滞系数和灰浆流动阻力变化不大。

（2）灰浆相对密度由 1.125 增至 1.270，灰浆的沉淀时间由 75 s 增加到 163 s，增长明显，灰浆浓度越大，沉淀时间越长。

4. 粉煤灰及其浆液相对密度与含水率分析

相对密度与含水率测定主要使用的设备与仪器有烘箱、天平、细径长管量杯等，在实验室分别测定粉煤灰的干灰相对密度 $\gamma_{干灰}$、饱和水灰体的相对密度 $\gamma_{饱灰}$ 和压缩稳定后的灰体相对密度 $\gamma_{湿灰}$。实验测出：粉煤灰干灰相对密度 $\gamma_{干灰} \approx 1.86$ t/m^3，相对误差为 1%；饱和水粉煤灰体相对密度 $\gamma_{饱灰} \approx 1.55$ g/mL，相对误差 1%，含水率为 23.3%；压实灰体的相对密度 $\gamma_{湿灰} \approx 1.65$ g/mL，相对误差 1%，含水率为 14.8%。

压实灰体所受压力是以唐山矿京山铁路煤柱首采区覆岩离层注浆平均深度 $H = 533$ m 为基础，算出离层上覆冲积层和基岩的垂向地应力 $S_v = r_{冲} H_{冲} + r_{岩} H_{岩} = 1.5 \times 200 + 2.5 \times 333 = 1132.5$ t/m^2，以此压力对饱和水粉煤灰体加载测得压实灰体的相对密度 $\gamma_{湿灰} \approx 1.65$ g/mL，相对误差 1%；在加压实验中，灰体垂向压缩率为 9.5%。

6.4.3 其他注浆材料及其浆液物理性能分析

1. 黏土

取唐山矿井下防灭火灌浆所用的黏土样品进行试验测量，黏土样品颗粒大小分布统计表见表 6－29，图 6－32 所示为黏土样品颗粒大小分布曲线图。

表 6－29 唐山矿井下防灭火灌浆用黏土样品颗粒分布统计表

粒径大小/mm	>0.5	0.5～0.25	0.25～0.1	0.1～0.075	0.075～0.05	0.05～0.01	0.01～0.005	0.005～0.002	<0.002
百分比/%	1.1	1.4	7.2	1.7	10.0	42.2	9.7	6.6	20.1

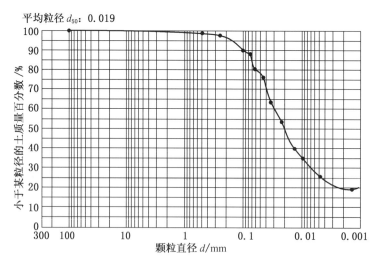

图 6－32 唐山矿井下防灭火灌浆用黏土样品颗粒大小分布曲线图

由上可见，唐山矿井下防灭火灌浆所用的黏土 98.9% 的颗粒粒径在 0.5 mm 以下，仅 1.1% 的颗粒粒径在 0.5 mm 以上。黏土颗粒粒径平均比粉煤灰小一半，其作为充填材料是可行的，但由于资源所限、购买和运输费用高而难以采用。

黏土样品物理性质测试结果见表6-30，圆锥下沉深度 h 与含水率 ω 关系如图6-33所示。

表6-30 唐山矿井下防灭火灌浆用黏土样品物理性质测试结果

黏土测试项目	相 对 密 度	天然含水率 $\omega/\%$	饱和含水率 $\omega_{sat}/\%$
数值	2.073	14.7	21.4

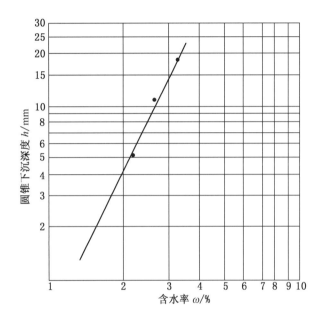

图6-33 唐山矿井下防灭火灌浆用黏土样品圆锥下沉深度与含水率关系曲线图

2. 粉煤灰与黏土混合材料

测试粉煤灰与黏土混合材料的相对密度采用比重瓶法，试验记录与计算结果见表6-31。

表6-31 粉煤灰与黏土混合材料相对密度试验计算结果表

样品名称	比重瓶号	瓶质量/g	干混合材料质量/g	水质量/g	试液密度 $\rho_w/(g \cdot cm^{-3})$	相对密度 G
粉煤灰与黏土混合材料	21	36.742	15.319	99.829	0.998021	2.078
	24	35.354	14.264	100.039	0.998021	2.084
	29	36.738	11.875	98.831	0.998021	2.073
	平均					2.078

注：水温21 ℃。

粉煤灰与黏土混合材料的含水率测定试验记录见表6-32，圆锥下沉深度 h 与含水率 ω 关系如图6-34所示。

表6-32 粉煤灰与黏土混合材料含水率试验计算表

样品名称	称量盒号	盒质量/g	盒+湿混合材料质量/g	盒+干混合材料质量/g	圆锥下沉深度 h/mm	含水率 $\omega/\%$
粉煤灰与黏土混合	134	40.77	60.63	55.25	4.2	37.15
	135	39.32	50.93	47.7	7.5	38.54
	136	39.56	53.68	49.65	9.1	39.94
	138	39.5	56.42	51.38	15.9	42.42

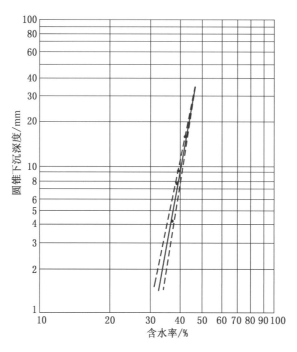

图 6-34　粉煤灰与黏土混合材料圆锥下沉深度与含水率关系曲线图

6.4.4　注浆材料浆液沉淀性能实验结果

选用粉煤灰、黏土、黏土和粉煤灰混合物 3 种材料分别为骨料、水作基液，实验测试 3 种浆液的沉淀性能。3 种浆液的密度均为 1.07 g/mL，其沉淀实验过程如图 6-35 至图 6-38 所示。

图 6-35　3 种浆液的沉淀过程（1）

图 6-36　3 种浆液的沉淀过程（2）

图 6-37　3 种浆液的沉淀过程（3）

图 6-38　3 种浆液的最终沉淀状态（4）

1. 沉淀性能实验结果

3 种浆液不同温度时沉淀性能实验结果见表 6－33 至表 6－35。

表 6－33　粉煤灰浆液不同温度的沉淀时间和沉淀速度表

沉淀界面与水面的距离/mm	不同温度下的沉淀时间/s			不同温度下的沉淀速度/(mm·s⁻¹)		
	0 ℃	16 ℃	36 ℃	0 ℃	16 ℃	36 ℃
30	92	63	42	0.33	0.48	0.71
36	114	76	52	0.32	0.47	0.69
42	146	92	67	0.29	0.46	0.63
48	212	130	99	0.23	0.40	0.48
54	571	295	218	0.09	0.18	0.25

表 6－34　黏土浆液不同温度的沉淀时间和沉淀速度表

沉淀界面与水面的距离/mm	不同温度下的沉淀时间/s			不同温度下的沉淀速度/(mm·s⁻¹)		
	0 ℃	16 ℃	36 ℃	0 ℃	16 ℃	36 ℃
30	312	228	205	0.1	0.13	0.15
36	385	284	260	0.09	0.13	0.14
42	462	345	321	0.09	0.12	0.131
48	575	431	423	0.08	0.11	0.11
54	860	652	744	0.06	0.08	0.07

表 6－35　粉煤灰和黏土混合浆液不同温度的沉淀时间和沉淀速度表

沉淀界面与水面的距离/mm	不同温度下的沉淀时间/s			不同温度下的沉淀速度/(mm·s⁻¹)		
	0 ℃	16 ℃	36 ℃	0 ℃	16 ℃	36 ℃
30	265	152	120	0.11	0.19	0.25
36	320	188	145	0.11	0.19	0.25
42	380	221	175	0.11	0.19	0.24
48	470	261	226	0.10	0.18	0.21
54	778	395	355	0.07	0.14	0.1

2. 最终沉淀高度

3 种浆液的骨料最终沉淀高度：黏土为 15 mm，黏土和粉煤灰混合物为 16.5 mm，粉煤灰为 19 mm。

3. 沉淀高度与时间的关系

3 种浆液不同温度条件下沉淀高度与时间关系曲线如图 6－39 至图 6－41 所示。

4. 沉淀速度变化曲线

3 种浆液不同温度条件下沉淀速度的变化曲线如图 6－42 至图 6－44 所示。

5. 3 种浆液沉淀性能实验结论

（1）3 种浆液中粉煤灰浆沉淀速度最快，黏土和粉煤灰混合浆次之，黏土浆最慢。如在 16 ℃ 条件下，黏土和粉煤灰混合浆沉淀所需时间是粉煤灰浆的 1.34 倍，黏土浆沉淀所需时间是粉煤灰浆的 2.21 倍。

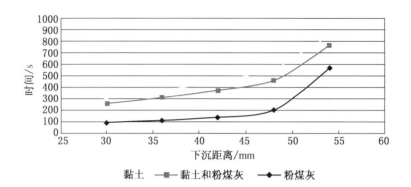

图 6-39　3 种浆液在 0 ℃时沉淀高度与时间的关系曲线图

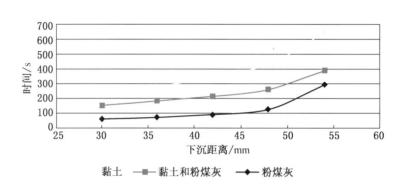

图 6-40　3 种浆液在 16 ℃时沉淀高度与时间的关系曲线图

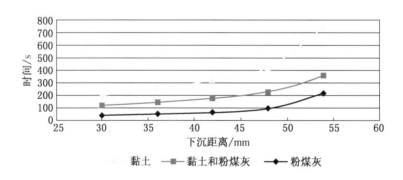

图 6-41　3 种浆液在 36 ℃时沉淀高度与时间的关系曲线图

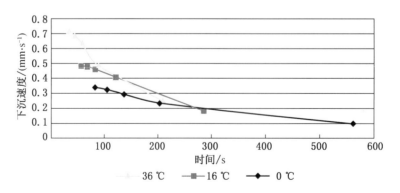

图 6-42　粉煤灰浆液在不同温度条件下沉淀速度变化曲线图

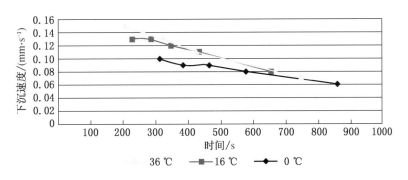

图 6-43 黏土浆液在不同温度条件下沉淀速度变化曲线图

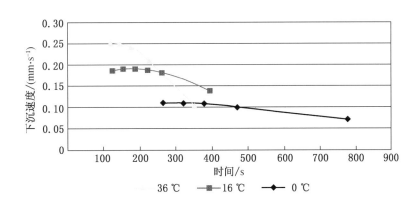

图 6-44 粉煤灰和黏土混合浆液在不同温度条件下沉淀速度变化曲线图

（2）温度对浆液沉淀速度有显著影响，通常温度越高浆液沉淀速度越快。

6.4.5 注浆浆液的水质分析

开滦唐山矿京山铁路煤柱首采区覆岩离层注浆采用电厂储灰场的粉煤灰为骨料，在注浆站场地打井取水作基液搅拌成浆液，通过注浆泵加压经管路输送注入钻孔中。为真实测试注浆浆液水能否符合环境保护的要求，试件使用的粉煤灰为未进行特殊处理的现场储灰场的粉煤灰。

1. 国家水质量标准分类

我国依据水质、人体健康基准值，将水质划分为5类：

Ⅰ类，适用于各种用途；Ⅱ类，适用于各种用途；Ⅲ类，适用于集中式生活饮用水水源及工、农业用水；Ⅳ类，适用于农业和部分工业用水，适当处理后可作生活饮用水；Ⅴ类，不宜饮用，可根据使用目的选用。水质量分类指标中重金属含量标准见表6-36。

表6-36 水质量分类指标中重金属含量标准　　　　　　　　　　　mg/L

元　素	Ⅰ类	Ⅱ类	Ⅲ类	Ⅳ类	Ⅴ类
汞（Hg）	≤0.00005	≤0.0005	≤0.0001	≤0.001	>0.001
镉（Cd）	≤0.0001	≤0.001	≤0.01	≤0.01	>0.01
铅（Pb）	≤0.005	≤0.01	≤0.05	≤0.1	>0.1
铬（Cr^{6+}）	≤0.005	≤0.01	≤0.05	≤0.1	>0.1
砷（As）	≤0.005	≤0.01	≤0.05	≤0.05	>0.05

图 6 - 45 粉煤灰浆液过滤装置

2. 首采区覆岩离层注浆浆液水中重金属含量检测

1）检测装置

采用过滤装置模拟现场所注入浆液被岩层过滤的过程：取一定量的砂子放入烘箱 12 h 烘干，将其筛分成 5 个不同颗粒粒径，分别为粉砂、细砂、中砂、粗砂、砾石；将这 5 种粒径的砂子按粒径由大到小顺序放入玻璃过滤桶，并用水将砂子完全湿润，对注浆浆液水进行水质量分类指标中危害性大的重金属汞、镉、铅、铬以及类金属砷 5 种元素检测。如图 6 - 45 所示。

2）检测方案

为了掌握粉煤灰浆浓度和浸泡时间对浆液过滤后水中重金属含量的影响，此次检测按照式（6 - 3）配制了 3 组粉煤灰浆试件：

$$\gamma_{浆} = \frac{\gamma_{灰} + \gamma_{水}(V_{水}/V_{灰})}{1 + V_{水}/V_{灰}} \qquad (6-3)$$

式中　$\gamma_{浆}$、$\gamma_{灰}$、$\gamma_{水}$——浆液、水灰体、离析水密度，mg/L；

$V_{灰}$、$V_{水}$——水灰体、离析水体积，L。

a 组试件相对密度为 1.13，浸泡 2 h 后进行过滤；

b 组试件相对密度为 1.15，浸泡 120 h 后进行过滤；

c 组试件相对密度为 1.18，浸泡 120 h 后进行过滤。

3）检测过程

将配制好的灰浆溶液倒入已准备好的过滤装置中，待过滤装置中砂层内的水置换后，取最后一杯过滤水做元素检测。检测前后的溶液状况如图 6 - 46 所示。

图 6 - 46 过滤前的浆液和过滤后的水对比图

4）检测结果

将 3 组粉煤灰浆液过滤水进行元素检测，测定其重金属的含量，结果见表 6 - 37（其中 ND 表示含量未检出）。

表 6 - 37 3 组粉煤灰浆液过滤水重金属元素检测结果表　　　　　　　　　　mg/L

元　　素	a　组	b　组	c　组
汞（Hg）	0.015	ND	ND
镉（Cd）	ND	ND	ND

表 6 – 37（续）   mg/L

元　素	a　组	b　组	c　组
铅（Pb）	ND	ND	0.016
铬（Cr^{6+}）	0.010	0.017	0.035
砷（As）	ND	ND	ND

从检测结果可以看出：灰浆过滤水中不含有镉、砷两种元素，但含有汞、铅和铬 3 种元素，其中汞的含量有 2 组试件未检出，有一份试件含量达 0.015 mg/L，为 V 类水质；铅的含量有 2 组试件未检出，有一份试件含量达 0.016 mg/L，为 Ⅲ 类水质；铬的含量 3 组试件均检出，分别为 0.010、0.017和 0.035 mg/L，均为 Ⅲ 类水质标准。可以断定：浆液水注入覆岩离层后被地下水稀释，偏高的重金属含量会降低，将达到 Ⅲ 类以上水质标准，基本不会对地下水环境造成污染。

注浆减沉工程将粉煤灰由地表堆放转为填充到地下深部，从而避免了粉煤灰长时间堆放造成各种重金属逐渐积累而对地下潜水层内的水环境造成污染。

6.5　预计首采区覆岩离层所需注浆量

根据注浆减沉机理，注浆量越大地表减沉率就越大，沉陷控制效果就越好，单从这方面而言，注浆量（注灰量）越大越好。但注浆量的增大还受其技术可行性的制约，主要制约因素有离层空间大小、注浆压力作用下离层缝的闭合周期和注浆泵站的注浆能力等。因此在注浆减沉设计时，先按覆岩离层注浆减沉设计目标计算需求注浆量，然后以注浆材料数量和注浆系统能力予以保障。

6.5.1　浆液相对密度的测定

浆液相对密度的测定采用量杯量测法：用量杯从搅拌池中取出浆液，待其充分沉淀后，分别量测离析出的水量和沉淀下来的饱和水灰量，以二者的体积或重量为依据计算出浆液的相对密度。

1. 以体积为依据计算浆液相对密度

设 $\gamma_{浆}$、$\gamma_{饱灰}$ 和 $\gamma_{水}$ 分别是浆液、饱和水灰体和水的相对密度，$V_{浆}$、$V_{饱灰}$、$V_{水}$ 分别是浆液、饱和水灰体、离析水水体的体积，e 为饱和水灰体与浆液体积之比（$e = V_{饱灰}/V_{浆}$），即量杯中沉淀下来的饱和水灰体体积 $V_{饱灰}$ 与量杯中的浆液总体积 $V_{浆}$ 之比。则有

$$\gamma_{浆} V_{浆} = \gamma_{饱灰} V_{饱灰} + \gamma_{水} V_{水}$$
$$e = V_{饱灰}/V_{浆}, \quad V_{水} = V_{浆} - V_{饱灰}$$
$$\gamma_{浆} = \gamma_{饱灰} e + \gamma_{水}(1 - e) \tag{6-4}$$

将饱和水灰体相对密度 $\gamma_{饱灰} = 1.55$ 和水的相对密度 $\gamma_{水} = 1$ 代入式（6-4）得

$$\gamma_{浆} = 1 + 0.55e \tag{6-5}$$

据式（6-5）可计算出浆液相对密度 $\gamma_{浆}$ 与饱和灰体体积比 e 的对应关系见表 6-38，可在现场依据量杯量测 $V_{浆}$、$V_{饱灰}$ 计算 e 值，通过该表快速查出浆液的相对密度。

表 6-38　粉煤灰浆液相对密度 $r_{浆}$ 与饱和灰体体积比 e 的对应关系表

e	20%	21%	22%	23%	24%	25%	26%	27%
$\gamma_{浆}$	1.11	1.116	1.121	1.127	1.132	1.138	1.143	1.149
e	28%	29%	30%	31%	32%	33%	34%	35%
$\gamma_{浆}$	1.154	1.160	1.165	1.171	1.176	1.182	1.187	1.193

2. 以重量为依据计算浆液相对密度

设 $W_{浆}$、$W_{饱灰}$ 分别是浆液、饱和水灰体的重量，用电子天平称得浆液、饱和水灰体和离析水的重量，q 为饱和水灰体与浆液重量之比。

为方便现场快捷查找，编制了粉煤灰浆液相对密度 $\gamma_{浆}$、饱和水灰体占浆液重量比 q、浆液中干粉煤灰重量 $W_{干灰}$、覆岩离层中压实湿灰体体积与注浆量 $V_{浆}$ 的数量对应关系表（表 6–39）。

表 6–39　粉煤灰浆液相对密度与粉煤灰量对应关系表

粉煤灰浆液相对密度 $\gamma_{浆}$	饱和水灰体与浆体重量比 $q/\%$	浆液中干粉煤灰重量 $W_{干灰}/t$	覆岩离层中压实湿灰体体积 $V_{湿灰}/m^3$
1.12	30.2	$0.2743V_{浆}$	$19.08V_{浆}$
1.13	32.4	$0.2972V_{浆}$	$20.67V_{浆}$
1.14	34.6	$0.3200V_{浆}$	$22.26V_{浆}$
1.15	36.8	$0.3429V_{浆}$	$23.85V_{浆}$
1.16	38.9	$0.3658V_{浆}$	$25.44V_{浆}$
1.17	40.9	$0.3886V_{浆}$	$27.03V_{浆}$
1.18	43.0	$0.4115V_{浆}$	$28.62V_{浆}$
1.19	45.0	$0.4343V_{浆}$	$30.21V_{浆}$
1.20	47.0	$0.4572V_{浆}$	$31.80V_{浆}$

6.5.2　按注浆减沉设计目标计算首采区所需注浆量

前已论述，为保证铁路的正常安全运行，保护土地和节省地面 3 个企业的搬迁费用，首次在地表充分采动条件下实施覆岩离层注浆减沉综放高效开采。综合考虑煤层采厚大、工程周期长、注浆量大、要求高等因素，将首采区注浆减沉目标确定为减少地面下沉量 50%，则可求出整个首采区注浆减沉所需的注浆量。

首采区全部开采所采出的体积可用下式求出：

$$V_{采} = K_1 K_m D_1 D_3 M \qquad (6–6)$$

式中　$V_{采}$——首采区采出的体积，m^3；

　　　K_1——首采区设计采出率，%；

　　　K_m——首采区煤层厚度变异系数，取 1.0～1.2；

　　　D_1——首采区开采走向平均长度，m；

　　　D_3——首采区开采倾斜平均长度，m；

　　　M——首采区煤层开采平均厚度，m。

按照式（6–6），在求出首采区采出的体积后，按注浆减沉目标 50% 可计算出首采区所需的注浆量。

1. 首采区各综放工作面按减沉率 50% 目标所需的注浆量

1）T2191 综放工作面减沉所需的注浆量

（1）计算 T2191 综放工作面采出体积。

已知综放工作面设计采出率为 80%，煤层厚度变异系数 K_m 为 1.0，开采走向平均长度为 1040 m，开采倾斜平均长度 145 m，煤层开采平均厚度为 12.42 m，则根据式（6–6）有

$$V_{采} = 0.80 \times 1.0 \times 1040 \times 145 \times 12.42 = 1498348.8 \ m^3$$

（2）计算 T2191 综放工作面开采引起地表塌陷体积。

$$V_塌 = K_塌 K_{塌重} V_采 \qquad (6-7)$$

式中　　$V_塌$——地表塌陷体积，m^3；

$K_塌$——塌陷体积系数，0.74；

$K_{塌重}$——重复采动塌陷体积系数，1.2；

$V_采$——工作面采出的体积，m^3。

根据式（6-7）有

$$V_塌 = 0.74 \times 1.2 \times 1498348.8 = 1330533.7 \ m^3$$

（3）按注浆减沉率 $r = 50\%$ 目标的要求，计算所需减少的塌陷体积。

$$V_{减塌} = r V_塌 = 0.5 \times 1330533.7 = 665266.9 \ m^3$$

（4）计算注浆所需的粉煤灰量。

离层内湿灰体积（取减沉体积系数 $\varphi = 1.2$）：

$$V_{湿灰} = V_{减塌}/\varphi = 665266.9/1.2 = 554389.1 \ m^3$$

换算成干粉煤灰重量：

$$W_{干灰} = V_{湿灰} \gamma_{湿灰}/(1 + C_W) \qquad (6-8)$$

式中　　$\gamma_{湿灰}$——离层内压湿灰的相对密度，1.65；

C_W——离层内压湿灰含水率，14.8%。

由式（6-8）得　　$W_{干灰} = 554389.1 \times 1.65/(1 + 14.8\%) = 796813.5 \ t$

换算成干灰体积（按 $\gamma_{干灰} = 1.86$）：

$$V_{干灰} = W_{干灰}/\gamma_{干灰} = 796813.5/1.86 = 428394.4 \ m^3$$

（5）计算所需注入的粉煤灰浆总体积（按浆液相对密度 $\gamma_浆 = 1.15$，查表6-39得浆液中干粉煤灰系数为0.3429）。

$$V_浆 = W_{干灰}/0.3429 = 796813.5/0.3429 = 2323748.9 \ m^3$$

首采区其他工作面计算与 T2191 综放工作面相同，以下叙述从略。

2）T2195 综放工作面减沉所需的注浆量

T2195 综放工作面采出体积：

$$V_采 = 0.80 \times 1.0 \times 854 \times 120 \times 12.42 = 1018241.3 \ m^3$$

离层内湿灰体积：

$$V_{湿灰} = V_{减塌}/\varphi = 1018241.3 \times 0.74 \times 1.2 \times 0.5/1.2 = 376749.3 \ m^3$$

根据式（6-8），换算成干粉煤灰重量：

$$W_{干灰} = 376749.3 \times 1.65/(1 + 14.8\%) = 541495.0 \ t$$

换算成干灰体积：

$$V_{干灰} = W_{干灰}/\gamma_{干灰} = 541495.0/1.86 = 291126.4 \ m^3$$

计算所需注入的粉煤灰浆总体积：

$$V_浆 = W_{干灰}/0.3429 = 541495.0/0.3429 = 1579163.0 \ m^3$$

3）T2192 综放工作面减沉所需的注浆量

T2192 综放工作面采出体积：

$$V_采 = 0.80 \times 1.0 \times 960 \times 150 \times 10.14 = 1168128.0 \ m^3$$

离层内湿灰体积：

$$V_{湿灰} = V_{减塌}/\varphi = 1168128.0 \times 0.74 \times 1.2 \times 0.5/1.2 = 432207.4 \ m^3$$

根据式（6-8），换算成干粉煤灰重量：

$$W_{干灰} = 432207.4 \times 1.65 / (1 + 14.8\%) = 621204.0 \text{ t}$$

换算成干灰体积：

$$V_{干灰} = W_{干灰} / \gamma_{干灰} = 621204.0 / 1.86 = 333980.6 \text{ m}^3$$

计算所需注入的粉煤灰浆总体积：

$$V_{浆} = W_{干灰} / 0.3429 = 621204.0 / 0.3429 = 1811618.5 \text{ m}^3$$

4）T2194 综放工作面减沉所需的注浆量

T2194 综放工作面采出体积：

$$V_{采} = 0.80 \times 1.0 \times 852 \times 124 \times 11.40 = 963509.8 \text{ m}^3$$

离层内湿灰体积：

$$V_{湿灰} = V_{减塌} / \varphi = 963509.8 \times 0.74 \times 1.2 \times 0.5 / 1.2 = 356498.6 \text{ m}^3$$

根据式（6-8），换算成干粉煤灰重量：

$$W_{干灰} = 356498.6 \times 1.65 / (1 + 14.8\%) = 512389.1 \text{ t}$$

换算成干灰体积：

$$V_{干灰} = W_{干灰} / \gamma_{干灰} = 512389.1 / 1.86 = 275478.0 \text{ m}^3$$

计算所需注入的粉煤灰浆总体积：

$$V_{浆} = W_{干灰} / 0.3429 = 512389.1 / 0.3429 = 1494281.4 \text{ m}^3$$

5）T2193$_上$ 综放工作面减沉所需的注浆量

T2193$_上$ 综放工作面采出体积：

$$V_{采} = 0.80 \times 1.0 \times 905 \times 124 \times 10.54 = 946239.0 \text{ m}^3$$

离层内湿灰体积：

$$V_{湿灰} = V_{减塌} / \varphi = 946239.0 \times 0.74 \times 1.2 \times 0.5 / 1.2 = 350108.4 \text{ m}^3$$

根据式（6-8），换算成干粉煤灰重量：

$$W_{干灰} = 350108.4 \times 1.65 / (1 + 14.8\%) = 503204.6 \text{ t}$$

换算成干灰体积：

$$V_{干灰} = W_{干灰} / \gamma_{干灰} = 503204.6 / 1.86 = 270540.1 \text{ m}^3$$

计算所需注入的粉煤灰浆总体积：

$$V_{浆} = W_{干灰} / 0.3429 = 503204.6 / 0.3429 = 1467496.8 \text{ m}^3$$

6）T2193$_下$ 综放工作面减沉所需的注浆量

T2193$_下$ 综放工作面采出体积：

$$V_{采} = 0.80 \times 1.0 \times 872 \times 124 \times 10.78 = 932495.9 \text{ m}^3$$

离层内湿灰体积：

$$V_{湿灰} = V_{减塌} / \varphi = 932495.9 \times 0.74 \times 1.2 \times 0.5 / 1.2 = 345023.5 \text{ m}^3$$

根据式（6-8），换算成干粉煤灰重量：

$$W_{干灰} = 345023.5 \times 1.65 / (1 + 14.8\%) = 495896.1 \text{ t}$$

换算成干灰体积：

$$V_{干灰} = W_{干灰} / \gamma_{干灰} = 495896.1 / 1.86 = 266610.8 \text{ m}^3$$

计算所需注入的粉煤灰浆总体积：

$$V_{浆} = W_{干灰} / 0.3429 = 495896.1 / 0.3429 = 1446182.9 \text{ m}^3$$

2. 首采区按减沉率 50% 目标所需的总注浆量

汇总以上各工作面设计注浆量可得出首采区按减沉率 50% 目标所需的总注浆量，统计见表 6-40。

表6-40 首采区各工作面设计注浆量统计表   m³

工作面	T2191	T2192	T2193_上	T2193_下	T2194	T2195	总 计
$V_采$	1498348.8	1168128.0	946239.0	932495.9	963509.8	1018241.3	6526962.8
$V_{湿灰}$	554389.1	432207.4	350108.4	345023.5	356498.6	376749.3	2414976.3
$V_{干灰}$	428394.4	333980.6	270540.1	266610.8	275478.0	291126.4	1866130.3
$V_浆$	2323748.9	1811618.5	1467496.8	1446182.9	1494281.4	1579163.0	10122491.5

从首采区各工作面设计注浆量统计表中看出，实现首采区减沉率 50% 的目标需要干粉煤灰 1866130.3 m³。经测算，除利用电厂储灰场已有的粉煤灰外，还需加入当期电厂排放的粉煤灰才能满足首采区注浆减沉用量的需要；而唐山矿注浆系统经改造完善后的能力可以保障实现首采区覆岩离层注浆减沉的目标。

7 京山铁路煤柱首采区实施覆岩离层注浆减沉综放开采

按照唐山矿京山铁路煤柱首采区8~9煤层合区覆岩离层注浆减沉综放开采设计，在提高注浆泵站能力、增加输浆管路能力和扩大储灰场取灰能力等各注浆系统环节进行调整、改造和完善的同时，同步进行地面注浆钻孔施工、井下综放工作面巷道掘进、设备安装并形成煤炭生产能力。自2000年7月起，首采区6个工作面陆续实施综放开采与覆岩离层注浆减沉工程，至2007年12月结束开采，2008年2月停止覆岩离层注浆。

7.1 首采区实施综放开采覆岩离层注浆情况

7.1.1 首采区综放开采历程

按照首采区8~9煤层合区综放开采设计，依次对T2191、T2195、T2192、T2194、T2193$_上$、T2193$_下$6个工作面进行开采，各工作面开采起止时间和采出煤量见表7-1。

表7-1 唐山矿京山铁路煤柱首采区各综放工作面开采时间与原煤产量表

工 作 面	开 采 时 间	原煤产量/t
T2191	2000年7月至2002年1月	2229555
T2195	2002年1月至2003年3月	1910441
T2192	2003年4月至2004年5月	2267306
T2194	2004年3月至2005年5月	2129362
T2193$_上$	2005年6月至2006年7月	1697943
T2193$_下$	2006年11月至2007年12月	1399118
合计	2000年7月至2007年12月	11633725

7.1.2 首采区注浆钻孔施工历程

按照首采区8~9煤层合区综放工作面开采顺序，首先施工T2191工作面覆岩离层注浆钻孔，以后陆续对T2195、T2192、T2194、T2193$_上$、T2193$_下$等工作面施工注浆钻孔，各工作面注浆钻孔施工历程见表7-2。

表7-2 唐山矿京山铁路煤柱首采区各综放工作面注浆钻孔施工历程表

工作面	孔 号	施 工 时 间	历时天数/d	实际孔深/m
T2191	1号	2000年7月30日至2000年8月21日	23	420
	2号	2000年10月29日至2000年11月18日	21	415
	3号	2001年2月4日至2001年3月27日	51	410
	4号	2001年6月12日至2001年7月18日	36	395
T2195	1号	2001年12月1日至2002年1月14日	14	512
	2号	2002年3月6日至2002年4月23日	45	531
	3号	2002年7月19日至2002年8月15日	27	531
	4号	2002年12月9日至2003年1月5日	27	530

表 7-2（续）

工作面	孔　号	施　工　时　间	历时天数/d	实际孔深/m
T2192	1 号	2003 年 4 月 15 日至 2003 年 5 月 21 日	36	430
	2 号	2003 年 6 月 2 日至 2003 年 7 月 9 日	37	426
	3 号	2003 年 9 月 15 日至 2003 年 10 月 15 日	30	410
	4 号	2003 年 12 月 2 日至 2003 年 12 月 25 日	24	386
T2194	1 号	2004 年 2 月 19 日至 2004 年 3 月 22 日	31	515
	2 号	2004 年 7 月 1 日至 2004 年 7 月 24 日	24	518
	3 号	2004 年 9 月 17 日至 2004 年 10 月 2 日	16	506
	4 号	2004 年 11 月 22 日至 2004 年 12 月 9 日	17	492
T2193上	1 号	2005 年 4 月 25 日至 2005 年 5 月 18 日	23	442
	2 号	2005 年 5 月 21 日至 2005 年 6 月 12 日	22	435
	3 号	2005 年 10 月 15 日至 2005 年 11 月 6 日	22	420
	4 号	2006 年 2 月 28 日至 2006 年 3 月 25 日	25	401
T2193下	1 号	2006 年 12 月 7 日至 2006 年 12 月 30 日	24	482
	2 号	2007 年 1 月 23 日至 2007 年 2 月 12 日	21	477
	3 号	2007 年 4 月 4 日至 2007 年 4 月 22 日	19	471
	4 号	2007 年 7 月 19 日至 2007 年 8 月 14 日	27	461
	5 号	2007 年 9 月 1 日至 2007 年 9 月 26 日	26	454

7.1.3　首采区覆岩离层注浆历程

　　2000 年 9 月 8 日起开始进行 T2191 综放工作面覆岩离层注浆减沉，此后随着 T2195、T2192、T2194、T2193上、T2193下 工作面综放开采，亦通过钻孔对其形成的覆岩离层进行注浆减沉，至 2008 年 2 月 21 日注浆停止，首采区注浆历程见表 7-3。

表 7-3　唐山矿京山铁路煤柱首采区各综放工作面覆岩离层钻孔注浆历程表

工作面	孔　号	注浆起止日期	历时天数/d
T2191	1 号	2000 年 9 月 8 日至 2000 年 12 月 22 日	101
	2 号	2001 年 1 月 30 日至 2001 年 7 月 8 日	149
	3 号	2001 年 5 月 31 日至 2001 年 11 月 1 日	150
	4 号	2001 年 9 月 26 日至 2002 年 1 月 16 日	110
T2195	1 号	2002 年 4 月 1 日至 2002 年 7 月 20 日	106
	2 号	2002 年 7 月 22 日至 2002 年 12 月 17 日	149
	3 号	2003 年 1 月 10 日至 2003 年 5 月 10 日	120
	4 号	2003 年 3 月 22 日至 2003 年 5 月 20 日	60
T2192	1 号	2003 年 5 月 27 日至 2003 年 10 月 21 日	148
	2 号	2003 年 9 月 7 日至 2004 年 1 月 22 日	80
	3 号	2003 年 11 月 10 日至 2004 年 8 月 2 日	175
	4 号	2004 年 2 月 20 日至 2004 年 3 月 21 日	31

表7-3（续）

工作面	孔号	注浆起止日期	历时天数/d
T2194	1号	2004年6月2日至2004年9月7日	98
	2号	2004年8月25日至2004年11月12日	80
	3号	2004年12月19日至2005年4月22日	124
	4号	2005年3月21日至2005年7月20日	122
T2193上	1号	2005年7月23日至2005年11月30日	131
	2号	2005年11月8日至2006年2月12日	95
	3号	2006年1月23日至2006年6月5日	134
	4号	2006年4月29日至2006年10月24日	179
T2193下	1号	2007年1月19日至2007年5月22日	134
	2号	2007年4月1日至2007年6月15日	76
	3号	2007年6月28日至2007年10月17日	112
	4号	2007年10月3日至2007年11月10日	38
	5号	2007年11月19日至2008年2月21日	95

7.2 首采区覆岩离层注浆统计分析

覆岩离层注浆的工艺流程：在注浆站供浆系统配制好的粉煤灰浆液经过注浆泵加压，经输浆管路输送到注浆钻孔孔口，通过注浆钻孔注入覆岩离层。每个注浆钻孔对应两条输浆管路，分别与钻孔孔口管和钻孔内的注浆管相连，向首采区各综放工作面开采形成的覆岩离层进行注浆。

7.2.1 首采区覆岩离层注浆与工作面开采关系分析

1. 覆岩离层注浆与综放工作面推进相关

钻孔注浆起始时间取决于覆岩离层的形成，根据唐山矿3696等综放工作面开采覆岩离层注浆减沉的经验，当综放工作面推过钻孔一定距离后覆岩离层形成才能注浆，通常采用钻孔压水的方法来观察离层是否形成，争取做到早发现、早注浆、早收效。

当井下综放工作面推采至注浆钻孔下方时，密切关注钻孔压水情况，一旦发现离层形成，则及时改为注浆。随着覆岩离层的发育、发展直至闭合，钻孔注浆量出现由小—大—小的变化过程，最终因覆岩离层空间充满浆液或离层闭合使钻孔注不进浆而停止。

根据各工作面地面钻孔注浆原始记录和实测井下工作面位置，绘制首采区6个综放工作面地面钻孔覆岩离层开始注浆与工作面相应位置立体示意图。钻孔开始注浆时工作面已经推过钻孔一定距离。

1）T2191综放工作面钻孔起始注浆与井下工作面位置关系

根据各工作面地面钻孔注浆原始记录和实测井下工作面位置，T2191综放工作面各钻孔注浆起止时间和注浆周期与工作面推进距离统计见表7-4，T2191综放工作面钻孔注浆滞后距与注浆滞后角立体示意图如图7-1所示。

表7-4 T2191综放工作面钻孔注浆时间与采面推进距离统计表

孔号	注浆开始			注浆结束			注浆周期/d
	时间	采面推过钻孔距离/m	滞后角/(°)	时间	采面推过钻孔距离/m	注浆周期采面推进距离/m	
1号	2000年9月8日	25	82.7	2000年12月22日	213	188	105
2号	2001年1月30日	25	82.3	2001年7月8日	320.5	295.6	160

表7-4（续）

孔号	注 浆 开 始			注 浆 结 束			注浆周期/d
	时　间	采面推过钻孔距离/m	滞后角/(°)	时　间	采面推过钻孔距离/m	注浆周期采面推进距离/m	
3号	2001年5月31日	18	84.5	2001年11月1日	297.8	279.8	154
4号	2001年9月26日	32	80.1	2002年1月16日	160.5	128.6	112

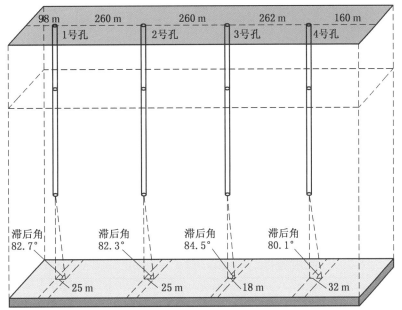

T2191工作面(1040 m×145 m)采高12.42 m　注浆时间 2000年9月8日至2002年1月16日

图7-1　T2191综放工作面钻孔注浆滞后距与注浆滞后角立体示意图

2）T2195综放工作面钻孔起始注浆与井下工作面位置关系

根据各工作面地面钻孔注浆原始记录和实测井下工作面位置，T2195综放工作面各钻孔注浆起止时间和注浆周期与工作面推进距离统计见表7-5，T2195综放工作面钻孔注浆滞后距与注浆滞后角立体示意图如图7-2所示。

表7-5　T2195综放工作面钻孔注浆时间与采面推进距离统计表

孔号	注 浆 开 始			注 浆 结 束			注浆周期/d
	时　间	采面推过钻孔距离/m	滞后角/(°)	时　间	采面推过钻孔距离/m	注浆周期采面推进距离/m	
1号	2002年4月1日	10	86.9	2002年7月20日	172.9	162.6	110
2号	2002年7月22日	34	76.4	2002年12月17日	200	245.3	148
3号	2003年1月10日	46	76.1	2003年5月10日	231.3	185.3	120
4号	2003年3月22日	49	79.8	2003年5月20日	142.2	93.4	59

3）T2192综放工作面钻孔起始注浆与井下工作面位置关系

根据各工作面地面钻孔注浆原始记录和实测井下工作面位置，T2192综放工作面各钻孔注浆起止

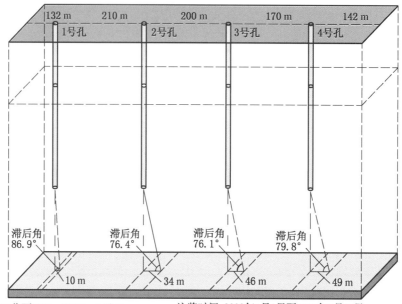

图7-2 T2195综放工作面钻孔注浆滞后距与注浆滞后角立体示意图

时间和注浆周期与工作面推进距离统计见表7-6，T2192综放工作面钻孔注浆滞后距与注浆滞后角立体示意图如图7-3所示。

表7-6 T2192综放工作面钻孔注浆时间与采面推进距离统计表

孔号	注　浆　开　始			注　浆　结　束			注浆周期/d
	时　间	采面推过钻孔距离/m	滞后角/(°)	时　间	采面推过钻孔距离/m	注浆周期采面推进距离/m	
1号	2003年5月27日	39	78.9	2003年10月21日	378.7	339.4	147
2号	2003年9月7日	59	73.5	2004年1月22日	418.2	358.8	137
3号	2003年11月10日	32	79.4	2004年8月2日	469.0	437.0	265
4号	2004年2月20日	67	71.3	2004年3月21日	160.5	93.5	29

4）T2194综放工作面钻孔起始注浆与井下工作面位置关系

根据各工作面地面钻孔注浆原始记录和实测井下工作面位置，T2194综放工作面各钻孔注浆起止时间和注浆周期与工作面推进距离统计见表7-7，T2194综放工作面钻孔注浆滞后距与注浆滞后角立体示意图如图7-4所示。

表7-7 T2194综放工作面钻孔注浆时间与采面推进距离统计表

孔号	注　浆　开　始			注　浆　结　束			注浆周期/d
	时　间	采面推过钻孔距离/m	滞后角/(°)	时　间	采面推过钻孔距离/m	注浆周期采面推进距离/m	
1号	2004年6月2日	13	85.6	2004年9月7日	285.3	272.2	98
2号	2004年8月25日	34	78.8	2004年11月12日	201.8	168.1	80
3号	2004年12月19日	42	76.6	2005年4月22日	257.5	215.3	124
4号	2005年3月21日	67	79.8	2005年7月20日	92.6	55.6	122

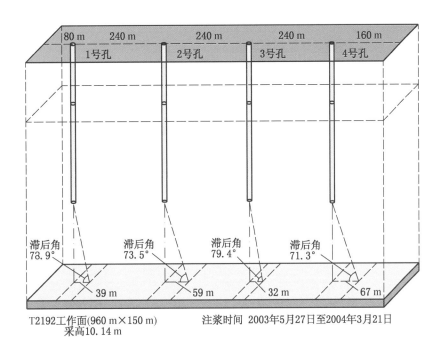

图 7-3 T2192 综放工作面钻孔注浆滞后距与注浆滞后角立体示意图

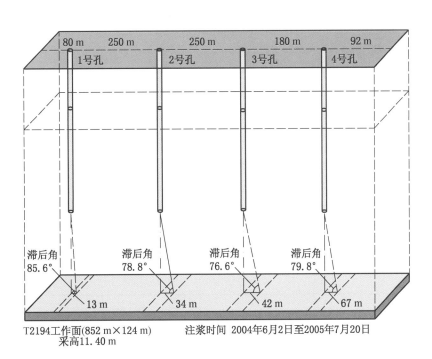

图 7-4 T2194 综放工作面钻孔注浆滞后距与注浆滞后角立体示意图

5）T2193$_\text{上}$综放工作面钻孔起始注浆与井下工作面位置关系

根据各工作面地面钻孔注浆原始记录和实测井下工作面位置，T2193$_\text{上}$综放工作面各钻孔注浆起止时间和注浆周期与工作面推进距离统计见表7-8，T2193$_\text{上}$综放工作面钻孔注浆滞后距与注浆滞后角立体示意图如图7-5所示。

表 7-8 T2193上综放工作面钻孔注浆时间与采面推进距离统计表

孔号	注 浆 开 始			注 浆 结 束			注浆周期/d
	时 间	采面推过钻孔距离/m	滞后角/(°)	时 间	采面推过钻孔距离/m	注浆周期采面推进距离/m	
1 号	2005 年 7 月 23 日	65	71.7	2005 年 11 月 30 日	315.6	250.7	131
2 号	2005 年 11 月 8 日	24	83.2	2006 年 2 月 12 日	271.7	248.0	97
3 号	2006 年 1 月 23 日	5	88.6	2006 年 6 月 5 日	305.2	300.4	134
4 号	2006 年 4 月 29 日	36	80.0	2006 年 10 月 24 日	155.3	119.5	179

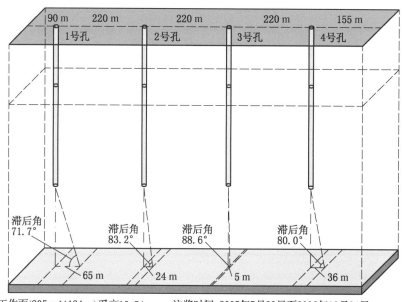

T2193上工作面(905 m×124 m)采高10.54 m   注浆时间 2005年7月23日至2006年10月24日

图 7-5 T2193上综放工作面钻孔注浆滞后距与注浆滞后角立体示意图

6) T2193下综放工作面钻孔起始注浆与井下工作面位置关系

根据各工作面地面钻孔注浆原始记录和实测井下工作面位置，T2193下综放工作面各钻孔注浆起止时间和注浆周期与工作面推进距离统计见表 7-9，如图 7-6 所示。

表 7-9 T2193下综放工作面钻孔注浆时间与采面推进距离统计表

孔号	注 浆 开 始			注 浆 结 束			注浆周期/d
	时 间	采面推过钻孔距离/m	滞后角/(°)	时 间	采面推过钻孔距离/m	注浆周期采面推进距离/m	
1 号	2007 年 1 月 19 日	59	73.5	2007 年 5 月 22 日	305.3	246.0	134
2 号	2007 年 4 月 1 日	50	76.0	2007 年 6 月 15 日	196	146.3	76
3 号	2007 年 6 月 28 日	46	77.0	2007 年 10 月 17 日	260	214.0	112
4 号	2007 年 10 月 3 日	—	—	2007 年 11 月 10 日	—	—	(38)
5 号	2007 年 11 月 19 日	39	78.8	2008 年 2 月 21 日	112.2	73.5	95

注：(38) 表示未实际发生。

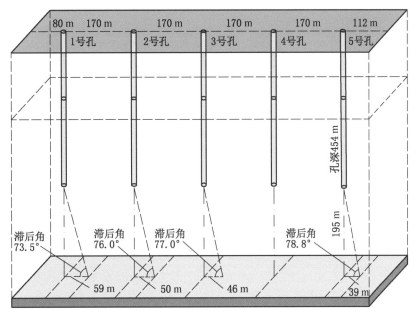

T2193下工作面(872 m×124 m)采高10.78 m　注浆时间 2007年1月19日至2008年2月21日

图 7-6　T2193下综放工作面钻孔注浆滞后距与注浆滞后角立体示意图

2. 覆岩离层注浆与综放工作面开采时空关系分析

统计分析首采区 6 个综放工作面注浆钻孔的正常注浆情况,可以得出覆岩离层注浆与综放工作面开采时空关系的一些规律性认识。

1）注浆滞后距与注浆滞后角

唐山矿首采区综放工作面开采覆岩离层注浆减沉的实践表明,只有当开采工作面推采过注浆钻孔一定距离后才能注进浆液,说明覆岩离层要滞后于采煤工作面一定距离,可以用注浆滞后距 L_0 与注浆滞后角 θ 来表示,注浆滞后距 L_0:最大 67 m,最小 5 m,平均 38 m;注浆滞后角 θ:最大 88.6°,最小 71.3°,平均 80.0°。

2）地面钻孔注浆周期

首采区 6 个综放工作面覆岩离层注浆统计显示,随着工作面的推进,每个注浆钻孔都经历开始—持续—结束注浆的过程,注浆钻孔自注浆开始至注浆结束的时间为钻孔的注浆周期 T,统计首采区钻孔注浆周期 T 的数值:最长 265 d;最短 29 d;平均 147 d。

3）相邻钻孔注浆时间有重合

分析首采区 6 个综放工作面覆岩离层注浆周期,每个综放工作面都有相邻钻孔注浆时间重合的情况,最长重合注浆时间达 74 d。举例如下:

T2191 综放工作面的 2 号孔尚未结束注浆,3 号孔已经投入注浆了,两个孔重合注浆 39 d,后 3 号孔与 4 号孔重合注浆 37 d;T2195 综放工作面的 3 号孔与 4 号孔重合注浆 50 d;T2192 综放工作面的 1 号孔与 2 号孔、2 号孔与 3 号孔、3 号孔与 4 号孔分别重合注浆 45 d、74 d 和 30 d;T2194 综放工作面的 1 号孔与 2 号孔、3 号孔与 4 号孔分别重合注浆 14 d 和 33 d;T2193上 综放工作面的 1 号孔与 2 号孔、2 号孔与 3 号孔、3 号孔与 5 号孔分别重合注浆 23 d、21 d 和 38 d;T2193下 综放工作面的 1 号孔与 2 号孔重合注浆 52 d。

据此要充分利用相邻钻孔能重合注浆这一特点,尽量做到只要钻孔能够注进浆去就要坚持注下去,直至注不进浆为此;并要求地面注浆系统应至少配备能供两个钻孔同时注浆的能力,适应相邻钻孔重合注浆的需要，以争取实现覆岩离层注浆减沉效果的最大化。

4）地面钻孔注浆周期内工作面推采距离

统计注浆钻孔自注浆开始至注浆结束止，期间首采区各个综放工作面在钻孔注浆周期内工作面推采距离 L 数值：最大437.0 m；最小49.4 m；平均243.2 m。

5）地面钻孔覆岩离层注浆扩散范围

分析首采区6个工作面25个注浆钻孔的注浆扩散范围，在剔除邻近终采线的钻孔受设计位置的限制以及一些相邻钻孔重合注浆和系统出现故障不能正常注浆等因素后，观测单个注浆钻孔覆岩离层注浆的最长走向扩散距离达260 m，最短注浆扩散距离200 m，平均注浆扩散距离为232.4 m，这也验证了设计注浆钻孔走向间距的合理性。

7.2.2　首采区地面钻孔覆岩离层注浆压力统计分析

粉煤灰浆液经过泵站加压克服输浆管路阻力后，才能注入注浆钻孔，实现充填覆岩离层空间、减少地表沉陷的目的，必须把握好注浆压力这个关键因素。

1. 注浆压力的概念

通过地面钻孔进行覆岩离层注浆的系统如图7-7所示，注浆系统中各处的浆液压力分别为注浆泵的出口压力（$p_{泵}$）、注浆钻孔孔口压力（$p_{孔口}$）和离层内的浆液压力（$p_{离}$）。

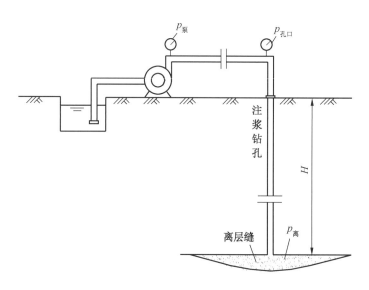

图7-7　地面钻孔覆岩离层注浆系统中各处浆液压力示意图

2. 覆岩离层注浆系统各处压力之间关系

1）覆岩离层有压注浆

当注浆钻孔的孔口压力 $p_{孔口}>0$ 时，称为覆岩离层有压注浆，形成有压注浆的条件是单位时间内的注浆量 $V_{浆}$ 大于单位时间内新生成的离层空间体积 $V_{离}$ 与同时由离层空间渗流出去的水量 $Q_{水}$ 之和，即

$$V_{浆} > V_{离} + Q_{水} \tag{7-1}$$

式中　　$V_{浆}$——单位时间内的注浆量，m^3/h；

　　　　$V_{离}$——单位时间内新生成的离层空间体积，m^3/h；

　　　　$Q_{水}$——单位时间内由离层空间渗流出去的水量，m^3/h。

$$p_{孔口} = p_{泵} - h_f \tag{7-2}$$

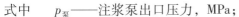

式中　$p_泵$——注浆泵出口压力，MPa；

　　　$p_{孔口}$——钻孔孔口压力，MPa；

　　　h_f——输浆管路阻力，MPa。

2）覆岩离层无（负）压注浆

当注浆钻孔的孔口压力 $p_{孔口} \leq 0$ 时，称为覆岩离层无（负）压注浆。形成无（负）压注浆的条件是覆岩离层注浆量 $V_浆$ 小于或等于单位时间内新生成的离层空间体积 $V_离$ 与同时由离层空间渗流出去的水量 $Q_水$ 之和，此时离层内的浆液压力为

$$p_离 = \gamma_浆 H \tag{7-3}$$

式中　$p_离$——覆岩离层内的浆液压力，MPa；

　　　$\gamma_浆$——浆液的相对密度；

　　　H——离层深度，m。

3）输浆管路阻力

通常一个注浆钻孔对应两个注浆泵和两条输浆管路，它们分别与钻孔孔口管和钻孔内的 $\phi 108mm \times 7\,mm$ 注浆管相连，其对应的加压泵出口压力为 $p_外$、$p_内$，输浆管路阻力为 $h_{f外}$ 和 $h_{f内}$，则到达孔口的压力 $p_{外孔口}$ 和 $p_{内孔口}$ 分别为

$$p_{外孔口} = p_外 - h_{f外}$$
$$p_{内孔口} = p_内 - h_{f内}$$

输浆管路阻力 h_f 与管径和流量的大小有关，其阻力 h_f 可用注浆泵出口压力减去注浆钻孔孔口压力计算得出：

$$h_{f外} = p_外 - p_{外孔口}$$
$$h_{f内} = p_内 - p_{内孔口}$$

4）覆岩离层内浆液压力

在覆岩离层有压注浆条件下，离层内的浆液压力 $p_离$ 等于注浆泵出口压力减去输浆管路阻力，再加上钻孔内的浆液压力，即

$$p_离 = p_泵 - h_f + \gamma h / (10 \times 9.8)$$

式中　$p_离$——离层内的浆液压力，MPa；

　　　$p_泵$——注浆泵出口压力，MPa；

　　　h_f——输浆管路阻力，MPa；

　　　γ——浆液的相对密度；

　　　h——注浆层位深度，m。

当 $p_泵 = 2.5$ MPa，$h_f = 0.5$ MPa，$\gamma = 1.15$，$h = 430$ m 时，则离层内浆液压力：

$$p_离 = 2.5 - 0.5 + 1.15 \times 430 / 98 \approx 7.0 \text{ MPa}$$

3. 覆岩离层注浆压力统计曲线

在首采区 6 个综放工作面开采期间进行覆岩离层注浆过程中，对每个注浆钻孔的注浆压力数据作了收集整理，据此绘出各工作面注浆钻孔的注浆压力曲线图。

（1）T2191 综放工作面的注浆钻孔注浆压力曲线，如图 7-8 至图 7-11 所示。

（2）T2195 综放工作面的注浆钻孔注浆压力曲线，如图 7-12 至图 7-15 所示。

（3）T2192 综放工作面的注浆钻孔注浆压力曲线，如图 7-16 至图 7-19 所示。

（4）T2194 综放工作面的注浆钻孔注浆压力曲线，如图 7-20 至图 7-23 所示。

（5）T2193$_上$综放工作面的注浆钻孔注浆压力曲线，如图 7-24 至图 7-27 所示。

（6）T2193$_下$综放工作面的注浆钻孔注浆压力曲线，如图 7-28 至图 7-32 所示。

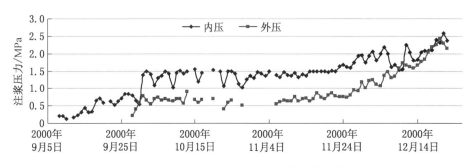

图 7-8　T2191-1 号钻孔注浆压力曲线图

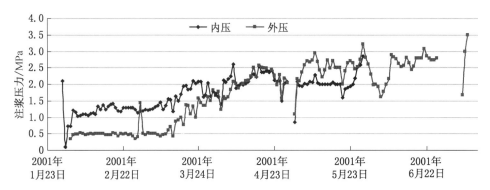

图 7-9　T2191-2 号钻孔注浆压力曲线图

图 7-10　T2191-3 号钻孔注浆压力曲线图

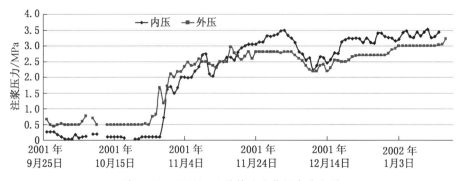

图 7-11　T2191-4 号钻孔注浆压力曲线图

图 7 – 12   T2195 – 1 号钻孔注浆压力曲线图

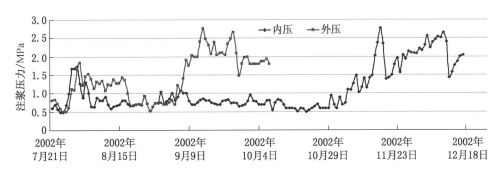

图 7 – 13   T2195 – 2 号钻孔注浆压力曲线图

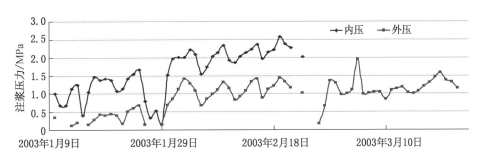

图 7 – 14   T2195 – 3 号钻孔注浆压力曲线图

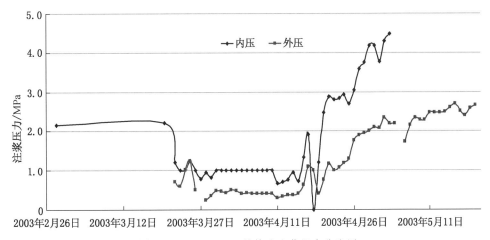

图 7 – 15   T2195 – 4 号钻孔注浆压力曲线图

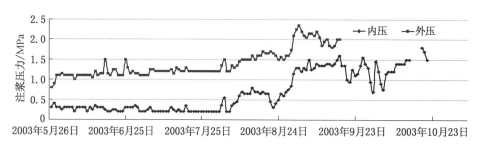

图7-16　T2192-1号钻孔注浆压力曲线图

图7-17　T2192-2号钻孔注浆压力曲线图

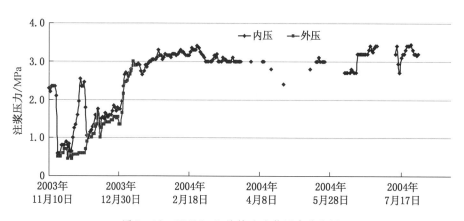

图7-18　T2192-3号钻孔注浆压力曲线图

图7-19　T2192-4号钻孔注浆压力曲线图

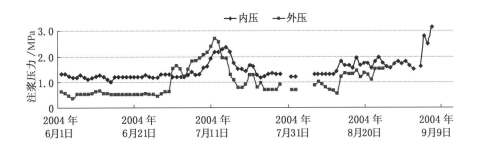

图 7 – 20 T2194 – 1 号钻孔注浆压力曲线图

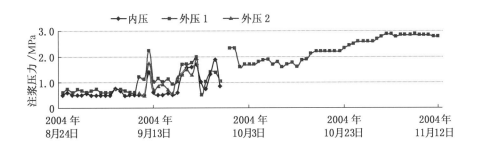

图 7 – 21 T2194 – 2 号钻孔注浆压力曲线图

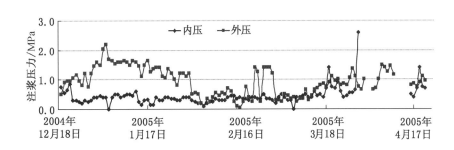

图 7 – 22 T2194 – 3 号钻孔注浆压力曲线图

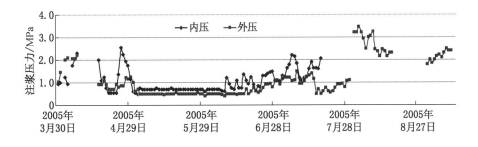

图 7 – 23 T2194 – 4 号钻孔注浆压力曲线图

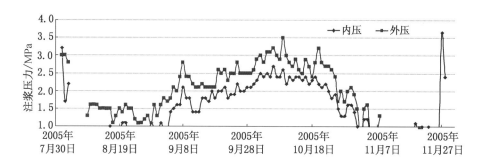

图 7-24 T2193上-1号钻孔注浆压力曲线图

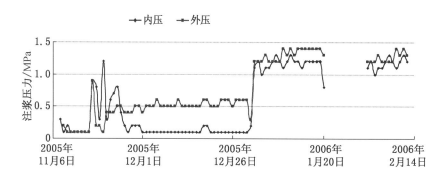

图 7-25 T2193上-2号钻孔注浆压力曲线图

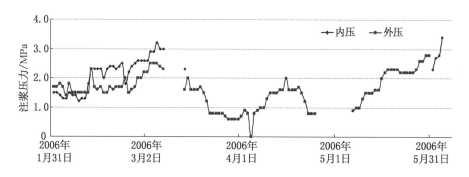

图 7-26 T2193上-3号钻孔注浆压力曲线图

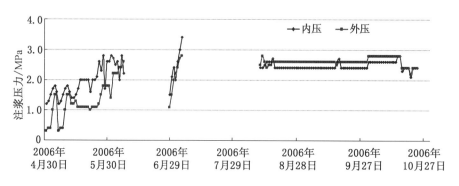

图 7-27 T2193上-4号钻孔注浆压力曲线图

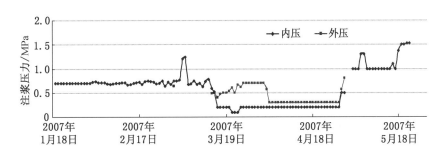

图 7-28 T2193下-1号钻孔注浆压力曲线图

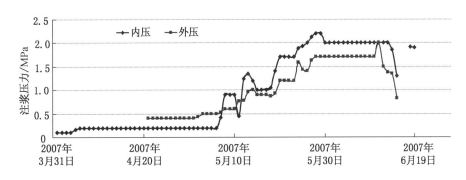

图 7-29 T2193下-2号钻孔注浆压力曲线图

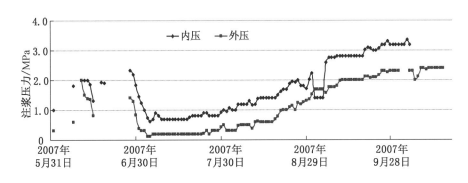

图 7-30 T2193下-3号钻孔注浆压力曲线图

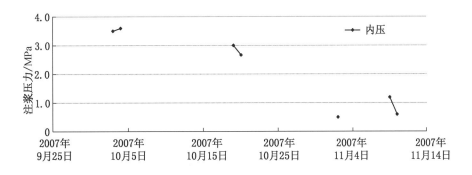

图 7-31 T2193下-4号钻孔注浆压力曲线图

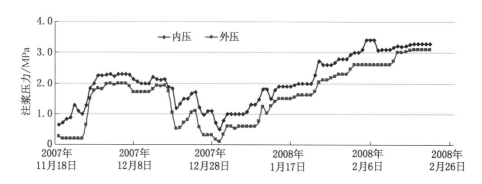

图7-32 T2193$_下$-5号钻孔注浆压力曲线图

分析首采区6个综放工作面25个注浆钻孔的注浆压力曲线图,得出钻孔最高注浆压力为T2191-3号钻孔外注和T2192-2号钻孔内注的个别时段达4.5 MPa,绝大多数钻孔注浆压力都在3.5 MPa以下,甚至有时注浆压力在1 MPa以下。这验证了建立地面注浆系统的注浆泵选型合理,也说明注浆压力应适应覆岩离层发育规律,坚持有压注浆往覆岩离层空间最大限度注入灰浆,以提高覆岩离层注浆减沉率。

4. 注浆压力曲线函数

唐山矿覆岩离层注浆工程实践表明,对应覆岩离层的发展过程,注浆压力将发生变化。无压注浆对应于覆岩离层空间的快速增大过程,压力递增阶段对应于离层空间体积的减少过程。图7-33所示为T2191综放工作面1号孔的内注压力p随注浆时间t的变化曲线图,其变化趋势呈现前期无压和后期压力递增的特征。

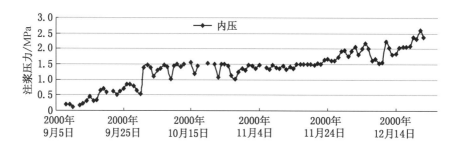

图7-33 T2191综放工作面1号孔内注压力变化曲线图

对T2191综放工作面1号孔的内注压力p与内注时间t的变化曲线作回归分析,得出T2191工作面1号孔内注压力p和内注时间t的函数关系:

$$p = 0.4 + 0.76 \times e^{\frac{t}{120}} \quad (0 < t \leqslant 120)$$

图7-34所示为T2191工作面1号孔内注压力随时间变化的回归函数曲线图。

7.2.3 首采区覆岩离层注浆统计分析

自2000年7月T2191综放工作面投入生产后,于2000年9月8日开始通过该工作面1号孔对覆岩离层进行注浆,随着工作面推进依次对2号、3号及4号孔进行覆岩离层注浆。此后随开采顺序依次对其余5个综放工作面进行覆岩离层注浆,至2008年2月21日,T2193$_下$工作面5号孔注浆结束,首采区覆岩离层注浆共历时7年零6个月,总计注入覆岩离层内粉煤灰浆液7132839 m³,形成压实湿灰体1721462 m³。

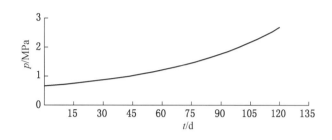

图 7-34 回归分析后 T2191 综放工作面 1 号孔内注压力随时间变化曲线图

1. 首采区各综放工作面覆岩离层注浆统计

1）T2191 综放工作面覆岩离层注浆统计

T2191 综放工作面注浆工作从 2000 年 9 月 8 日开始，结束于 2002 年 1 月 16 日，净注浆 453 天，共注入粉煤灰浆液 1300139 m^3，在覆岩离层中沉积压实湿灰体 288074 m^3。注浆天数最长的 3 号孔历时 150 天，注浆量最大的孔也是 3 号孔，注入浆液 395590 m^3，沉积压实湿灰体 85684 m^3，见表 7-10。

表 7-10 T2191 综放工作面覆岩离层注浆统计表

孔号	注浆开始时间	注浆结束时间	注浆量/m^3	沉积压实湿灰体/m^3	历时天数/d
1 号	2000 年 9 月 8 日	2000 年 12 月 22 日	203048	44231	101
2 号	2001 年 1 月 30 日	2001 年 7 月 8 日	370120	81056	149
3 号	2001 年 5 月 31 日	2001 年 11 月 1 日	395590	85684	150
4 号	2001 年 9 月 26 日	2002 年 1 月 16 日	331381	77103	110

T2191 综放工作面 4 个钻孔覆岩离层注浆的注浆量曲线和注浆量与沉积压实湿灰量（注灰量）直方图分别如图 7-35 至图 7-42 所示。

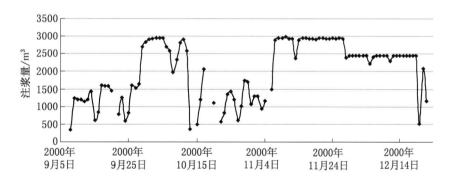

图 7-35 T2191-1 号钻孔注浆量曲线图

2）T2195 综放工作面覆岩离层注浆统计

T2195 综放工作面覆岩离层注浆于 2002 年 4 月 1 日开始，至 2003 年 5 月 20 日结束，总计历时 415 天，共注入覆岩离层内粉煤灰浆液 1152108 m^3，在覆岩离层中沉积压实湿灰体 250430 m^3。其中 2 号孔注浆周期最长、也是注浆量最大的孔，历时 149 天，注入粉煤灰浆液 484726 m^3，沉积压实湿灰体 106717 m^3。T2195 综放工作面覆岩离层注浆统计表见表 7-11。

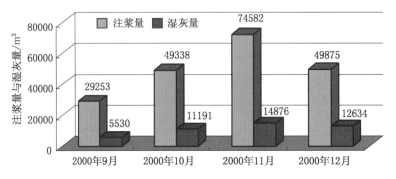

图7-36　T2191-1号钻孔注浆量与沉积压实湿灰量直方图

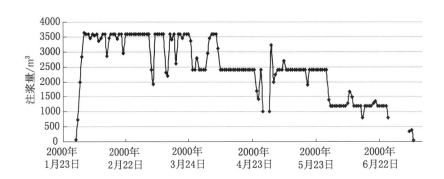

图7-37　T2191-2号钻孔注浆量曲线图

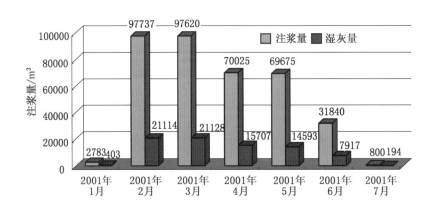

图7-38　T2191-2号钻孔注浆量与沉积压实湿灰量直方图

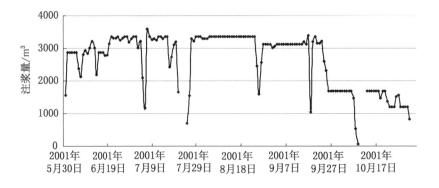

图7-39　T2191-3号钻孔注浆量曲线图

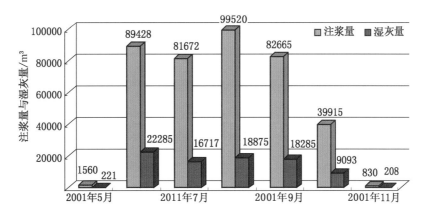

图7-40　T2191-3号钻孔注浆量与沉积压实湿灰量直方图

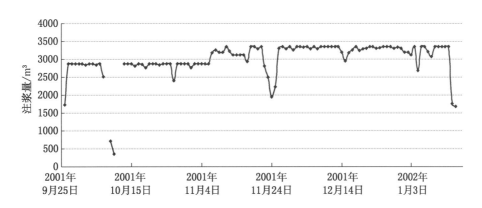

图7-41　T2191-4号钻孔注浆量曲线图

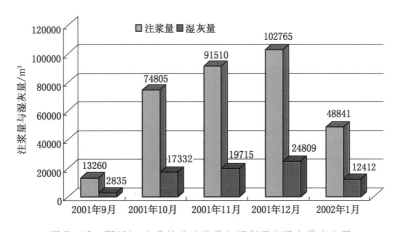

图7-42　T2191-4号钻孔注浆量与沉积压实湿灰量直方图

表7-11　T2195综放工作面覆岩离层注浆统计表

孔号	注浆开始时间	注浆结束时间	注浆量/m³	沉积压实湿灰体/m³	历时天数/d
1号	2002年4月1日	2002年7月20日	335928	69793	106
2号	2002年7月22日	2002年12月17日	484726	106717	149
3号	2003年1月10日	2003年5月10日	177863	41046	120
4号	2003年3月22日	2003年5月20日	153591	32874	60

　　T2195 综放工作面各钻孔覆岩离层注浆量曲线和注浆量与沉积压实湿灰量（注灰量）直方图分别如图 7-43 至图 7-50 所示。

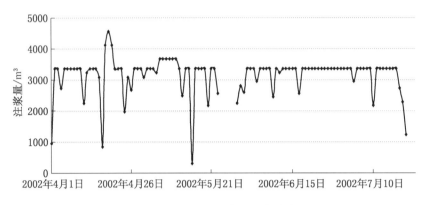

图 7-43　T2195-1 号钻孔注浆量曲线图

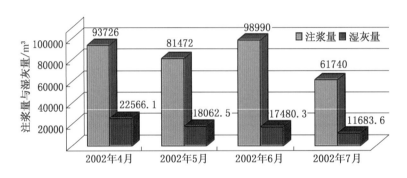

图 7-44　T2195-1 号钻孔注浆量与沉积压实湿灰量直方图

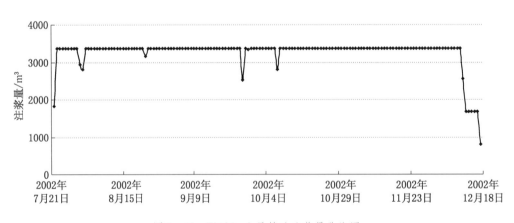

图 7-45　T2195-2 号钻孔注浆量曲线图

　　3）T2192 综放工作面覆岩离层注浆统计

　　T2192 综放工作面覆岩离层注浆从 2003 年 5 月 27 日开始，至 2004 年 3 月 21 日停止注浆，总计历时 299 天，共注入覆岩离层内粉煤灰浆液 1009252 m³，在覆岩离层中沉积压实湿灰体 257113 m³。其中 3 号孔注浆天数最长，历时 175 天；注浆量最大的是 1 号孔，注入浆液 400464 m³，沉积压实湿灰体 105853 m³。T2192 综放工作面覆岩离层注浆统计表见表 7-12。

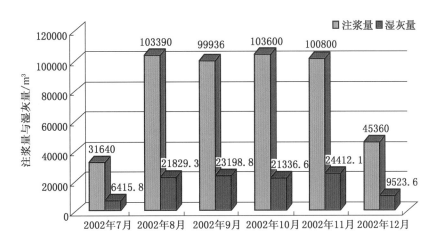

图 7-46　T2195-2号钻孔注浆量与沉积压实湿灰量直方图

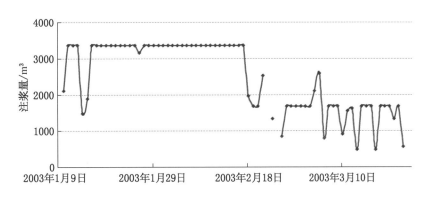

图 7-47　T2195-3号钻孔注浆量曲线图

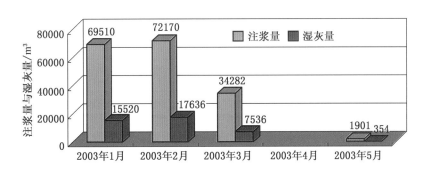

图 7-48　T2195-3号钻孔注浆量与沉积压实湿灰量直方图

表 7-12　T2192综放工作面覆岩离层注浆统计表

孔号	注浆开始时间	注浆结束时间	注浆量/m³	沉积压实湿灰体/m³	历时天数/d
1 号	2003 年 5 月 27 日	2003 年 10 月 21 日	400464	105853	148
2 号	2003 年 9 月 7 日	2004 年 1 月 22 日	122499	30004	80
3 号	2003 年 11 月 10 日	2004 年 8 月 2 日	387194	95926	175
4 号	2004 年 2 月 20 日	2004 年 3 月 21 日	99095	25330	31

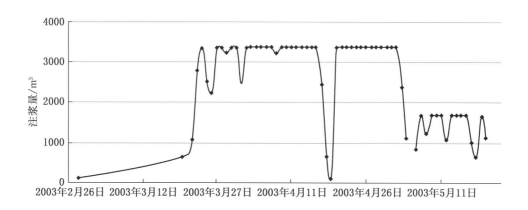

图 7 - 49 T2195 - 4 号钻孔注浆量曲线图

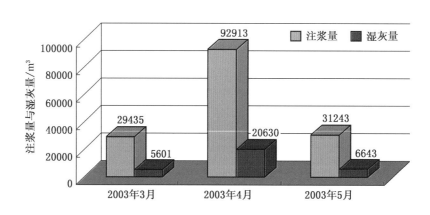

图 7 - 50 T2195 - 4 号钻孔注浆量与沉积压实湿灰量直方图

　　T2192 综放工作面各钻孔覆岩离层注浆量曲线和注浆量与沉积压实湿灰量（注灰量）直方图分别如图 7 - 51 至图 7 - 58 所示。

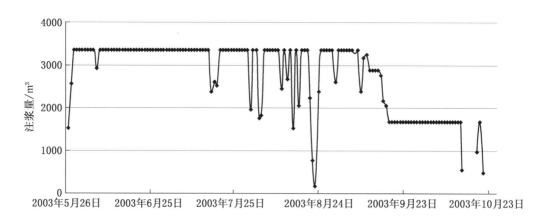

注：2003 年 10 月 14 日从孔口壁外冒浆，于 10 月 21 日停注

图 7 - 51 T2192 - 1 号钻孔注浆量曲线图

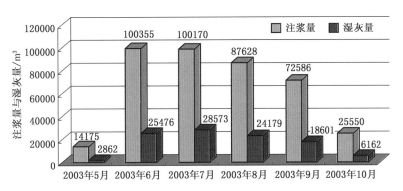

图 7-52 T2192-1 号钻孔注浆量与沉积压实湿灰量直方图

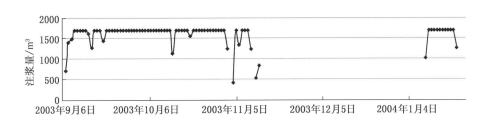

注：从 2003 年 11 月 13 日起因储运场内管路跑浆和安装变压器停注，
直到 2004 年 1 月 10 日开始二次注浆，到 22 日泵压达到 5 MPa 停注

图 7-53 T2192-2 号钻孔注浆量曲线图

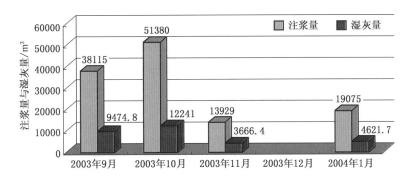

图 7-54 T2192-2 号钻孔注浆量与沉积压实湿灰量直方图

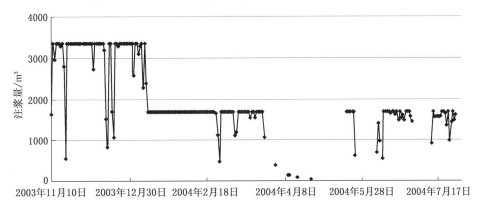

注：2004 年 3 月 21 日岳各庄牛棚院内的农用 1 号机井和 2 号机井冒浆，
处理过程中农用 4 号机井又冒浆，直到 6 月 7 日才恢复注浆

图 7-55 T2192-3 号钻孔注浆量曲线图

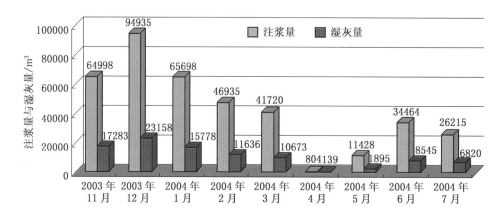

图 7-56 T2192-3 号钻孔注浆量与沉积压实湿灰量直方图

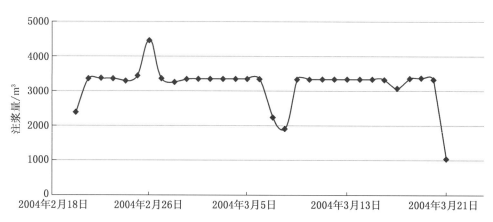

注：2004 年 2 月 19 日开始注浆，3 月 21 日因农村机井冒浆停注

图 7-57 T2192-4 号钻孔注浆量曲线图

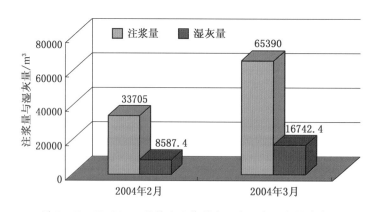

图 7-58 T2192-4 号钻孔注浆量与沉积压实湿灰量直方图

4）T2194 综放工作面覆岩离层注浆统计

T2194 综放工作面覆岩离层注浆于 2004 年 6 月 2 日开始，至 2005 年 7 月 20 日结束，总计历时 385 天，共注入覆岩离层内粉煤灰浆液 1223743 m³，在覆岩离层中沉积压实湿灰体 290882 m³。其中注浆天数最长的 4 号孔，历时 154 天；注浆量最大的是 4 号孔，注入浆液 382270 m³，沉积压实湿灰体 79609 m³。T2194 综放工作面覆岩离层注浆统计表见表 7-13。

表 7 – 13　T2194 综放工作面覆岩离层注浆统计表

孔号	注浆开始时间	注浆结束时间	注浆量/m³	沉积压实湿灰体/m³	历时天数/d
1 号	2004 年 6 月 2 日	2004 年 9 月 4 日	286243	70438	98
2 号	2004 年 8 月 25 日	2004 年 11 月 12 日	190334	49403	80
3 号	2004 年 12 月 19 日	2005 年 4 月 22 日	364896	91432	124
4 号	2005 年 3 月 21 日	2005 年 7 月 20 日	382270	79609	154

　　T2194 综放工作面各钻孔覆岩离层注浆量曲线和注浆量与沉积压实湿灰量（注灰量）直方图分别如图 7 – 59 至图 7 – 66 所示。

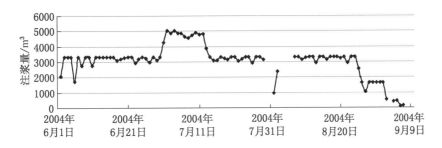

图 7 – 59　T2194 – 1 号钻孔注浆量曲线图

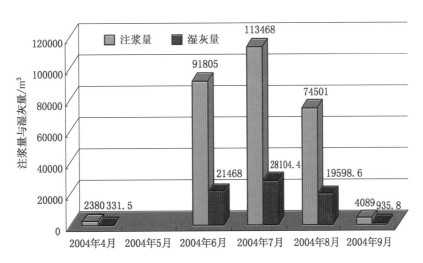

图 7 – 60　T2194 – 1 号钻孔注浆量与沉积压实湿灰量直方图

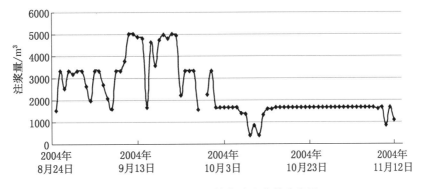

图 7 – 61　T2194 – 2 号钻孔注浆量曲线图

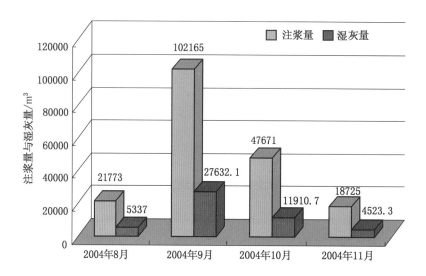

图 7-62   T2194-2 号钻孔注浆量与沉积压实湿灰量直方图

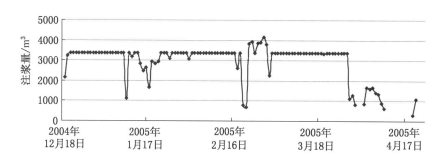

图 7-63   T2194-3 号钻孔注浆量曲线图

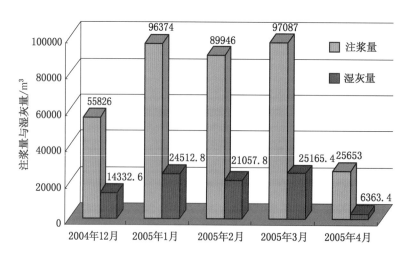

图 7-64   T2194-3 号钻孔注浆量与沉积压实湿灰量直方图

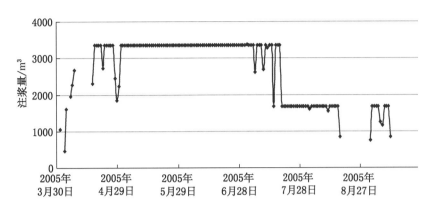

图 7-65 T2194-4 号钻孔注浆量曲线图

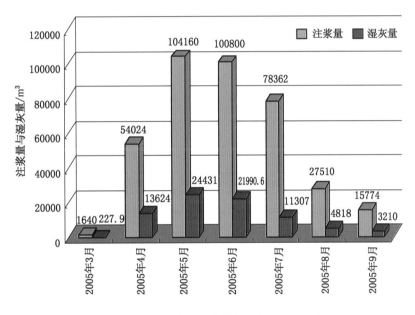

图 7-66 T2194-4 号钻孔注浆量与沉积压实湿灰量直方图

5）T2193$_上$综放工作面覆岩离层注浆统计

T2193$_上$综放工作面注浆于 2005 年 7 月 23 日开始注浆，至 2006 年 10 月 24 日停止注浆，总计历时 459 天。共注入覆岩离层内粉煤灰浆液 1314813 m^3，在覆岩离层中沉积压实湿灰体 311363 m^3。其中注浆天数最长、也是注浆量最大的 4 号孔，历时 179 天，注入浆液 464450 m^3，沉积压实湿灰体 107357 m^3。T2193$_上$综放工作面覆岩离层注浆统计表见表 7-14。

表 7-14 T2193$_上$综放工作面覆岩离层注浆统计表

孔号	注浆开始时间	注浆结束时间	注浆量/m^3	沉积压实湿灰量/m^3	历时天数/d
1 号	2005 年 7 月 23 日	2005 年 11 月 30 日	330498	70059	131
2 号	2005 年 11 月 8 日	2006 年 2 月 12 日	267041	68161	95
3 号	2006 年 1 月 23 日	2006 年 6 月 5 日	252824	65786	134
4 号	2006 年 4 月 29 日	2006 年 10 月 24 日	464450	107357	179

T2193$_{上}$工作面各钻孔覆岩离层注浆量曲线和注浆量与沉积压实湿灰量（注灰量）直方图分别如图 7 – 67 至图 7 – 74 所示。

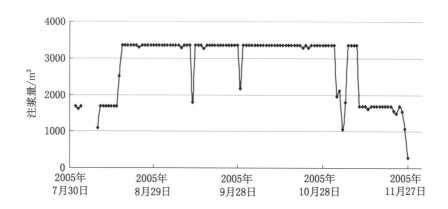

注：2005 年 11 月 25 日 1 号孔内注浆管焊口跑浆，处理好后因为注水压力高，于 11 月 30 日停注

图 7 – 67　T2193$_{上}$ – 1 号钻孔注浆量曲线图

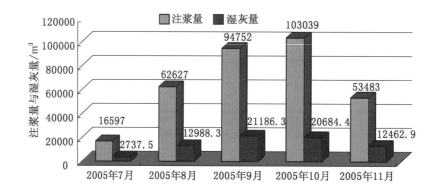

图 7 – 68　T2193$_{上}$ – 1 号钻孔注浆量与沉积压实湿灰量直方图

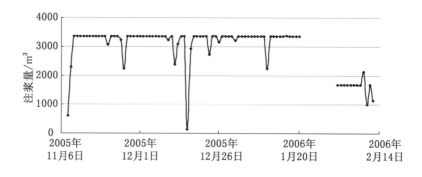

注：2 月 12 日因储运场输浆管跑浆，使 3 号孔外注管西段堵塞无法恢复，
不得已将 2 号孔内注管接到 3 号孔外注管东段上，故 2 号孔于 2 月 12 日停注

图 7 – 69　T2193$_{上}$ – 2 号钻孔注浆量曲线图

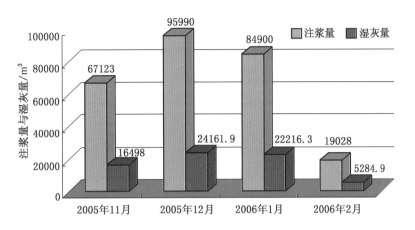

图 7-70 T2193_上-2 号钻孔注浆量与沉积压实湿灰量直方图

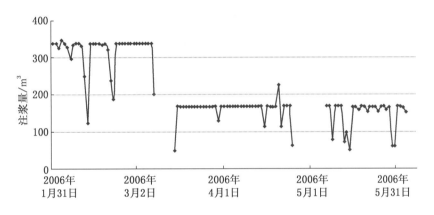

图 7-71 T2193_上-3 号钻孔注浆量曲线图

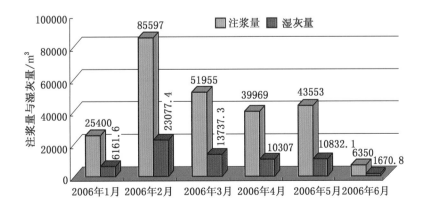

注：注浆孔内压力较大，电厂供浆不足，故于 2006 年 6 月 5 日停注
图 7-72 T2193_上-3 号钻孔注浆量与沉积压实湿灰量直方图

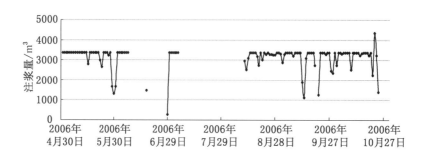

图7-73　T2193上-4号钻孔注浆量曲线图

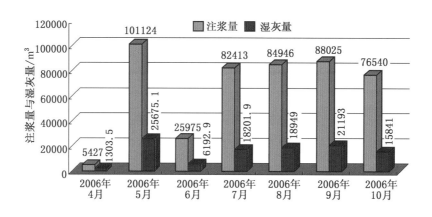

注：2006年10月24日因电厂停浆停注

图7-74　T2193上-4号钻孔注浆量与沉积压实湿灰量直方图

6）T2193下综放工作面覆岩离层注浆统计

T2193下综放工作面注浆于2007年1月19日至2008年2月21日进行，总计历时399天，共注入覆岩离层内粉煤灰浆液1132784 m³，在覆岩离层中沉积压实湿灰体323598 m³。其中注浆天数最长的1号孔，历时134天；注浆量最大的孔是3号孔，注入浆液329586 m³，沉积压实湿灰体86849 m³。4号孔自2007年10月3日开始注浆，由于从附近的几处机井冒浆，虽经多次处理仍无效，最终停注，故4号孔仅断断续续注入浆液3405m³，沉积压实湿灰体777 m³。T2193下综放工作面覆岩离层注浆统计表见表7-15。

表7-15　T2193下综放工作面覆岩离层注浆统计表

孔号	注浆开始时间	注浆结束时间	注浆量/m³	沉积压实湿灰量/m³	历时天数/d
1号	2007年1月19日	2007年5月22日	308945	93283	134
2号	2007年4月1日	2007年6月15日	193137	72560	76
3号	2007年6月28日	2007年10月17日	329586	86849	112
4号	2007年10月3日	2007年11月10日	3405	777	38
5号	2007年11月19日	2008年2月21日	297711	70129	95

T2193下综放工作面各钻孔覆岩离层注浆量曲线和注浆量与沉积压实湿灰量（注灰量）直方图分别如图7-75至图7-84所示。

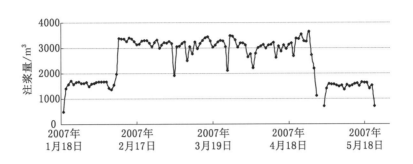

图 7-75 T2193下-1号钻孔注浆量曲线图

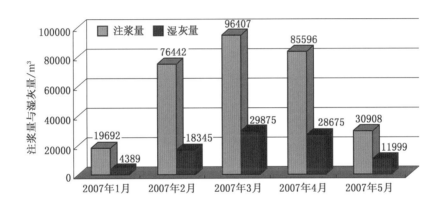

图 7-76 T2193下-1号钻孔注浆量与沉积压实湿灰量直方图

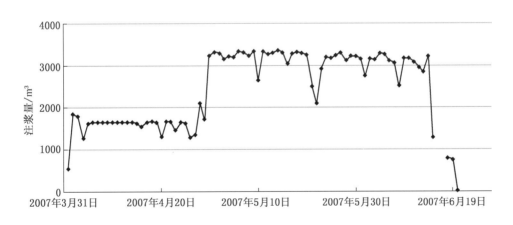

图 7-77 T2193下-2号钻孔注浆量曲线图

2. 首采区覆岩离层注浆统计汇总

开滦唐山矿京山铁路煤柱首采区于 2000 年 7 月投入开采，自 2000 年 9 月 8 日起，通过钻孔对各工作面开采形成的覆岩离层进行注浆减沉，至 2008 年 2 月 21 日结束注浆，历时 7 年半，先后进行了 T2191→T2195→T2192→T2194→T2193上→ T2193下 共 6 个综放工作面覆岩离层注浆，首采区覆岩离层

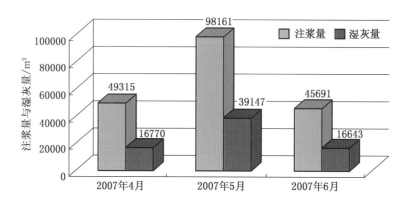

图 7 – 78 T2193$_{下}$ – 2 号钻孔注浆量与沉积压实湿灰量直方图

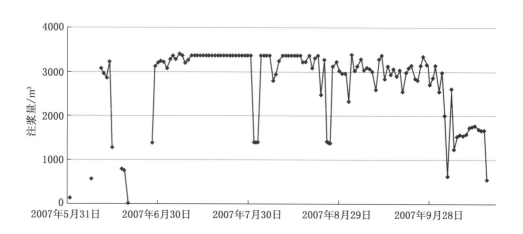

图 7 – 79 T2193$_{下}$ – 3 号钻孔注浆量曲线图

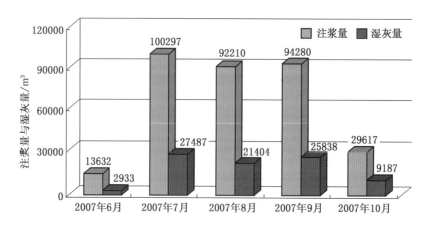

图 7 – 80 T2193$_{下}$ – 3 号钻孔注浆量与沉积压实湿灰量直方图

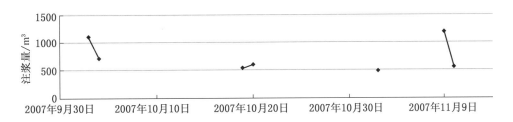

图 7 - 81   T2193下 - 4 号钻孔注浆量曲线图

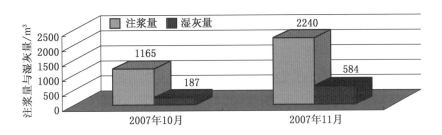

图 7 - 82   T2193下 - 4 号钻孔注浆量与沉积压实湿灰量直方图

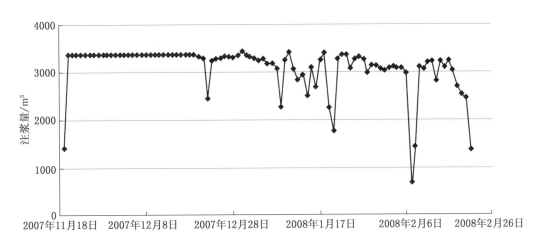

图 7 - 83   T2193下 - 5 号钻孔注浆量曲线图

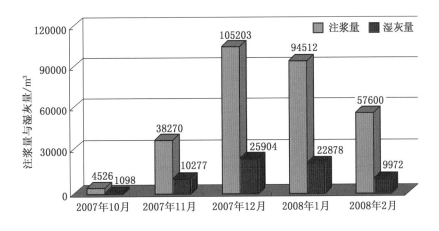

图 7 - 84   T2193下 - 5 号钻孔注浆量与沉积压实湿灰量直方图

注浆量汇总见表7-16,首采区各综放工作面覆岩离层注采比统计见表7-17。

表7-16 首采区覆岩离层注粉煤灰浆与沉积压实湿灰体汇总表

工作面	孔号	历时天数/d	注粉煤灰浆液/m³	沉积压实湿灰体/m³	相对密度/(t·m⁻³)	累计注粉煤灰浆液/m³	累计沉积压实湿灰体/m³
T2191	1号	101	203048	44231	1.145	1300139	288074
	2号	149	370120	81056	1.146		
	3号	150	395590	85684	1.144		
	4号	110	331381	77103	1.155		
T2195	1号	106	335928	69793	1.131	1152108	250430
	2号	149	484726	106717	1.138		
	3号	120	177863	41046	1.145		
	4号	60	153591	32874	1.135		
T2192	1号	148	400464	105853	1.166	1009252	257113
	2号	80	122499	30004	1.154		
	3号	175	387194	95926	1.156		
	4号	31	99095	25330	1.161		
T2194	1号	98	286243	70438	1.155	1223743	290882
	2号	80	190334	49403	1.163		
	3号	124	364896	91432	1.158		
	4号	154	382270	79609	1.131		
T2193上	1号	131	330498	70059	1.133	1314813	311363
	2号	95	267041	68161	1.160		
	3号	134	252824	65786	1.164		
	4号	179	464450	107357	1.149		
T2193下	1号	134	308945	93283	1.190	1132784	323598
	2号	76	193137	72560	1.236		
	3号	112	329586	86849	1.166		
	4号	38	3405	777			
	5号	95	297711	70129	1.148		

表7-17 首采区各综放工作面覆岩离层注采比统计表

项 目	T2191	T2195	T2192	T2194	T2193上	T2193下	首采区合计
采出煤体积/m³	1498348.8	1018241.3	1168128.0	963509.8	946239.0	932495.9	6526962.8
注浆量/m³	1300139	1152108	1009252	1223743	1314813	1132784	7132839
注浆比/%	86.77	113.15	86.40	127.01	138.95	121.48	109.28
压实湿灰体/m³	288074	250430	257113	290882	311363	323598	1721460
注灰比/%	19.23	24.59	22.01	30.19	32.91	34.70	26.37

注:注浆比为注浆量与采出煤体积之比,注灰比为压实湿灰体与采出煤体积之比。

3. 首采区覆岩离层注浆分析

分析首采区6个综放工作面覆岩离层注浆统计汇总和覆岩离层注采比情况,可得到以下结论:

1）提高首采区覆岩离层注浆减沉率的重要途径

在首采区覆岩离层注浆中沉积压实湿灰体最多的是 T2193_下 综放工作面，沉积压实湿灰体 323598 m^3，其注灰比高达 34.70%。T2193_下 综放工作面煤炭产量仅为首采区总产量的 12.03%，而其对覆岩离层注浆沉积的压实湿灰体却占到 18.80%，实现了设计意图——加大最后一个开采工作面的覆岩离层注浆量，以提高首采区地面注浆减沉率。同时也可以得到启示，要提高覆岩离层中压实湿灰体数量，通过提高注浆浆液的粉煤灰浓度是重要途径。

2）首采区覆岩离层注浆实践有助于改进设计

首采区覆岩离层注浆累计注入粉煤灰浆液总量为 7132839 m^3，注浆采出比为 109.28%，是设计注浆采出比 129.24% 的 84.56%；在覆岩离层中沉积的压实湿灰体总计 1721460 m^3，压实湿灰体与采出煤体比为 26.37%，是设计压实湿灰体与采出煤体比 30.83% 的 85.53%。但首采区实际注浆减沉率为 51.47%，已超过设计注浆减沉率 50% 的目标，这说明在覆岩离层注浆设计时减沉体积系数 $\varphi = 1.2$ 取值偏小，也有注浆使覆岩中的软岩层体积膨胀的因素未予考虑的影响。

7.3 首采区覆岩离层注浆减沉现场观测

7.3.1 首采区地表岩移观测设计与实施

1. 首采区岩移观测线的布设

为观测京山铁路煤柱首采区覆岩离层注浆减沉效果，深入研究充分采动条件下覆岩离层注浆减沉后地表移动与变形规律，开滦唐山矿在地面条件允许的情况下，尽可能布设足够长度的岩移观测线，使其两端都在开采范围之外有控制点，以便全面、完整收集开采沉陷盆地地表变化数据，但有的观测线受地面条件限制作了调整。

首采区共布置了 5 条岩移观测线，其中 T2193_上 和 T2193_下 综放工作面共用沿京山铁路路基布设的一条观测线，其他 4 个综放工作面各布设了一条观测线，用以监测地下煤层开采后走向方向地表的变形、沉陷情况。观测线测点的编号按工作面推进方向顺序确定，各测点采用预制的高 1.0 m、上端正方形边长 0.2 m、下端正方形边长 0.3 m 的混凝土标石在现场挖坑埋设，埋设深度深 900 mm，大于冻土层的深度。埋设前坑底必须夯实，标石埋好后经过一个雨季方可进行观测。标石上端面中心铸有直径 10 mm 的钢筋作为观测标志，各观测线测点之间的距离按《煤矿测量规程》的有关规定并结合首采区平均开采深度，确定测点之间距离为 30 m，图 7-85 所示为唐山矿京山铁路煤柱首采区地面岩移观测线布置图。

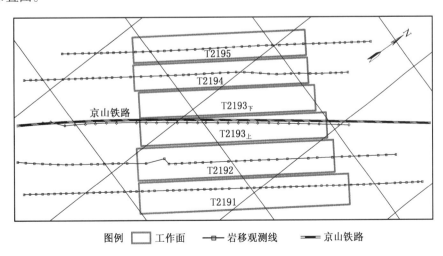

图例 □ 工作面 ━□━ 岩移观测线 ━━ 京山铁路

图 7-85 唐山矿京山铁路煤柱首采区地面岩移观测线布置图

2. 首采区地表移动参数的确定

首采区地表移动的各项参数，采用开滦唐山矿历年岩移观测所得：走向移动角，$\delta = 70°$；上山移动角，$\gamma = 72°$；下山移动角，$\beta = 72° - 0.67\alpha$；最大下沉角，$\theta = 90 - 0.67\alpha$；松散层移动角，$\phi = 35°$；煤层移动角的修正值，$\Delta\gamma = \Delta\delta = \Delta\beta = 20°$。其中，$\alpha$ 为煤层倾角。

3. 首采区地表移动观测情况

1）地面联系测量

首采区地表移动观测程序及限差执行《煤矿测量规程》的有关规定，观测线的平面联系测量采用导线网进行联测，自唐山矿新风井起至丰南高线厂，以三等 GPS 点丰南高线厂、四等点唐胥公路和新风井为坐标起算数据，以丰南印刷厂—高线厂、刘家过道水塔—唐胥公路、大城山—新风井 3 个方向作为方向起算数据，采用 WILD T2 经纬仪配合 DI5 测距仪、按 5″导线的标准进行观测，每点观测 4 个测回，每测回 2c 值互差不大于 13″，测回间角度互差不大于 9″，边长观测两个测回，每测回读数 4 次，全部观测结果按导线网进行严密平差。

高程采用三等水准，以原唐山一中院内的三等水准点绥津 56 为起算数据，沿铁路施测四等水准，闭合到唐胥路的三等水准点上，施测采用 N₁007 水准仪配合带状铟钢水准尺进行，最大视距不大于 70 m，前后视距差不大于 5 m，前后视距累计差不大于 10 m，线路闭合差不大于 $\pm 15\sqrt{L}$，观测结果进行平差计算。

2）首采区开采后的日常观测

唐山矿京山铁路煤柱首采区于 1998 年 1 月开始进行 5 煤层开采，在此之前于 1997 年 7 月对观测线进行了全面观测，内容包括平面坐标和高程。坐标采用和联系测量时相同的方法找地面 5″导线的观测标准及限差执行，测完后计算出各点坐标，作为原始坐标数据；标高采用四等水准用 N₁007 水准仪配合带状铟钢尺进行，闭合差小于 21 mm，采用简易平差计算出各点的高程，作为各点的原始高程数据。

紧随首采区 5 煤层开采即进入了日常测量阶段，日常测量主要是进行水准测量，每月进行一次。观测方法采用 S3 水准仪配合木质黑红面水准尺，按四等水准测量的规范要求采用附合水准路线进行观测，每次观测的闭合差均小于 25 mm，观测数据采用简易平差进行计算，所得高程计算结果与原始高程结果进行对比计算出下沉值。

7.3.2 首采区地表移动观测成果

在唐山矿京山铁路煤柱 8~9 煤层合区首采区覆岩离层注浆综放开采的全过程，持续不间断对各综放工作面开采岩移观测线进行测量、记录。自 2000 年 7 月 5 日进行 8~9 煤层合区 T2191 工作面开采后的第一次观测始，至 2008 年 7 月 30 日 T2193下 工作面最后一次观测止，历时 8 年多，对首采区 6 个综放工作面开采共观测 146 次，各综放工作面地表移动观测成果分述如下：

1. T2191 综放工作面地表移动观测成果

T2191 综放工作面对应地表设置了一条走向主断面岩移测线，共布设有 64 个测点。T2191 综放工作面的开采时间为 2000 年 7 月 1 日至 2002 年 1 月 31 日。从 2000 年 7 月 5 日首次观测，至 2002 年 6 月 21 日最后一次观测，共观测了 34 次，其中最大下沉值：$W_m = 1253$ mm，出现在 A26 号测点。地表下沉曲线如图 7-86 所示。

2. T2195 综放工作面地表移动观测成果

T2195 综放工作面地表设立了一条走向主断面地表移动测线，共布置测点 60 个，从 2002 年 4 月 30 日首次观测，到 2003 年 6 月 27 日最后一次观测，共进行岩移观测 27 次，地表岩移观测实测到的地表下沉最大值为 1652 mm（517 号测点），地表下沉曲线如图 7-87 所示。

3. T2192 综放工作面地表移动观测成果

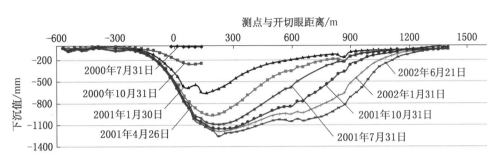

图 7 – 86 T2191 综放工作面开采地表下沉实测曲线图

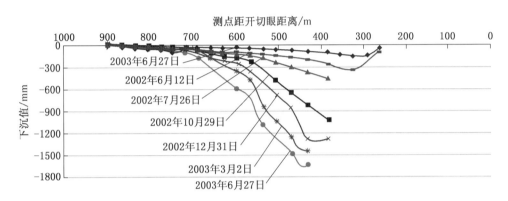

注：因一部分地面观测点被破坏，2002 年 7 月 26 日及以后的观测缺少这些
观测点的数值，所以下沉曲线形状与前两次观测的不一致

图 7 – 87 T2195 综放工作面开采地表下沉实测曲线图

T2192 综放工作面地表设立了一条走向主断面地表移动测线，共布置测点 66 个。从 2003 年 5 月 14 日首次观测，到 2005 年 8 月 29 日最后一次观测，共进行 28 次岩移观测，开采结束后地表实测最大下沉值为 2084 mm（D24 点）。地表下沉曲线如图 7 – 88 所示。

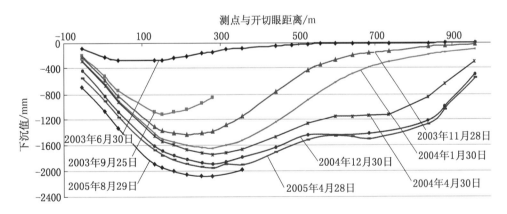

注：因一部分地面观测点被破坏，2003 年 9 月 25 日和 2005 年 8 月 29 日的观测缺少
这些观测点的数值，所以下沉曲线形状与此前的不一致

图 7 – 88 T2192 综放工作面开采地表下沉实测曲线图

4. T2194 综放工作面地表移动观测成果

T2194 综放工作面观测线沿工作面走向布置，共设 64 个测点，各测点平均间距 38 m。从 2004 年 6 月 29 日首次观测，到 2006 年 3 月 30 日最后一次观测，共进行岩移观测 21 次。实测到的地表最大

下沉值为 1004 mm（G23 点）。地表下沉曲线如图 7 - 89 所示。

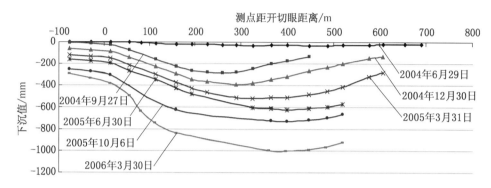

注：因一部分地面观测点被破坏，2004 年 9 月 27 日和 2005 年 6 月 30 日及
以后的观测缺少这些观测点的数值，所以下沉曲线形状与此前的不一致

图 7 - 89 T2194 综放工作面开采地表下沉实测曲线图

5. T2193$_{上}$综放工作面地表移动观测成果

T2193$_{上}$综放工作面地面观测线采用沿京山铁路架设的电缆杆作为观测线，共设 72 个测点。从 2005 年 6 月 28 日首次观测，到 2006 年 7 月 25 日最后一次观测，共进行岩移观测 17 次，最终地表最大下沉值为 1442 mm（TN24 点）。地表下沉曲线如图 7 - 90 所示。

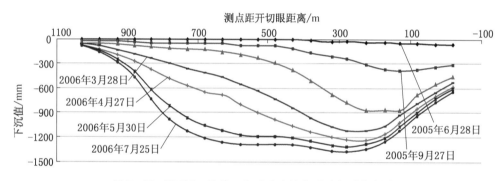

图 7 - 90 T2193$_{上}$综放工作面开采地表下沉实测曲线图

6. T2193$_{下}$综放工作面地表移动观测成果

T2193$_{下}$综放工作面与 T2193$_{上}$综放工作面共用一条观测线，从 2006 年 12 月 28 日首次观测，到 2008 年 7 月 30 日最后一次观测，共进行岩移观测 19 次，最终地表最大下沉值为 1730 mm（TN25 点）。地表下沉曲线如图 7 - 91 所示。

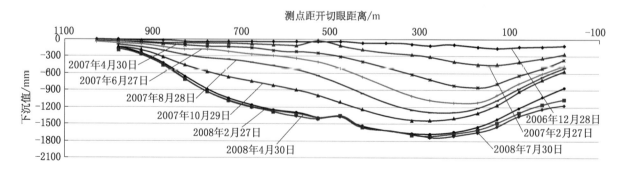

图 7 - 91 T2193$_{下}$综放工作面开采地表下沉实测曲线图

7.4　首采区综放开采覆岩离层注浆减沉效果分析

7.4.1　首采区综放开采覆岩离层注浆后地面下沉最大值

当 2007 年 12 月末 T2193$_\text{下}$综放工作面开采结束之后，首采区在倾斜和走向两个方向上采动程度均达到了充分开采，整个首采区地面达到充分采动。通过地面岩移观测，首采区地面最大下沉值 $W = 6931$ mm，此数值为首采区 5 煤层和 8~9 煤层合区两个煤层开采的累计观测结果。

1. 首采区 5 煤层开采造成的地面下沉最大值

首采区 5 煤层位于 8~9 煤层合区之上，平均煤厚为 2.6 m，随开采垮落的伪顶厚度为 0.4 m，因此 5 煤层的开采厚度为 3.0 m，煤层倾角为 15°，5 煤层开采造成的地面下沉最大值代入式（7-4）进行计算：

$$W = mq\cos\alpha \tag{7-4}$$

式中　W——5 煤层开采后地面下沉最大值，mm；

　　　q——唐山矿下沉系数 0.74；

　　　m——5 煤层开采厚度，mm；

　　　α——5 煤层倾角，(°)。

代入式（7-4）得 5 煤层开采地面下沉最大值为

$$W_5 = 3000 \times 0.74 \times \cos15° = 2144 \text{ mm}$$

2. 首采区 8~9 煤层合区综放开采覆岩离层注浆后的地面下沉最大值

首采区 8~9 煤层合区在 5 煤层开采之后，采用覆岩离层注浆减沉综放开采。5 煤层和 8~9 煤层合区两个煤层开采后，测得首采区地面下沉最大值为 $W = 6931$ mm，由于 5 煤层开采时未进行覆岩离层注浆减沉，因此从两个煤层的综合观测结果中减去 5 煤层的下沉最大值即为 8~9 煤层合区覆岩离层注浆减沉综放开采后地面下沉最大值，即

$$W_9 = W - W_5 = 6931 - 2144 = 4787 \text{ mm} \tag{7-5}$$

式中　W——5 煤层和 8~9 煤层合区两个煤层开采后，首采区地面下沉最大下沉值，mm；

　　　W_5——5 煤层开采地面下沉最大值，mm；

　　　W_9——8~9 煤层合区覆岩离层注浆减沉综放开采后，首采区地面下沉最大值，mm。

7.4.2　首采区 8~9 煤层合区覆岩离层注浆综放开采的地面减沉率

1. 计算首采区 8~9 煤层合区综放开采覆岩离层注浆的地面减沉率

在第 6 章对首采区综放开采覆岩离层注浆减沉目标设计时，曾对首采区未实施覆岩离层注浆减沉综放开采地表沉陷进行预计。在未实施覆岩离层注浆减沉的情况下，预计 8~9 煤层合区综放开采后地表最大下沉值按式（7-4）计算。

根据首采区开采地质条件，其在倾斜和走向两个方向上采动程度均达到了充分开采，首采区的覆岩性质为中硬岩层，根据"三下"压煤开采规程中按覆岩性质区分的重复采动下沉活化系数表，唐山矿实测开采下沉系数 q 为 0.74，8~9 煤层合区综放开采属一次重复采动，在中硬岩层的条件下，一次重复采动时下沉活化系数为 0.2。则根据式（6-1），8~9 煤层合区在不实施覆岩离层注浆减沉综放开采后地表最大下沉值为

$$W = 11.28 \times 0.74 \times 1.2 \times \cos10° = 9864.5 \text{ mm}$$

则根据式（7-5），首采区 8~9 煤层合区实施覆岩离层注浆减沉综放开采后地表下沉减少值为

$$9564.5 - 4787 = 5077.5 \text{ mm}$$

根据注浆减沉率计算公式：

$$\gamma = (W_0 - W_\text{注})/W_0 \tag{7-6}$$

式中 W_0——未注浆的综放开采下沉最大值,mm;

$\qquad W_{注}$——覆岩离层注浆综放开采下沉最大值,mm。

根据上式求得首采区 8~9 煤层合区各综放工作面的注浆减沉率见表 7-18,在充分采动条件下的首采区 8~9 煤层合区综放开采覆岩离层注浆结束后最终注浆减沉率为 51.47%。

表 7-18 首采区及各工作面的注浆减沉率表

工作面	T2191	T2192	T2193$_上$	T2193$_下$	T2194	T2195	首采区
未注浆开采地表最大下沉值/mm	4319.8	3792.5	3211.8	3519.8	2939.7	2747.5	9864.5
覆岩离层注浆开采地表最大下沉值/mm	1253	2084	1442	1730	1004	1652	4787
覆岩离层注浆减沉率/%	71.0	45.0	55.1	50.8	65.8	39.9	51.47

2. 佐证首采区 8~9 煤层合区综放开采覆岩离层注浆减沉率的准确性

开滦唐山矿京山铁路煤柱铁一区紧邻首采区,其地质条件与首采区基本相同。铁一区 8~9 煤层合区未采用覆岩离层注浆综放开采,其采空区与煤柱两侧的采空区连成了一片,使铁一区地表已达到充分采动,正好与首采区 8~9 煤层合区采用覆岩离层注浆综放开采的地表沉降情况进行对比,以佐证首采区 8~9 煤层合区覆岩离层注浆综放开采地表减沉率的准确性。

通过在铁一区上方沿京山铁路布设的 22 个观测点的连续观测数据计算,铁一区两个主采煤层采后地表最大下沉值为 12204 mm。其中 5 煤平均开采厚度为 3080 mm,随着开采伪顶垮落厚度为 400 mm,煤层平均倾角为 20°,铁一区 5 煤层开采后地表最大下沉值 W_5 根据式(6-1)进行计算:

$$W_5 = 1.0 \times (3080 + 400) \times 0.74 \times \cos20° = 2419.9 \text{ mm}$$

铁一区 9 煤层平均开采厚度为 11300 mm,煤层平均倾角 22°,根据式(6-1)计算铁一区 9 煤层开采后地表最大下沉值 W_9 为

$$W_9 = 1.2 \times 11300 \times 0.74 \times \cos22° = 9303.73 \text{ mm}$$

铁一区 5 煤层和 9 煤层开采后计算地表最大下沉值为

$$W_m = W_5 + W_9 = 2419.9 + 9303.73 = 11723.63 \text{ mm}$$

将以上铁一区 5 煤层和 9 煤层开采后按公式计算的地表最大下沉值 11723.63 mm 与铁一区通过在沿京山铁路布设的 22 个观测点的连续观测数据计算得到两个主采煤层采后地表最大下沉值为 12204 mm 进行比较:

$$(12204 - 11723.63) \div 12204 = 3.93\%$$

以上比较可见二者非常接近,可以认为用公式计算煤层开采达充分采动程度的地表最大下沉值是准确的,且比实际观测计算得到的地表最大下沉值要小 3.93%。同理,采用按公式计算首采区 8~9 煤层合区未实施覆岩离层注浆减沉开采后地表最大下沉值与实施覆岩离层注浆减沉综放开采后实测地表最大下沉值之差计算覆岩离层注浆地面减沉率是合理的,且实际地面减沉率还要大于按公式计算得出的数值,这有力佐证了前述首采区 8~9 煤层合区综放开采达充分采动条件覆岩离层注浆地面减沉率为 51.47% 是准确的、可信的。

7.4.3 首采区覆岩离层注浆综放开采的地面移动参数

1. 起动距

起动距通常是指地表开始下沉时综放工作面推进的距离,地表开始下沉是以观测地点的下沉值达到 10 mm 为标准的。起动距的大小主要和开采深度及覆岩的物理力学性质有关,根据首采区覆岩离层注浆综放开采观测结果得出:5 煤层初次采动的起动距为 $H_0/3$(H_0 为平均开采深度),初次采动造

成覆岩结构松动软化，其后 8～9 煤层合区在重复采动情况下，观测地表移动的起动距为 0.09 H。

2. 超前影响角

在综放工作面的推进过程中前方的地表随采动影响而下沉，这个开始移动的点（下沉量达 10 mm）与综放工作面的水平距离称为超前影响距；该点与当时的综放工作面位置连线与水平线的夹角称为超前影响角，首采区 8～9 煤层合区重复采动情况下超前影响角观测结果为 52.8°。

3. 最大下沉速度滞后角

最大下沉速度滞后角是指当达到充分采动后，在地表下沉速度曲线上，把地表最大下沉速度点与相应的综放工作面开采位置连线与煤层（水平线）在采空区一侧的夹角。首采区 8～9 煤层合区重复采动情况下最大下沉速度滞后角观测结果为 81°。

4. 拐点偏移距

拐点是指在地表移动盆地中的下沉量为最大下沉量的 0.5 倍、倾斜变形和水平移动为最大值、曲率变形和水平变形均为 0 的特征点，该拐点位置在走向方向与综放工作面切眼的距离称为拐点偏移距。首采区 8～9 煤层合区重复采动情况下拐点偏移距观测结果为 $S = 0.13$ H。

7.4.4　首采区综放开采覆岩离层注浆地面下沉曲线对比

唐山矿京山铁路煤柱首采区最后开采的 T2193下 综放工作面两侧都是采空区，当 T2193下 工作面开采结束之后，整个首采区达到充分采动。首采区综放开采在覆岩离层注浆与未注浆两种条件下地面下沉曲线对比情况如下：

在首采区取走向和倾向剖面线各一条，走向剖面线顺铁路方向与 T2193下 综放工作面观测线相同；倾向剖面线是通过各工作面观测的地面下沉最大值所在点、插值求出的一条首采区的倾向线。走向与倾向剖面线布置如图 7 - 92 所示。

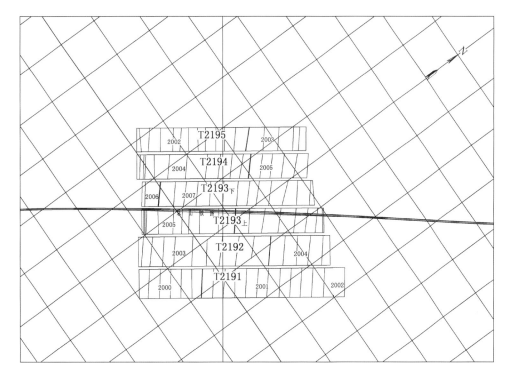

图 7 - 92　首采区地面走向与倾向剖面线布置图

首采区综放开采在覆岩离层注浆与未注浆两种条件下走向剖面线地面下沉曲线对比如图 7 - 93 所

示，倾向剖面线地面下沉曲线对比如图 7 - 94 所示。由此可见，首采区综放开采在覆岩离层注浆与未注浆两种条件下，其走向和倾向剖面的地面下沉曲线图非常相似，差别只是地面下沉幅度不同而已。

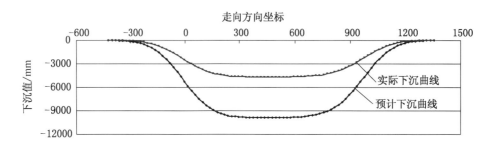

图 7 - 93 首采区覆岩离层注浆与否走向剖面线地面下沉曲线对比图

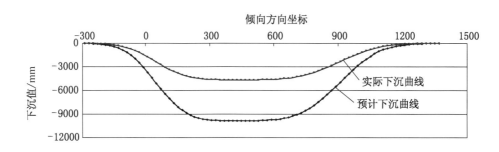

注：图中红线为进行覆岩离层注浆后的地面下沉曲线，蓝线为未进行
覆岩离层注浆的预计地面下沉曲线

图 7 - 94 首采区覆岩离层注浆与否倾向剖面线地面下沉曲线对比图

首采区综放开采覆岩离层注浆与否两种条件下，地面下沉系数对比见表 7 - 19。

表 7 - 19 首采区综放开采覆岩离层注浆与否地面下沉系数对比表

项　目	T2191 工作面	T2192 工作面	T2193上 工作面	T2193下 工作面	T2194 工作面	T2195 工作面	首采区 8 ~ 9 煤层合区
未注浆综放开采	0.888	0.888	0.888	0.888	0.888	0.888	0.888
覆岩离层注浆综放开采地面下沉系数	0.274	0.548	0.436	0.419	0.362	0.537	0.431

7.5 首采区覆岩离层注浆减沉综放开采创造的效益

7.5.1 经济效益

唐山矿京山铁路煤柱首采区采用地面钻孔覆岩离层注浆减沉、井下综放安全高效开采组合技术，在 2000 年 7 月至 2007 年 12 月的 7 年半时间里，对首采区 8 ~ 9 煤层合区 6 个综放工作面进行完全开采，共采出煤炭 11.63 Mt，创造了巨大的经济效益。经财务、审计部门核算、审查结果如下：

1. 首采区覆岩离层注浆减沉总投入

1）地面钻孔覆岩离层注浆减沉费用

首采区 8 ~ 9 煤层合区自 2000 年 7 月开始，至 2008 年 2 月结束注浆，其地面钻孔覆岩离层注浆减沉费用（包括设备仪器购置、钻孔施工与注浆运营费用、实验检测费用和辅助工程费用等）共投入 4648.6 万元，详见表 7 - 20。

表7-20 首采区地面钻孔覆岩离层注浆减沉费用表

序号	工 作 面	钻孔/万元	注浆/万元	其他/万元	合计/万元	备 注
1	T2191	160.0	398.1	229.1	787.2	含购大泵
2	T2195	204.0	378.0	48.0	630.0	含购大泵
3	T2192	176.0	448.0	100.2	724.2	
4	T2194	208.0	397.0	105.0	710.0	含自动计量系统
5	T2193上	208.0	452.1	66.2	726.3	含1号观测孔
6	T2193下	260.0	704.0	106.9	1070.9	含1号观测孔
	合 计	1216.0	2777.2	655.4	4648.6	

2）保证铁路安全运行的维修费用

按照国家计委批准开采京山铁路煤柱文件的规定，开滦唐山矿承担受开采影响区段的铁路线维修费用（包括轨道抬高、顺道、拨道、路基填高等的人工和材料费用），共计拨付给铁路部门1875万元。

3）地面受开采影响企业的维修费用

首采区地面受开采影响的企业有3家（金属公司、木材公司和废旧物资回收公司），共计占地411.686亩，建筑面积25434.9 m²，铁路专用线1400 m，龙门吊5台（表7-21）。

首采区8~9煤层合区属特厚煤层综放开采，由于采取了地面钻孔覆岩离层注浆减沉技术，使3家企业改异地搬迁为就地维修加固。开滦唐山矿对3家企业厂区建（构）筑物维修共投入费用2250万元，以维持其正常的生产经营活动。

表7-21 首采区地面受开采影响企业情况表

企 业 名 称	建筑面积/m²	占地面积/亩	备 注
金属公司	8125.0	159.740	铁路专用线600 m
回收公司	8822.4	105.197	铁路专用线100 m
木材公司	8487.5	146.749	铁路专用线700 m
合 计	25434.9	411.686	铁路专用线1400 m

4）农民土地青苗补偿费

首采区地面铁路两侧均为农村集体耕地，如不采取注浆减沉进行特厚煤层综放开采，将造成地表大面积沉陷成坑积水，造成土地破坏不能耕种，势必要花费大量资金征地。通过覆岩离层注浆减沉改征地为支付青苗补偿费，共计支付农民土地青苗补偿费427.5万元。

以上首采区覆岩离层注浆减沉综放开采4项支出总计投入费用9201.1万元。

2. 首采区覆岩离层注浆减沉综放开采总产出

1）新增销售收入

首采区覆岩离层注浆减沉综放开采技术使京山铁路煤柱首采区实现了安全、高产、高采出率，百年老矿煤炭产量由逐年减少转为稳步增加，在1999年产煤3.36 Mt的基础上，上升到2007年产煤4.17 Mt，增加24%。

唐山矿2000—2007年在京山铁路煤柱首采区共采出煤炭11.63 Mt（表7-22），按2005年原混煤平均售价201.09元/t计算，新增销售收入23.39亿元。

表7-22 唐山矿京山铁路煤柱首采区 2000—2007 年煤炭产量表

工作面	开 采 时 间	走向长度/m	倾斜长度/m	平均煤厚/m	平均倾角/(°)	平均采深/m	采出煤炭/10⁴t
T2191	2000 年 7 月—2002 年 1 月	1040	145	12.42	10	594	222.96
T2195	2002 年 1 月—2003 年 6 月	854	120	12.42	4	708	191.04
T2192	2003 年 4 月—2004 年 5 月	960	150	10.14	9	613	226.73
T2194	2004 年 3 月—2005 年 5 月	852	124	11.40	10	691	212.94
T2193上	2005 年 6 月—2006 年 7 月	905	124	10.54	13	639	169.79
T2193下	2006 年 11 月—2007 年 12 月	872	124	10.78	10	668	139.91
合　计	2000 年 7 月—2007 年 12 月			11.28			1163.37

2）新增企业利润

唐山矿 2000—2007 年原煤平均吨煤利润 56.60 元，比 1999 年的 7.30 元增加了 49.30 元，京山铁路首采区共采出煤炭 1163.37×10^4 t，增加利润 5.77 亿元。

3）企业多缴税费

唐山矿 2000—2007 年原煤平均吨煤上缴税费 46.14 元，京山铁路首采区共采出煤炭 1163.37×10^4 t，多缴税费 5.37 亿元。

4）煤炭高产低耗

覆岩离层注浆减沉综放开采技术使得京山铁路煤柱首采区实现了安全、高产、高效开采，大大改善了百年老矿的生产技术面貌：全矿工作面个数 2007 年为 2.88 个，比 1999 年的 4.54 个减少了 36.6%，实现了集中生产；工作面单产 2007 年为 114148 t/（个·月），原煤生产效率为 14.749 t/工，分别比 1999 年的单产 56423 t/（个·月）提高了 102.3%、比 1999 年的原煤生产效率 3.394 t/工提高了 334.6%，实现了高产高效。

同时实现煤炭生产节支降耗：

（1）节支。由于工作面单产和生产效率的提高、工作面个数的减少，有力地促进了劳动组织的调整，2000—2007 年平均原煤生产人数为 1541 人，比 1999 年的 3018 人减少 1477 人，减少了 48.94%。首采区开采期间共节省人工费用 1477 人 × 2.3 万元/（人·年）× 7.5 年 = 2.55 亿元。

（2）节电。由于实现了集中生产和高产高效，2000—2007 年平均原煤电耗为 29.86 kW·h/万 t，比 1999 年的 33.81 kW·h/万 t 降低了 11.67%，平均吨煤节电 3.95 kW·h，首采区开采期间共节电 12709 kW·h，节省电费 12709 kW·h × 0.44 元/kW·h = 0.56 亿元。

（3）节省坑木。由于安全、高产的综放开采技术应用，使 2000—2007 年平均原煤坑木消耗为 12.00 m³/万吨，比 1999 年的 13.10 m³/万吨降低了 1.10 m³/万吨，首采区开采期间共节省坑木 3539 m³，节省 3539 m³ × 600 元/m³ = 0.02 亿元。

（4）节省搬迁费。由于对采场覆岩离层实施注浆，减少了地面下沉，实现了金属公司、木材公司和物资回收公司 3 家企业由异地搬迁变为维修加固，节省搬迁费用 1.65 亿元（表7-23）。

表7-23 首采区开采地面受影响企业预计搬迁费用表

企业名称	建筑安装费	征地费	其他费用	合计/万元
金属公司	690.63	4792.2	621.57	6104.40
回收公司	749.90	3155.9	674.91	4580.71
木材公司	721.43	4402.5	649.28	5773.21
合　计				16458.32

注：建筑安装费 850 元/m²，征地费 30 万元/亩，其他费用按建安费用的 90% 取费。

（5）节省征地费。由于注浆减沉，使首采区铁路两侧农村集体土地变一次性征地改为付青苗补偿费，节省征地费用（20万元/亩×820亩＝1.64亿元）。

以上5项，企业总计节支降耗6.42亿元。

3. 首采区覆岩离层注浆减沉综放开采创造的经济效益

1）经济效益

唐山矿京山铁路煤柱首采区采用地面钻孔覆岩离层注浆减沉、井下综放安全高效开采组合技术的7年半时间里，为唐山矿创造了巨大的经济效益：

$$经济效益总额 = 新增利润 + 多缴税费 + 节支降耗 - 覆岩离层注浆减沉投入 =$$
$$5.77 + 5.37 + 6.42 - 0.92 = 16.64 \text{ 亿元}$$
$$平均年创经济效益 = 16.64 \div 7.5 = 2.22 \text{ 亿元}$$

2）投入产出比

首采区采用地面钻孔覆岩离层注浆减沉、井下综放安全高效开采组合技术共投入9201.1万元，采出煤炭1163.37×10^4 t，吨煤投入7.91元/t。产出经济效益16.64亿元，吨煤产出143.03元/t。投入产出比为1:18.08。

7.5.2 社会效益

1. 延长了矿井服务年限，提高了职工收入，促进了矿区稳定

唐山矿地处城市中心，有职工17000余人、家属30000余人。职工的就业、收入状况关系到矿区的稳定。采用地面钻孔覆岩离层注浆减沉、井下综放安全高效开采组合技术，解放了大量呆滞煤量，大大拓展了开采区域，为矿井可持续发展创造了资源条件。矿井原煤生产量大幅提升、服务年限延长20年以上，职工就业稳定，收入稳步增长，对促进矿区的繁荣和唐山市的社会稳定起到了重要作用。

2. 多提供优质1/3焦煤，支援了国家建设

唐山矿煤种为1/3焦煤，是国家稀缺煤种，长期以来供应鞍钢、首钢、宝钢和北京、天津炼焦制气厂等国家大型骨干企业，关系到国民经济发展和城市居民生活。京山铁路煤柱首采区采出1/3焦煤1163.37×10^4 t，有力地保障了各大钢厂和炼焦制气厂的用煤供给。

3. 保护了耕地，维护了农民利益

我国人多地少，每一亩耕地都十分宝贵，为此国务院规定了耕地最低红线。唐山矿井田处于冀东平原，是河北省重要的农产品基地。采用地面钻孔覆岩离层注浆减沉、井下综放安全高效开采组合技术，避免了地面农田因沉陷积水而绝产，保护了耕地，维护了农民利益，有利于缓和企地关系。图7-95所示为开滦唐山矿京山铁路煤柱首采区覆岩离层注浆减沉综放开采后地表沉陷情况的照片，图7-96所示为开滦唐山矿京山铁路煤柱铁一区未进行覆岩离层注浆减沉综放开采后地表沉陷情况的照片，两张照片对比表明覆岩离层注浆减沉技术对土地的保护作用。

4. 有利于保护环境、促进循环经济发展

唐山矿覆岩离层注浆减沉所用的粉煤灰取自井田内的唐山发电厂储灰场，经风吹日晒、随风飘扬，粉煤灰严重污染环境。注浆将大量粉煤灰充入地下，减少了对大气环境的污染，保护了环境。同时变废为宝，使粉煤灰为井下煤炭生产发挥作用，促进了循环经济发展。

5. 解决了唐山发电厂排灰的燃眉之急

在唐山矿采用地面钻孔覆岩离层注浆减沉前，唐山发电厂的储灰场临近储满，亟须征地建设新的储灰场。而唐山矿首采区覆岩离层注浆减沉设计需要干粉煤灰1619959.4 m^3，除利用电厂储灰场已有的粉煤灰外，还需加入当期电厂排放的粉煤灰浆，因此电厂不用征地建设新的储灰场。

为唐山发电厂节省的新建储灰场费用：新建储灰场按坑深5 m、储灰160×10^4 m^3计算，需征地480亩，加上施工费、绿化费及泄水等配套费用等共计需1.2亿元。

图7-95 开滦唐山矿京山铁路煤柱首采区覆岩
离层注浆减沉综放开采后
地表沉陷情况

图7-96 开滦唐山矿京山铁路煤柱铁一区未进行
覆岩离层注浆减沉综放开采后地表沉陷情况的照片
（左侧地表沉陷已低于潜水位而积水绝产）

6. 有利于防治冲击地压，减少人员伤亡

唐山矿采用地面钻孔覆岩离层注浆减沉、井下综放安全高效开采组合技术，改变了"围岩—煤体"系统的力学结构，使顶板、煤层的运动和应力分布发生根本性改变，弱化了孤岛工作面的应力场；覆岩离层注浆有利于软化煤层顶板，减轻了采场周边围岩支承压力的集中程度，降低了支承压力峰值，减缓了覆岩的下沉速度，确保了高地应力孤岛煤柱工作面的安全开采，避免了冲击地压灾害的发生，减少了人员伤亡。

首采区覆岩离层注浆减沉综放开采的2000—2007年，唐山矿原煤生产百万吨死亡率平均为0.16，比1999年的0.30减少0.14，下降幅度为46.67%，提高了矿井安全可靠程度。

7. 保证了京山铁路的安全运行

唐山矿采用地面钻孔覆岩离层注浆减沉、井下综放安全高效开采组合技术，在开采京山铁路煤柱首采区取得巨大经济效益的同时，确保了铁路的安全运营。据铁路方提供，在2000—2007年首采区开采期间，铁路每年仍能通过5 Mt的货运量、营运收入6000万元，从而确保了地方国民经济发展的运输需要，也为铁路部门增加就业和营业收入作出了贡献。

7.5.3 结论

开滦唐山矿京山铁路煤柱首采区采用地面钻孔覆岩离层注浆减沉、井下综放安全高效开采组合技术，确保了地面铁路的安全运行和煤炭生产的高产高效，取得了巨大的经济效益和社会效益：增加了矿井煤炭产量，改善了百年老矿的经济状况，促进了矿井生产结构调整；为"三下"压煤开采探索出路，解放了大量呆滞煤量，提高了煤炭资源采出率，延长了矿井服务年限；有利于防治冲击地压，提高了矿井安全可靠程度；有利于改善环境、保护耕地、促进循环经济发展，解决了唐山发电厂排灰的燃眉之急，节省了新建储灰场费用，同时为国家提供了优质1/3焦煤，促进了国民经济发展。

总之，首采区覆岩离层注浆减沉综放安全高效开采技术为矿井可持续发展、促进矿区的繁荣和社会稳定做出了重要贡献。

8 开滦唐山矿综放开采覆岩离层注浆减沉技术研究新成果

在开滦唐山矿井田范围内，京山铁路压煤线路长近 10 km。为保护铁路安全运行，井下留有宽 700~900 m 的铁路煤柱，地质储量超过 2×10^8 t。开滦唐山矿自 1878 年开矿以来至 20 世纪末，矿井煤炭可采储量已近枯竭，亟须开采该铁路煤柱，延长矿井服务年限，维持矿区经济、社会繁荣稳定。

在兼顾保障地面铁路安全运行、保护土地和建筑物安全使用，安全、高效、高采出率开采京山铁路煤柱资源，在多技术方案研究论证的基础上，京山铁路煤柱首采区决定采用井下综放开采和地面钻孔覆岩离层注浆减沉组合技术。实施结果表明，地面钻孔注浆减沉工程与井下煤炭生产两个工艺分开进行、互不干扰，实现煤炭资源安全高效开采和高采出率；有效地减少地表下沉量和下沉速度，减轻对地面建（构）筑物的破坏，通过采取必要的维护措施，确保了铁路安全运行和地面企业照常经营；有利于保护土地资源，发展农业生产和维护农村稳定；有利于保护矿区环境，发展循环经济，实现可持续发展；有利于煤矿降低煤炭生产成本，获得最佳经济效益，从而大大改善了百年老矿的生产经营状况、延长矿井服务年限，取得了巨大的经济效益和社会效益。

唐山矿京山铁路煤柱首采区是国内外首次在特厚煤层综放开采地表达到充分采动条件下采取覆岩离层注浆减少地面沉陷的工程实例，其开采历时之长、强度之大、效果之显著，为世所仅见。工程实施取得了大量第一手资料，通过分析研究深刻揭示覆岩离层规律与注浆减沉机理，对丰富和发展开采沉陷控制理论与技术有着巨大推进作用，使覆岩离层注浆减沉技术研究取得新进展，为"三下"压煤安全高效开采开辟新途径。

8.1 利用钻孔数字全景摄像技术研究采场覆岩离层规律

为深入进行采场覆岩运动与岩层离层规律研究，更直观地了解地下深处的岩层经历开采后产生的变化，开滦唐山矿专门委托中国科学院武汉岩土力学研究所对 T2291 综放工作面覆岩运动与离层观测钻孔进行了数字全景钻孔摄像，通过在 T2291 综放工作面开采前、后观测钻孔两次摄像对比分析，研究采场覆岩运动与岩层离层变化规律。

8.1.1 钻孔数字全景摄像系统简介

钻孔数字全景摄像系统由中国科学院武汉岩土力学所自主开发研制完成，是一套全新的先进智能型勘探设备。它集电子技术、视频技术、数字技术和计算机应用技术于一身，从侧视角度对钻孔内孔壁进行无扰动的原位摄像记录并加以分析研究，通过直接对孔壁进行研究，可观测钻孔中岩层的地质特征和细微变化，对岩石的颜色、组成、颗粒结构、形态等进行分辨，观察断层、裂隙、节理、破碎带、岩脉等地质构造状态与产状等。通过对全孔孔壁摄像，给出全景图像和虚拟岩芯图，并进行相应的分析。

1. 数字全景钻孔摄像系统结构

数字全景钻孔摄像系统的总体结构如图 8-1 所示，它由硬件和软件两大部分组成。

1）数字全景钻孔摄像系统硬件部分

系统硬件部分由全景摄像探头、图像捕获卡、深度脉冲发生器、计算机、录像机、监视器、绞车及专用电缆等组成。

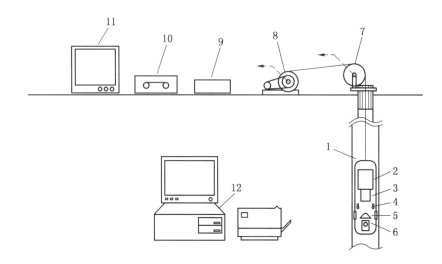

1—全景摄像头；2—磁性罗盘；3—锥面反射镜；4—光源；5—镜头；6—CCD 传感器；7—深度测量轮；
8—绞车；9—深度脉冲发生器；10—磁带录像机；11—视频监视器；12—计算机和打印机

图 8-1 数字全景钻孔摄像系统示意图

全景摄像探头是该系统的关键设备，它的内部包含有可获得全景图像的截头锥面反射镜、提供探测照明的光源、用于定位的磁性罗盘以及微型 CCD 摄像机。全景摄像探头采用了高压密封技术，因此，它可以在水中进行探测。

深度脉冲发生器是该系统的定位设备之一，它由测量轮、光电转角编码器、深度信号采集板以及接口板组成。它有两个作用：一是确定探头的准确位置即深度的数字量；二是对系统进行自动探测的控制。

2）数字全景钻孔摄像系统软件部分

系统软件部分主要用于室内处理分析，对来源于实时监视系统的图像数据用于室内的统计分析以及结果输出，计算结构面产状、裂隙宽度等，对探测结果进行统计分析，并建立数据库；优化还原变换算法，保证探测的精度，具有单帧和连续播放能力；能够对图像进行处理与无缝拼接，形成三维钻孔岩芯图和平面展开图。

软件系统提供了一种先进的分析方法来处理数字图像数据并获取相关的工程参数，这些结果（如深度、方位、裂隙的位置和几何特征等）都表示在平面展开图上，整个分析也都在该图上进行，结果也可以存入数据库中，供将来进一步分析使用。

2. 数字式全景钻孔摄像工作流程

数字全景钻孔摄像工作流程分为 3 个阶段。

1）准备工作阶段

包括平整场地，安放绞车，设备连接，数字全景钻孔摄像探头进入钻孔，设定初始化。

2）数字全景钻孔摄像阶段

先将摄像光源照明孔壁上的摄像区域，孔壁图像经锥面反射镜变换后形成全景图像，全景图像与罗盘方位图像一并进入摄像机。

然后将摄像头摄取的图像数据流由专用电缆传输至位于地面的视频分配器中，进入录像机保存。

再通过位于绞车上的测量轮电子脉冲实时测量探头所处的位置，并通过接口板将深度值置于计算机内的专用端口中，叠加到全景图像中并保存。

重复以上过程将探头逐次下降，直至整个测试过程结束。

3）室内分析阶段

把现场数字全景钻孔摄像获得的资料运用计算机软件进行分析处理，计算节理裂隙的产状、宽度和位置，建立数据库；并对图像进行处理、无缝拼接，形成三维钻孔岩芯图和平面展开图，并进行相应的分析。

应用数字全景钻孔摄像技术对孔壁进行摄像，可直观得到钻孔中岩层的地质特征和岩石的颜色、组成、颗粒结构、形态等，细微观察断层、裂隙、节理、破碎带、岩脉等地质构造状态与产状等。在T2291综放工作面开采的前、后分别进行数字全景钻孔摄像，获得丰富的第一手资料，通过开采前、后摄像对比分析，深化了采场覆岩运动规律的研究。

8.1.2 T2291综放工作面采前进行观测钻孔数字全景摄像

1. T2291综放工作面采前观测钻孔数字全景摄像图像

2006年11月21日至11月23日，中国科学院武汉岩土力学所的专家携带数字全景钻孔摄像系统来到矿区，对T2291综放工作面在开采前观测钻孔进行数字全景摄像。观测孔深502.00 m，原计划自孔深199.65 m处开始数字全景摄像至孔底，由于在孔深414.05 m处塌孔（因摄像要求孔内未下护壁套管），摄像探头无法下降到孔底，故实际钻孔数字全景摄像范围为199.65~414.05 m，累计测试长度为214.40 m。在观测钻孔数字全景摄像现场工作完成后，通过后处理软件对现场采集的原始摄像资料进行了细致地分析处理，完成了钻孔孔壁数字全景展开图，图8-2所示为T2291工作面开采前观测钻孔从199.65~414.05 m各段的数字全景摄像图像（图中左为孔壁展开图，右为三维柱状图）。

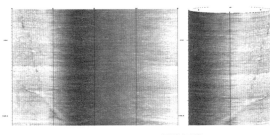

(1) 199.80~200.60 m摄像图像

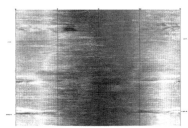

(2) 200.85~201.20 m摄像图像

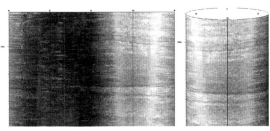

(3) 201.80~202.60 m摄像图像

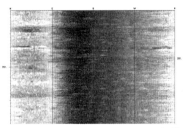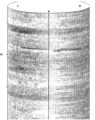

(4) 202.80~203.50 m摄像图像

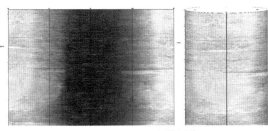

(5) 203.90~204.30 m摄像图像

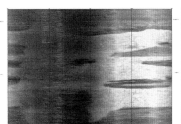

(6) 206.40~207.50 m摄像图像

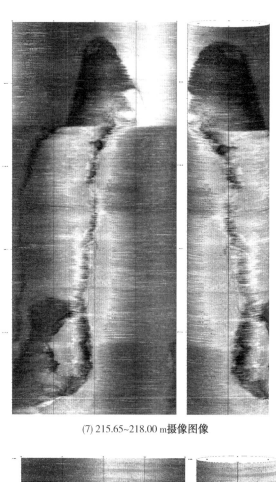

(7) 215.65~218.00 m摄像图像

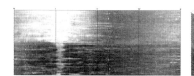

(8) 220.20~220.50 m摄像图像

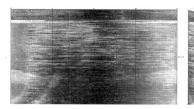

(9) 221.20~221.80 m摄像图像

(10) 234.60~234.90 m摄像图像

(11) 235.55~235.80 m摄像图像

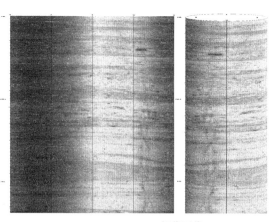

(12) 242.00~243.20 m摄像图像

(13) 243.20~243.95 m摄像图像

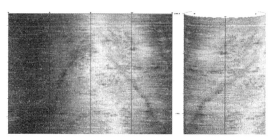

(14) 245.00~245.50 m摄像图像

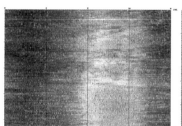

(15) 245.50~246.10 m摄像图像

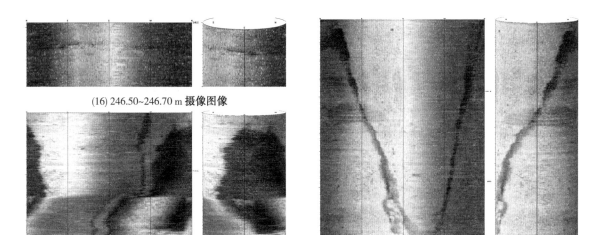

(16) 246.50~246.70 m 摄像图像

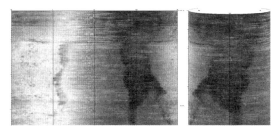

(18) 271.50~272.10 m摄像图像

(17) 261.10~262.35 m摄像图像

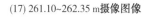

(19) 272.10~273.00 m摄像图像

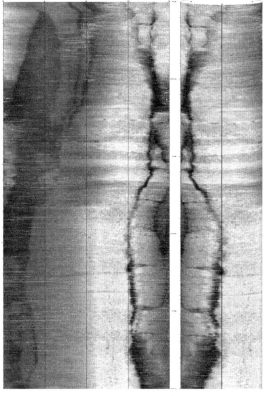

(20) 273.00~275.50 m摄像图像

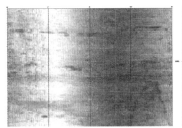

(22) 284.75~285.30 m摄像图像

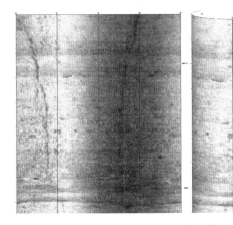

(23) 285.30~286.10 m摄像图像

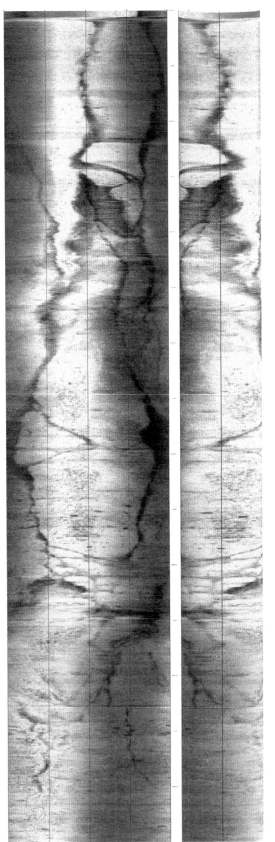

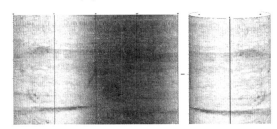

(24) 288.70~289.25 m摄像图像

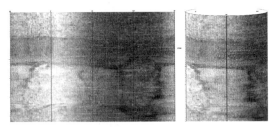

(25) 289.25~290.00 m摄像图像

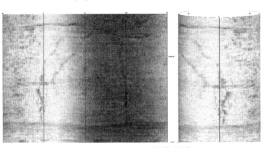

(21) 285.30~286.10 m摄像图像

(26) 293.80~294.40 m摄像图像

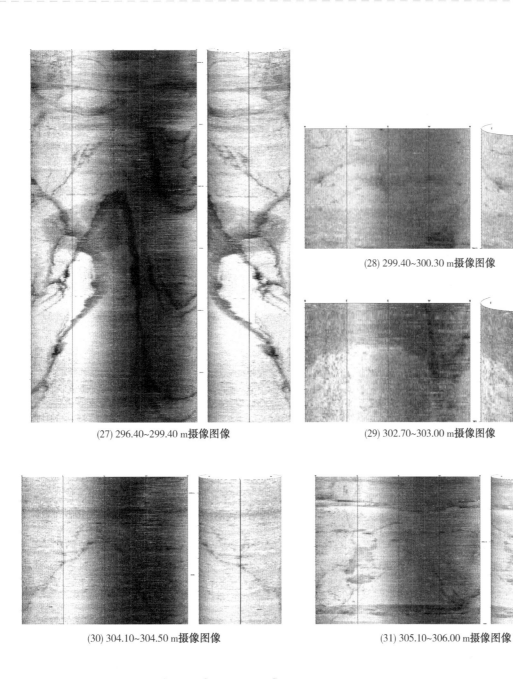

(27) 296.40~299.40 m摄像图像

(28) 299.40~300.30 m摄像图像

(29) 302.70~303.00 m摄像图像

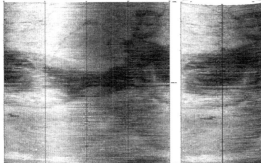

(30) 304.10~304.50 m摄像图像

(31) 305.10~306.00 m摄像图像

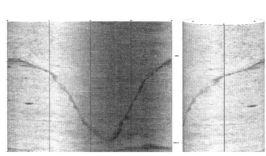

(32) 306.00~307.00 m摄像图像

(33) 307.80~308.55 m摄像图像

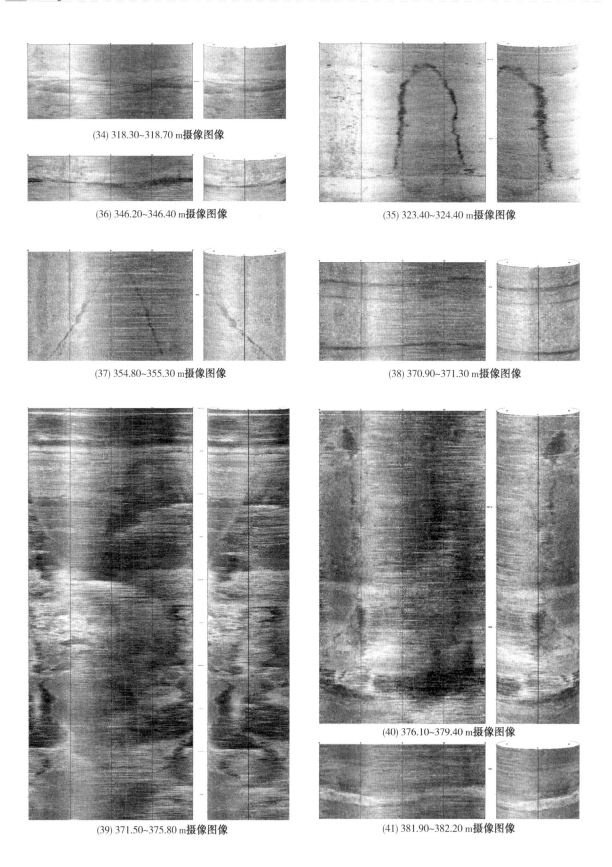

(34) 318.30~318.70 m摄像图像

(36) 346.20~346.40 m摄像图像

(35) 323.40~324.40 m摄像图像

(37) 354.80~355.30 m摄像图像

(38) 370.90~371.30 m摄像图像

(40) 376.10~379.40 m摄像图像

(39) 371.50~375.80 m摄像图像

(41) 381.90~382.20 m摄像图像

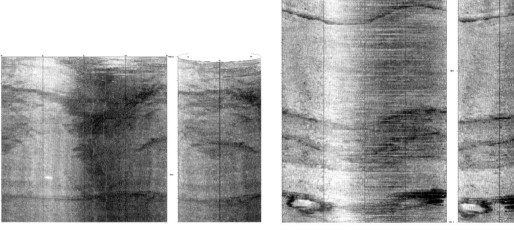

(42) 382.50~384.20 m摄像图像　　　　　　　(43) 390.70~391.50 m摄像图像

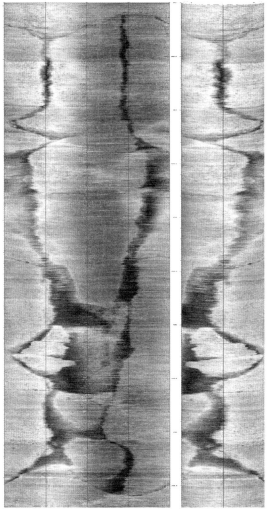

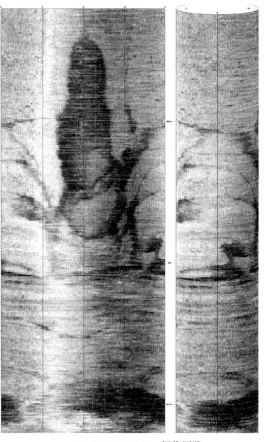

(44) 392.00~396.70 m摄像图像　　　　　　　(45) 400.10~401.60 m摄像图像

图 8-2　T2291 综放工作面采前观测钻孔数字全景摄像段图像

2. T2291 综放工作面采前钻孔数字全景摄像段裂隙统计

通过对 T2291 综放工作面采前钻孔数字全景摄像段图像分析，在总长度 214.40 m 全景摄像段中发现 136 条裂隙，表 8-1 至表 8-7 为其产状表。

表 8-1 T2291 综放工作面开采前覆岩观测钻孔数字全景摄像裂隙产状表（199.65~221.65 m）

编号	深度 H/m	观测区段	裂隙产状	视隙宽度/mm		备 注
				极 小	极 大	
1	200.40	199.80~200.60	S27°E∠73°	0	9.6	未贯通，见于北东面
2	200.91	200.85~201.20	N84°W∠36°	0	15.0	见于东北面
3	201.90	201.80~202.60	无法判明	黄斑岩石，中有小孔 44.0 左右		见于东南面
4	202.27	201.80~202.60	N84°E∠4°	0	12.3	东南面闭合
5	202.48	201.80~202.60	N14°E∠10°	0	13.2	
6	202.9~203.4	202.80~203.50	无法判明	厚约 50.0		黄斑岩石，见于北面
7	203.98	203.90~204.30	N30°W∠15°	0	5.4	
8	204.13	203.90~204.30	N70°W∠15°	2.0	6.5	
9	204.17	203.90~204.30	N87°W∠15°	2.2	6.5	
10	206.53	206.40~207.50	N20°E∠24°	0.5	3.0	
11	206.60~207.40	206.40~207.50	无法判明	厚约 80.0		斑状条带岩石
12	209.41	209.30~212.60	S16°W∠8°	0.5	8.0	
13	209.63	209.30~212.60	S74°W∠39°	3.2	9.4	
14	210.00~210.55	209.30~212.60	无法判明	厚约 50.0		斑状条带岩石
15	212.53	209.30~212.60	N85°W∠35°	85.6	112.3	黄斑夹层
16	214.42	214.30~214.50	S16°W∠17°	0.5	12.3	
17	215.70~217.95	215.65~218.00	N19°E∠89°	15.6	29.7	近垂直节理，端部掉块
18	220.34	220.20~220.50	S39°E∠9°	闭合		层面
19	221.26	221.20~221.80	S36°E∠10°	闭合		层面
20	221.65	221.20~221.80	S29°E∠41°	46.2	78.9	青泥岩夹层

表 8-2 T2291 综放工作面开采前观测钻孔数字全景摄像裂隙产状表（223.13~253.21 m）

编号	深度 H/m	观测区段	裂隙产状	视隙宽度/mm		备 注
				极 小	极 大	
21	223.13	222.90~223.35	S59°E∠67°	闭合		白色条带夹层
22	223.76	223.60~223.90	S56°E∠27°	1.2	3.4	
23	229.66	229.40~230.10	S49°W∠72°	闭合		斑色夹层
24	234.77	234.60~234.90	N5°W∠72°	2.0	6.3	
25	235.62	235.55~235.80	S35°W∠43°	闭合		夹层
26	240.42	240.15~240.70	N25°E∠29°	3.6	16.3	南向窄
27	240.57	240.15~240.70	N15°E∠25°	0	7.2	南向闭合
28	242.80	242.00~243.20	N20°W∠21°	0	17.6	南向闭合
29	242.50~243.20	242.00~243.20	N51°W∠89°	1.1	5.4	近垂直裂隙
30	243.20~243.95	243.20~243.95	N51°W∠89°	1.0	3.2	近垂直裂隙

表 8-2（续）

编号	深度 H/m	观测区段	裂隙产状	视隙宽度/mm		备 注
				极 小	极 大	
31	245.27	245.00~245.50	N6°E∠17°	4.3	5.7	
32	245.90	245.50~246.10	N19°E∠80°	8.4	12.6	
33	246.57	246.50~246.70	N27°W∠22°	0.0	6.3	南向闭合
34	247.51	247.40~248.20	N10°W∠42°	0.5	9.6	
35	247.82	247.40~248.20	S26°W∠77°	0.0	6.5	见于东面
36	248.70	248.50~248.80	N27°W∠26°	39.2	64.3	
37	249.79	249.70~250.05	N32°W∠14°	16.3	22.1	
38	250.45	250.20~251.10	N1°E∠45°	0.0	8.1	见于南面局部
39	250.90	250.20~251.10	S48°W∠15°	8.6	9.2	白色条带夹层
40	253.21	252.97~253.30	N83°W∠68°	2.8	3.6	见于东面

表 8-3   T2291 综放工作面开采前观测钻孔数字全景摄像裂隙产状表（257.50~284.84 m）

编号	深度 H/m	观测区段	裂隙产状	视隙宽度/mm		备 注
				极 小	极 大	
41	257.50	257.30~257.70	S10°W∠14°	闭合		夹层界面
42	257.55	257.30~257.70	S86°W∠85°	15.4	18.2	见于西面
43	259.50	259.30~259.60	无法判明	平均直径约40.0		小洞，见于东面
44	261.79	261.10~262.35	S36°W∠85°	21.0	68.7	
45	263.23	265.40~265.70	N28°E∠2°	3.8	12.9	
46	265.53	230.90~231.20	S39°E∠14°	闭合		层面
47	265.79	255.70~255.90	N62°W∠4°	闭合		夹层界面
48	268.93	268.80~269.20	S5°E∠27°	5.6	17.2	不完全
49	269.62	269.50~269.70	S4°E∠21°	17.5	26.4	
50	269.89	269.70~270.50	N62°W∠65°	11.3	31.0	见于东面
51	270.32	269.70~270.50	S19°E∠44°	4.8	16.3	
52	271.60~272.10	271.50~272.10	无法判明	5.2	52.3	见于东西面
53	272.10~273.00	272.10~273.00	无法判明	4.8	76.3	见于北面
54	273.00~275.50	273.00~275.50	无法判明	3.9	51.6	见于北西面
55	275.50~280.50	275.50~283.00	无法判明	3.4	86.2	垂直趋势明显，节理裂隙发育
56	280.79	275.50~283.00	N77°W∠75°	12.3	56.0	见于东面
57	280.96	275.50~283.00	N53°E∠23°	5.3	11.6	
58	281.00~282.60	275.50~283.00	无法判明	4.6	39.4	
59	283.65	275.50~283.00	N11°W∠13°	7.6	16.7	
60	284.84	284.75~285.30	S38°E∠23°	2.3	12.4	

表 8 - 4 T2291 综放工作面开采前观测钻孔数字全景摄像裂隙产状表 (284.98 ~ 294.03 m)

编号	深度 H/m	观测区段	裂隙产状	视隙宽度/mm		备 注
				极 小	极 大	
61	284.98	284.75 ~ 285.30	S4°E∠29°	1.8	11.3	
62	285.03	284.75 ~ 285.30	S26°E∠12°	3.1	10.5	
63	285.16	284.75 ~ 285.30	S7°E∠17°	12.1	21.4	
64	285.74	284.75 ~ 285.30	S51°E∠86°	1.2	4.7	见于西北面
65	284.75 ~ 285.90	285.30 ~ 286.10	S36°E∠85°	1.6	4.2	
66	285.99	285.30 ~ 286.10	N40°W∠14°	7.5	12.4	
67	285.95	285.30 ~ 286.10	N20°W∠10°	8.7	14.2	
68	287.83	287.75 ~ 288.00	无法判明	厚95.0 左右		不完全离散裂隙
69	288.46	288.40 ~ 288.70	S43°E∠6°	7.9	10.2	
70	288.57	288.40 ~ 288.70	S27°E∠5°	5.4	8.7	
71	288.87	288.70 ~ 289.25	N16°E∠5°	14.1	32.4	
72	288.93	288.70 ~ 289.25	S61°E∠79°	10.4	13.0	
73	289.33	289.25 ~ 290.00	N52°W∠42°	6.7	13.4	
74	289.38 ~ 289.32	289.25 ~ 290.00	无法判明	4.2	7.1	见于东面
75	289.87	289.25 ~ 290.00	S3°E∠19°	13.5	17.3	
76	290.13	290.00 ~ 290.30	N18°W∠18°	3.6	9.7	
77	292.35	292.20 ~ 292.70	S33°W∠50°	闭合		夹层界面
78	292.52	292.20 ~ 292.70	N28°E∠58°	闭合		夹层界面
79	293.89 ~ 294.00	293.80 ~ 294.40	S34°W∠35°	96.8	118.5	夹层
80	294.03	293.80 ~ 294.40	S51°W∠8°	9.2	13.4	

表 8 - 5 T2291 综放工作面开采前观测钻孔数字全景摄像裂隙产状表 (294.27 ~ 312.96 m)

编号	深度 H/m	观测区段	裂隙产状	视隙宽度/mm		备 注
				极 小	极 大	
81	294.27	293.80 ~ 294.40	N30°W∠35°	8.2	12.6	
82	295.78	295.60 ~ 296.40	S49°W∠32°	62.4	79.1	夹层
83	296.00 ~ 296.32	295.60 ~ 296.40	N57°W∠21°	厚约300.0		夹层
84	296.66	296.40 ~ 299.40	S13°E∠44°	15.1	17.2	
85	296.77	296.40 ~ 299.40	S61°E∠68°	16.7	23.5	见于东南面
86	297.50 ~ 299.10	296.40 ~ 299.40	N4°W∠87°	12.6	17.9	近垂直趋势明显，节理裂隙发育
87	297.45	296.40 ~ 299.40	N21°E∠85°	11.4	14.6	见于西面
88	299.58	299.40 ~ 300.30	S39°E∠23°	18.4	22.3	
89	299.96	299.40 ~ 300.30	N17°W∠77°	4.2	7.4	
90	300.94	300.80 ~ 301.20	N86°W∠66°	闭合		夹层界面
91	302.81	302.70 ~ 303.00	N37°W∠36°	闭合		夹层界面
92	304.27	304.10 ~ 304.50	N74°W∠71°	4.1	18.9	

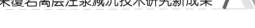

表 8 - 5 (续)

编号	深度 H/m	观测区段	裂隙产状	视隙宽度/mm 极 小	视隙宽度/mm 极 大	备 注
93	305.26	305.10 ~ 306.00	S36°W∠34°	7.9	16.3	
94	305.73	305.10 ~ 306.00	N12°E∠74°	2.1	4.1	微裂隙
95	305.88	305.10 ~ 306.00	N38°E∠4°	36.9	43.1	
96	306.28	306.00 ~ 307.00	N16°E∠77°	5.9	7.7	见于南面
97	306.40	306.00 ~ 307.00	S17°E∠64°	63.4	76.3	
98	308.08	307.80 ~ 308.55	S29°W∠82°	7.5	9.0	
99	310.28	310.10 ~ 310.40	N81°E∠8°	24.5	29.0	不完全
100	312.96	312.40 ~ 313.20	S29°E∠19°	闭合		砂泥岩互层

表 8 - 6 T2291 综放工作面开采前观测钻孔数字全景摄像裂隙产状表 (318.52 ~ 371.22 m)

编号	深度 H/m	观测区段	裂隙产状	视隙宽度/mm 极 小	视隙宽度/mm 极 大	备 注
101	318.52	318.30 ~ 318.70	S30°E∠32°	8.7	13.2	
102	319.80	319.70 ~ 320.00	S40°E∠19°	81.3	89.5	
103	321.10	320.90 ~ 321.20	S24°E∠22°	闭合		夹层
104	321.54	321.50 ~ 321.70	N52°E∠47°	31.6	37.4	
105	324.01	323.40 ~ 324.40	N56°E∠84°	6.4	9.6	
106	324.20	323.40 ~ 324.40	S38°E∠9°	闭合		层面
107	327.50 ~ 332.30	327.50 ~ 332.30	无法判明	闭合		破碎带
108	338.22	338.10 ~ 338.40	S34°E∠15°	闭合		层面
109	341.99	341.70 ~ 342.20	N5°W∠78°	1.0	4.6	
110	343.92	343.70 ~ 344.20	S42°W∠67°	闭合		夹层
111	346.29	346.20 ~ 346.40	S1°E∠20°	10.3	16.4	
112	349.21	349.10 ~ 349.40	S26°E∠22°	闭合		夹层
113	355.14	354.80 ~ 355.30	N7°E∠81°	3.6	5.2	
114	357.50	351.63 ~ 385.27	S30°E∠13°	闭合		层面
115	358.70 ~ 359.40	358.70 ~ 359.40	S50°E∠19°	厚约 700.0		砂泥岩互层
116	363.05	362.80 ~ 363.20	S41°W∠59°	28.5	37.4	
117	367.20 ~ 368.10	367.10 ~ 368.40	无法判明	2.0	10.4	见于东面
118	368.70	368.50 ~ 368.90	S30°E∠19°	7.6	11.2	
119	370.95	370.90 ~ 371.30	S47°E∠17°	9.7	14.3	
120	371.22	370.90 ~ 371.30	N68°E∠16°	6.4	8.5	

表 8 - 7 T2291 综放工作面开采前观测钻孔数字全景摄像裂隙产状表 (373.70 ~ 414.05 m)

编号	深度 H/m	观测区段	裂隙产状	视隙宽度/mm 极 小	视隙宽度/mm 极 大	备 注
121	373.70 ~ 375.30	351.63 ~ 385.27	N26°W∠62°	闭合		砂泥岩互层

表 8 - 7 (续)

编号	深度 H/m	观测区段	裂隙产状	视隙宽度/mm		备 注
				极 小	极 大	
122	375.80 ~ 376.50	351.63 ~ 385.27	N36°W∠48°	厚约700		夹层
123	379.70 ~ 380.90	351.63 ~ 385.27	无法判明	厚约1200		夹层
124	382.07	381.90 ~ 382.20	S54°E∠27°	31.5	39.4	夹层
125	390.81	390.70 ~ 391.50	S56°E∠35°	9.4	13.4	
126	391.15	390.70 ~ 391.50	S36°E∠36°	9.3	12.9	
127	391.24	390.70 ~ 391.50	S64°E∠43°	0.5	12.5	
128	391.42	390.70 ~ 391.50	S16°E∠34°	17.6	22.4	东北呈环状
129	392.19	392.00 ~ 396.70	S68°E∠72°	7.5	9.7	
130	392.00 ~ 396.70	392.00 ~ 396.70	无法判明	8.4	62.7	垂直趋势明显,节理裂隙发育
131	400.70	400.10 ~ 401.60	S1°E∠76°	6.9	16.7	
132	400.90	400.10 ~ 401.60	N6°E∠86°	55.0	80.5	
133	400.99	400.10 ~ 401.60	S15°E∠32°	7.2	14.1	东面闭合
134	401.41	400.10 ~ 401.60	S29°E∠20°	闭合		层面
135	406.67	406.50 ~ 407.20	S23°W∠56°	20.3	26.4	
136	407.08	406.50 ~ 407.20	S60°W∠18°	9.1	12.3	

3. T2291 综放工作面采前观测钻孔数字全景摄像段裂隙研究

1) 采前摄像段裂隙分组统计分析

整理 T2291 综放工作面采前观测钻孔数字全景摄像资料,在 199.65 ~ 414.05 m 摄像段发现的 136 条裂隙中,能判明产状的有 120 条,其中缓倾角 ($0° < \theta < 30°$) 的裂隙 58 条,占 48.33% ;中倾角 ($30° < \theta < 60°$) 的裂隙 27 条,占 22.50% ;陡倾角 ($60° < \theta < 90°$) 裂隙 35 条,占 29.17% 。按裂隙方位分,NE 向 23 条,占 19.17% ;NW 向 32 条,占 26.67% ;SW 向 20 条,占 16.67% ;SE 向 45 条,占 37.50% 。能判明产状的裂隙以缓倾角为主,SE 向最多,裂隙分组统计情况见表 8 - 8 。

表 8 - 8   T2291 综放工作面开采前钻孔数字全景摄像段能判别产状裂隙分组表

摄像深度	199.65 ~ 414.05 m											
倾角 θ	缓倾角 ($0° < \theta < 30°$,58 条)				中倾角 ($30° < \theta < 60°$,27 条)				陡倾角 ($60° < \theta < 90°$,35 条)			
倾向	NE	NW	SW	SE	NE	NW	SW	SE	NE	NW	SW	SE
裂隙分组	12	13	6	27	3	7	8	9	8	12	6	9

2) T2291 综放工作面采前钻孔数字全景摄像段裂隙密度统计

全景摄像分段裂隙密度统计见表 8 - 9,全段平均裂隙密度为 0.67 条/m。其中,266.01 ~ 314.00 m 段裂隙密度最大,为 1.10 条/m;314.01 ~ 385.00 m 段裂隙密度最小,为 0.34 条/m。

表 8 - 9   T2291 综放工作面开采前钻孔数字全景摄像段裂隙密度表

统计深度/m	199.65 ~ 224.00	224.01 ~ 266.00	266.01 ~ 314.00	314.01 ~ 385.00	385.01 ~ 414.05	全段平均
裂隙密度/(条·m^{-1})	0.90	0.60	1.10	0.34	0.41	0.67

3) T2291 综放工作面采前钻孔数字全景摄像段典型图像

T2291 综放工作面采前钻孔数字全景摄像提供的岩体结构信息，可归纳为两种类型岩石图像。一类为开放型裂隙（图 8－3，图中左为孔壁展开图，右为三维柱状图）：裂隙中未见充填物质，也可能是充填物质为非胶结物，在钻进或洗孔过程随水流走所致。图8－3中，图 8－3a 反映端部岩石破碎脱落；图8－3b 和图 8－3c 反映 NE 裂隙发育，宽度较大；图 8－3d 反映裂隙近垂直，部分溶蚀；图 8－3e反映近垂直 NW 和 SE 向 X 剪裂隙交错；图 8－3f 反映岩体破碎；图 8－3g 反映 SW 和 NE 向 X 剪裂隙，中有掉块。另一类为闭合型裂隙（图 8－4）。

(a) 217.3~218.0 m

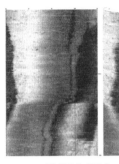

(b) 273.0~273.9 m

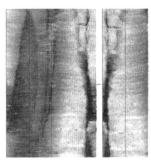

(c) 272.1~273.0 m

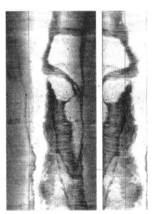

(d) 276.6~277.7 m

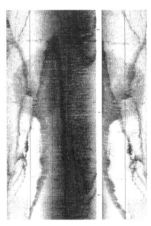

(e) 297.4~298.6 m

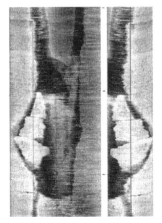

(f) 394.5~395.7 m

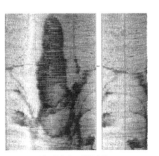

(g) 400.2~400.95 m

图 8－3　T2291 综放工作面采前钻孔数字全景摄像岩体中开放型裂隙图

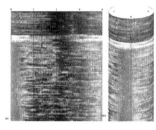

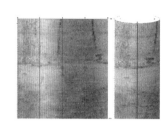
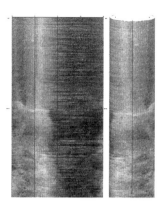

(a) 221.2~221.8 m   (b) 324.0~324.5 m   (c) 357.0~358.0 m

图 8 - 4　T2291 综放工作面采前钻孔数字全景摄像岩体中闭合型裂隙图

4. T2291 综放工作面采前钻孔数字全景摄像与岩层取芯对比

1）在施工 T2291 综放工作面覆岩运动观测钻孔时，为准确掌握 8~9 煤层合区覆岩岩层结构进行了岩层取芯，这也给验证钻孔数字全景摄像成果提供了参照。如图 8 - 5 所示，采前进行数字全景摄像图与钻孔岩层岩芯对比，位于图片左边的是岩层取芯的照片，位于图片右边的是对应岩层取芯段的数字全景摄像的三维柱状与平面展开图像照片。

2）从采前钻孔数字全景摄像图与钻孔岩层岩芯图对照来看，数字全景摄像图反映裂隙程度高低与岩层取芯率高低有对应关系。图 8 - 5a 中数字全景摄像图反映裂隙程度低，对应这段的岩层岩芯完整，取芯率较高；而图 8 - 5b 中数字全景摄像图反映裂隙程度高，表明岩体破碎，对应这段的岩层岩芯破碎，取芯率较低。而图 8 - 5c 中和图 8 - 5d 中数字全景摄像图反映高角度裂隙与低角度裂隙组合切割了岩体，影响了岩体的完整性，从而降低了岩体强度，对应这两段的岩层取芯率低，取出的岩芯破碎。

从以上数字全景摄像与钻孔岩层岩芯对比呈现的高度对应关系，证明数字全景摄像技术可用于观测覆岩运动、覆岩离层发育规律和离层注浆减沉机理研究。

8.1.3　T2291 综放工作面采后再次进行钻孔数字全景摄像

1. T2291 综放工作面采后钻孔数字全景摄像情况

T2291 综放工作面开采后进行观测钻孔数字全景摄像，主要是查明采后覆岩运动与离层的情况，通过摄像提供岩体的结构信息，与采前钻孔数字全景摄像成果进行对比，分析研究覆岩运动规律，为覆岩离层规律和注浆减沉机理的研究提供可靠的依据。

在 T2291 综放工作面开采结束后的 2007 年 11 月 25 日至 11 月 29 日，开滦唐山矿再次委托中国科学院武汉岩土力学所对采后覆岩移动与离层情况进行钻孔数字全景摄像。原采前施工的覆岩运动观测钻孔经过采动破坏后已不能使用，为此在紧靠原观测钻孔附近重新施工了 1 个钻孔（原钻孔坐标 383143，70372；新钻孔坐标 383145，70329），孔深 549 m。

T2291 综放工作面开采结束后再次进行的钻孔数字全景摄像分两段进行，第一段为 173.30 ~ 469.00 m，第二段为 469.00 ~ 538.70 m。分两段进行是因为在第一段摄像中，发现在 470.00 m 处堵孔，摄像设备不能下放而中止。通过处理后全孔通畅，摄像设备可下放到 538.70 m。两次摄像合并范围为 173.30 ~ 538.70 m，累计摄像长度为 365.40 m。538.70 m 以下至孔底因岩粉堵塞，摄像设备下不去而未能摄像。

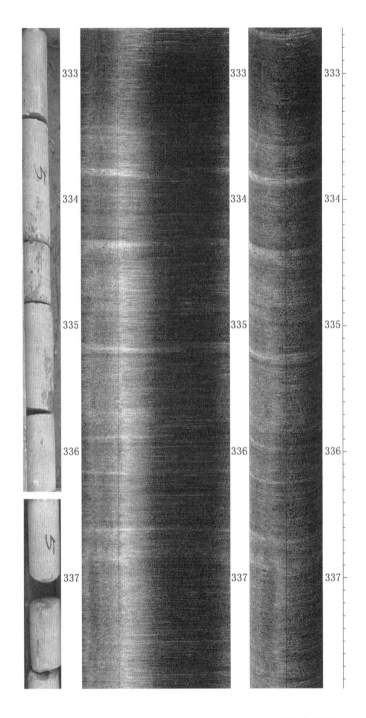

(a)T2291综放工作面采前钻孔332.70~337.80 m段岩层取芯与数字全景摄像图

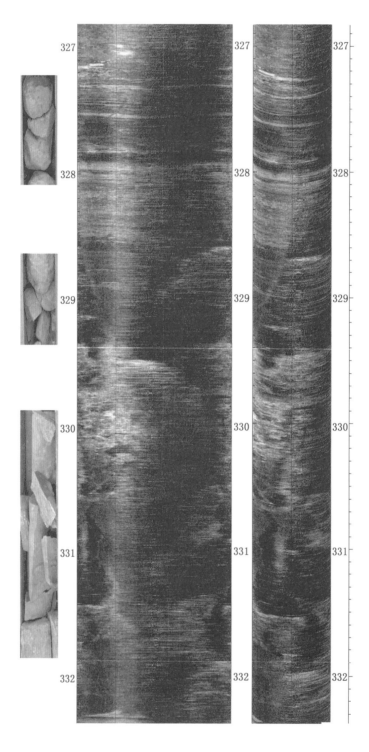

(b)T2291综放工作面采前钻孔326.8~332.4 m段岩层取芯与数字全景摄像图

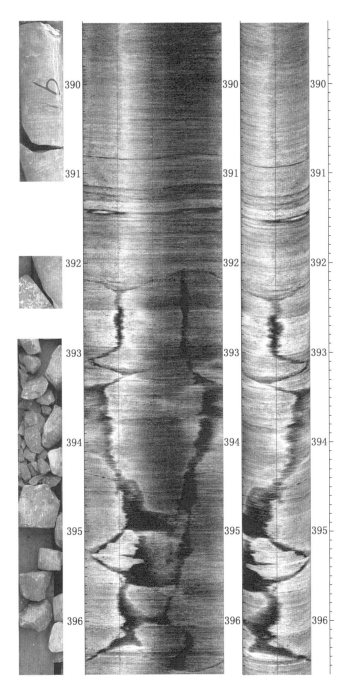

(c)T2291综放工作面采前钻孔391.30~396.6 m段岩层取芯与数字全景摄像图

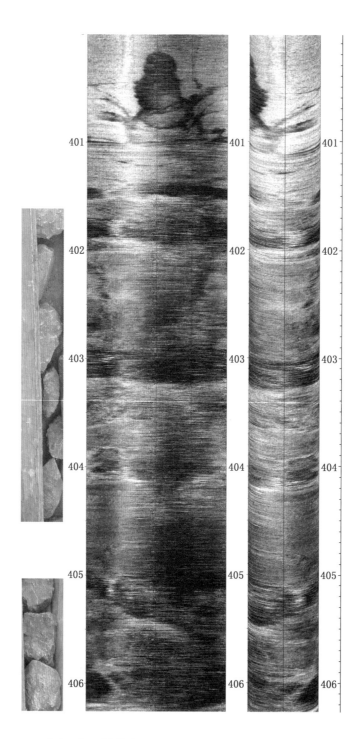

(d) T2291综放工作面采前钻孔400.10～406.30 m段岩层取芯与数字全景摄像图

图 8 - 5　T2291 综放工作面采前钻孔岩层取芯与数字全景摄像图

2. T2291 综放工作面采后钻孔数字全景摄像段裂隙统计

分析整理 T2291 综放工作面采后钻孔数字全景摄像资料，在本次总长度 365.40m 的摄像范围内，发现 279 条裂隙，其产状详见表 8 - 10 至表 8 - 22。

表 8-10 T2291 综放工作面采后观测钻孔数字全景摄像裂隙产状表 (173.30~206.00 m)

编号	深度 H/m	观测区段	裂隙产状	裂隙宽度/mm		备 注
				最 小	最 大	
1	175.28	174.50~175.50	S38°E∠18°	7.1	16.2	
2	178.91	178.50~180.50	S17°E∠36°	5.0	13.4	
3	180.10	178.50~180.50	无法判明	约6.4		见于西面
4	180.25	178.50~180.50	无法判明	0	60.0	见于北面
5	181.52	181.00~182.00	S70°E∠25°	0	0	界面
6	185.63	185.00~186.00	S81°E∠11°	0	0	界面
7	191.52	191.00~192.00	S42°E∠64°	0.0	16.3	
8	192.84	192.70~193.70	N22°E∠29°	0.0	约200	
9	193.41	192.70~193.70	N20°E∠24°	0.0	约150	
10	195.00	194.60~195.50	无法判明	0.0	60.0	
11	195.30	194.60~195.50	S51°E∠26°	2.3	12.5	
12	199.77	195.50~201.50	无法判明	0.0	32.0	
13	199.97	195.50~201.50	无法判明	0.0	27.0	
14	201.30	195.50~201.50	无法判明	0.0	9.0	
15	201.62	201.50~202.50	无法判明	0.0	10.0	
16	202.03	201.50~202.50	S84°E∠31°	0.0	约70.0	
17	203.24	203.00~204.00	无法判明	0.0	9.0	
18	203.45	203.00~204.00	无法判明	0.0	35.0	
19	203.50	203.00~204.00	S6°W∠78°	7.4	19.8	
20	204.00	203.00~204.00	N82°E∠14°	9.5	16.0	
21	205.27	205.00~206.00	无法判明	0.0	8.0	
22	205.80	205.00~206.00	无法判明	0.0	62.0	

表 8-11 T2291 综放工作面采后观测钻孔数字全景摄像裂隙产状表 (206.00~234.00 m)

编号	深度 H/m	观测区段	裂隙产状	裂隙宽度/mm		备 注
				最 小	最 大	
23	206.75	206.00~207.50	S87°E∠10°	0.0	50.0	
24	207.00	206.00~207.50	无法判明	0.0	18.0	
25	207.39	206.00~207.50	无法判明	0.0	21.0	
26	207.56	207.50~209.30	无法判明	0.0	21.0	
27	208.39	207.50~209.30	S14°E∠83°	2.2	13.6	
28	212.15	212.00~214.00	无法判明	0.0	10.0	
29	212.30	212.00~214.00	无法判明	0.0	14.0	
30	212.57	212.00~214.00	无法判明	0.0	8.0	
31	212.80	212.00~214.00	无法判明	0.0	21.0	
32	213.20	212.00~214.00	无法判明	0.0	18.0	
33	213.40	212.00~214.00	无法判明	0.0	11.0	

表 8 - 11（续）

编号	深度 H/m	观测区段	裂隙产状	裂隙宽度/mm		备 注
				最 小	最 大	
34	213.55	212.00~214.00	无法判明	0.0	23.0	
35	216.46	216.00~217.00	S24°E∠80°	0.0	12.4	
36	217.52	217.00~218.00	无法判明	0.0	12.0	
37	217.57	217.00~218.00	无法判明	0.0	18.0	
38	218.93	218.50~220.50	S∠84°	0.0	8.4	
39	219.23	218.50~220.50	无法判明	0.0	800.0	
40	220.01	218.50~220.50	S22°W∠78°	0.0	18.3	
41	220.24	218.50~220.50	S37°E∠9°	0.0	0.0	层面
42	227.36	227.00~228.00	N12°E∠68°	7.9	18.2	
43	231.20	230.50~231.50	无法判明	0.0	200.0	
44	233.57	233.00~234.00	无法判明	0.0	18.0	

表 8 - 12　T2291 综放工作面采后观测钻孔数字全景摄像裂隙产状表（234.00~253.20 m）

编号	深度 H/m	观测区段	裂隙产状	裂隙宽度/mm		备 注
				最 小	最 大	
45	233.84	233.00~234.00	无法判明	0.0	15.0	
46	234.81	234.00~235.00	N83°E∠49°	6.4	14.0	
47	235.70	235.00~236.50	无法判明	0.0	42.0	
48	236.25	235.00~236.50	无法判明	0.0	750.0	岩质较差
49	238.80	238.00~239.00	无法判明	0.0	13.0	
50	240.72	239.00~241.50	无法判明	0.0	15.0	
51	240.85	239.00~241.50	无法判明	0.0	14.0	
52	241.16	239.00~241.50	无法判明	0.0	10.0	
53	241.45	239.00~241.50	无法判明	0.0	16.0	
54	241.97	241.50~243.00	S51°E∠29°	0.0		
55	243.96	243.50~245.50	N55°E∠25°	0.0		界面
56	244.25	245.50~249.00	无法判明	0.0	18.0	
57	244.88	245.50~249.00	无法判明	0.0	13.0	
58	246.05	245.50~249.00	无法判明	0.0	16.0	
59	246.47	245.50~249.00	无法判明	0.0	9.0	
60	247.50	245.50~249.00	无法判明	0.0	270.0	
61	249.10	249.00~249.50	S4°W∠81°	2.1	17.4	
62	249.27	249.00~249.50	S46°E∠21°	0.0		界面
63	250.65	250.00~252.00	无法判明	0.0	12.0	
64	250.89	250.00~252.00	无法判明	0.0	10.0	
65	252.00	250.00~252.00	无法判明	0.0	13.0	
66	252.31	252.00~253.20	S15°W∠81°	5.4	16.3	

表 8-13　T2291 综放工作面采后观测钻孔数字全景摄像裂隙产状表（254.00~276.80 m）

编号	深度 H/m	观测区段	裂隙产状	裂隙宽度/mm		备注
				最小	最大	
67	255.05	254.00~256.00	S8°W∠84°	0.0	27.4	近垂直
68	255.65	254.00~256.00	无法判明	0.0	20.0	
69	256.56	254.00~256.00	无法判明	0.0	13.0	
70	257.09	256.00~257.80	S5°E∠84°	4.2	28.0	近垂直
71	260.55	259.50~261.40	S∠16°	4.7	18.0	
72	261.27	259.50~261.40	N16°W∠13°	0.0		界面
73	263.36	261.40~264.50	无法判明	0.0	13.0	
74	263.55	261.40~264.50	无法判明	0.0	32.0	
75	263.80	261.40~264.50	无法判明	0.0	20.0	
76	264.12	261.40~264.50	无法判明	0.0	6.0	
77	264.57	264.50~265.50	S17°E∠33°	6.5	20.0	
78	264.80	264.50~265.50	无法判明	3.5	12.3	
79	265.10	264.50~265.50	无法判明	3.4	10.2	
80	267.97	266.00~269.00	无法判明	0.0	85.0	
81	268.90	266.00~269.00	无法判明	0.0	9.0	
82	271.17	269.50~272.00	N2°E∠37°	0.0		界面
83	271.60	269.50~272.00	无法判明	0.0	1400.0	岩质较差
84	272.17	272.00~273.00	无法判明	0.0	16.0	
85	272.60	272.00~273.00	无法判明	0.0	33.0	
86	273.76	273.30~274.30	S9°W∠14°	8.3	14.5	
87	274.94	274.80~275.10	S12°W∠12°	9.2	13.8	
88	276.41	276.20~276.80	S4°W∠9°	8.5	16.3	

表 8-14　T2291 综放工作面采后观测钻孔数字全景摄像裂隙产状表（276.80~290.30 m）

编号	深度 H/m	观测区段	裂隙产状	裂隙宽度/mm		备注
				最小	最大	
89	277.05	277.00~278.00	S∠10°	0.0		
90	277.40	277.00~278.00	S2°W∠9°	0.0		
91	278.93	278.80~279.90	S32°W∠21°	8.4	16.5	
92	279.30	278.80~279.90	无法判明	0.0	3.0	
93	279.40	278.80~279.90	无法判明	0.0		
94	279.90	278.80~279.90	无法判明	0.0	5.0	
95	280.17	279.90~285.10	无法判明	0.0	22.0	
96	280.40	279.90~285.10	无法判明	0.0	18.0	
97	282.05	279.90~285.10	无法判明	0.0	27.0	
98	283.62	279.90~285.10	无法判明	0.0	19.0	
99	284.50	279.90~285.10	无法判明	0.0	12.0	

表 8 - 14（续）

编号	深度 H/m	观测区段	裂隙产状	裂隙宽度/mm		备 注
				最 小	最 大	
100	285.18	285.10 ~ 286.30	N2°W∠11°	0.0		界面
101	285.50	285.10 ~ 286.30	无法判明	0.0	25.0	
102	286.10	285.10 ~ 286.30	无法判明	0.0		
103	286.90	286.90 ~ 288.70	无法判明	0.0	21.0	
104	287.06	286.90 ~ 288.70	S33°E∠83°	0.0	15.3	
105	287.56	286.90 ~ 288.70	无法判明	0.0	12.0	
106	287.90	286.90 ~ 288.70	无法判明	0.0		
107	288.14	286.90 ~ 288.70	S88°W∠81°	5.3	17.6	
108	288.56	286.90 ~ 288.70	无法判明	0.0	27.0	
109	288.60	286.90 ~ 288.70	无法判明	0.0		
110	289.90	289.30 ~ 290.30	S5°E∠17°	0.0		

表 8 - 15 T2291 综放工作面采后观测钻孔数字全景摄像裂隙产状表（289.30 ~ 315.20 m）

编号	深度 H/m	观测区段	裂隙产状	裂隙宽度/mm		备 注
				最 小	最 大	
111	290.10	289.30 ~ 290.30	无法判明	0.0	60.0	
112	295.40	295.00 ~ 296.00	无法判明	0.0	13.0	
113	295.81	295.00 ~ 296.00	N32°W∠23°	0.0		界面
114	296.62	296.00 ~ 297.00	无法判明	0.0	14.0	
115	297.66	296.80 ~ 297.80	N82°W∠20°	9.6	16.0	
116	298.08	298.00 ~ 298.90	S44°E∠19°	5.2	15.1	
117	298.30	298.00 ~ 298.90	无法判明	0.0	10.0	
118	298.76	298.00 ~ 298.90	S42°E∠14°	9.5	15.5	
119	301.80	301.70 ~ 303.10	无法判明	0.0		界面
120	302.90	301.70 ~ 303.10	S48°E∠60°	9.2	13.6	
121	304.83	304.50 ~ 305.50	S61°E∠51°	0.0		界面
122	305.32	304.50 ~ 305.50	S18°W∠47°	0.0		
123	306.16	306.00 ~ 307.00	S44°E∠35°	0.0		
124	306.51	306.00 ~ 307.00	S75°E∠47°	0.0		界面
125	306.90	306.00 ~ 307.00	无法判明	0.0		
126	308.12	308.00 ~ 309.00	S7°E∠41°	0.0		界面
127	308.38	308.00 ~ 309.00	N12°W∠76°	0.0	9.6	
128	308.80	308.00 ~ 309.00	无法判明	0.0		
129	310.13	310.00 ~ 311.00	S65°E∠16°	12.3	20.0	
130	312.32	312.00 ~ 312.80	S14°W∠81°	0.0	13.5	
131	314.30	313.20 ~ 315.20	无法判明	0.0	20.0	
132	314.59	313.20 ~ 315.20	S4°W∠85°	0.0	14.5	

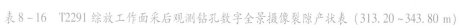

表 8-16 T2291 综放工作面采后观测钻孔数字全景摄像裂隙产状表（313.20~343.80 m）

编号	深度 H/m	观测区段	裂隙产状	裂隙宽度/mm 最 小	裂隙宽度/mm 最 大	备 注
133	314.78	313.20~315.20	无法判明	0.0	9.0	
134	314.92	313.20~315.20	无法判明	0.0	11.0	
135	317.58	317.00~319.00	无法判明	0.0	16.0	
136	318.03	317.00~319.00	无法判明	0.0	95.0	
137	319.10	319.00~319.50	N62°E∠47°	0.0	65.0	
138	319.39	319.00~319.50	S76°E∠58°	0.0		界面
139	324.40	324.30~325.30	N83°E∠14°	0.0		界面
140	324.49	324.30~325.30	N78°E∠20°	5.0	8.0	
141	324.57	324.30~325.30	S36°E∠11°	0.0		层面
142	325.01	324.30~325.30	S79°E∠13°	0.0		界面
143	325.03	324.30~325.30	S85°E∠24°	0.0		界面
144	325.23	324.30~325.30	N3°W∠19°	9.1	15.6	
145	326.15	325.90~327.00	S52°E∠33°	0.0		界面
146	326.26	325.90~327.00	S29°E∠52°	10.3	14.6	
147	326.58	325.90~327.00	无法判明	0.0	20.0	
148	326.76	325.90~327.00	S47°W∠53°	5.4	16.5	
149	327.39	327.00~328.00	S38°E∠35°	0.0		界面
150	338.04	337.80~339.60	S33°E∠15°	0.0		界面
151	339.98	339.60~340.60	N7°W∠82°	6.0	15.0	
152	341.41	341.20~341.70	S60°E∠18°	0.0		界面
153	342.36	342.20~343.80	S30°E∠6°	0.0		界面
154	342.53	342.20~343.80	无法判明	0.0	50.0	

表 8-17 T2291 综放工作面采后观测钻孔数字全景摄像裂隙产状表（342.20~363.20 m）

编号	深度 H/m	观测区段	裂隙产状	裂隙宽度/mm 最 小	裂隙宽度/mm 最 大	备 注
155	342.89	342.20~343.80	S38°W∠65°	0.0	15.0	
156	343.26	342.20~343.80	N77°W∠52°	7.2	14.8	
157	343.65	342.20~343.80	S42°E∠44°	6.1	10.5	
158	345.23	345.00~346.40	S66°E∠22°	4.0	8.6	
159	345.51	345.00~346.40	S76°E∠25°	11.0	15.1	
160	346.09	345.00~346.40	S55°W∠10°	11.2	16.3	
161	346.23	345.00~346.40	S3°E∠19°	23.1	30.4	
162	349.41	349.00~350.00	S47°E∠21°	0.0	25.0	
163	350.19	350.00~350.50	S5°E∠57°	0.0	10.0	
164	355.58	355.30~356.00	N8°E∠84°	10.0	20.4	
165	356.18	356.00~357.00	无法判明	0.0	16.0	

表 8-17（续）

编号	深度 H/m	观测区段	裂隙产状	裂隙宽度/mm		备 注
				最 小	最 大	
166	356.50	356.00~357.00	无法判明	0.0	13.0	
167	357.21	357.00~358.20	S24°E∠14°	8.2	14.3	界面
168	357.94	357.00~358.20	S12°W∠62°	4.6	12.5	
169	358.21	358.20~358.50	无法判明	0.0	37.0	
170	358.87	358.50~360.30	S79°E∠33°	0.0		界面
171	359.22	358.50~360.30	N22°E∠44°	25.0	40.0	
172	360.10	358.50~360.30	无法判明	0.0	19.0	
173	360.16	358.50~360.30	S44°E∠24°	0.0	15.0	
174	361.93	361.00~362.00	无法判明	0.0	90.0	
175	362.92	362.80~363.00	E∠13°	0.0		界面
176	363.03	363.00~363.20	N85°W∠36°	0.0		界面

表 8-18 T2291 综放工作面采后观测钻孔数字全景摄像裂隙产状表（363.00~392.40 m）

编号	深度 H/m	观测区段	裂隙产状	裂隙宽度/mm		备 注
				最 小	最 大	
177	363.35	363.00~364.00	无法判明	0.0	16.0	
178	364.04	364.00~364.50	S42°E∠20°	0.0		界面
179	365.96	365.50~367.20	S69°E∠11°	0.0		界面
180	366.86	365.50~367.20	N41°W∠69°	20.3	35.4	
181	368.32	367.50~369.40	S84°E∠51°	0.0	150	
182	368.69	367.50~369.40	S33°E∠20°	6.9	10.3	
183	371.14	371.00~373.00	S72°E∠18°	0.0		界面
184	372.04	371.00~373.00	S71°E∠13°	0.0		界面
185	372.11	371.00~373.00	S43°E∠15°	0.0		界面
186	374.50	374.30~374.60	S13°E∠14°	0.0		界面
187	376.00	375.80~377.10	S23°E∠47°	9.0	13.4	界面
188	376.91	375.80~377.10	S32°E∠18°	0.0		界面
189	381.22	381.00~383.00	N19°W∠60°	0.0	19.6	
190	381.77	381.00~383.00	N9°W∠44°	0.0	600.0	岩石破碎
191	382.40	381.00~383.00	无法判明	0.0	26.0	
192	383.42	383.20~385.20	S52°E∠10°	0.0	25.0	
193	384.19	383.20~385.20	N76°W∠61°	0.0		界面
194	388.08	387.00~388.40	S39°E∠27°	0.0		界面
195	389.09	389.80~390.20	S35°E∠39°	5.0	10.2	
196	391.66	391.20~392.40	S72°W∠9°	0.0		界面
197	391.84	391.20~392.40	S26°W∠8°	0.0		界面
198	392.19	391.20~392.40	S43°E∠3°	0.0	15.0	

表 8-19 T2291 综放工作面采后观测钻孔数字全景摄像裂隙产状表（391.20~432.10 m）

编号	深度 H/m	观测区段	裂隙产状	裂隙宽度/mm		备注
				最小	最大	
199	392.31	391.20~392.40	S37°E∠8°	0.0	50.0	
200	394.52	394.00~395.00	N79°W∠73°	9.7	16.5	
201	399.75	398.50~402.00	S27°E∠82°	5.0	30.0	
202	400.69	398.50~402.00	S29°E∠32°	10.0	19.7	
203	401.87	398.50~402.00	S30°E∠23°	0.0		层面
204	404.78	404.50~405.00	S19°E∠49°	4.4	17.9	
205	406.10	406.00~408.60	S84°E∠4°	0.0		界面
206	406.19	406.00~408.60	N87°E∠10°	0.0		界面
207	407.16	406.00~408.60	S41°W∠72°	5.6	9.7	
208	407.63	406.00~408.60	N53°E∠12°	0.0	10.6	
209	407.75	406.00~408.60	S24°E∠42°	0.0	8.0	
210	407.97	406.00~408.60	S7°E∠52°	0.0		界面
211	408.15	406.00~408.60	S21°W∠31°	0.0		界面
212	410.93	410.80~413.50	N8°E∠10°	0.0		界面
213	411.62	410.80~413.50	N2°E∠74°	6.0	15.4	
214	413.21	410.80~413.50	S50°E∠16°	15.0	22.0	
215	413.39	410.80~413.50	S53°E∠14°	16.3	24.4	
216	415.97	415.60~416.50	S21°W∠83°	0.0	10.3	
217	420.52	420.00~421.30	S44°W∠84°	0.0	16.5	
218	425.71	425.50~428.20	N83°E∠28°	0.0		界面
219	425.90	425.50~428.20	S58°E∠62°	0.0		界面
220	430.36	429.50~432.10	S12°E∠16°	0.0		

表 8-20 T2291 综放工作面采后观测钻孔数字全景摄像裂隙产状表（429.50~463.80 m）

编号	深度 H/m	观测区段	裂隙产状	裂隙宽度/mm		备注
				最小	最大	
221	430.43	429.50~432.10	N65°E∠36°	0.0		
222	431.96	429.50~432.10	S68°E∠68°	7.6	15.6	
223	433.73	433.60~434.00	N80°E∠15°	0.0		界面
224	433.77	433.60~434.00	S52°W∠24°	0.0		界面
225	435.78	335.50~437.50	N73°W∠72°	0.0	10.9	
226	436.70	435.50~437.50	S49°W∠10°	0.0	10.0	
227	442.80	442.60~445.40	S64°E∠53°	0.0		界面
228	444.10	442.60~445.40	无法判明	0.0	1400.0	破碎
229	446.70	446.20~447.20	S20°W∠81°	0.0	9.7	
230	448.47	447.20~448.70	S63°E∠27°	0.0		界面
231	451.57	451.00~454.40	S12°E∠12°	0.0		界面

表 8 - 20（续）

编号	深度 H/m	观测区段	裂隙产状	裂隙宽度/mm		备 注
				最 小	最 大	
232	452.42	451.00 ~ 454.40	S8°W∠80°	0.0		界面
233	453.61	451.00 ~ 454.40	S21°W∠83°	5.3	12.2	
234	454.19	451.00 ~ 454.40	S13°W∠49°	6.1	14.3	
235	455.97	455.80 ~ 458.30	S9°W∠55°	0.0		界面
236	457.08	455.80 ~ 458.30	N66°E∠45°	0.0	19.6	
237	457.52	455.80 ~ 458.30	N7°W∠38°	0.0		界面
238	458.12	455.80 ~ 458.30	S37°E∠5°	0.0		界面
239	459.22	458.40 ~ 463.80	S11°W∠70°	0.0	19.6	
240	459.99	458.40 ~ 463.80	S66°E∠15°	0.0		界面
241	460.28	458.40 ~ 463.80	N76°E∠18°	0.0		界面
242	460.47	458.40 ~ 463.80	S14°W∠82°	9.6	20.7	

表 8 - 21　T2291 综放工作面采后观测钻孔数字全景摄像裂隙产状表（458.40 ~ 503.30 m）

编号	深度 H/m	观测区段	裂隙产状	裂隙宽度/mm		备 注
				最 小	最 大	
243	461.71	458.40 ~ 463.80	N74°W∠82°	0.0	25.0	
244	461.83	458.40 ~ 463.80	S70°E∠16°	0.0		界面
245	466.05	465.90 ~ 469.00	S18°W∠49°	0.0		界面
246	469.00	465.90 ~ 471.00	无法判明	0.0		
247	470.80	465.90 ~ 471.00	无法判明	0.0		
248	474.00	472.50 ~ 475.50	S64°E∠21°	12.6	21.7	
249	475.00	472.50 ~ 475.50	无法判明	0.0		
250	475.32	472.50 ~ 475.50	S∠81°	9.4	16.2	
251	475.90	475.00 ~ 478.00	无法判明	0.0	10.0	
252	476.33	475.00 ~ 478.00	S7°E∠15°	12.8	19.3	
253	476.90	475.00 ~ 478.00	无法判明	0.0	15.0	
254	477.75	475.00 ~ 478.00	S9°E∠35°	0.0	22.3	
255	480.37	480.00 ~ 483.50	S29°E∠21°	15.6	24.3	
256	484.20	484.00 ~ 486.50	S4°E∠42°	9.0	13.4	岩脉
257	485.02	484.00 ~ 486.50	S15°W∠44°	0.0		界面
258	486.33	484.00 ~ 486.50	S44°W∠67°	0.0	19.4	
259	488.77	487.60 ~ 493.40	S42°W∠30°	0.0		界面
260	490.57	487.60 ~ 493.40	N71°W∠55°	0.0	11.6	
261	493.16	487.60 ~ 493.40	N18°W∠9°	0.0		界面
262	494.39	494.00 ~ 499.00	S80°W∠59°	0.0	16.3	
263	500.11	499.00 ~ 503.30	S29°W∠51°	0.0		界面
264	500.72	499.00 ~ 503.30	S82°E∠20°	0.0		界面

表8-22 T2291综放工作面采后观测钻孔数字全景摄像裂隙产状表 (499.00~534.50 m)

编号	深度 H/m	观测区段	裂隙产状	裂隙宽度/mm		备注
				最 小	最 大	
265	501.03	499.00~503.30	S10°W∠17°	0.0		界面
266	502.36	499.00~503.30	S45°W∠73°	0.0		界面
267	506.63	504.80~508.50	S19°W∠82°	9.1	24.5	
268	510.10	510.00~512.20	N83°E∠22°	0.0		界面
269	511.05	510.00~512.20	S38°W∠34°	6.4	17.2	
270	511.63	510.00~512.20	S22°E∠18°	5.9	13.4	
271	513.37	513.00~516.70	S68°W∠41°	0.0	13.5	岩脉
272	516.40	513.00~516.70	S79°E∠33°	0.0		界面
273	519.18	517.00~519.50	S50°E∠64°	0.0	19.5	岩脉
274	522.41	522.00~527.00	S40°E∠7°	4.1	12.3	岩脉
275	529.43	529.00~534.50	S40°E∠13°	9.2	16.5	
276	532.34	529.00~534.50	S34°E∠17°	0.0		界面
277	532.48	529.00~534.50	S35°E∠15°	17.4	23.2	
278	533.10	529.00~534.50	S57°E∠31°	0.0		界面
279	534.05	529.00~534.50	S50°W∠52°	13.6	17.4	

3. T2291综放工作面采后观测钻孔数字全景摄像段裂隙研究

1) T2291综放工作面采后钻孔摄像范围内裂隙分组统计

在表8-10至表8-22所列279条裂隙中，能判明产状的有182条，其中缓倾角（$0° < \theta < 30°$）的裂隙89条，占48.90%；中倾角（$30° < \theta < 60°$）的裂隙51条，占28.02%；陡倾角（$60° < \theta < 90°$）的裂隙42条，占23.08%。按裂隙方位分，NE向24条，占13.19%；NW向19条，占10.44%；SW向49条，占26.92%；SE向90条，占49.45%。能判明产状的裂隙分组统计情况见表8-23，裂隙以缓倾角为主，SE向最多。

表8-23 T2291综放工作面采后钻孔数字全景摄像段能判别产状裂隙分组

摄像深度	173.30~538.70 m											
倾角 θ	缓倾角（$0° < \theta < 30°$, 89条）				中倾角（$30° < \theta < 60°$, 51条）				陡倾角（$60° < \theta < 90°$, 42条）			
倾向	NE	NW	SW	SE	NE	NW	SW	SE	NE	NW	SW	SE
裂隙分组	15	6	14	54	6	6	12	27	3	7	23	9

2) 采后覆岩钻孔摄像段按裂隙密度分组

自观测钻孔深度173.30~538.70 m进行数字全景摄像资料发现279条裂隙，在全长365.40 m平均裂隙密度为0.76条/m，其中273.30~292.10 m段裂隙密度最大，为1.44条/m；503.30~538.70 m段裂隙密度最小，为0.35条/m。分段计算裂隙密度见表8-24。

表 8 - 24　T2291 综放工作面采后钻孔数字全景摄像段裂隙密度

起始深度/m	结束深度/m	裂隙密度/(条·m⁻¹)	起始深度/m	结束深度/m	裂隙密度/(条·m⁻¹)
173.30	186.10	0.47	323.30	373.30	0.94
186.10	223.30	0.97	373.30	423.30	0.66
223.30	273.30	0.86	423.30	469.70	0.63
273.30	292.10	1.44	469.70	503.30	0.63
292.10	323.30	0.74	503.30	538.70	0.35

3）采后观测钻孔摄像段按裂隙宽度分组

按裂隙宽度来分，可得采后观测钻孔数字全景摄像段按隙宽分组（表 8 - 25）。从表中可知隙宽在 20 mm 以下的裂隙有 225 条，占 80.65%；隙宽在 20 mm 以上的裂隙有 54 条，占 19.35%。统计裂隙的总体积为 0.116 m³，占摄像段钻孔体积的 4.88%。覆岩钻孔数字全景摄像成果提示，覆岩离层注浆既要对少数大隙宽的裂隙进行充分注浆充填，也要重视对大量的小隙宽裂隙注浆充填，才能收到较好的减沉效果。

表 8 - 25　T2291 综放工作面采后观测钻孔数字全景摄像段按裂隙宽度分组

统计深度/m	173.30 ~ 538.70			
隙宽/mm	$0 < \mu < 10$	$10 < \mu < 20$	$20 < \mu < 50$	$\mu > 50$
裂隙条数/条	118	107	35	19

8.1.4　T2291 综放工作面采前与采后钻孔数字全景摄像对比研究

1. T2291 综放工作面开采前、后观测钻孔数字全景摄像对比段范围

T2291 综放工作面开采前的覆岩运动观测钻孔数字全景摄像范围为 199.65 ~ 414.05 m，累计摄像长度为 214.40 m；T2291 综放工作面开采后的观测钻孔数字全景摄像范围为 173.30 ~ 538.70 m，累计摄像长度为 365.40 m。为便于进行开采前、后覆岩裂隙变化的对比，将前后两次的相同摄像长度的 199.65 ~ 414.05 m 段来作分析比较。

2. T2291 综放工作面开采前、后观测钻孔数字全景摄像对比段研究

1）开采前、后观测钻孔对比段数字全景摄像段裂隙变化分析

T2291 综放工作面开采前观测钻孔 199.65 ~ 414.05 m 数字全景摄像段裂隙 136 条，平均裂隙密度为 0.67 条/m，其中 266.01 ~ 314.00 m 段裂隙密度最大，为 1.10 条/m；314.01 ~ 385.00 m 段裂隙密度最小，为 0.34 条/m。

T2291 综放工作面开采后观测钻孔对应段数字全景摄像反映裂隙 204 条，平均裂隙密度为 0.95 条/m，比开采前平均裂隙密度增加 50.79%，其中原裂隙密度最大的 266.01 ~ 314.00 m 段裂隙密度为 1.06 条/m，与采前基本相同；而原裂隙密度最小的 314.01 ~ 385.00 m 段裂隙密度为 0.89 条/m，采后比采前增加 55.00%。

由此可见，T2291 综放工作面开采后覆岩运动使 199.65 ~ 414.05 m 段岩层平均裂隙增加，且在原裂隙密度最小段、也是较靠近工作面的岩层裂隙密度增加表现突出。

2）开采前、后观测钻孔对比段数字全景摄像段岩层图像对比分析

将 T2291 综放工作面开采前、后观测钻孔深 199.65 ~ 414.05 m 段的数字全景摄像岩层图像进行

对比分析，可以看出工作面开采前后覆岩岩层的裂隙有明显变化：如图 8－6 至图 8－10 所示，在观测钻孔 6 号测点以上段（356.50～201.00 m）采前较致密的岩层中，在工作面开采后产生明显的离层；图 8－11 至图 8－13 反映了 4～6 号测点之间（401.00～356.50 m）采后岩层中裂隙增多、裂隙

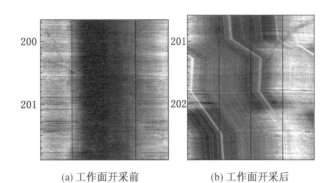

(a) 工作面开采前　　　　(b) 工作面开采后

图 8－6　T2291 综放工作面开采前后孔深 201.00 m 处数字全景摄像图

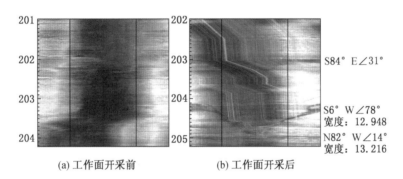

(a) 工作面开采前　　　　(b) 工作面开采后

图 8－7　T2291 综放工作面开采前后孔深 203.03 m 处数字全景摄像图

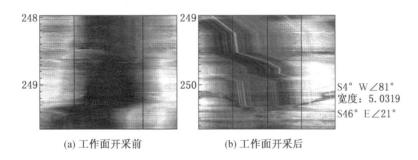

(a) 工作面开采前　　　　(b) 工作面开采后

图 8－8　T2291 综放工作面开采前后孔深 250.10 m 处数字全景摄像图

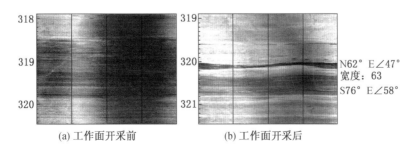

(a) 工作面开采前　　　　(b) 工作面开采后

图 8－9　T2291 综放工作面开采前后孔深 320.10 m 处数字全景摄像图

宽度增大，这为覆岩离层注浆减少地面沉陷的机理提供了有力的佐证。

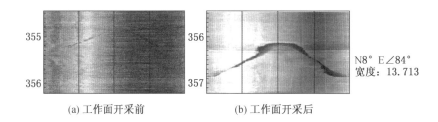

(a) 工作面开采前　　　　　　(b) 工作面开采后

图 8 - 10　T2291 综放工作面开采前后孔深 356.50 m 处数字全景摄像图

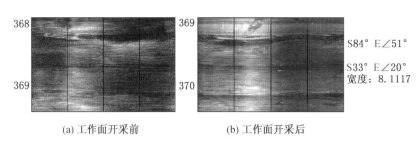

(a) 工作面开采前　　　　　　(b) 工作面开采后

图 8 - 11　T2291 综放工作面开采前后孔深 370.00 m 处数字全景摄像图

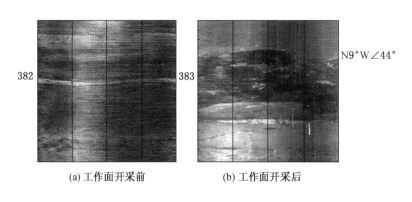

(a) 工作面开采前　　　　　　(b) 工作面开采后

图 8 - 12　T2291 综放工作面开采前后孔深 383.00 m 处数字全景摄像图

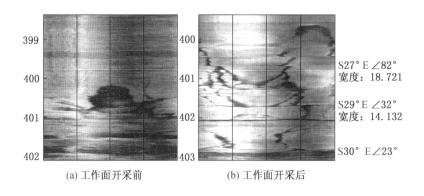

(a) 工作面开采前　　　　　　(b) 工作面开采后

图 8 - 13　T2291 综放工作面开采前后孔深 401.00 m 处数字全景摄像图

3. T2291 综放工作面开采前、后观测钻孔对比段裂隙发育规律研究

1）T2291 综放工作面开采前、后观测钻孔对比段裂隙统计

为研究采后覆岩离层发育程度，对 T2291 综放工作面开采前后两个钻孔深 200～400 m 段的数字全景摄像进行岩层内裂隙条数变化和裂隙宽度变化统计分析。T2291 综放工作面开采前、后两个钻孔孔深 200～400 m 段的数字全景摄像统计岩层内缓倾角裂隙条数（T）与宽度总和（W）数值见表 8-26。表中 ΔT 与 ΔW 分别表示开采前、后裂隙条数（T）与裂隙宽度总和（W）的变化值。

表 8-26　T2291 综放工作面开采前、后观测钻孔孔深 200～400 m 段缓倾角裂隙统计表

孔深 200～400 m	采前裂隙条数 T_1	采前裂隙宽度总和 W_1/mm	采后裂隙条数 T_2	采后裂隙宽度总和 W_2/mm	开采前后裂隙条数变化值 ΔT	开采前后裂隙宽度总和变化值 ΔW/mm
合计	52	1621.3	58	4087.6	6	2466.3

2）T2291 综放工作面开采前、后观测钻孔对比段裂隙发育规律

由表 8-26 分析 T2291 综放工作面开采前、后孔深 200～400 m 段岩层内缓倾角裂隙发育有以下规律：

（1）观测钻孔对比段采后岩层裂隙条数增加。

T2291 综放工作面开采前孔深 200～400 m 对比段岩层内缓倾角裂隙条数 52 条，开采后该段岩层内缓倾角裂隙条数 58 条，表明覆岩经过采动产生位移、下沉后，覆岩内产生了新的裂隙，在对比段中裂隙条数增加了 6 条，增加率为 11.54%。

（2）观测钻孔对比段采后岩层裂隙宽度增加。

T2291 综放工作面开采前孔深 200～400 m 对比段岩层内缓倾角裂隙宽度总和合计 1621.3 mm，开采后该段岩层内裂隙宽度总和合计 4087.6 mm，表明覆岩经过采动岩层产生下沉、离层后，在对比段中裂隙扩大和新增裂隙，裂隙宽度总和增加了 2466.3 mm，增加率为 152.12%。

8.2　覆岩离层注浆减沉机理验证研究

开滦唐山矿特厚京山铁路煤柱首采区采用井下综放开采与地面钻孔覆岩离层注浆减沉的组合技术，实现了地下煤炭生产安全高效和保证地面铁路安全运输的目的。但覆岩离层注浆注入的大量浆液它们是以何种形态存在于覆岩离层中，今后是否会对井下煤矿生产形成安全隐患，覆岩离层注浆是如何起到减沉作用等问题亟待验证。为此，开滦唐山矿在京山铁路煤柱首采区地面钻孔覆岩离层注浆减沉井下特厚煤层综放安全高效开采结束之后，为验证覆岩离层注浆减沉机理，检验地下覆岩离层注浆隐蔽工程效果，消除覆岩离层注浆引发的安全疑虑，采用从地面向覆岩离层注浆层位新打验证钻孔来进行探秘。

8.2.1　覆岩离层注浆减沉机理验证钻孔设置

1. 验证钻孔的设计

为使覆岩离层注浆验证更具代表性，开滦唐山矿选择在恰当时间、最佳位置施工钻孔并开展验证工作。

1）验证钻孔施工时间安排

在唐山矿京山铁路煤柱首采区采完最后一个工作面——T2193下综放工作面收坑和地面注浆结束后，此时平均走向 919 m、倾斜 821 m 范围内 11.28 m 厚的首采区 8～9 煤层合区已全部开采完毕，以平均埋深 653 m 计算，其采动系数达 1.26，已属充分采动。地面钻孔覆岩离层注浆在维持长时间 3 MPa 以上压力注浆后的 2008 年 2 月 21 日停止了注浆。验证钻孔施工安排在地面沉降趋稳、同时为防止钻孔钻进过程出现浆液喷孔等意外情况可能出现，决定在停止注浆 6 个月后的 2008 年 8 月施工

覆岩离层注浆减沉机理验证钻孔。

2）验证钻孔位置选择

为能够准确反映京山铁路煤柱首采区覆岩离层注浆的最终效果，验证钻孔孔位选择在首采区开采沉陷盆地中央、覆岩离层注浆较充分，地表环境具备施工和验证条件的地点。经过比选，确定验证钻孔的孔位在T2193$_下$综放工作面原2号注浆孔附近，此处靠近整个首采区的中央，注浆量比较大、注采比达34.70%为首采区最高，验证具有代表性。验证钻孔具体位置如图8-14所示。

图8-14 覆岩离层注浆减沉机理验证钻孔在T2193$_下$综放工作面位置图

3）验证钻孔结构设计

T2193$_下$综放工作面原2号注浆孔孔深477 m，孔底位于8~9煤层合区顶板以上200 m，注浆段为孔底以上的覆岩岩层。设计验证钻孔终孔深度为480 m，超过原2号注浆孔孔深，以便检验整个覆岩离层注浆段注浆效果。验证钻孔结构为：基岩风化带及以上220 m段孔径ϕ190 mm，下ϕ168 mm护壁套管，底部30 m水泥固井；以下基岩段裸孔取芯钻进至480 m，孔径ϕ113 mm、取芯长度260 m，验证钻孔结构如图8-15所示。验证钻孔在完成覆岩离层注浆效果检验后，还可延深将来用于观测导水裂隙带高度和工作面瓦斯抽放，实现一孔多用。

2. 验证钻孔的施工

1）验证钻孔施工过程

验证钻孔施工使用TXJ-1600A型钻机、ϕ60 mm钻杆和22.5 m"人"字型钻塔，按照验证钻孔设计要求，以孔径ϕ190 mm钻进至基岩风化带以下、深218.33 m，然后下入ϕ168 mm护壁套管、底部30 m水泥固井；自孔深218.33 m以下以孔径ϕ113 mm取芯钻进到479.90 m，取芯段长度为261.57 m，实际采取的岩芯长236.48 m，岩芯采取率90.41%。

2）验证钻孔施工现场管理

为保证钻孔施工安全和岩层取芯的顺利，验证钻孔施工现场采取以下措施加强管理：

（1）现场设置专门的泥浆管理人员，对泥浆质量和消耗情况进行检测，保证泥浆供给优质充足。

（2）安排地质工程师在现场值班，对取出的岩芯进行详细分层和描述，特别是裂隙发育、岩石破碎情况、岩芯粉煤灰充填情况等做好详细的描述和记录。

（3）加强安全管理，包括加强设备检修和人员操作培训。施工中密切关注孔内钻进情况变化，做好防止浆液井喷的预案；认真记录离层带钻机压力和进尺速度变化情况，为监测离层带粉煤灰充填层位提供第一手资料。

3. 验证钻孔施工取得的成果

通过精心组织、精心施工，顺利完成覆岩离层注浆机理验证钻孔设计规定的各项工作，取得了令人满意的成果。

（1）针对离层带中充填的粉煤灰取芯难题，钻进使用新型的优质化学泥浆材料，制成的泥浆黏度高、比重轻、不失水，能够在孔内形成很好的保护层，同时采用双管单动取芯管，提高了破碎岩石和粉煤灰充填物的取芯率，岩芯采取率达90.41%。

（2）通过钻进过程中钻机压力和进尺速度变化情况分析，判定钻进压力在0.8~1.2 MPa、压力

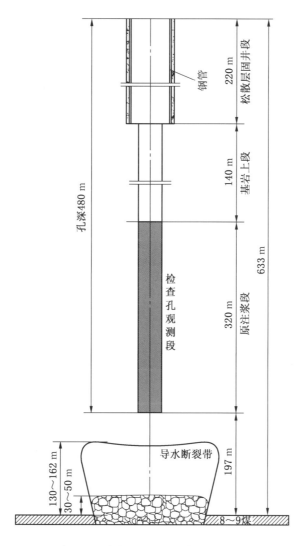

图 8-15 首采区覆岩离层注浆减沉机理验证孔结构示意图

表指针较稳定时，属在正常地层钻进；如发现钻进在同等压力下进尺较快或钻机压力表指针摆动明显时，表示在粉煤灰充填的离层带中钻进，此时取出的岩芯中有压实的粉煤灰固结体块，或岩石碎块与粉煤灰的固结物，为岩芯层位和岩性描述提供参考。

（3）验证钻孔施工中未出现井喷现象，证明粉煤灰浆液注入覆岩离层空间后，在覆岩压力作用下沉淀析出的注浆水通过岩层裂隙及孔隙渗流到相邻岩层中，压实的粉煤灰在覆岩离层中发挥着充填空间、支撑上部岩层的减沉作用，有力地印证了覆岩离层注浆减沉机理。

8.2.2 通过钻孔取芯验证注浆减沉机理

1. 验证钻孔取芯情况

验证钻孔取芯钻进 261.57 m，在此段共采取了 236.48 m 长岩芯，其中：

（1）在 427 m 以上岩芯比较完整，未见粉煤灰充填迹象，如图 8-16 所示。

（2）在 428 m 以下岩芯比较破碎，多处见粉煤灰和岩石混合的固结物，如在 455.30～461.29 m、477.40～478.40 m、479.60～479.90 m 等段多处岩层离层中有粉煤灰与破碎岩块混合固结物，如图 8-17所示。

（3）在 439.07～439.67 m、452.61～453.02 m、457.26～457.56 m、465.61～465.92 m、

468.54~468.74 m 等段取出了粉煤灰固结体，如图 8-18 所示，其中 433.41~435.50 m 处岩芯缺失，很可能是粉煤灰固结体因强度低未能取出。表 8-27 详细记录了检验钻孔取芯具有粉煤灰充填特征的层位情况。

图 8-16　验证钻孔在 427 m 以上取出的完整岩芯照片（无粉煤灰充填迹象）

2. 钻孔取芯验证注浆减沉机理

在原 T2193$_{下}$ 综放工作面覆岩离层注浆减沉的设计中，对覆岩岩层岩性与厚度进行分析，预计在 2 号注浆孔深 471 m、430 m、415 m、367 m 四处将产生离层，见表 8-28。

(a) 验证钻孔在 428 m 以下取出的粉煤灰与岩块固结物的破碎岩芯照片

(b) 验证钻孔在428 m以下取出的粉煤灰与岩块固结物的破碎岩芯照片

图 8-17 验证钻孔取出的粉煤灰与岩块固结物的破碎岩芯照片

通过验证钻孔采取岩芯表明，粉煤灰主要沉积在2号注浆孔预计离层层位Ⅰ~Ⅱ范围内，而在Ⅲ、Ⅳ预计离层层位附近未见粉煤灰充填迹象，岩芯的破碎程度也反映了T2193$_{\text{下}}$综放工作面采后覆岩离层发育的高度。据此可得出以下验证结论：

(a) 验证钻孔在428 m以下取出的粉煤灰固结体的岩芯照片

(b) 验证钻孔在428 m以下取出的粉煤灰固结体的岩芯照片

(c) 验证钻孔在428 m以下取出的粉煤灰固结体的岩芯照片

图8-18　验证钻孔取出的粉煤灰固结体的岩芯照片

表8-27　验证钻孔取芯具有粉煤灰充填特征层位表　　　　　　　　m

孔　深	层　号	厚　度	深　度	备　注
431.80～439.67	1 号	2.09	435.50	粉煤灰固结体
	2 号	0.60	439.67	粉煤灰与破碎岩块固结物
447.50～458.00	1 号	0.58	448.82	粉煤灰与破碎岩块固结物
	2 号	0.30	450.90	粉煤灰与破碎岩块固结物

表 8-27（续） m

孔 深	层 号	厚 度	深 度	备 注
447.50～458.00	3 号	0.41	453.02	粉煤灰与破碎岩块固结物
	4 号	0.30	457.56	粉煤灰固结体
460.69～479.90	1 号	0.60	461.29	粉煤灰与破碎岩块固结物
	2 号	0.31	465.92	粉煤灰固结体
	3 号	0.20	468.74	粉煤灰固结体
	4 号	1.00	478.40	粉煤灰与破碎岩块固结物
	5 号	0.30	479.90	粉煤灰与破碎岩块固结物

表 8-28 T2193下综放工作面覆岩离层注浆 2 号钻孔预计离层层位表 m

预计离层层位	2 号孔深度	离层上、下位岩层岩性	层 厚
IV	367	细砂岩	3.45
		泥岩	1.20
III	415	粗砂岩	12.80
		泥岩	2.30
II	430	细砂岩	9.15
		泥岩	2.65
I	471	中砂岩	3.25
		泥岩	4.95
钻孔终孔	477		

1）覆岩离层中充填的粉煤灰起到减沉作用

2 号注浆孔在 T2193下综放工作面开采形成的覆岩导水裂隙带以上岩层中出现的离层进行了及时、充足的注浆，发挥了承压浆液支托上部岩层、在离层空间形成压实灰充填支撑和浆液使软岩体积膨胀减少上部岩层下沉作用，从而有效地阻止了覆岩离层向上发展的趋势，使覆岩离层发育的高度比原覆岩离层注浆设计预计离层发生的高度要低，充分验证了覆岩离层注浆减沉的科学机理。

2）拓展对覆岩离层规律的新认识

通过首采区覆岩离层注浆减沉验证钻孔采取的岩芯中粉煤灰赋存状态分析，对覆岩离层规律的认识有了新拓展。粉煤灰作为注浆充填材料流动性好，在覆岩离层注浆技术的应用中，只要覆岩一出现离层，它就能渗入、充填其缝隙中，随其发展而及时、充分注入，从而形成粉煤灰固结体或粉煤灰与破碎岩块混合固结物。从 431.80～479.90 m 段的岩芯中见到 11 层粉煤灰固结体或粉煤灰与破碎岩块混合固结物的事实，破除了原来对覆岩离层只能在特定的上下岩层的界面产生的机械认识，表明覆岩离层不仅可能在多个上下岩层界面产生，而且也可能在岩层内部产生，形成离层裂隙群。这也与 T2294 综放工作面和 T2291 综放工作面覆岩运动观测成果相对应，也与 T2291 综放工作面覆岩运动观测孔数字式全景录像反映的情况相一致。覆岩离层规律认识的新拓展，对改进覆岩离层注浆技术提出了新要求。

8.2.3 通过钻孔物探测井验证注浆减沉机理

1. 验证钻孔物探测井情况

由于粉煤灰固结体和粉煤灰与破碎岩块混合固结物与岩层在物理性能上存有差别，可以通过物探技术进一步检测覆岩离层注浆的情况，因此在验证钻孔完井后按照《煤田地质勘探规范》进行了测井。

验证钻孔测井使用 TYSC-3Q 数字测井仪，采集 6 种参数数据：视电阻率、自然伽玛、长源距伽玛伽玛、短源距伽玛伽玛、声速和孔径。

其中：视电阻率为三侧向聚焦电阻率，电极系数 $k = 0.155$；

自然伽玛用于测定岩性，经测试粉煤灰的天然放射性数值与粉砂岩相当；

短源距伽玛伽玛源距 200 mm、源强 62mCi，其对低密度薄层反应灵敏；

长源距伽玛伽玛源距 350 mm；

声速发射频率 15 次/s，声波频率 24 kHz；

井径尺度 60 ~ (300 ± 10) mm；

测井深度 210 ~ 480m，长 270m。

2. 验证钻孔测井成果

将测井获得的参数进行对比分析，发现在孔深 430 m 以下有粉煤灰固结体和粉煤灰与破碎岩块混合固结物 9 层，其主要特征为短源距伽玛伽玛曲线异常明显，声波速度偏低（350 ~ 450 μs/m），视电阻率偏低（20 ~ 120 Ω·m），详见表 8-29。测井曲线如图 8-19 所示。

表 8-29 验证钻孔粉煤灰充填层测井参数统计表

层号	厚度/m	深度/m	自然伽玛 API	声速/(μs·m⁻¹)	短源距伽玛伽玛 CPS	视电阻率/(Ω·m)
1	2.20	434.40	70 ~ 120	350 ~ 450	3100	80 ~ 120
2	0.60	439.30	80	450 ~ 480	2300	20
3	0.58	447.60	100	450	2200	20
4	0.30	450.90	100	350	2100	30
5	0.41	453.02	100	380	2100	25
6	0.30	457.56	80	400	2200	20
7	0.40	460.99	100	400	2300	25
8	0.31	465.92	90	360	2100	25
9	0.37	468.74	90	400	2000	25
其他岩层（360 ~ 480 m）			30 ~ 150	300	1700	20 ~ 320

将测井成果与钻探取芯相对照，二者基本吻合。都是在 430 m 以深发现有粉煤灰固结体和粉煤灰与破碎岩块混合固结物多层。由此可见，粉煤灰浆用于注入覆岩离层中，其赋存形态或是粉煤灰固结体，或是粉煤灰与破碎岩块固结物，起到阻止了覆岩离层向上发展的作用，实现注浆减沉的目的。

8.2.4 通过钻孔数字全景摄像验证注浆减沉机理

1. 验证钻孔数字全景摄像情况

为进一步探究覆岩离层注浆减沉机理和检验覆岩离层注浆效果，开滦唐山矿于 2008 年 11 月 30 日仍委托中国科学院武汉岩土力学研究所对验证钻孔应用数字全景钻孔摄像技术，自孔深 285 ~ 480 m 处进行数字全景摄像，累计摄像长度 195 m，并对图像进行分析。

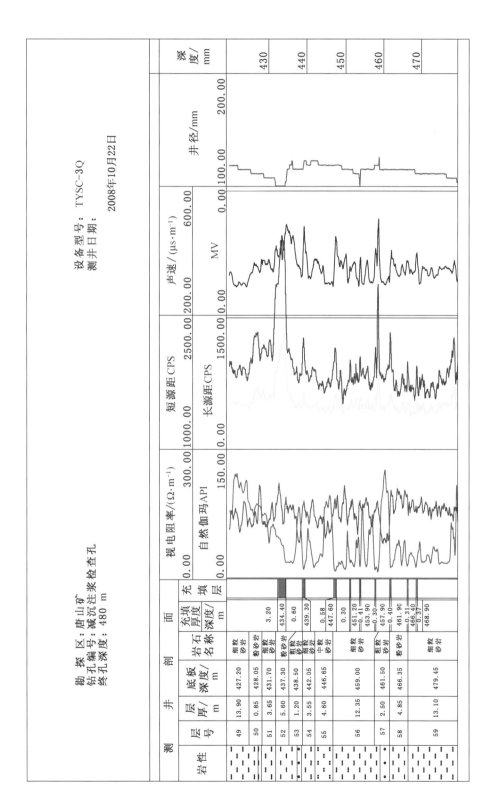

图 8 - 19　覆岩离层注浆机理验证钻孔物探测井曲线图

1）验证钻孔数字全景摄像反映采后覆岩裂隙情况

验证钻孔数字全景摄像发现该段有 32 处较大的裂隙破碎面（节理、裂隙、层理、夹层、界面等），能判明产状的 16 条，其中 SE 向 3 条，SW 向 5 条，NW 向 4 条，NE 向 4 条，其余为垂直裂隙或近垂直裂隙。

节理裂隙分组情况见表 8－30 和表 8－31。

表 8－30　验证钻孔数字全景摄像段（285～480 m）节理裂隙分组表

倾角 θ	缓倾角（$0°<\theta<30°$）				中倾角（$30°<\theta<60°$）				陡倾角（$60°<\theta<90°$）			
倾向	NE	NW	SW	SE	NE	NW	SW	SE	NE	NW	SW	SE
裂隙分组	3	1	0	3	—	2	1	—	1	1	4	—

表 8－31　验证钻孔数字全景摄像段（285～480 m）按宽度节理裂隙分组表

隙宽/mm	$0<\mu<100$	$101<\mu<1000$	$1001<\mu<2000$
裂隙分组	4	8	4

2）验证钻孔数字全景摄像反映粉煤灰充填覆岩裂隙情况

分析验证钻孔数字全景钻孔摄像段图像，发现在孔深 350 m 以下有粉煤灰充填的覆岩裂隙达 16 处，且有的裂隙较宽，在 195 m 摄像段内，粉煤灰充填覆岩裂隙厚度统计见表 8－32 和表 8－33。

表 8－32　验证钻孔数字全景摄像段（285～480 m）有粉煤灰充填物裂隙统计表

层号	起始深度/m	结束深度/m	范围/m	层号	起始深度/m	结束深度/m	范围/m
1	383.3	383.3	0.018	9	448.3	448.6	0.30
2	395.2	395.2	0.044	10	452.3	452.6	0.30
3	399.5	399.5	0.011	11	453.3	453.7	0.40
4	401.7	402.6	0.90	12	458.8	459.15	0.35
5	403.6	403.9	0.30	13	460.1	460.5	0.40
6	410.5	411.1	0.60	14	465.1	466.6	1.50
7	415.8	415.9	0.10	15	472.0	474.0	2.00
8	433.5	434.6	1.10	16	477.1	478.6	1.50

表 8－33　验证钻孔数字全景摄像段（285～480 m）有粉煤灰充填物裂隙产状表

层号	深度/m	裂隙产状	备　注
1	383.3	S44°W $\angle$58°	粉煤灰充填线
2	395.2	S29°W $\angle$78°	粉煤灰充填线
3	399.5	S36°W $\angle$75°	粉煤灰充填线
4～5	401.7～403.6	N46°W $\angle$66°	有两条粉煤灰充填线
6	410.5～411.1		不规则裂隙有粉煤灰充填线

表8-33（续）

层号	深度/m	裂隙产状	备 注
7	415.8~415.9	S47°E ∠23°	粉煤灰充填线
8	433.5~434.6		有厚度不等的粉煤灰充填线
9	448.3~448.6		粉煤灰充填线
10	452.3~452.6		粉煤灰充填线
11	453.3~453.7		粉煤灰充填线
12	458.8~459.15		粉煤灰充填线
13	460.1~460.5		粉煤灰充填线
14	465.1~466.6		粉煤灰充填线
15	472.0~474.0		有多层厚度不等的粉煤灰充填线
16	477.1~478.6		不规则裂隙有粉煤灰充填线

验证钻孔数字全景钻孔摄像段的 385 m 和 473 m 处粉煤灰充填覆岩裂隙图像如图 8-20 和图 8-21所示。

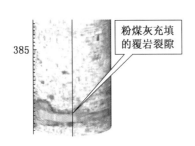

图 8-20 验证钻孔深 385 m 处数字全景摄像图

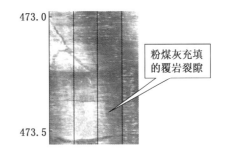

图 8-21 验证钻孔深 473 m 处数字全景摄像图

2. 验证钻孔数字全景摄像成果分析

1）数字全景摄像成果清晰反映覆岩离层注浆效果

从全测段数字全景摄像成果可看出：在孔深 350 m 以下，摄像反映共有 16 处明显粉煤灰充填迹象。16 处粉煤灰充填段长度共 9.823 m，占数字全景摄像范围 195 m 的 5.04%，特别是 430 m 以下段覆岩离层较为发育，粉煤灰充填厚度大，充分显示注浆充填覆岩离层带的效果。

2）数字全景摄像成果与钻孔取芯和物探测井成果对比

应用数字全景钻孔摄像观测到钻孔内粉煤灰浆充填覆岩离层裂隙的位置深度，与钻孔在对应深度采取的岩芯观测到粉煤灰固结体和粉煤灰与破碎岩块混合固结物，以及应用钻孔物探测井观测到粉煤灰充填的裂隙破碎带位置三者位置十分吻合，三种方法都检测到注浆粉煤灰充填覆岩离层的效果，令人信服覆岩离层注浆确实能有效减少煤层开采引起的地面沉陷作用。

8.3 覆岩离层注浆减沉机理验证结论

8.3.1 验证钻孔三种检验技术取得成果比较

开滦唐山矿京山铁路煤柱首采区历时 8 年多的井下特厚煤层综放安全高效开采和地面钻孔覆岩离层注浆减沉结束之后，为深化覆岩离层规律和覆岩离层注浆减沉机理研究，于首采区开采最后一个工作面——T2193下综放工作面原2号注浆孔右侧20 m处新施工验证钻孔来进行验证，通过采取钻孔取芯、物探测井和钻孔摄像3种技术检验手段，获得了覆岩离层中有粉煤灰固结体和粉煤灰与破碎岩块混合固结物的岩芯，物探测井得出了覆岩离层中粉煤灰固结体和粉煤灰与破碎岩块混合固结物的短源距伽玛伽玛明显异常、声波速度偏低和视电阻率偏低的数值，钻孔数字摄像又获得清晰的覆岩离层中粉煤灰充填的摄像图像，经表8-34比对分析，3种技术检验手段检测到有粉煤灰充填的层位深度与厚度成果十分吻合。

表8-34 通过证验钻孔采用3种技术检测手段取得成果对比表   m

层号	钻孔摄像有粉煤灰充填物图像层位深度/厚度	物探测井粉煤灰充填参数异常层位深度/厚度	钻孔取芯具有粉煤灰充填特征层位深度/厚度
1	383.3/0.018		
2	395.2/0.044		
3	399.5/0.011		
4	401.7/0.90		
5	403.6/0.30		
6	410.5/0.60		
7	415.8/0.10		
8	433.5/1.10	434.40/2.20	435.50/2.09
9	448.3/0.30	439.30/0.60	439.67/0.60
10	452.3/0.30	447.60/0.58	448.82/0.58
11	453.3/0.40	450.90/0.30	450.90/0.30
12	458.8/0.35	453.02/0.41	453.02/0.41
13	460.1/0.40	457.56/0.30	457.56/0.30
14	465.1/1.50	460.99/0.40	461.29/0.60
15	472.0/2.00	465.92/0.31	465.92/0.31
16	477.1/1.50	468.74/0.37	468.74/0.20
17			478.40/1.00
18			479.90/0.30

8.3.2 覆岩离层注浆减沉机理钻孔验证结论

通过覆岩离层注浆减沉机理验证钻孔施工和采用3种技术手段对验证钻孔进行检测，可以得出以下结论：

（1）验证钻孔施工中未出现井喷现象，证明粉煤灰浆液注入覆岩离层空间后，在覆岩压力作用下沉淀析出的注浆水通过岩层裂隙孔隙渗流到相邻岩层中，遗留的粉煤灰在覆岩离层中被压实，发挥着充填空间、支撑上部岩层的减沉作用，有力地验证了覆岩离层注浆减沉的机理。

（2）验证钻孔通过采取岩芯，在400 m以上未见粉煤灰充填迹象，而在431.80~479.90 m段岩芯中见到11层粉煤灰固结体或粉煤灰与破碎岩块混合固结物；通过钻孔物探测井发现、在孔深430 m以下有9层粉煤灰固结体和粉煤灰与破碎岩块混合固结物层位测井参数异常；通过钻孔数字全景摄像反映在孔深350 m以下、特别是400 m以下覆岩段中有多处粉煤灰充填离层缝的迹象，三种技术手段检测成果显示，煤层开采引起的覆岩离层不仅可能在上下岩层界面产生，而且也可能在岩层内部产生，形成离层裂隙群，拓展了对覆岩离层规律的认识，从而对改进覆岩离层注浆技术提出了新要求。

（3）验证钻孔 3 种技术手段检测成果表明，在孔深 350 m 以下、特别是 400 m 以下覆岩段中有多处粉煤灰充填离层缝，这充分表明在京山铁路煤柱首采区综放开采期间进行的覆岩离层注浆，能适应覆岩离层发展规律，对导水裂隙带以上岩层出现的离层进行了及时、充足的注浆，有效地阻止了覆岩离层向上发展的趋势，使覆岩离层发育的高度比原注浆设计预计离层发育的高度要低，有力地保证了覆岩离层注浆减沉的效果。

8.4 覆岩离层注浆减沉技术研究新成果

8.4.1 覆岩离层规律探索新发现

通过对京山铁路煤柱首采区开采覆岩运动的新型相似材料模拟实验、计算机建模仿真研究、综放工作面覆岩运动观测孔的现场观测以及覆岩离层注浆减沉验证钻孔的检测，深化了覆岩离层的产生、发展与闭合规律的认识：

（1）覆岩离层的产生、发展与闭合与工作面开采推进关系密切。

工作面开采引发覆岩运动，从下部岩层垮落到上部岩层弯曲下沉，覆岩离层开始产生；当工作面继续向前推采时，覆岩离层逐渐向上发展；随着工作面推采远去乃至工作面停采时，下部岩层离层逐渐趋于闭合，残余离层存在于上部岩层中。

（2）覆岩岩层运动呈现间断性、不同步的特点。

通过两个综放工作面开采覆岩离层观测孔现场观测，发现覆岩各岩层运动的间断性、不同步特点，无法预测覆岩离层发生的具体位置、准确时间和运动幅度的大小，从而对覆岩离层注浆减沉技术提出新要求。

（3）覆岩离层注浆可有效控制离层的发展。

通过首采区实施覆岩离层注浆减沉验证钻孔多种技术手段检测，反映及时、有效的覆岩离层注浆可有效控制其发展。无论是采取岩芯直观检测，还是物探测井和数字摄影都充分表明覆岩离层注浆阻止了离层向上发展，使覆岩离层限制在一定的高度，从而减少了地面的沉降幅度。

8.4.2 覆岩离层注浆减沉机理研究新成果

开滦唐山矿京山铁路煤柱首采区覆岩离层注浆减沉综放安全高效开采特厚煤层的实践，极大地深化了覆岩离层注浆减沉机理的研究，取得了丰硕成果。

地面钻孔覆岩离层注浆，注入离层内的是粉煤灰浆，它是如何对地表起减沉作用的呢？开滦唐山矿通过理论研究和首采区的实践，深化了覆岩离层注浆减沉机理的研究。

1）承压浆液注入离层中的支托减沉作用

采场覆岩离层随着工作面的推进，经历产生—发展—闭合的过程，当地面钻孔注浆能及时跟随覆岩离层产生—发展—闭合的过程、其注浆体积量又能与覆岩离层的发育空间同步匹配时，充满覆岩离层空间的承压浆液，对离层上部岩层起到支托作用，阻止了覆岩离层向上的发展，发挥承压浆液支托的减沉机理作用。

2）压实湿粉煤灰体在离层中的充填减沉作用

充满覆岩离层空间的粉煤灰浆液中的粉煤灰颗粒很快就会离析沉淀，形成水分饱和的粉煤灰体（饱和水灰体），在覆岩压力作用下，其析出的注浆水通过岩层裂隙及孔隙渗流到相邻岩层中，沉淀于离层中的饱和水灰体受压后也将失去部分水分，最终形成含有一定水分的压实湿粉煤灰体（简称"压实灰"）。压实灰将永久充填在覆岩离层空间中，从而减少了离层上部岩层的下沉量，发挥着充填减沉机理作用。

3）压实湿粉煤灰体在离层中的支撑减沉作用

开滦唐山矿京山铁路煤柱首采区综放工作面煤层为缓倾斜，注入离层缝的粉煤灰浆液首先会从下

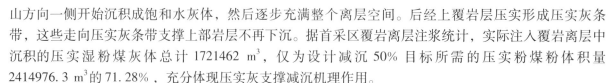

山方向一侧开始沉积成饱和水灰体，然后逐步充满整个离层空间。后经上覆岩层压实形成压实灰条带，这些走向压实灰条带支撑上部岩层不再下沉。据首采区覆岩离层注浆统计，实际注入覆岩离层中沉积的压实湿粉煤灰体总计 1721462 m^3，仅为设计减沉 50% 目标所需的压实粉煤粉体积量 2414976.3 m^3 的 71.28%，充分体现压实灰支撑减沉机理作用。

4）覆岩离层注浆致软岩层吸水膨胀起到减沉作用

唐山矿京山铁路煤柱首采区采场覆岩中存在多层含有黏土矿物的软岩，在覆岩离层注浆后，使含有黏土矿物的软岩层被浆液水浸润膨胀，膨胀的软岩层体积增大能起到一定的减沉作用。首采区覆岩离层注浆减沉实践表明，在实际注入覆岩离层中沉积的压实湿粉煤灰体仅为设计减沉 50% 目标所需的压实粉煤粉体积的 71.28% 的情况下，取得注浆减沉率 51.47% 的效果，其中包含软岩层吸水膨胀减沉机理作用。

综上所述，覆岩离层注浆减沉机理可以归纳为 4 个方面：承压浆液支托减沉作用、压实灰充填减沉作用、压实灰支撑减沉作用和软岩吸水膨胀减沉作用，它们共同作用支撑着上覆岩层，有效地阻止离层继续向上发育、起到减少地表下沉的作用。

8.4.3 研发新型覆岩离层高效注浆技术

受覆岩运动规律与离层注浆减沉机理研究新成果的启示，要提高覆岩离层注浆减沉率，必须遵循覆岩离层发育规律，研发新型高效的注浆减沉技术，抓住离层从产生至闭合的注浆减沉最佳时机，配备能力充足的注浆系统与设备，提高注浆浆液浓度，最大限度地增加注浆量，以达到最佳的注浆减沉效果。开滦唐山矿在长期的特厚煤层综放开采覆岩离层注浆减沉实践中，研发出一套"全段高多离层、大流量高浓度、全过程连续注"高效注浆新技术。

1. 基于覆岩离层规律及特点，实施"全段高多离层"注浆措施

针对采场覆岩离层从下到上产生发展的趋势和离层发生具体位置与时间不确定性的特点，避免以往简单预想离层只在个别岩层层面产生进行注浆设计的局限性而导致注浆减沉效率低的问题，新型注浆技术设计考虑使注浆钻孔服务于整个覆岩离层带，实现对工作面开采引发覆岩运动可能产生离层的全段高、多离层进行注浆，改进注浆钻孔的结构以适应覆岩全段高、多离层注浆的需要，最大限度提高注浆减沉率。图 8 – 22 所示为注浆钻孔全段高多离层注浆示意图，图 8 – 23 所示为改进的注浆钻孔结构示意图。

2. 基于覆岩离层注浆减沉机理，坚持"大流量高浓度"注浆工艺

通过实验和实践揭示的覆岩离层注浆减沉机理表明，最终起关键作用的是压实灰充填离层空间，起到支撑上部岩层、有效地阻止覆岩离层继续向上发育、减少地表下沉的作用。因此加大地面注浆站的制浆设施、泵压设备与输浆管路的能力，坚持最大限度地加大单位时间的注浆量，同时在保持较好流通性的基础上，尽量提高注浆浆液的浓度，以及采用注浆钻孔全断面注浆技术，把更多的粉煤灰充入覆岩离层中，才能最大限度提高注浆减沉效果。

3. 基于覆岩离层规律及特点，坚持"全过程连续注"注浆方式

由于采场覆岩岩层运动的间断性、不同步的特点，尤法预测每次离层发生的具体时间和离层幅度的大小，所以在对覆岩离层进行注浆时，必须坚持在覆岩离层的全过程进行连续注浆，才能使覆岩中产生的离层空间始终充满浆液，提高注浆减沉率。因此在覆岩离层注浆全过程中，要始终精心组织、精心操作，保持注浆设备设施完好、避免事故影响，实现从覆岩离层产生到闭合的全过程连续注浆，最大限度提高注浆减沉率。

4. 覆岩离层注浆新技术的优越性

实践证明，基于覆岩运动规律与离层注浆减沉机理研发的"全段高多离层、大流量高浓度、全过程连续注"新技术，具有显著的优越性。

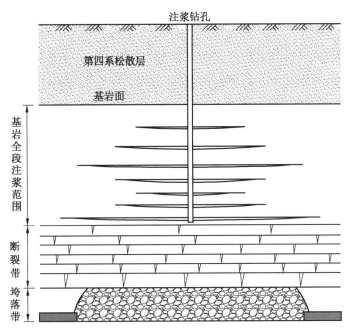

图 8 - 22 采场覆岩全段高多离层注浆示意图

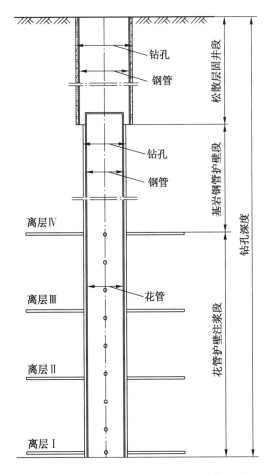

图 8 - 23 改进的覆岩离层注浆钻孔结构示意图

1）覆岩离层注浆新技术提高了注浆减沉的可靠性

由于覆岩结构和岩层岩性的复杂性，难以保证预设的覆岩离层层位就是最佳注浆层位，而"全段高、多离层"注浆可以保障对离层带内产生的所有离层进行注浆，大大增加覆岩离层注浆减沉的可靠性。

2）覆岩离层注浆新技术避免注浆钻孔的损坏

覆岩离层注浆新技术紧随覆岩离层的产生，及时地、大流量、高浓度、全过程不间断注浆，使上覆岩层运动变形量减小，因而注浆钻孔所承受采动的变形量亦小，能较好地保护注浆钻孔不被破坏。

3）覆岩离层注浆新技术能弥补意外事故造成的影响

以往覆岩离层注浆技术只针对预设的岩层离层层位注浆，一旦因意外故障造成注浆中断的事故，会导致预设的离层闭合后无法恢复注浆。采用覆岩离层注浆新技术，能在意外发生的故障排除、注浆系统恢复运行后，就可以随着该离层层位之上产生的新离层及时注浆，从而弥补意外事故造成预设离层闭合带来的影响，提高注浆减沉率。

总之，覆岩离层"全段高多离层、大流量高浓度、全过程连续注"新技术，大大提高了覆岩离层注浆效率，有利于提高注浆减沉率，是推进覆岩离层注浆减沉开采向前发展的新型实用新技术。

8.4.4 优化覆岩离层注浆减沉工程设计

覆岩离层注浆减沉是一项由多个工艺和环节构成的系统工程，只有各工艺和环节都日臻完善，才能提高注浆减沉效果。开滦唐山矿在特厚京山铁路煤柱首采区覆岩离层注浆减沉综放安全高效开采技术的理论研究和应用实践进程中，逐步优化覆岩离层注浆减沉工程设计。主要包括以下4个部分。

1. 优化注浆钻孔布置

1）优化注浆钻孔在走向布置

优化注浆钻孔在走向布置的关键是钻孔孔位合理、钻孔间距适当，以提高覆岩离层注浆量和节省钻孔工程量。通过实验室新型恒湿恒温相似材料模拟实验和T2294、T2291两个工作面覆岩运动观测实例分析研究，为优化注浆钻孔布置提供了借鉴。

（1）优化靠近工作面开切眼和终采线的注浆钻孔孔位布置。

由于工作面两侧煤体的支撑影响，开采后开切眼和终采线位置的覆岩离层残余空间将长期存在，如T2294工作面于2006年2月底采完收坑，在停采结束3个月后，孔口地面累计下沉565 mm，1～6号测点之间各岩层仍残留离层空间304 mm，6号测点以上的岩层离层量有142 mm（表3－21）。同时兼顾尽早对覆岩离层实施注浆、保护钻孔及地面施工条件等因素，靠近工作面两端的注浆钻孔距开切眼或终采线的距离分别为80 m与150 m左右为宜。

（2）优化工作面走向方向注浆钻孔间距。

如施工条件允许，应使工作面走向方向的注浆钻孔间距均匀，从表3－25中可看出，当工作面推采靠近覆岩运动观测钻孔时，观测钻孔孔底以上的覆岩中开始产生离层（2007年3月31日观测工作面距钻孔－0.5 m时，1号测点以上覆岩离层量为22 mm）；在工作面推采过观测钻孔300 m的范围内，观测钻孔位置的覆岩中离层最为发育（2007年7月31日观测工作面推采过钻孔314.5 m，钻孔内1号测点以上覆岩离层量达636 mm），此后因工作面远离观测钻孔使观测钻孔位置的覆岩中离层量逐渐缩小。由此可见工作面走向中间的注浆钻孔相互之间的间距在300 m以内为宜。而对首采区最后一个工作面，因其上下相邻区域均为采空区，开采后将使首采区地表达到充分采动，为确保整个首采区覆岩离层注浆减沉的效果，在布置最后一个工作面的注浆钻孔时，适当缩小钻孔间距，在首采区其他5个工作面走向布置4个钻孔的基础上，最后一个工作面增加1个钻孔，使工作面走向长度范围内布置了5个注浆孔，以提高覆岩离层注浆量。

2）优化注浆钻孔在倾向布置

由于首采区各覆岩地层具有一定的倾角，因此在覆岩离层带中，离层最大位置偏下山一侧。将注浆钻孔倾向孔位设计在工作面水平投影的中点，相当于注浆钻孔在覆岩离层空间的上山方向一侧，有利于浆液在离层中的流动和提高注浆量。

2. 合理确定注浆钻孔终孔深度

开滦唐山矿特厚京山铁路煤柱首采区开采，既要对覆岩离层注浆减少地面沉陷，又要实现煤层综采放顶煤安全高效生产，因此选择恰当的注浆钻孔终孔深度是实现二者双赢的关键。通过实验室新型恒湿恒温相似材料模拟实验和 T2294、T2291 两个综放工作面覆岩运动观测实例分析研究，确定了选择注浆钻孔最佳终孔深度的依据：

（1）钻孔终孔深度要在确保注浆浆液不下渗，不影响井下综放工作面煤炭生产和环境安全，使注浆减沉和综放开采互不干扰、各自高效运行。

（2）钻孔终孔深度要有利于尽早对采场覆岩产生的离层及时注浆，以阻止和减缓覆岩离层向上的发展，最大限度减少地面的沉陷，提高注浆减沉率。

兼顾以上选择注浆钻孔终孔深度的要求，最佳终孔深度应在工作面覆岩导水裂隙带以上再加一定安全保护厚度的位置。

3. 优化注浆钻孔结构

为实现"全段高多离层、大流量高浓度、全过程不间断"注浆，提高注浆减沉的效果，必须优化注浆钻孔结构。

1）优化注浆钻孔套管设计

根据首采区的地质柱状图，设计注浆钻孔套管由上至下分 3 段：

最上段为松散层套管固井段，它是从地面至基岩面以下 15 m 的一段，钻进后用套管和水泥固井保护钻孔、防止第四系松散冲积层坍塌，并有利于基岩以下的顺利钻进。

中段和下段为基岩套管护壁段与花管护壁段，二者为基岩面以下至钻孔孔底的防止井壁坍塌的护壁套管，钻进后除中段上端与最上段松散层套管固井段重叠部分的套管用水泥固井外，其余部分均不固井，以便注浆浆液进入全段高所有离层，从而为"全段高多离层、大流量高浓度、全过程不间断"注浆新技术的应用奠定基础。

2）优化注浆钻孔孔径配置

优化注浆钻孔孔径的配置，既是保障钻孔顺利钻进、合理控制工程费用的需要，又是实现"全段高多离层、大流量高浓度、全过程不间断"注浆的保证。注浆钻孔孔径配置优化为：

在第四系松散冲积层段采用 ϕ311 mm 孔径钻进、下 ϕ219 mm × 8 mm 无缝钢管套管、丝扣连接，水泥固井。

基岩段采用 ϕ190 mm 孔径钻进、下 ϕ168 mm × 7 mm 的无缝钢管套管和花管、丝扣连接，上端高出松散层固井段底端 5 m，其与松散冲积层套管固井段重叠部分套管用水泥固井外，其余部分不做水泥固井。

钻孔孔内下 ϕ108 mm × 7 mm 无缝钢管作为注浆管直接放入孔底，其最下端 20 m 也做成花管。

以上注浆钻孔孔径配置，就能使注浆浆液在注浆管与基岩段套管之间的环状空间及基岩段套管与钻孔孔壁之间的环状空间流动，更利于实施覆岩离层带高效注浆。

4. 优化钻孔注浆工艺组织

优化地面钻孔覆岩离层注浆减沉工艺和加强施工组织管理，是实现"全段高多离层、大流量高浓度、全过程不间断"注浆、提高注浆减沉的效果的保证，必须认真做到。

1）优化注浆系统设备选型配置合理

地面注浆系统由供浆设施、加压泵站、输浆管路三部分组成，要求系统各部分设备选型配置合理、完善可靠；供浆设施要具备覆岩离层最发育时注浆所需的供浆能力，加压泵站要适应覆岩离层产生、发展、闭合全过程注浆所需的压力和浆液流量的泵送能力，输浆管路要确保加压泵站泵出的浆液顺利输送至注浆钻孔，使整个地面注浆系统具备足够的注浆能力，以适应"全段高多离层、大流量高浓度、全过程不间断"注浆的需要。

2）优化注浆工艺参数

覆岩离层注浆工艺包括灰浆配制、加压输送和注入覆岩离层等环节，其核心是充分利用现有设备，做到注浆工艺合理、参数选取科学。根据唐山矿首采区实践经验，不同注浆阶段因注浆压力不同应及时调整注浆参数：

在负压注浆阶段浆液相对密度可控制在 1.17～1.20 之间，有压注浆阶段浆液相对密度在 1.14～1.17 之间。

当井下工作面推采接近注浆钻孔位置时，提前进行清水试压、严密监测覆岩运动、及时发现离层、及时进行注浆。

当出现负压注浆情况，应采取注浆管内外同时注浆工艺，利用钻孔全断面实现大流量高浓度注浆。

当出现有压注浆时要增加注浆压力、延长注浆时间，以最大限度地增加覆岩离层注浆量。

3）加强施工组织管理

采用地面钻孔对采场覆岩离层注浆减沉工艺复杂，必须加强施工组织与管理：

（1）选择高素质的专业队伍，建立健全注浆管理的规章制度，严格现场检查、严肃考核奖惩，确保施工质量和效率。

（2）注重职工队伍的教育培训，提高管技人员和操作员工的技能素质，及时发现和处理各种事故隐患，避免注浆钻孔与输浆管路堵塞，保持注浆工作的连续性和有效性。

（3）按时准确监测，记录注浆过程的浆液流量、密度和压力等实时数据，进行分析处理、存储传输，为注浆减沉工程的监控、指挥、总结提供可靠的第一手资料，不断提高覆岩离层注浆减沉的科学性。

9 开滦范各庄矿覆岩离层注浆减沉综放开采沙河公路桥保护煤柱

开滦范各庄矿工业广场以北约 400 m 处有一座唐山迁安市至曹妃甸开发区公路跨越沙河的桥梁（图 9-1），桥梁为钢筋混凝土墩台板梁结构，全桥长 156 m，共 12 跨，跨径 13 m。桥墩为钢筋混凝土双柱式墩台，柱径 1.0 m，上部盖梁宽 1.2 m，高 1.25 m（图 9-2）。钢筋混凝土板梁宽 1.2 m，每跨 9 块，通过平板橡胶支座支承于盖梁之上，各跨梁头之间留有 55 mm 的伸缩缝。为了使车辆从路面平稳驶上桥面，在桥的两端各有 1.5 m 的桥头搭板。桥面铺沥青，两侧设护栏。桥梁行驶车辆容许载荷为 20 t。

为保护沙河公路桥，开滦范各庄矿在井下留设了保护煤柱〔编号 2180（6-1）工作面〕。

图 9-1 唐山迁安市至曹妃甸开发区公路沙河桥全貌

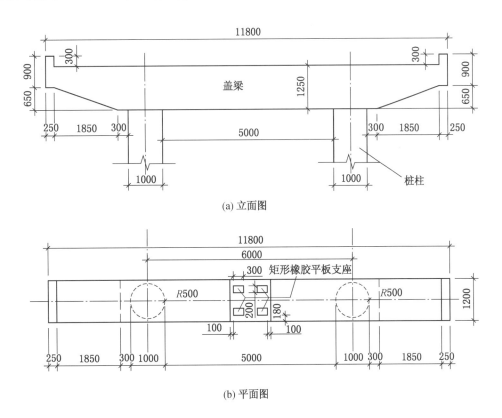

(a) 立面图

(b) 平面图

图 9-2 唐山迁安市至曹妃甸开发区公路沙河桥桥墩图

9.1 沙河公路桥保护煤柱简介

9.1.1 沙河公路桥保护煤柱区域地质概况

沙河公路桥保护煤柱2180(6-1)工作面位于范各庄矿北翼二水平一石门,该区域地层从上至下分别为第四系、二叠系、石炭系、奥陶系,详见表9-1范各庄矿井田地层划分简表。

表9-1 范各庄矿井田地层划分简表

地质年代			建组起止层位	地层接触关系	厚度/m	含 煤 性	主 要 特 征
系	统	组					
第四系			由地表至基岩面	不整合	80.0		主要由砂、黏土、卵石组成
二叠系	上统	古冶组	红色砂岩底面至A层顶面	整合	120.0	不含煤	主要由中砂岩、粉砂岩组成
	下统	唐家庄组	A层顶面至5煤层顶面	整合	269.7	含煤线4~5层	主要由中砂岩、粉砂岩组成
		大苗庄组	5煤层顶板至11煤层顶板	整合	69.4	含煤6层,可采3层,即7、8、9煤	由砂岩、粉砂岩、煤和泥岩组成
石炭系	上统	赵各庄组	11煤层顶板至K₆灰岩顶面	整合	86.4	含煤3层,可采1层,即12煤	由砂岩、粉砂岩、煤组成
		开平组	K₆灰岩顶面至K₃灰岩顶面	整合	51.7	含煤1~3层,仅14煤局部可采	主要由粉砂岩、泥岩组成,夹三层分布不稳定的灰岩
	中统	唐山组	K₃灰岩顶面至奥陶灰岩顶面	假整合	55.8	含1~3层不稳定薄煤线	以粉砂岩为主,细砂岩次之,间夹三层灰岩,底部为G层铝矾土岩
奥陶系	中统	开平组					由灰岩、白云岩等组成

9.1.2 沙河公路桥保护煤柱区域地表概况

1. 沙河水文情况

沙河自范各庄矿井田的西北部流过,经丰南区注入渤海,全长138 km,流域面积902 km²。沙河以排泄流域范围内的大气降水为主,枯水期以排泄唐家庄、林西、范各庄3个矿的矿井水为主,暴雨时形成一定量的洪流,最大洪水发生在1959年和1962年,其洪峰流量分别为434 m³/s和472 m³/s。目前桥下水面标高+25.7 m。

范各庄矿经几十年开采,没有发现沙河水向下渗漏危及矿井安全的情况。

2. 沙河流域地形地貌

井田上方沙河流域地势平坦,河面开阔,河床纵坡平缓,水力坡度为1/1000~2/1000。历史上沙河曾经泛滥成灾,致使河床受淤变宽,造成漫滩,河漫滩在主河槽两侧不等,上有农田和树木。

9.1.3 沙河公路桥保护煤柱区域采煤工作面布置

沙河公路桥保护煤柱区域布置2180(5)、2180(6)、2180(6-1)、2180(7)、2180(8)5个采煤

工作面，沙河公路桥柱2180(6-1)工作面位于中间，其两侧的工作面已于2006年1月前开采完毕，详见表9-2。2180(6-1)工作面作为保护沙河公路桥而未采（图9-3）。

表9-2　沙河公路桥保护煤柱2180（6-1）工作面两侧工作面开采一览表

工 作 面	走向长/m	倾向长/m	采高/m	开采时间	停采时间	原煤采出量/t
2180（8）	600	123	6.5	2003年3月	2003年9月	776127
2180（5）	325	146	6.5	2003年9月	2004年5月	481979
2180（7）	608	136	6.5	2004年6月	2005年5月	931966
2180（6）	442	144	6.5	2005年7月	2006年1月	676353
合计						2866425

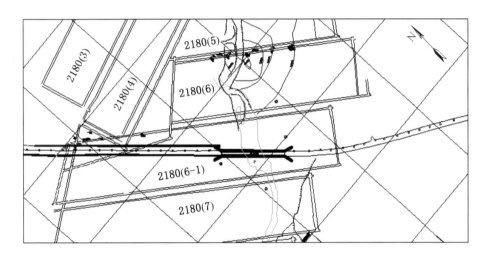

图9-3　范各庄矿沙河公路桥保护煤柱区域采煤工作面布置与井上下对照图

9.1.4　沙河公路桥保护煤柱2180(6-1)工作面开采条件

1. 煤层条件

沙河公路桥保护煤柱2180(6-1)工作面以上各煤层均不可采。

2180(6-1)工作面7、8煤层之间夹石平均厚0.5 m，称为7~8煤层合区，视为一层煤进行综放开采。

上部7煤层平均煤厚4.0 m，煤层结构为复杂型，中间夹有2~3层炭质成分含量很高的粉砂岩夹矸（俗称老砟）；煤层节理裂隙发育，棱角状断口，硬度$f=0.4~0.9$，相对密度1.57，煤岩类型以半亮型和半暗淡型煤为主。

下部8煤层平均煤厚2.0 m，煤层结构为简单型，中间夹有透镜状的半暗淡型煤；煤层内生节理发育，硬度$f=0.3~0.8$，相对密度1.56，煤岩类型以光亮型和半光亮型为主。

7、8煤层顶底板岩性和厚度等特征，详见表9-3。

2. 工作面参数

2180(6-1)工作面长142 m，可采走向595 m，平均倾角4°，有效采高大于6.5 m，开采深度-430~-445 m。

表9-3 范各庄矿7、8煤层顶底板岩性及赋存条件

煤层	顶底板	岩性	厚度/m	特 征 及 赋 存 情 况
7煤层	伪顶	泥岩	0.5～2.5	一般在1.0 m以下，岩性破碎，局部增厚可达2.5 m，相变为粉砂岩或细砂岩。中间有一层煤线，顶部一层煤线与直接顶相隔
	直接顶	粉砂岩	2.4～3.5	水平层理，含植物化石。井田中部厚度增大至6～8 m，北翼及深部局部被冲蚀掉
	基本顶	中砂岩	0.5～6.0	硅质胶结，坚硬。北翼及深部局部直接沉积于煤层之上
	直接底	粉砂岩	0.5～2.5	南一石门以北厚度小于1.0 m，松软破碎，含大量植物根化石，同时为8煤层顶板，北翼局部缺失，直接为8煤层，即7、8煤层合区。南二石门以南逐渐增厚
8煤层	伪顶	粉砂岩	0.2～0.5	松软破碎，节理发育，亦为7煤层底板
	直接底	粉砂岩	0.2～0.6	含大量植物根化石，普遍发育
	基本底	细砂岩	3.0	硅质胶结，呈块状结构，坚硬，普遍发育

9.2 沙河公路桥保护煤柱开采对桥梁影响的预计

范各庄矿根据2006年生产经营形势，急待开采2180（6-1）工作面。为此委托煤科总院唐山分院对沙河公路桥保护煤柱2180（6-1）工作面开采对桥梁影响进行评估研究，提交了《北一采区7、8煤层开采对林范公路沙河桥采动损害评估报告》。

9.2.1 沙河公路桥受保护煤柱开采影响预计布点

沙河公路桥属线性构筑物：横向尺寸较小，纵向尺寸较大。评估研究以公路桥南端为起始点，每隔5 m为一计算点，共37点（图9-4），预计公路桥保护煤柱2180（6-1）工作面开采后引起的桥梁纵向和横向移动和变形值。

9.2.2 预计沙河公路桥保护煤柱开采地面变形图

根据计算绘制图9-5至图9-8，分别所示为沙河公路桥保护煤柱2180（6-1）工作面开采后，地面沉降、拉伸、压缩、移动变形预计图。

9.2.3 预计沙河公路桥保护煤柱开采后桥梁变形值

表9-4为预计沙河公路桥保护煤柱2180（6-1）工作面开采后公路桥下沉与水平移动值表，表9-5为预计的各种变形极值表。

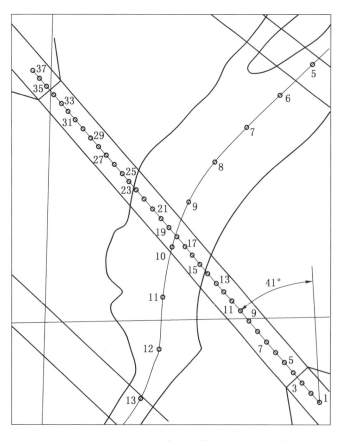

图9-4 预计沙河公路桥受保护煤柱开采影响计算布点图

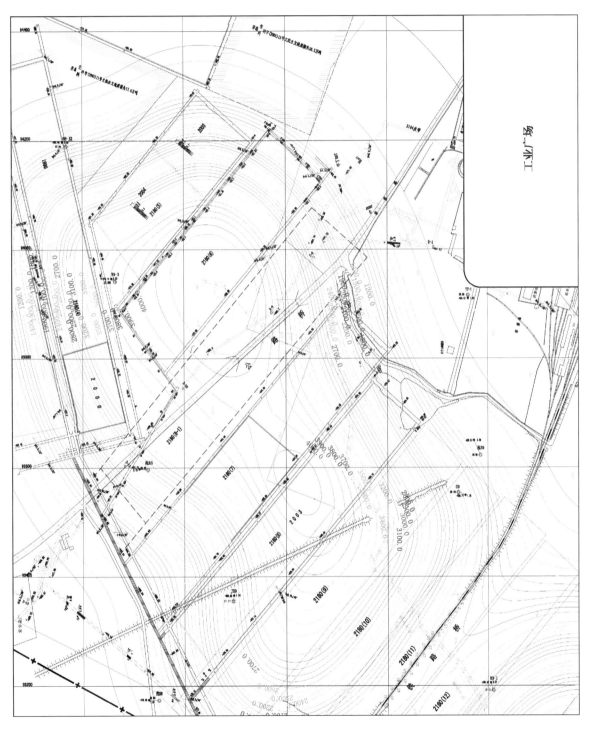

图 9-5 沙河公路桥保护煤柱 2180(6-1)工作面开采后地面下沉等值线图

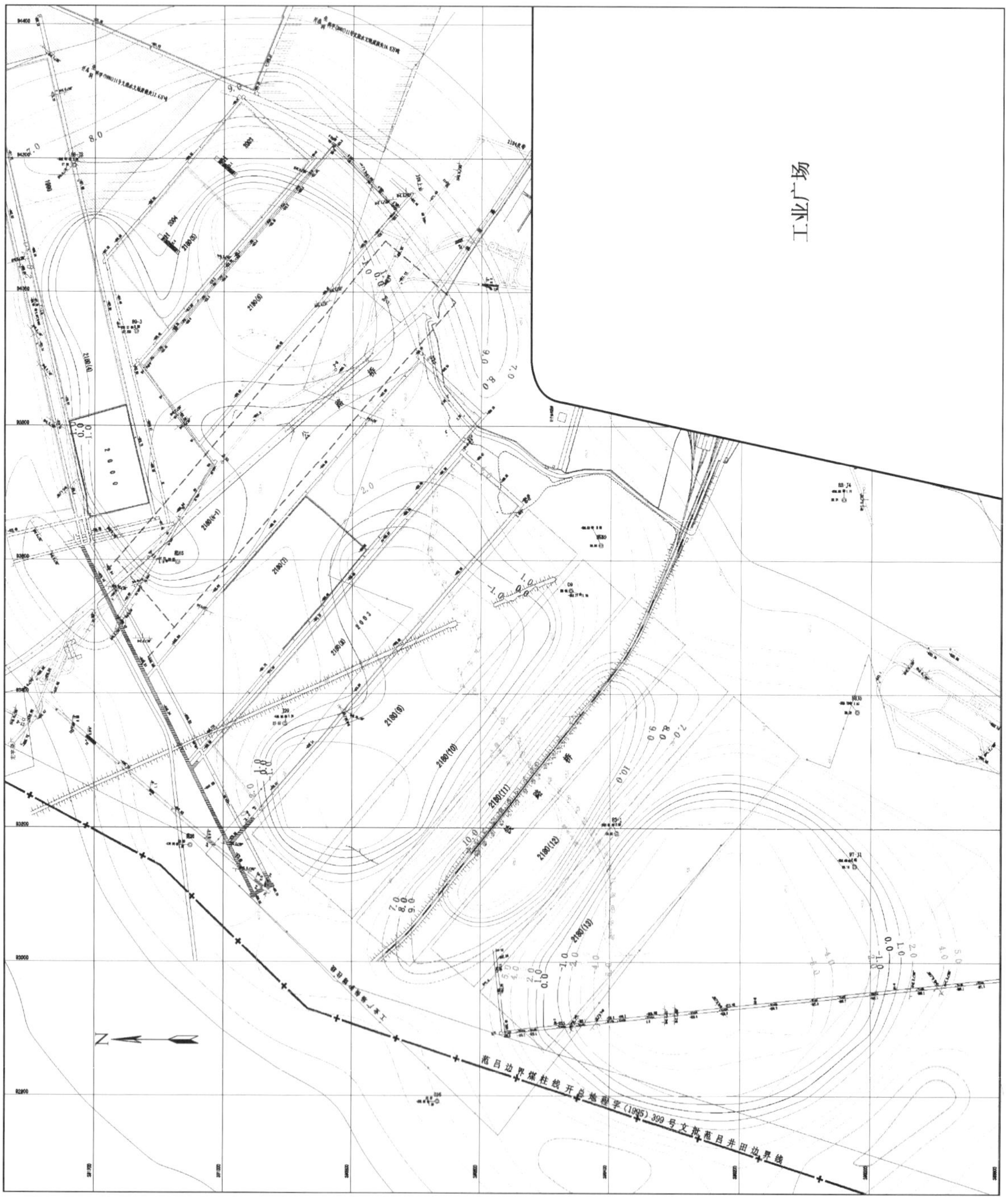

图 9-6 沙河公路桥保护煤柱 2180(6-1)工作面开采后地面拉伸变形等值线图

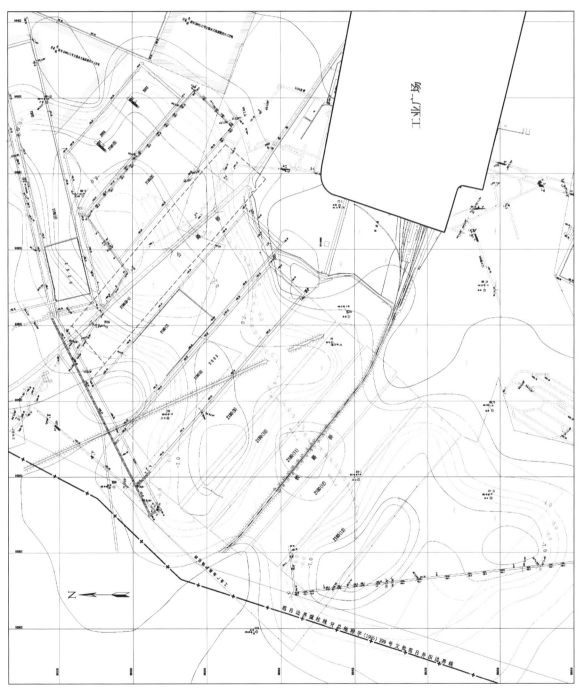

图 9 - 7 沙河公路桥保护煤柱 2180(6 - 1) 工作面开采后地面压缩变形等值线图

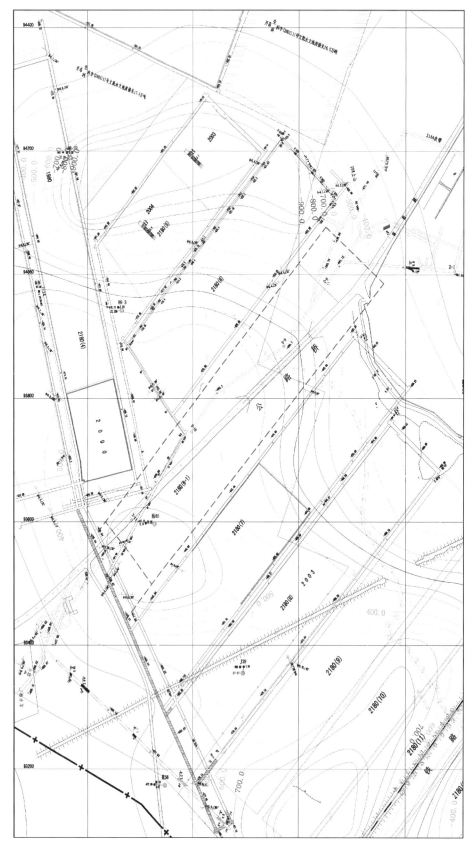

图 9-8 沙河公路桥保护煤柱 2180(6-1) 工作面开采后地面横向水平移动变形等值线图

表9-4　预计沙河公路桥保护煤柱2180(6-1)工作面开采后桥梁下沉与水平移动值表　　　　mm

点号	下沉量	水平移动		点号	下沉量	水平移动	
		纵向	横向			纵向	横向
1	3339	989	687	20	4091	304	515
2	3400	953	682	21	4108	273	504
3	3458	916	677	22	4124	243	493
4	3514	878	670	23	4138	214	481
5	3568	840	664	24	4150	186	470
6	3619	802	656	25	4160	159	459
7	3668	763	648	26	4168	132	447
8	3714	725	639	27	4175	106	436
9	3758	687	630	28	4180	81	424
10	3800	649	621	29	4184	57	413
11	3839	612	611	30	4186	34	401
12	3876	575	601	31	4187	11	390
13	3910	539	591	32	4187	-10	378
14	3942	503	581	33	4185	-31	367
15	3972	468	570	34	4181	-50	355
16	4000	434	559	35	4177	-69	343
17	4026	400	548	36	4172	-87	332
18	4050	367	537	37	4165	-103	320
19	4071	335	526				

表9-5　预计沙河公路桥保护煤柱2180(6-1)工作面开采后桥梁变形极值表

预 计 变 形 内 容	预 计 变 形 极 值
公路桥最大下沉值/mm	4187
公路桥最大倾斜值/$(mm \cdot m^{-1})$	I_s: 12.32; I_t: 7.03
公路桥最大水平位移/mm	U_s: 989; U_t: 687
公路桥最大水平变形/$(mm \cdot m^{-1})$	ε_s: -7.64; ε_t: -1.73
公路桥最大曲率/$(10^{-3} \cdot m^{-1})$	K_s: -0.10; K_t: 0.02

9.2.4 预计沙河公路桥保护煤柱开采后桥梁变形的影响

1. 沙河公路桥下沉的后果

从表9-4和表9-5中可以看出，沙河公路桥保护煤柱2180(6-1)工作面开采后，桥梁最大下沉量为4187 mm，最大下沉点位于31号、32号，使桥面低于桥下水面标高+25.7 m，将影响桥梁通行和汛期泄洪。

2. 沙河公路桥水平变形的后果

沙河公路桥保护煤柱2180(6-1)工作面开采后，桥梁由两端向中心压缩，压缩量为桥南1号与桥北37号的纵向水平移动量之和，即989+103=1092 mm。如按表9-5中极值（-7.64 mm/m）计算，则最大纵向水平移动量为桥长156 m×最大位移值7.64 mm/m=1191.8 mm，这个压缩量大大超过了梁板的间隙之和（间隙55 mm，共12跨，即55 mm×11=605 mm），势必导致桥梁梁板被挤压损坏，还会造成桩柱式桥墩的损坏。

9.2.5 预计沙河公路桥保护煤柱2180(6-1)工作面开采对桥梁影响的结论

经煤科总院唐山分院分析研究得出结论：沙河公路桥保护煤柱2180(6-1)工作面综放开采后公路桥将下沉4187 mm，下沉后桥面将低于桥下水面标高(+25.7 m)；桥梁纵向水平压缩变形按7.64 mm/m计，全桥长156 m，总压缩量达1191.8 mm，大大超过了梁板的间隙而导致挤压损坏，还会造成桥墩的损坏。桥柱开采后沙河公路桥体将受到Ⅳ破坏，建议修建临时便道和涵管，解决保护煤柱2180(6-1)工作面综放开采期间公路通车和沙河流水问题，待采后地面稳定再重建沙河公路桥。

9.3 采用覆岩离层注浆减沉综放技术开采沙河公路桥保护煤柱

范各庄矿面临急待开采沙河公路桥保护煤柱以满足生产经营的需要，又要保证沙河公路桥正常通行和沙河流水的紧迫问题，在获知开滦唐山矿覆岩离层注浆减沉综采放顶煤开采特厚京山铁路煤柱取得成功信息后，决定采用该技术开采沙河公路桥保护煤柱2180(6-1)工作面，以达到减少地表沉降、保证沙河公路桥正常通行和沙河流水顺畅，节省修建临时便道和涵管的费用，又利于采用综采放顶煤高产高效生产煤炭的目的。

9.3.1 沙河公路桥保护煤柱2180(6-1)工作面覆岩离层注浆减沉设计

1. 建立覆岩离层注浆系统

1) 选择覆岩离层注浆材料

在范各庄矿井田北翼上方建有开滦林西热电厂的粉煤灰储灰场，正处于即将储满急需新建储灰场的紧迫之际，愿意免费提供粉煤灰使用，开滦林西热电厂粉煤灰储灰场如图9-9所示。

图9-9 开滦林西热电厂即将储满的粉煤灰储灰场

根据开滦唐山矿覆岩离层注浆减沉的经验，热电厂的粉煤灰是较好的注浆材料，而且近在咫尺，选择开滦林西热电厂储灰场的粉煤灰作为注浆材料，可以节省购买及运输注浆材料的成本。

林西热电厂的粉煤灰经测定，其物理参数如下：

干灰密度	$\gamma_{干} = 1.86 \ t/m^3$
饱和水粉煤灰密度	$\gamma_{饱} = 1.55 \ t/m^3$
饱和水粉煤灰含水量	$C_{w饱} = 23.3\%$
饱和水粉煤灰压实密度	$\gamma_{压} = 1.65 \ t/m^3$
饱和水粉煤压实灰含水量	$C_{w压} = 14.8\%$

2）建立地面注浆系统

注浆泵站选择在位于范各庄矿井田上方古冶区安各庄乡的开滦林西热电厂储灰场旁边，以缩短注浆浆液输送距离。

注浆泵站内安装4台石家庄煤机厂产 TBW – 1200/7B 和1台 TBW – 850/50 中压泵，泵输总能力339 m^3/h，并设置2套粉煤灰制浆的搅拌机和储浆桶。

注浆泵站供电由储灰场配电站敷设6000 V 高压电缆到注浆泵站的两台500 kW 变电箱，保证充足的电力供给。

注浆泵站距离沙河公路桥约2000 m，通过铺设4条 ϕ104 mm 输浆管路将粉煤灰浆输送到各注浆钻孔，以满足大流量注浆的需要，如图9 – 10所示。

图9 – 10　注浆泵站与各注浆钻孔间铺设的输浆管路

储灰场采用高压水枪射击沉积的粉煤灰制浆，如图9 – 11所示，经泥浆泵送至注浆泵站储浆桶。

图9 – 11　在开滦林西热电厂储灰场用高压水枪制取粉煤灰浆

2. 覆岩离层注浆钻孔设计

1）注浆钻孔的布置

借鉴开滦唐山矿覆岩离层注浆减沉的经验数据，为提高覆岩离层注浆减沉率，减轻综采放顶煤开采对公路桥的影响,确保沙河公路桥的正常通行。在覆岩离层注浆减沉工程设计中,针对范各庄矿沙河公路桥保护煤柱2180(6-1)工作面开采的具体情况,在沙河公路桥的周边密集布置4个注浆钻孔,以增加沙河公路桥保护煤柱2180(6-1)工作面开采后覆岩离层的注浆量,结合地面的施工条件,确定注浆钻孔布置如图9-12所示。其中:

注1孔位于沙河公路桥中段东侧的2180(6)工作面采空区上方,距2180(6-1)工作面风道约50 m处。

注2孔位于沙河公路桥中段西侧的2180(7)工作面采空区上方,距2180(6-1)工作面运道80 m处。

注3孔位于2180(6-1)工作面上方紧靠沙河公路桥南桥头处。

注4孔位于2180(6-1)工作面上方沙河公路桥北桥头45 m处。

2)注浆钻孔孔深设计

为减少沙河公路桥的下沉量,确保公路桥的正常通行和井下工作面安全生产,根据4个注浆钻孔设计功能,孔深分为两种:

1号和2号注浆钻孔是先注浆充填沙河公路桥保护煤柱2180(6-1)工作面两侧的已采2180(6)、2180(7)工作面残存的覆岩离层和垮落断裂带空间,达到设计注浆要求后,再将钻孔延深到该两面的采空区,对采空区进行注浆充填。

3号和4号注浆钻孔在沙河公路桥保护煤柱2180(6-1)工作面开采期间,先期钻进到导水裂隙带高度加安全保护层厚度的位置,此处距离煤层顶部140 m,实施覆岩离层注浆充填。待工作面开采结束后,将其延深到工作面采空区,对采空区及上部垮落断裂带进行注浆充填,以进一步提高注浆减沉率。

设计4个注浆钻孔进尺总工作量为1867 m。

3)注浆钻孔结构与注浆设计

4个钻孔在冲积层段钻孔径为219 mm、下φ168 mm套管固井,以下采用φ142 mm裸孔先钻进到覆岩离层带,最后延深至垮落裂隙带及采空区。

在覆岩离层阶段采用粉煤粉注浆,进行裂隙带、垮落带直至采空区内注浆时,可能出现负压注浆,应适当加大浆液的浓度,或添加少量密度较大的沙或者粉碎的矸石。

随着注入粉煤灰量的增加,孔内压力将会逐渐升高,达到3.5 MPa停止注浆。为增加注入粉煤灰抗压强度,后期可以掺加一定量水泥。

9.3.2 沙河公路桥保护煤柱2180(6-1)工作面覆岩离层注浆减沉实施情况

1. 注浆钻孔施工情况

1号孔:位于2180(6)工作面采空区上方,2006年5月17日开始施工,钻孔深度331.84 m。冲积层段的孔径219 mm,在孔深85.05 m见基岩,继续钻进至115.23 m,采用φ168 mm套管固井;以下115.23~331.84 m基岩段为孔径142 mm裸孔。

2号孔:在2180(7)工作面采空区上方,与1号孔同时施工,钻孔深度330 m。开口孔径219 mm,0~115.23 m采用φ168 mm套管固井,以下115~330 m为孔径142 mm裸孔。后期延深至采空区,终孔深度447 m。

3号孔:位于沙河公路桥南桥头处、距2180(6-1)工作面切眼134 m、回风巷以下50 m。开口孔径φ219 mm,0~115 m采用φ168 mm套管固井,以下115~331.28 m为φ142 mm裸孔。

4号孔:位于沙河公路桥北桥头45 m处,距2180(6-1)工作面切眼302 m、运输巷以上40 m。开口孔径φ219 mm,0~115 m采用φ168 mm套管固井,然后用φ142 mm孔径裸孔钻进到330 m。

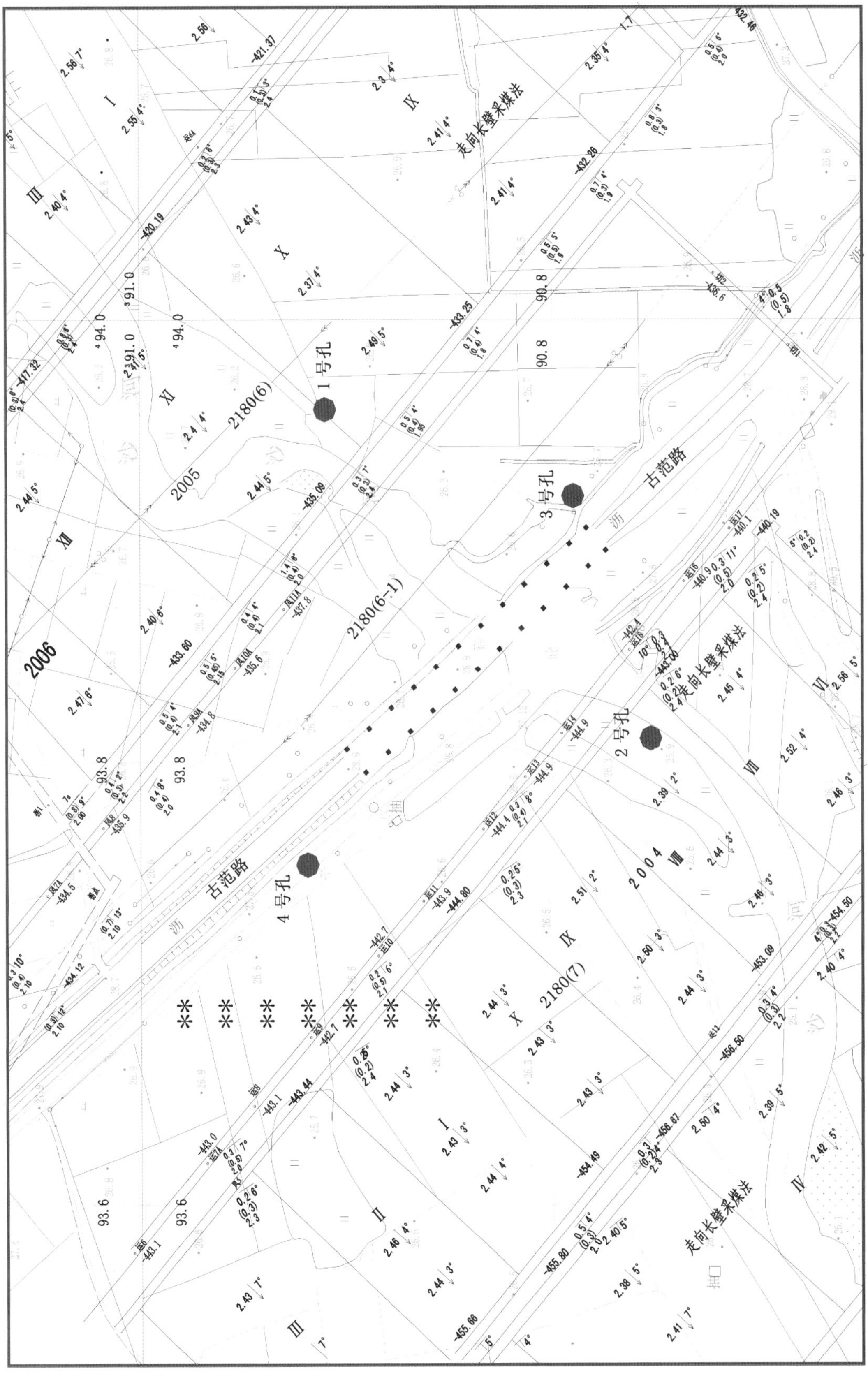

图 9 - 12 沙河公路桥保护煤柱 2180(6-1)工作面覆岩离层注浆减沉钻孔布置图

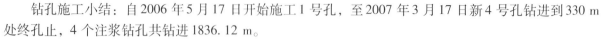

钻孔施工小结：自2006年5月17日开始施工1号孔，至2007年3月17日新4号孔钻进到330 m处终孔止，4个注浆钻孔共钻进1836.12 m。

2. 注浆实施情况

1号孔自2006年6月28日开始注浆，6月28日至7月9日由电厂直接供浆，灰浆浓度仅7.5%；7月10日改由储灰场造浆供注浆站，灰浆浓度在30%～45%之间。

注浆过程中，泵压逐步由0.2—1.5—2.0—2.5—3.0 MPa升高，到8月19日泵压升高至3.5 MPa，8月20日停止了注浆。

在12月2日因其他钻孔注浆时，从1号孔套管外壁往上冒浆。12月9日对1号孔趟孔时，发现在其在深34 m处套管错位断开，于12月11日对1号孔进行封孔，未再延深。

1号孔截止到2006年8月20日，累计注浆量65228 m³，灰浆的平均浓度为33.3%，折算注入粉煤灰量21743 m³。

2号孔2006年6月28日与1号孔同时开始注浆，6月28日至7月9日由电厂直接供浆，灰浆浓度7.5%；7月10日改由储灰场造浆供注浆站，灰浆浓度在30%～45%之间。

注浆过程中，泵压逐步由0.2—1.5—2.0—2.5—3.2 MPa逐步升高，到7月12日泵压达到3.5 MPa，停止注浆并进行趟孔。16日至18日恢复注浆3天后泵压再次升高到3.5 MPa而停止注浆。

7月21日开始将2号孔延深，24日钻进进入到2180(7) 工作面的垮落带，此时孔深477 m。随后开始对垮落断裂带和采空区注浆，未见明显升压。一直到2007年3月23日发现1号孔北侧小树林处地面隆起而停止注浆。

该孔截止到2007年3月31日，累计注入粉煤灰浆液443751 m³，浆液的平均浓度33.3%，折算注入粉煤灰量147873 m³。

3号孔自2006年7月23日开始注浆，注浆1小时后泵压即达3.5 MPa，立即停止了注浆并进行间断压水试压，到8月14日压力降至0.7 MPa后恢复注浆。

2006年12月2日由于该孔注浆使1号孔从套管外壁冒浆而暂停，到2007年1月24日恢复正常注浆。3月23日观察到1号孔北部小树林地面隆起，于11：30分停止了注浆。

截止到2007年3月31日，该孔累计注入粉煤灰浆液262080 m³，浆液的平均浓度33.0%，折算注入粉煤灰量86097 m³。

4号孔在2006年10月4日至7日开始试注，泵压即升高到3.5 MPa而停止。11月24日至25日通孔到330 m离层带后，于27日恢复注浆。12月9日因1号孔从套管外壁返浆而停止注浆。

在对1号孔封孔后于12月14日恢复注浆，12月26日4号孔本孔返浆被迫停止注浆。28日4号孔趟孔过程中发现在深70 m处φ168 mm套管断开并错动，于12月31日停注封孔。

为确保覆岩离层注浆减沉工程预定目标实现，于2007年1月4日在4号孔西侧2 m处重新定位钻进新4号孔。1月10日钻进到66.0 m处往上返浆，同时部分孔壁垮坍，只得进行封孔作废。2月7日在此孔西侧44 m处重新定位钻进新4号孔，3月17日钻进到330.0 m处终孔。3月19日开始注浆，31日泵压升高3.5 MPa而停止注浆。

截止到2007年3月31日，该孔累计注入粉煤灰浆液61491 m³，浆液平均浓度27.4%，折算注入粉煤灰量17689 m³。

注浆实施小结：自2006年6月28日开始，至2007年3月19日止，4个钻孔分别实施了注浆，其中1号孔、3号孔、4号孔完成了覆岩离层带注浆，2号孔完成了覆岩离层带、垮落断裂带和采空区的注浆。4个钻孔累计注入粉煤灰浆液832550 m³，浆液的平均浓度为32.8%，折算注入粉煤灰量273401 m³，注入水量594071 m³。

9.4　沙河公路桥保护煤柱覆岩离层注浆减沉综放开采公路桥变形观测研究

9.4.1　沙河公路桥变形观测

1. 沙河公路桥观测站设置

开滦范各庄矿早在 1999 年 1 月于 2180 区域投入回采前，即沿公路包括沙河公路桥建立了岩移观测站。其中公路桥两侧的公路路基上共布置测量点 35 个，点间距为 30 m（桥北方向设置 20 个，编号为路 1 ~ 路 20；桥南方向设置 15 个，编号为控 1、控 1 + 1、……、控 1 + 14）；沙河桥上布置测量点 7 个，点间距为 26 m（由南往北排序，编号为桥 1 ~ 桥 7）。

2. 观测方案

第一阶段：自 1999 年 9 月 21 日至 2001 年 2 月 9 日，公路桥观测站共观测了 15 次。

第二阶段：从 2003 年 7 月 14 日至 2008 年 2 月 12 日，观测周期为每周一次，持续观测了 109 次。

3. 沙河公路桥观测成果

自 2006 年 6 月沙河公路桥保护煤柱 2180(6 - 1) 综放工作面开始回采，于 2007 年 4 月结束收坑，期间每周对沙河公路桥各测量点观测一次，观测内容包括桥梁下沉值和桥梁变形值，一直延续至开采结束 10 个月后的 2008 年 2 月 12 日。

1）沙河公路桥下沉观测成果

自 2006 年 6 月沙河公路桥保护煤柱 2180(6 - 1) 综放工作面投入回采后，逐月观测沙河公路桥各测量点的下沉值，汇总于表 9 - 6。

表 9 - 6　沙河公路桥在 2180(6 - 1) 综放工作面覆岩离层注浆减沉开采后下沉观测成果表　　　　mm

时　　间	桥 1	桥 2	桥 3	桥 4	桥 5	桥 6	桥 7
2006 年 6 月 21 日至 7 月 21 日	- 57	- 164	- 167	- 36	- 131	- 127	3
2006 年 7 月 21 日至 8 月 21 日	- 205	- 173	- 138	- 107	- 91	- 77	- 78
2006 年 8 月 21 日至 9 月 22 日	- 313	- 324	- 283	- 239	- 198	- 177	- 166
2006 年 9 月 22 日至 10 月 23 日	- 65	- 67	- 75	- 65	- 45	- 26	- 4
2006 年 10 月 23 日至 11 月 22 日	- 155	- 192	- 227	- 239	- 230	- 195	- 148
2006 年 11 月 22 日至 12 月 22 日	- 219	- 229	- 256	- 276	- 292	- 267	- 227
2006 年 12 月 22 日至 2007 年 1 月 22 日	- 110	- 108	- 92	- 61	- 17	- 1	+ 13
2007 年 1 月 22 日至 2 月 23 日	- 52	- 64	- 82	- 107	- 135	- 165	- 187
2007 年 2 月 23 日至 3 月 20 日	- 23	- 28	- 33	- 40	- 49	- 57	- 73
2007 年 3 月 20 日至 4 月 23 日	- 25	- 33	- 37	- 44	- 51	- 69	- 76
2007 年 4 月 23 日至 5 月 21 日	- 24	- 23	- 24	- 23	- 25	- 24	- 32
2007 年 5 月 21 日至 6 月 18 日	- 19	- 17	- 19	- 21	- 20	- 15	- 16
2007 年 6 月 18 日至 7 月 16 日	- 24	- 27	- 26	- 26	- 28	- 27	- 26
2007 年 7 月 16 日至 8 月 20 日	- 4	- 8	- 9	- 12	- 9	- 14	- 18
2007 年 8 月 20 日至 9 月 24 日	- 26	- 27	- 27	- 27	- 32	- 31	- 29
2007 年 9 月 24 日至 10 月 22 日	- 3	- 8	- 9	- 11	- 13	- 17	- 19
2007 年 10 月 22 日至 11 月 19 日	- 14	- 12	- 18	- 18	- 17	- 19	- 21
2007 年 11 月 19 日至 12 月 17 日	+ 7	+ 4	+ 5	+ 4	- 2	- 2	- 4
2007 年 12 月 1 日至 2008 年 1 月 21 日	- 10	- 11	- 13	- 13	- 14	- 13	- 14
2008 年 1 月 21 日至 2 月 12 日	- 5	- 4	- 3	- 6	- 4	- 8	- 10

截止到 2008 年 2 月 12 日，沙河公路桥各观测点累积下沉值见表 9 - 7。

表 9 - 7　沙河公路桥在 2180(6 - 1) 综放工作面覆岩离层注浆减沉开采后各观测点累计下沉值表　　　m

点　号	桥 1	桥 2	桥 3	桥 4	桥 5	桥 6	桥 7
初测值	28.848	28.855	28.856	28.859	28.853	28.849	28.839
终测值	27.178	27.135	27.106	27.130	27.205	27.256	27.320
累计下沉值	-1.670	-1.720	-1.750	-1.729	-1.648	-1.593	-1.519

2）沙河公路桥桥板变形观测成果

在 2180(6 - 1) 综放工作面开采推进过程中，观测到桥板相对桥墩发生了水平位移，主要发生在范矿侧 1~3 号桥墩上，尤以 1 号桥墩最为明显。据 2007 年 4 月 2 日观测（表 9 - 8）：1 号桥板与桥墩相对位移量达 253.5 mm；2 号桥板与桥墩相对位移量 61.5 mm；3 号桥板与桥墩相对位移量 108.5 mm；其他桥墩与桥板间无明显相对位移。

表 9 - 8　沙河公路桥桥板相对桥墩水平位移观测值表　　　　　mm

观测日期	1 号桥墩		2 号桥墩		3 号桥墩	
	北梁板	南梁板	北梁板	南梁板	北梁板	南梁板
2007 年 1 月 11 日	340	810	555	630	513	672
2007 年 1 月 16 日	336	814	555	628	—	—
2007 年 1 月 23 日	330	820	557	622	515	670
2007 年 1 月 30 日	328	822	554	630	513	672
2007 年 2 月 6 日	326	824	553	630	508	677
2007 年 2 月 13 日	325	825	549	633	505	680
2007 年 2 月 28 日	325	825	549	634	504	681
2007 年 4 月 2 日	324	826	545	637	—	—

9.4.2　沙河公路桥变形分析研究

分析在覆岩离层注浆减沉开采沙河公路桥保护煤柱 2180(6 - 1) 综放工作面后观测所得沙河公路桥的变形数据，研究得出以下结论：

（1）覆岩离层注浆减沉开采使沙河公路桥下沉量低于原开采预计的下沉量，避免了桥梁损坏，保证了迁安——曹妃甸公路正常通行和桥下流水。

①覆岩离层注浆减沉率高于预期。

依据表 9 - 7 沙河公路桥在保护煤柱 2180(6 - 1) 综放工作面覆岩离层注浆减沉开采后累计下沉观测数据，绘制沙河公路桥各测点累计下沉曲线图如图 9 - 13 所示。沙河公路桥最大下沉点位于桥 3 点（4 号桥墩）处，累计最大下沉值 1750 mm，仅为原开采预计最大下沉值 4187 mm 的 41.80%，其覆岩离层注浆减沉率为（4187 - 1750）÷4187 =58.20%。

②沙河公路桥累计下沉后保持桥下正常流水。

覆岩离层注浆减沉开采沙河公路桥保护煤柱 2180(6 - 1) 综放工作面，使沙河公路桥下沉明显减少，测量最大下沉点处的桥面标高为 27.106 m，高于沙河公路桥下水面标高 +25.7 m，可保证桥下正常流水。

（2）沙河公路桥沉降与保护煤柱 2180(6 - 1) 综放工作面推采进度密切相关。

①沙河公路桥各测点下沉幅度与工作面顶板垮落相关。

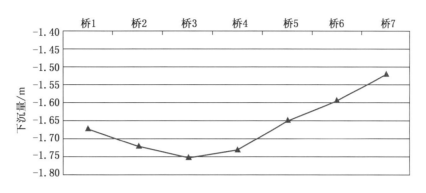

图9-13 覆岩离层注浆减沉开采保护煤柱后沙河公路桥各测点累计下沉曲线图

依据表9-6的观测数据,绘制出沙河公路桥各测点的逐月下沉曲线图如图9-14所示。

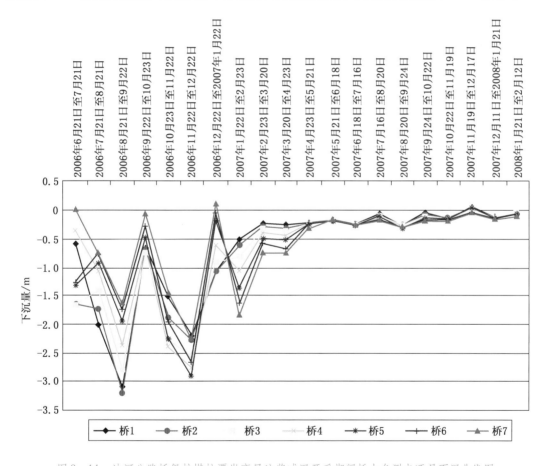

图9-14 沙河公路桥保护煤柱覆岩离层注浆减沉开采期间桥上各测点逐月下沉曲线图

图中显示2180(6-1)综放工作面推采到沙河公路桥前后时,桥上各测点在2006年7月21日至9月22日和2006年10月23日至12月22日两个时间下沉幅度最大,而在其后的2006年9月22日至10月23日和2006年12月22日至2007年1月22日期间下沉幅度变小,下沉幅度的变化反映出沙河公路桥各测点随着2180(6-1)综放工作面顶板周期跨落密切相关,各测点下沉幅度呈现"大—小—大"周期性的规律。

②工作面推采位置远离沙河公路桥后桥梁下沉幅度减小。

在 2007 年 1 月 22 日至 2 月 23 日期间，公路桥保护煤柱 2180(6-1) 综放工作面已推过沙河公路桥 100 m 以远，沙河公路桥各测点在期间顶板周期跨落下沉幅度比前两次要小。

当公路桥柱 2180(6-1) 综放工作面继续推采至 2007 年 4 月底开采结束期间，沙河公路桥各测点的逐月下沉量明显减少。在停采 8 个多月后的 2008 年 1 月 21 日至 2 月 12 日观测期间，各测点下沉量在 3~10 mm 之间，表明沙河公路桥沉降逐渐趋于稳定。

③沙河公路桥下沉速度随着工作面的推进呈现起伏变化。

依据表 9-6 沙河公路桥各测点在保护煤柱覆岩离层注浆减沉综放开采期间的观测数据计算其逐月下沉速度，见表 9-9。沙河公路桥各测点的下沉速度对应 2180(6-1) 综放工作面顶板周期跨落和推采位置密切相关。

表 9-9　沙河公路桥各测点在保护煤柱覆岩离层注浆减沉综放开采期间下沉速度表　　　mm/d

时　间	桥 1	桥 2	桥 3	桥 4	桥 5	桥 6	桥 7
2006 年 6 月 21 日至 7 月 21 日	-1.90	-5.47	-5.57	-1.20	-4.37	-4.23	+0.10
2006 年 7 月 21 日至 8 月 21 日	-6.61	-5.58	-4.45	-3.57	-2.94	-2.48	-2.52
2006 年 8 月 21 日至 9 月 22 日	-10.10	-10.45	-9.13	-7.71	-6.39	-5.71	-5.35
2006 年 9 月 22 日至 10 月 23 日	-2.10	-2.16	-2.42	-2.10	-1.45	-0.84	-0.13
2006 年 10 月 23 日至 11 月 22 日	-5.17	-6.40	-7.57	-7.97	-7.67	-6.50	-4.93
2006 年 11 月 22 日至 12 月 22 日	-7.30	-7.63	-8.53	-9.20	-9.73	-8.90	-7.57
2006 年 12 月 22 日至 2007 年 1 月 22 日	-3.55	-3.48	-2.97	-1.97	-0.55	-0.03	+0.42
2007 年 1 月 22 日至 2 月 23 日	-1.63	-2.00	-1.94	-3.34	-4.22	-5.16	-5.84
2007 年 2 月 23 日至 3 月 20 日	-0.92	-1.12	-1.32	-1.60	-1.96	-2.28	-2.92
2007 年 3 月 20 日至 4 月 23 日	-0.74	-0.97	-1.09	-1.29	-1.50	-2.03	-2.24
2007 年 4 月 23 日至 5 月 21 日	-0.86	-0.82	-0.86	-0.82	-0.89	-0.86	-1.14
2007 年 5 月 21 日至 6 月 18 日	-0.68	-0.61	-0.68	-0.75	-0.71	-0.68	-0.57
2007 年 6 月 18 日至 7 月 16 日	-0.86	-0.96	-0.93	-0.93	-1.00	-0.96	-0.93
2007 年 7 月 16 日至 8 月 20 日	-0.11	-0.23	-0.26	-0.34	-0.26	-0.40	-0.51
2007 年 8 月 20 日至 9 月 24 日	-0.74	-0.77	-0.77	-0.77	-0.91	-0.89	-0.83
2007 年 9 月 24 日至 10 月 22 日	-0.11	-0.29	-0.32	-0.39	-0.46	-0.61	-0.68
2007 年 10 月 22 日至 11 月 19 日	-0.50	-0.43	-0.64	-0.64	-0.61	-0.68	-0.75
2007 年 11 月 19 日至 12 月 17 日	+0.25	+0.14	+0.18	+0.14	-0.07	-0.07	-0.14
2007 年 12 月 17 日至 2008 年 1 月 21 日	-0.29	-0.31	-0.37	-0.37	-0.40	-0.37	-0.40
2008 年 1 月 21 日至 2 月 12 日	-0.16	-0.13	-0.09	-0.19	-0.13	-0.25	-0.31

2006 年 8 月 21 日至 9 月 22 日期间，2180(6-1) 综放工作面推采至沙河公路桥中间时，桥 1、桥 2 点沉降速度达到最大值，桥 1 点为 10.10 mm/d，桥 2 点为 10.45 mm/d；当工作面推过沙河公路桥 78 m 后，沉降速度明显减小；当 2007 年 4 月底工作面开采结束时，沙河公路桥除桥 7 点外，其他各观测点的下沉速度均降至 1.00 mm/d 以下；到 2008 年 2 月工作面开采结束 10 个月后，沙河公路桥各观测点的下沉速度仅为 0.09~0.31 mm/d，表明沙河公路桥沉降趋于稳定。

9.5　沙河公路桥保护煤柱采用覆岩离层注浆减沉综放技术开采的效益

9.5.1　覆岩离层注浆减沉投入的费用

1. 工程准备费用

包括注浆站建设所需设备、临建工程等，合计资金557.85万元，见表9-10。

表9-10　沙河公路桥保护煤柱采用覆岩离层注浆减沉综放技术开采工程准备费用表

序号	名　　称	型　号	数　量	单价/万元	合计/万元
1	注浆泵	TBW-1200/7B	4台	25.5	102.0
2	注浆泵	TBW-850/5	1台	14.0	14.0
3	振动筛		2台	4.0	8.0
4	储水箱	20m³	1台	3.0	3.0
5	压风机	VF-6/7	1台	2.4	2.4
6	搅拌机		2台	1.5	3.0
7	高低压阀门及制作费				4.5
8	ϕ114 mm 石油管		145 t	0.85	123.25
9	除渣输送带		1台	1.5	1.5
10	水井清水泵及管路		2台	1.0	2.0
11	4条输浆管安装				12.0
12	临建工程				60.0
13	推土机		1台	20.0	20.0
14	装载机	50	1台	25.5	25.5
15	带式输送机	100/50 m	2台	25.0	50.0
16	刮板输送机	60 m	1台	10.0	10.0
17	变压器	1000 kW	2台	28.0	56.0
18	电缆等				51.7
19	通信设施				9.0
合计					557.85

因建设的地面注浆系统以后还可为沙河铁路桥保护煤柱覆岩离层注浆减沉综放开采服务，故按50%计入沙河公路桥注浆减沉工程准备费用，即278.93万元。

2. 实施注浆减沉费用

1）钻孔施工费

实际完成钻孔进尺工程量1836.12 m，按1000元/m单价（包括钻孔用套管在内），钻孔施工费183.61万元。

2）注浆运行费

4个钻孔累计注入粉煤灰浆液832550.0 m³，折算粉煤灰量273401 m³，按注入粉煤灰单价14.5

元/m³ 计算（包括制浆和注浆站内全部设备设施的维护费），注浆运行费 396.43 万元。

3. 钻场设备占用费

钻场场地及设备占用费按 5 万元/月计算，注浆过程持续 10 个月，合计 50 万元。

4. 注浆监测费

注浆监测系统运行费用共计 35 万元。

5. 沙河公路桥保护煤柱覆岩离层注浆减沉综放开采投入费用合计

以上 4 项费用相加，计算沙河公路桥保护煤柱 2180(6-1) 综放工作面覆岩离层注浆减沉开采投入总费用为 943.97 万元。

9.5.2 沙河公路桥保护煤柱覆岩离层注浆减沉综放开采的经济效益

沙河公路桥保护煤柱 2180(6-1) 综放工作面自 2006 年 6 月投入生产，至 2007 年 4 月开采结束，共采出煤炭 966410 t。

1. 煤炭开采获得的经济效益

（1）由于沙河公路桥保护煤柱 2180(6-1) 工作面采用综采放顶煤技术开采，煤炭生产能力大、单产高，工作面开采期间平均月产达 107379 t，为范各庄矿实现当年生产经营目标作出了重大贡献。

（2）2180(6-1) 综放工作面采出煤炭按每吨获利 100 元计算，966410 t 共获得利润 9664.10 万元。

2. 节省沙河公路桥重建费用

2180(6-1) 综放工作面覆岩离层注浆减少沙河公路桥沉降 2397 mm，使桥梁损害大大减轻，仅需简单维护即可保证正常使用，从而节省了公路桥重建费用。包括：

（1）修建临时通车便道费用 311.16 万元，开采期间便道维修费 50 万元；

（2）新建沙河公路桥费用 795 万元，其中：

建桥工程费 180 m×15 m×0.25 万元/m² = 675 万元

土地征用费（含青苗补偿费和地面附着物赔偿费）30 亩×2 万元/亩×2 年 = 120 万元

（3）高压供电线路改造费 50 万元；

（4）其他费用（如管理费、不可预见费等），按建设费用总和的 10% 计，即 120.62 万元。

以上 4 项合计，共节省公路桥重建总费用为 1326.78 万元。

3. 节省耕地被淹征地费

2180(6-1) 工作面覆岩离层注浆减沉率 58.20%，大大减少地面沉降，保护了农田，节省土地征用费 300 亩×7 万元/亩 = 2100 万元。

4. 沙河公路桥保护煤柱覆岩离层注浆减沉综放开采取得的经济效益

沙河公路桥保护煤柱 2180(6-1) 工作面覆岩离层注浆减沉综放开采经济效益为煤炭开采获得的经济效益 + 节省公路桥重建费用 + 节省耕地被淹征地费 - 覆岩离层注浆减沉投入费用 = (9664.10 + 1326.78 + 2100) - 943.97 = 12146.91 万元。

5. 沙河公路桥保护煤柱覆岩离层注浆减沉综放开采的投入产出比

投入总费用 943.97 万元，折算吨煤费用为 9.77 元/t；获得经济效益 12146.91 万元，折算吨煤经济效益为 125.69 元/t；投入产出比为 943.97 万元÷12146.91 万元 = 1:12.87。

9.5.3 沙河公路桥保护煤柱覆岩离层注浆减沉综放开采的社会效益

1. 保证沙河公路桥的畅通

通过覆岩离层注浆减沉开采沙河公路桥保护煤柱，大大减少了地面沉降及对桥梁的破坏，保证公路桥的运营安全、畅通，有利于河北省一号重点工程——曹妃甸港口建设的顺利推进，同时对保持区域社会经济活动的正常起到重要作用。

2. 促进了范各庄矿煤炭生产高产高效

沙河公路桥保护煤柱 2180(6-1) 综放工作面高产高效开采，确保了范各庄矿生产经营稳定和全年利润目标的实现，有力地促进了矿区繁荣与稳定。

3. 解决林西发电厂燃眉之急，推进循环经济

沙河公路桥保护煤柱 2180(6-1) 综放工作面覆岩离层注浆共注入粉煤灰 27.34 万 m^3，有效地解决了林西电厂粉煤灰储灰场堆满无法排灰的燃眉之急，节省大量新建储灰场工程费用，节约大量土地；覆岩离层注浆使粉煤灰变废为宝，推进区域循环经济发展，也减轻了粉煤灰存放对环境的污染。

总之，范各庄矿沙河公路桥保护煤柱 2180(6-1) 工作面成功应用覆岩离层注浆减沉综采放顶煤开采技术，取得了巨大的经济效益和社会效益，探索出开滦矿区乃至全国类似条件"三下"压煤实现高产高效经济开采的有效途径，进一步发展了覆岩离层注浆控制地面沉降的理论和实践。

10 开滦范各庄矿覆岩离层注浆减沉综放开采
沙河铁路桥保护煤柱

范各庄矿外运煤炭铁路（古范铁路）在古冶车站与京山铁路相接，古范铁路跨越沙河建有沙河铁路桥。该桥位于范各庄矿井下主要生产区域——二水平北翼一采区上方，于1980年始建，1981年6月投入运营，至今已安全运营30多年。

10.1 沙河铁路桥基本情况

10.1.1 沙河铁路桥概况

沙河铁路桥长度为234 m，全桥桥墩19个，其中桥头2个（桥台），共18孔。梁体为12.5 m钢筋混凝土板式梁，桥面上铺设道砟、枕木、轨道，桥体两侧用三角铁架做成人行安全通道护栏，如图10-1和图10-2所示。

图10-1 沙河铁路桥桥面照片

图10-2 沙河铁路桥侧面照片

沙河铁路桥位于沙河公路桥的下游。沙河自范各庄矿井田的西北部流过后入渤海，全长138 km。沙河为季节性河流，平时仅有少量的矿井排水，暴雨时形成一定量的洪流，沙河铁路桥最高洪水位为26.68 m。

10.1.2 沙河铁路桥结构

沙河铁路桥结构如图10-3和图10-4所示。

桥墩：椭圆形钢筋混凝土桥墩，长5 m，厚2.1 m，高度3.6 m。桥墩下部为5 m×4.7 m矩形承台，高1.5 m，最下部为4根直径1 m、长20 m混凝土桩基。

梁体：每孔梁体由两片钢筋混凝土板式梁组成，梁长12.5 m，高0.850 m，梁梗宽度1.1 m，梁头间隙0.060 m，梁底标高28.786 m。

梁支座：采用ZG25 II级铸钢弧形支座，每片梁4套。梁西端为固定支座，东端为活动支座。上座板用锚固螺栓固定在梁体上，其中部为平面；下座板焊于桥墩墩台支撑垫板上，其中部为弧形面。

10.2 沙河铁路桥保护煤柱开采方案

范各庄矿为保证煤炭外运铁路安全畅通，在沙河铁路桥下的二水平北翼一采区留设保护煤柱。该

图 10-3 沙河铁路桥结构照片

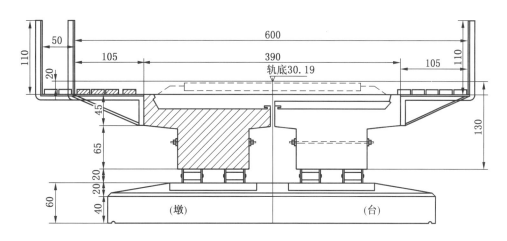

图 10-4 沙河铁路桥桥墩、桥台横截面图

矿经过 50 年开采, 亟须开采沙河铁路桥下压煤, 以维持矿井煤炭生产稳产高产。

10.2.1 沙河铁路桥柱区域地质条件

1. 区域地质概况

沙河铁路桥下的范各庄矿二水平北翼一采区煤系地层自上而下地质情况如下。

第四系: 厚度 80 m 左右, 主要由砂、黏土、卵石组成。

二叠系古冶组: 主要由中砂岩、粉砂岩组成, 厚度约 120 m, 不含煤, 与上覆第四系不整合接触。

二叠系唐家庄组: 主要由中砂岩、粉砂岩组成, 厚度约 270 m, 含 4～5 层煤线, 不可采。

二叠系大苗庄组: 主要由砂岩、粉砂岩、泥岩、煤等组成, 厚度为 70 m 左右, 含有 7、8、9 共 3 个可采煤层, 其中 7、8 两煤层之间仅距 0.5 m, 范各庄矿常作为一层煤进行综放开采。

石炭系赵各庄组: 主要由砂岩、粉砂岩、煤组成, 厚度为 86 m, 含 11、12、12 半 3 个可采煤层。

石炭系开平组: 主要由粉砂岩、泥岩组成, 厚度为 51.7 m, 夹 3 层分布不稳定的灰岩, 含煤 1～3 层, 仅 14 煤层局部可采。

石炭系唐山组: 以粉砂岩为主, 细砂岩次之, 间夹 3 层灰岩, 厚度为 55.8 m, 含 1～3 层不稳定薄煤线，底部为铝矾土岩。

奥陶系开平组：由灰岩、白云岩等组成。

区域内无较大断层，只在掘进7煤层边眼时揭露一条落差为6.5 m的断层，并发育3条岩浆岩墙，走向基本与煤层走向一致，厚度0~4 m。

2. 区域工作面开采条件

1）工作面划分

沙河铁路桥对应井下区域共划分2180（9）、2180（10）、2180（11）、2180（12）、2180（13）5个综放工作面，其中2180（11）综放工作面位于沙河铁路桥下方（图10-5），其上下各布置两个工作面，采取协调开采以减少沙河铁路桥水平变形及位移，各工作面参数见表10-1。

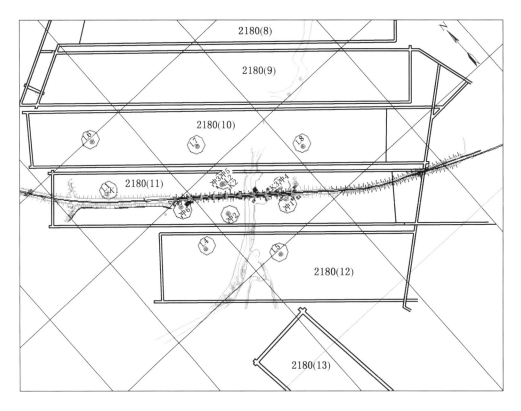

图10-5 沙河铁路桥对应井下区域工作面布置图

表10-1 沙河铁路桥对应井下区域工作面参数 m

工 作 面	走向长	倾向长	厚度
2180（9）	675	98.7	6.5
2180（10）	766	100.5	6.5
2180（11）	657	100.5	6.5
2180（12）	438	124.9	6.5
2180（13）	402	129.6	6.5

2）工作面开采条件

各工作面均为7~8煤层合区，上部5煤层不可采，7煤层厚度为4 m左右，8煤层厚度为2 m左右，7~8煤层中间有0.5 m左右的粉砂岩夹矸，煤层倾角为6°~10°，8煤层底板标高为-460~-600 m。

3）工作面顶底板情况

各工作面顶底板情况见表10-2。

表10-2　沙河铁路桥对应井下区域7~8煤层合区顶底板赋存情况表

煤层	顶底板	岩性	厚度/m	特征及赋存情况
7煤层	伪顶	泥岩	0.5~2.5	一般在1.0 m以下，岩性破碎，局部增厚可达2.5 m，相变为粉砂岩或细砂岩。中间有一层煤线，顶部一层煤线与直接顶相隔
	直接顶	粉砂岩	2.4~3.5	水平层理，含植物化石。井田中部厚度增大至6~8 m，北翼及深部局部被冲蚀掉
	基本顶	中砂岩	0.5~6.0	硅质胶结，坚硬。北翼及深部局部直接沉积于煤层之上
	直接底	粉砂岩	0.2~0.5	松软破碎，含大量植物根化石，同时为8煤层顶板
8煤层	伪顶	粉砂岩	0.2~0.5	松软破碎，节理发育，即为7煤层底板
	直接底	粉砂岩	0.2~0.6	含大量植物根化石，普遍发育
	基本底	细砂岩	3.0	硅质胶结，呈块状结构，坚硬，普遍发育

10.2.2　沙河铁路桥保护煤柱区域开采方案研究

1. 沙河铁路桥保护煤柱区域开采影响评价

2006年6月范各庄矿委托煤炭科学研究总院唐山分院研究开采沙河铁路桥柱范围7~8煤层合区方案，提交了《工业广场煤柱内铁路桥下煤层开采方案》报告。报告对沙河铁路桥柱区域的2180 (9)、2180 (10)、2180 (11)、2180 (12)、2180 (13) 5个综放工作面开采后地表变形做出预计，预计值见表10-3（表中桥0~桥18为沿铁路桥设置的观测点，观测点自范各庄矿一侧起，往古冶方向每隔一个桥墩设置一个）。

表10-3　沙河铁路桥对应井下区域5个综放工作面开采后地表变形预计值表

点号	下沉值/mm	纵向倾斜值/(mm·m^{-1})	横向倾斜值/(mm·m^{-1})	点号	下沉值/mm	纵向倾斜值/(mm·m^{-1})	横向倾斜值/(mm·m^{-1})
桥0	3298.89	4.95	3.16	桥10	3558.58	0.18	2.88
桥2	3404.06	3.48	3.06	桥12	3557.15	-0.3	2.9
桥4	3476.14	2.29	2.97	桥14	3543.68	-0.81	2.94
桥6	3521.76	1.38	2.91	桥16	3561.14	-1.44	3
桥8	3547.54	0.7	2.88	桥18	3470.11	-2.28	3.05

根据《铁路技术管理规程》规定，内燃机车牵引的二级铁路一般条件下坡度不大于6‰，困难条件下不大于15‰，两股轨道应在同一平面，水平静态允许偏差为4 mm，即直线两轨横向倾斜最大不超过2.8‰。表10-3反映沙河铁路桥对应井下区域的2180 (9)、2180 (10)、2180 (11)、2180 (12)、2180 (13) 5个综放工作面开采后，沙河铁路桥最大下沉值为3561.14 mm，纵向倾斜最大值为4.95 mm/m，横向倾斜最大值为3.16 mm/m。虽然纵向倾斜尚在《铁路技术管理规程》规定以内，但沙河铁路桥最大下沉值将使铁路桥梁底标高降低到25.23 m，低于最高洪水位26.68 m，已失去泄洪能力；同时两轨最大横向倾斜也超过2.8‰的规定，将影响行车安全。

2. 沙河铁路桥对应井下区域开采方案的确定

受开滦唐山矿京山铁路煤柱首采区和范各庄矿沙河公路桥柱覆岩离层注浆减沉综放开采取得巨大成功的启迪，开滦范各庄矿与开滦矿务局及煤炭科学研究总院唐山分院的专家研究决定，为保证沙河铁路桥安全运营和保持泄洪能力，对沙河铁路桥对应井下区域7~8煤层合区采取条带跳采与注浆减沉综放开采相结合的开采方案，实现既减少对沙河铁路桥的影响，又提高开采的经济效益。方案主要内容如下：

（1）沙河铁路桥对应井下区域5个工作面采取条带跳采，它们的开采顺序确定为2180（9）→2180（11）→2180（13）→2180（12）→2180（10），以减轻开采对沙河铁路桥的影响，又为覆岩离层注浆创造有利条件，提高注浆减沉率。

（2）在条带跳采的同时，对覆岩离层注浆减沉工程进行科学安排，对邻近沙河铁路桥的2180（11）、2180（12）、2180（10）3个工作面实施覆岩离层注浆减沉工程，注浆减沉率要达到50%以上，而对距离沙河铁路桥较远、开采影响较小的2180（9）、2180（13）两个综放工作面不进行覆岩离层注浆。

（3）为提高沙河铁路桥保护煤柱覆岩离层注浆减沉综放开采后沙河铁路桥安全可靠程度，借鉴范各庄成功开采沙河公路桥的经验，对铁路桥正下方的2180（11）综放工作面增加采空区注浆和冲积层底部注浆。

按照上述开采方案，煤炭科学研究总院唐山分院进行了开采地表变形预计，表10-4至表10-8为按照开采方案的要求，列出5个综放工作面开采后的预计变形值，表中倾斜值中，纵向倾斜古冶方向为"+"，范矿方向为"-"；横向倾斜东北方向为"+"，西南方向为"-"。

表10-4 2180（9）综放工作面开采后沙河铁路桥预计变形值

点 号	下沉值/mm	纵向倾斜值/（mm·m⁻¹）	横向倾斜值/（mm·m⁻¹）	点 号	下沉值/mm	纵向倾斜值/（mm·m⁻¹）	横向倾斜值/（mm·m⁻¹）
桥0	56.81	0	1.21	桥10	54.93	−0.02	1.18
桥2	56.57	−0.01	1.2	桥12	54.32	−0.03	1.17
桥4	56.24	−0.02	1.2	桥14	53.48	−0.04	1.15
桥6	55.82	−0.02	1.19	桥16	52.24	−0.06	1.13
桥8	55.36	−0.02	1.19	桥18	50.53	−0.08	1.09

表10-5 2180（9）与2180（11）综放工作面开采后沙河铁路桥预计变形值

点 号	下沉值/mm	纵向倾斜值/（mm·m⁻¹）	横向倾斜值/（mm·m⁻¹）	点 号	下沉值/mm	纵向倾斜值/（mm·m⁻¹）	横向倾斜值/（mm·m⁻¹）
桥0	598.94	0.88	−1.22	桥10	646.15	0.04	−1.32
桥2	617.74	0.63	−1.27	桥12	646.00	−0.05	−1.32
桥4	630.72	0.42	−1.3	桥14	643.54	−0.14	−1.31
桥6	639.13	0.26	−1.32	桥16	638.48	−0.26	−1.29
桥8	644.05	0.14	−1.32	桥18	629.86	−0.42	−1.27

表10-6 2180（9）、2180（11）与2180（13）综放工作面开采后沙河铁路桥预计变形值

点 号	下沉值/mm	纵向倾斜值/（mm·m⁻¹）	横向倾斜值/（mm·m⁻¹）	点 号	下沉值/mm	纵向倾斜值/（mm·m⁻¹）	横向倾斜值/（mm·m⁻¹）
桥0	680.68	0.88	−1.26	桥6	640.47	0.25	−1.35
桥2	619.41	0.62	−1.31	桥8	645.18	0.13	−1.35
桥4	632.24	0.41	−1.34	桥10	647.04	0.03	−1.35

表 10 – 6（续）

点 号	下沉值/mm	纵向倾斜值/(mm·m⁻¹)	横向倾斜值/(mm·m⁻¹)	点 号	下沉值/mm	纵向倾斜值/(mm·m⁻¹)	横向倾斜值/(mm·m⁻¹)
桥 12	646.72	− 0.06	− 1.34	桥 16	638.86	− 0.27	− 1.3
桥 14	644.08	− 0.15	− 1.32	桥 18	630.13	− 0.42	− 1.28

表 10 – 7 2180(9)、2180(11)、2180(13) 与 2180(12) 综放工作面开采后沙河铁路桥预计变形值

点 号	下沉值/mm	纵向倾斜值/(mm·m⁻¹)	横向倾斜值/(mm·m⁻¹)	点 号	下沉值/mm	纵向倾斜值/(mm·m⁻¹)	横向倾斜值/(mm·m⁻¹)
桥 0	1649.44	2.48	1.58	桥 10	1779.29	0.09	1.44
桥 2	1702.03	1.74	1.53	桥 12	1778.58	− 0.15	1.45
桥 4	1738.07	1.14	1.49	桥 14	1771.84	− 0.4	1.47
桥 6	1760.88	0.69	1.45	桥 16	1758.07	− 0.72	1.5
桥 8	1773.77	0.35	1.44	桥 18	1735.06	− 1.14	1.53

表 10 – 8 2180(9)、2180(11)、2180(13)、2180(12) 与 2180(10)
综放工作面开采后沙河铁路桥预计变形值

点 号	下沉值/mm	纵向倾斜值/(mm·m⁻¹)	横向倾斜值/(mm·m⁻¹)	点 号	下沉值/mm	纵向倾斜值/(mm·m⁻¹)	横向倾斜值/(mm·m⁻¹)
桥 0	1649.44	2.48	1.58	桥 10	1779.29	0.09	1.44
桥 2	1702.03	1.74	1.53	桥 12	1778.58	− 0.15	1.45
桥 4	1738.07	1.14	1.49	桥 14	1771.84	− 0.4	1.47
桥 6	1760.88	0.69	1.45	桥 16	1758.07	− 0.72	1.5
桥 8	1773.77	0.35	1.44	桥 18	1735.06	− 1.14	1.53

从表 10 – 4 至表 10 – 8 得知，沙河铁路桥对应井下区域 5 个综放工作面采取条带跳采与覆岩离层注浆减沉相结合开采后，预计沙河铁路桥最大下沉值减少到 1779.29 mm，桥底最低标高为 27.004 m，仍高于最高洪水位 26.68 m，能满足汛期泄洪要求；铁路横向倾斜值符合《铁路技术管理规程》最大不超过 2.8‰的规定，满足铁路安全运行的要求。

3. 沙河铁路桥对应井下区域各工作面开采时间及产量情况

范各庄矿自 2007 年 5 月进入沙河铁路桥对应井下区域开采，2180(9) ~2180(13) 五个工作面均采用综采放顶煤技术开采。沙河铁路桥对应井下区域各工作面开采起止时间和原煤产量见表 10 – 9。

表 10 – 9 沙河铁路桥柱范围各工作面开采情况

工作面开采顺序	开采时间	停采时间	原煤产量/t
2180(9)	2007 年 5 月	2007 年 12 月	753765
2180(11)	2007 年 11 月	2008 年 12 月	531480
2180(13)	2008 年 7 月	2009 年 5 月	516151
2180(12)	2009 年 10 月	2010 年 5 月	618623
2180(10)	2010 年 12 月	2012 年 2 月	832794
合　　计			3252813

10.3 沙河铁路桥对应井下区域注浆减沉综放开采的设计与实施

10.3.1 沙河铁路桥对应井下区域注浆减沉综放开采设计

为确保沙河铁路桥在对应井下区域 7~8 煤层合区综放开采后安全运行，注浆减沉工程设计根据各工作面的位置和开采时间，分别设计采取覆岩离层注浆、垮落带注浆和冲积层底部注浆 3 种方式，以提高注浆减沉率，减轻综放开采对沙河铁路桥的影响。

1. 覆岩离层注浆钻孔选址及结构设计

覆岩离层注浆是在沙河铁路桥对应井下区域 7~8 煤层合区综放开采的同时进行减沉的措施。根据沙河公路桥保护煤柱覆岩离层注浆减沉开采经验，分别在 2180(11)、2180(12)、2180(10) 三个综放工作面邻近沙河铁路桥的部位，结合地面施工条件设计布置注浆孔，各综放工作面注浆钻孔具体位置如图 10-6 所示，钻孔布置与结构见表 10-10。

表 10-10 沙河铁路桥对应井下区域各综放工作面覆岩离层注浆钻孔布置与结构表

工作面	孔号	孔深/m	钻孔结构	钻孔位置
2180(11)	L1	400	0~120 m 为 168 mm 套管 以下为 133 mm 裸孔	铁路桥古冶方向桥头北侧，距工作面开切眼 102 m
	L2	400	0~120 m 为 168 mm 套管 以下为 133 mm 裸孔	铁路桥 10 号桥墩北侧，工作面中部
	L3	400	0~120 m 为 168 mm 套管 以下为 133 mm 裸孔	铁路桥范矿方向桥台北侧，工作面中部
2180(12)	L4	420	0~130 m 为 168 mm 套管 130~320 m 为 133 mm 套管 以下为 98 mm 花眼套管	铁路桥 13 号桥墩南约 91 m，距工作面开切眼 86 m
	L5	420	0~130 m 为 168 mm 套管 130~320 m 为 133 mm 套管 以下为 98 mm 花眼套管	铁路桥 2 号桥墩南约 107 m，工作面中部
2180(10)	L6	380	0~120 m 为 168 mm 套管 120~280 m 为 133 mm 套管 280~380 m 为 133 mm 花眼套管	铁路桥西北侧，距工作面开切眼约 118 m
	L7	380	0~120 m 为 168 mm 套管 120~280 m 为 133 mm 套管 280~380 m 为 133 mm 花眼套管	铁路桥 14 号桥墩北约 90 m，工作面中部
	L8	380	0~120 m 为 168 mm 套管 120~280 m 为 133 mm 套管 280~380 m 为 133 mm 花眼套管	铁路桥范矿方向桥台北约 80 m，距工作面收尾处约 160 m

2. 垮落带注浆钻孔布置及结构

为巩固沙河铁路桥正下方 2180(11) 综放工作面覆岩离层注浆减沉效果，设计在该工作面回采完毕后，将原 3 个覆岩离层注浆钻孔分别延深至垮落带（K1~K3），继续对 2180(11) 综放工作面采空区注浆充填，减少后期地表下沉量，更好地保证沙河铁路桥的安全运行。钻孔布置与结构见表10-11。

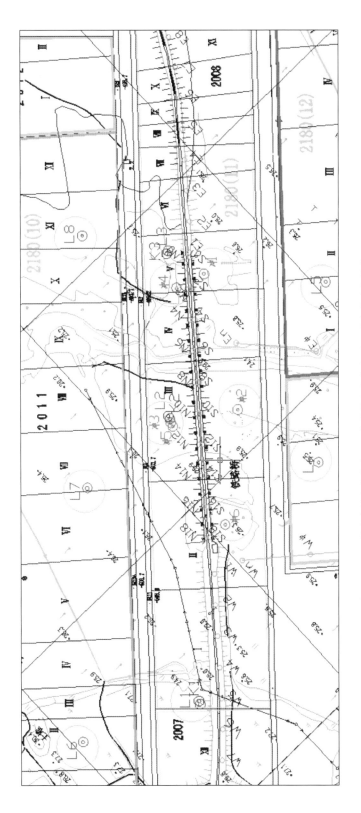

L—覆岩离层注浆钻孔；K—垮落带注浆钻孔；冲—冲积层注浆钻孔

图 10-6 沙河铁路桥对应井下区域各综放工作面注浆钻孔位置图

表 10 – 11　2180(11) 综放工作面垮落带注浆钻孔布置与结构

工作面	孔号	孔深/m	钻孔结构	钻孔位置
2180(11)	K1	540	0 ~ 120 m 为 168 mm 套管 120 ~ 400 m 为 133 mm 套管 400 m 以下为 118 mm 花眼套管	铁路桥古冶方向桥头北侧，原 L1 孔下延
	K2	530	0 ~ 120 m 为 168 mm 套管 120 ~ 400 m 为 133 mm 套管 400 m 以下为 118 mm 花眼套管	铁路桥 10 号桥墩北侧，原 L2 孔下延
	K3	520	0 ~ 120 m 为 168 mm 套管 120 ~ 400 m 为 133 mm 套管 400 m 以下为 118 mm 花眼套管	铁路桥范矿方向桥台北侧，原 L3 孔下延

3. 冲积层底部注浆钻孔布置及结构

范各庄矿在沙河公路桥保护煤柱覆岩注浆减沉综放开采实施过程中，2007 年 3 月 23 日发现沙河公路桥东北侧的沙河东小树林处有地表隆起的现象，隆起中心位于公路桥东北方向 210 m 处，隆起最高达 2.7 m，体积约 9900 m³。分析原因为注浆钻孔受采动影响，造成钻孔内注浆管在基岩面处断裂，浆液窜入冲积层底部充填造成地表隆起，并导致该处沙河河床抬高影响河水下泄。

范各庄矿在冲积层底部注浆充填造成地表隆起的启示下，对沙河铁路桥区域冲积层地质结构进行研究，通过该区域地质钻孔取芯分析，确认在地表下至基岩顶界面厚 74 ~ 83 m 的第四系冲积层中含 4 ~ 5 层黏土层（表 10 – 12）。范各庄矿井田水文地质资料表明，正是这些黏土层起到隔水作用，特别是冲积层底部的黏土层隔断了冲积层与基岩的水力联系，成为彼此独立的水文地质单元。决定进行冲积层底部注浆充填，以减少地面沉降和抬升地表。为此设计在沙河铁路桥两侧即 2180(11) 综放工作面对应地面施工冲积层底部注浆钻孔，其平面布置及结构见表 10 – 13。

表 10 – 12　沙河铁路桥保护煤柱 2180(11) 综放工作面冲积层地质结构柱状表

地层系统	层序	累计深度/m	平均层厚/m	名称	备注
第四系 Q	1	4.70	4.70	表土	
	2	8.20	3.50	粉砂	
	3	10.50	2.30	砂质黏土	第一层黏土层
	4	14.80	4.30	中砂	
	5	15.60	0.80	砂土	
	6	17.10	1.50	细砂	
	7	20.50	3.40	砂土	
	8	21.50	1.00	黏土薄层	第二层黏土层
	9	25.40	3.90	砂土	
	10	33.50	8.10	粗砂	
	11	37.00	3.50	粉砂	
	12	42.30	5.30	黏土	第三层黏土层
	13	44.00	2.50	粉土	
	14	46.50	4.00	中砂	
	15	50.50	4.60	砂土	

表 10 – 12（续）

地层系统	层　序	累计深度/m	平均层厚/m	名　　称	备　注
	16	55.10	3.40	砂质黏土	第四层黏土层
	17	57.60	3.90	中砂	
第四系 Q	18	61.50	10.90	卵石	
	19	72.40	10.00	黏土	第五层黏土层
	20	82.40	3.60	粗砂	

表 10 – 13　沙河铁路桥保护煤柱 2180(11) 综放工作面冲积层底部注浆钻孔布置与结构

孔号	孔深/m	钻　孔　结　构	位　置
冲 1	80	0～50 m 孔径 ϕ311 mm，下 ϕ168 mm 套管固井；50～80 m 孔径 ϕ152 mm，下 ϕ127 mm 花眼套管护孔	2 号桥墩南侧 6 m
冲 2	80	0～50 m 孔径 ϕ311 mm，下 ϕ168 mm 套管固井；50～80 m 孔径 ϕ152 mm，下 ϕ127 mm 花眼套管护孔	10 号桥墩南侧 10 m
冲 3	80	0～50 m 孔径 ϕ311 mm，下 ϕ168 mm 套管固井；50～80 m 孔径 ϕ152 mm，下 ϕ127 mm 花眼套管护孔	10 号桥墩北侧 18 m
冲 4	80	0～50 m 孔径 ϕ311 mm，下 ϕ168 mm 套管固井；50～80 m 孔径 ϕ152 mm，下 ϕ127 mm 花眼套管护孔	2 号桥墩北侧 3 m
冲 5	80	0～50 m 孔径 ϕ311 mm，下 ϕ168 mm 套管固井；50～80 m 孔径 ϕ152 mm，下 ϕ127 mm 花眼套管护孔	10 号桥墩北侧 15 m
冲 6	80	0～50 m 孔径 ϕ311 mm，下 ϕ168 mm 套管固井；50～80 m 孔径 ϕ152 mm，下 ϕ127 mm 花眼套管护孔	17 号桥墩南侧 3 m

4. 注浆系统建设

沙河铁路桥对应井下区域 7～8 煤层合区综放开采注浆系统仍用沙河公路桥保护煤柱开采覆岩离层注浆建在开滦林西热电厂的安各庄粉煤灰储灰场附近的注浆站。注浆站与注浆钻孔间铺设 3 趟 ϕ104 mm 输浆管路，长度约 3000 m。

10.3.2　沙河铁路桥保护煤柱 2180(11) 综放工作面注浆减沉开采的实施

按照注浆减沉工程设计的开采顺序，在 2180(9) 和 2180(13) 两个工作面开采完毕后，对沙河铁路桥保护煤柱 2180(11) 工作面综放开采并实施钻孔注浆减沉，分述如下。

1. 在 2180(11) 综放工作面开采期间进行覆岩离层注浆（2008 年 2 月 23 日至 11 月 2 日）

沙河铁路桥保护煤柱 2180(11) 综放工作面覆岩离层注浆情况见表 10 – 14。

表 10 – 14　沙河铁路桥保护煤柱 2180(11) 综放工作面覆岩离层注浆统计表

孔　号	注浆量/m³	注灰量/m³	平均浓度/%	开始时间	结束时间
L1	144445	48403	33.5	2008 年 2 月 28 日	2008 年 7 月 6 日
L2	252316	70120	27.8	2008 年 2 月 23 日	2008 年 9 月 18 日
L3	116647	36473	31.2	2008 年 4 月 22 日	2008 年 11 月 2 日
合计	513408	154996	30.8	2008 年 2 月 23 日	2008 年 11 月 2 日

2. 在 2180(11) 综放工作面开采结束后进行垮落带注浆（2009 年 1 月 4 日至 9 月 17 日）

2180(11) 综放工作面开采结束后，为改善沙河铁路桥正下方注浆减沉效果，于 2008 年 12 月按设计将 3 个覆岩离层注浆钻孔分别延深，但因岩层破碎影响钻进，改为在原离层注浆钻孔位置偏移 2 m 后重新开新孔钻进到垮落区，垮落带注浆钻孔 K1 ~ K3 从 2009 年 1 月 4 日至 9 月 17 日止，对 2180(11) 综放工作面采空区进行注浆充填。具体情况见表 10 - 15。

表 10 - 15　沙河铁路桥保护煤柱 2180(11) 综放工作面采空区注浆统计表

孔　号	注浆量/m³	注灰量/m³	平均浓度/%	开始时间	结束时间
K1	65730	23531	35.80	2009 年 1 月 4 日	2009 年 7 月 5 日
K2	76020	26622	35.02	2009 年 3 月 2 日	2009 年 9 月 17 日
K3	20105	7735	38.47	2009 年 1 月 4 日	2009 年 8 月 31 日
合计	161855	57888	35.76	2009 年 1 月 4 日	2009 年 9 月 17 日

3. 对 2180(11) 综放工作面冲积层底部进行注浆（2009 年 12 月 28 日至 2013 年 1 月 23 日）

（1）在沙河铁路桥 2 号桥墩南侧 6 m 处施工了冲积层底部注浆孔 1 号，对 2180(11) 综放工作面上方冲积层底部进行注浆。注浆时间为 2009 年 12 月 28 日至 2010 年 6 月 20 日，控制注浆压力上升到 3 MPa 即停止注浆。1 号冲积层底部注浆孔累计注浆 33972 m³，平均浓度 29.20%，注灰 9903 m³。

（2）在沙河铁路桥 10 号桥墩南侧 10 m 处施工了冲积层底部注浆孔 2 号，其目的是弥补 2180(12) 综放工作面开采时受供电故障影响造成其覆岩离层注浆量少，特在 2180(11) 综放工作面上方进行冲积层底部注浆补救。2 号注浆孔自 2011 年 2 月 11 日开始注浆，至 4 月 30 日结束，累计注浆 86465 m³，平均浓度 27.45%，注灰 23738 m³。

（3）在开采沙河铁路桥范围最后一个工作面——2180(10) 综放工作面时，因地面将达到充分采动、覆岩岩层运动剧烈，也为弥补 2180(10) 综放工作面因注浆钻孔受开采岩层运动致使孔内套管错断而造成离层注浆量不足，进一步提高沙河铁路桥的注浆减沉效果，又在 2180(11) 综放工作面上方沙河铁路桥 10 号桥墩北侧 18 m 处施工了 3 号钻孔，在 2 号桥墩北侧 3 m 处施工了 4 号钻孔，在 10 号桥墩北侧 15 m 处施工了 5 号钻孔，在 17 号桥墩南侧 3 m 处施工了 6 号钻孔，分别对 2180(11) 综放工作面冲积层底部进行注浆。

以上 2180(11) 综放工作面冲积层底部注浆钻孔位于沙河铁路桥两侧，如图 10 - 6 所示。各冲积层底部注浆钻孔注浆时间和注浆量见表 10 - 16。

表 10 - 16　沙河铁路桥保护煤柱 2180(11) 综放工作面冲积层底部注浆统计表

孔号	位　置	注浆量/m³	注灰量/m³	平均浓度/%	开始时间	结束时间
冲 1	2 号桥墩南侧 6 m	33972	9903	29.20	2009 年 12 月 28 日	2010 年 6 月 20 日
冲 2	10 号桥墩南侧 10 m	86465	23738	27.45	2011 年 2 月 11 日	2011 年 4 月 30 日
冲 3	10 号桥墩北侧 18 m	20300	4615	22.73	2011 年 9 月 21 日	2011 年 11 月 26 日
冲 4	2 号桥墩北侧 3 m	38590	7823	20.27	2011 年 11 月 29 日	2012 年 4 月 30 日
冲 5	10 号桥墩北侧 15 m	8850	1719	19.42	2012 年 4 月 6 日	2013 年 1 月 23 日
冲 6	17 号桥墩南侧 3 m	87710	13434	15.14	2012 年 10 月 18 日	2013 年 1 月 23 日
合计		275887	61232	22.19	2009 年 12 月 28 日	2013 年 1 月 23 日

对 2180(11) 工作面的覆岩离层带、垮落带和冲积层 3 种注浆方式共计注浆 951150 m³、注灰 274116 m³。

10.3.3 沙河铁路桥对应井下区域2180(12)综放工作面注浆减沉开采的实施

为改善沙河铁路桥注浆减沉效果，2180(12)综放工作面的两个覆岩离层注浆钻孔布置在该工作面靠近沙河铁路桥的位置，并分别实施了覆岩离层注浆。具体情况见表10-17。

表10-17 沙河铁路桥对应井下区域2180(12)综放工作面开采覆岩离层注浆统计表

孔　号	注浆量/m³	注灰量/m³	平均浓度/%	开始时间	结束时间
L4	73580	26198	35.6	2009年12月7日	2010年2月29日
L5	87515	25770	29.4	2010年4月27日	2010年7月30日
合计	161095	51968	32.5	2009年12月7日	2010年7月30日

10.3.4 沙河铁路桥对应井下区域2180(10)综放工作面注浆减沉开采的实施

为改善沙河铁路桥注浆减沉效果，2180(10)综放工作面的3个覆岩离层注浆钻孔布置在该工作面靠近沙河铁路桥的位置（图10-6），分别实施了覆岩离层注浆。具体情况见表10-18。

表10-18 沙河铁路桥对应井下区域2180(10)综放工作面覆岩离层注浆统计表

孔　号	注浆量/m³	注灰量/m³	平均浓度/%	开始时间	结束时间
L6	132270	34094	25.8	2011年2月9日	2011年7月12日
L7	96714	20198	20.88	2011年7月16日	2011年10月30日
L8	87610	18742	21.39	2011年12月18日	2012年3月10日
合计	316594	73034	22.69	2011年2月9日	2012年3月10日

10.3.5 沙河铁路桥对应井下区域厚煤层综放开采注浆减沉工程汇总

范各庄矿沙河铁路桥下厚达6.5 m的7~8煤层合区自2008年2月23日至2013年1月23日近5年时间，先后对2180(11)、2180(12)、2180(10)三个工作面进行综放开采注浆减沉，达到确保沙河铁路桥安全运营和正常泄洪及煤炭高产高效开采的目的。沙河铁路桥下厚煤层综放开采注浆减沉工程汇总见表10-19。

表10-19 沙河铁路桥对应井下区域7~8煤层合区各综放工作面注浆减沉工程汇总表

注浆类型	工作面	注浆量/m³	注灰量/m³	平均浓度/%	开始时间	结束时间
离层带注浆	2180(11)	513408	154996	30.20	2008年2月23日	2008年11月2日
	2180(12)	161095	51968	32.20	2009年12月7日	2010年7月30日
	2180(10)	316594	73034	23.07	2011年2月9日	2012年3月10日
	小计	991097	279998	28.49		
垮落带注浆	2180(11)	161855	57888	35.70	2009年1月4日	2009年9月18日
冲积层注浆	2180(11)	275887	61232	22.19	2009年12月28日	2013年1月23日
合计		1428839	399118	28.67		

10.3.6 沙河铁路桥对应井下区域厚煤层综放开采3种注浆减沉方式分析研究

范各庄矿沙河铁路桥下的7~8煤层合区综放开采注浆减沉先后采用3种注浆方式，分析汇总得出以下结论。

1.3种注浆方式的比较

（1）对2180(11)、2180(12)、2180(10)三个综放工作面进行的覆岩离层注浆量最大，占全部工程注浆量的69.36%，注灰量占全部注灰量的70.15%，是实施综放开采注浆减沉保护沙河铁路桥的主要技术措施。

（2）对2180（11）综放工作面进行的垮落带注浆，其注浆量和注灰量分别占全部工程的11.33%和14.51%。

（3）对2180（11）综放工作面进行的冲积层底部注浆，其注浆量和注灰量分别占全部工程的19.31%和15.34%。

后两种注浆方式对减少地表下沉、保护沙河铁路桥起到补充、调节作用。

2. 采取条带跳采有利于提高覆岩离层注浆减沉效果

范各庄矿沙河铁路桥下的7～8煤层合区综放开采注浆减沉工程实践表明，在采取条带跳采时，工作面覆岩离层注浆量大，如2180（11）综放工作面开采时，其两侧的2180（12）和2180（10）综放工作面尚未开采，对该工作面开采产生的覆岩离层能较长时间保持，故进行覆岩离层注浆就充足；反之，当开采工作面两侧已是采空区时，则覆岩离层保持时间短，覆岩离层注浆量就少，如2180（12）和2180（10）综放工作面开采时，因其两侧的工作面已开采完毕，其产生的覆岩离层保持时间较短，故进行覆岩离层注浆就不够充分，这两个工作面覆岩离层注浆量之和比一个2180（11）综放工作面还少。

3. 垮落带注浆对提高减沉率起到补充作用

范各庄矿在2180（11）综放工作面开采结束后将覆岩离层注浆孔延深至垮落带，对其垮落带进行注浆充填，在2009年1月4日至9月18日共注入粉煤灰57888 m^3，这表明工作面采空区破碎岩石之间还存在一定的空隙，约为2180（11）综放工作面采出体积（657 m × 100.5 m × 6.5 m = 429185.25 m^3）的13.49%。采取对采空区进行注浆充填，将更加稳定地表下沉，对提高沙河铁路桥下综放开采注浆减沉率起到补充作用。

4. 冲积层底部注浆对巩固减沉率起到调节作用

范各庄矿井第四系冲积层中含4～5层黏土层，特别是冲积层底部的黏土层隔断了冲积层与基岩的水力联系，有良好的封闭性，因此对冲积层底部注浆可调节地表沉降，甚至能抬升地面。自2009年12月28日至2013年1月23日长达3年多的时间内，在沙河铁路桥保护煤柱2180（11）综放工作面两侧开采的同时，对2180（11）工作面冲积层底部进行注浆，共注入粉煤灰61232 m^3，相当于两侧的2180（12）或2180（10）两个综放工作面覆岩离层注浆注入粉煤灰量的一半，为提高沙河铁路桥下综放开采注浆减沉率起到巩固调节作用，也为今后实施地面钻孔注浆减沉提供了新思路。

10.4 沙河铁路桥对应井下区域厚煤层注浆减沉综放开采采动观测研究

10.4.1 沙河铁路桥对应井下区域厚煤层注浆减沉综放开采期间采动观测

1. 沙河铁路桥采动观测站点设置

范各庄矿在2180（9）综放工作面于2007年5月回采前，已沿沙河铁路桥沿线设置了观测站点。自范各庄矿一侧起，往古冶方向每隔一个铁路桥桥墩设置一个观测点，该桥墩两侧分别以N、S编号，具体站点设置与初始测量值见表10-20。

表10-20 沙河铁路桥采动观测站点设置与初始测量值表　　　　　　m

站点名	N0	N2	N4	N6	N8	N10	N12	N14	N16	N18
桥墩北侧	0号桥台	2号桥墩	4号桥墩	6号桥墩	8号桥墩	10号桥墩	12号桥墩	14号桥墩	16号桥墩	18号桥台
初始值	28.507	28.568	28.538	28.529	28.557	28.531	28.569	28.586	28.568	28.501
站点名	S0	S2	S4	S6	S8	S10	S12	S14	S16	S18
桥墩南侧	0号桥台	2号桥墩	4号桥墩	6号桥墩	8号桥墩	10号桥墩	12号桥墩	14号桥墩	16号桥墩	18号桥台
初始值	28.508	28.567	28.554	28.571	28.569	28.540	28.569	28.584	28.573	28.521

2. 沙河铁路桥采动观测情况

沙河铁路桥采动观测自 2007 年 5 月 9 日开始至 2012 年 3 月 8 日，累计观测 354 次。经对观测资料进行整理，得出沙河铁路桥下 5 个综放工作面各自开采后的铁路桥采动影响结果。

10.4.2 沙河铁路桥采动观测成果

1. 2180(9) 综放工作面采后观测结果

2180(9) 综放工作面是沙河铁路桥对应井下区域 5 个工作面中第一个投入回采的工作面，由于距离铁路桥较远，其开采对铁路桥变形影响不大，按照设计未进行覆岩离层注浆。采后 3 个月的 2008 年 1 月 28 日对铁路桥的观测值见表 10 - 21。铁路桥最大下沉值 0.088 m，发生在 12 号桥墩；桥墩南北最大下沉差为 0.008 m，发生在西桥台，其北侧比南侧沉降大 0.008 m（表 10 - 21）。

表 10 - 21　2180(9) 综放工作面采后沙河铁路桥观测结果　　　　　　　　　　　　　　m

站点名	N0	N2	N4	N6	N8	N10	N12	N14	N16	N18
桥墩北侧	东桥台	2 号桥墩	4 号桥墩	6 号桥墩	8 号桥墩	10 号桥墩	12 号桥墩	14 号桥墩	16 号桥墩	西桥台
初始值	28.507	28.568	28.538	28.529	28.557	28.531	28.569	28.586	28.568	28.501
终值	28.470	28.523	28.480	28.468	28.482	28.452	28.481	28.501	28.484	28.423
下沉值	0.037	0.045	0.058	0.061	0.075	0.079	0.088	0.085	0.084	0.078
站点名	S0	S2	S4	S6	S8	S10	S12	S14	S16	S18
桥墩南侧	0 号桥台	2 号桥墩	4 号桥墩	6 号桥墩	8 号桥墩	10 号桥墩	12 号桥墩	14 号桥墩	16 号桥墩	18 号桥台
初始值	28.508	28.567	28.554	28.571	28.569	28.540	28.569	28.584	28.573	28.521
终值	28.470	28.522	28.500	28.509	28.500	28.467	28.484	28.498	28.493	28.451
下沉值	0.038	0.045	0.054	0.062	0.069	0.073	0.085	0.086	0.08	0.07
南北测点沉降差	-0.001	0	0.004	-0.001	0.006	0.006	0.003	-0.001	0.004	0.008

2. 2180(9)、2180(11) 与 2180(13) 三个综放工作面采后观测结果

按照条带跳采设计，在 2180(9) 综放工作面回采后，于 2007 年 11 月进入 2180(11) 综放工作面回采。范各庄矿为满足生产经营的需要，在 2180(11) 综放工作面开采期间，于 2008 年 7 月将 2180(13) 综放工作面也投入回采，形成 2008 年 7 月至 2008 年 12 月期间 2180(11) 与 2180(13) 两个综放工作面同时回采。

2009 年 8 月 27 日观测数值见表 10 - 22，表中数值反映 2180(9)、2180(13) 两个工作面未进行覆岩离层注浆综放开采后和 2180(11) 综放工作面开采期间进行覆岩离层注浆、采后采空区注浆和部分冲积层底部注浆对沙河铁路桥的影响。观测沙河铁路桥最大下沉在 8 号桥墩，下沉值为 0.162 m，仅为原预计值的 23.82%，产生较好效果与进行采空区注浆充填和部分冲积层底部注浆有直接关系。

表 10 - 22　2180(9)、2180(11) 与 2180(13) 三个综放工作面采后沙河铁路桥观测结果　　　　　m

站点名	N0	N2	N4	N6	N8	N10	N12	N14	N16	N18
桥墩北侧	东桥台	2 号桥墩	4 号桥墩	6 号桥墩	8 号桥墩	10 号桥墩	12 号桥墩	14 号桥墩	16 号桥墩	西桥台
初始值	28.507	28.568	28.538	28.529	28.557	28.531	28.569	28.586	28.568	28.501
终值	28.395	—	28.388	28.378	28.404	28.394	28.450	28.504	28.521	28.471
下沉值	0.112	—	0.15	0.151	0.153	0.137	0.119	0.082	0.047	0.03

表 10-22（续）   m

站点名	S0	S2	S4	S6	S8	S10	S12	S14	S16	S18
桥墩南侧	东桥台	2 号桥墩	4 号桥墩	6 号桥墩	8 号桥墩	10 号桥墩	12 号桥墩	14 号桥墩	16 号桥墩	西桥台
初始值	28.508	28.567	28.554	28.571	28.569	28.540	28.569	28.584	28.573	28.521
终值	28.388	28.429	28.397	28.410	28.407	28.394	28.437	28.491	28.511	—
下沉值	0.12	0.138	0.157	0.161	0.162	0.146	0.132	0.093	0.062	—
南北沉降差	-0.008	—	-0.007	-0.01	-0.009	-0.009	-0.013	-0.011	-0.015	—

3. 2180(9)、2180(11)、2180(13) 与 2180(12) 四个综放工作面采后观测结果

在 2180(9)、2180(13) 和 2180(11) 综放工作面采完后，接着于 2009 年 10 月至 2010 年 5 月进行了 2180(12) 综放工作面开采，其开采过程中进行了覆岩离层注浆。由于注浆站后期供电出现问题，耽误了最佳注浆时间，造成 2180(12) 综放工作面离层注浆量少。

2180(12) 综放工作面于 2010 年 5 月采完后 7 个月的观测值见表 10-23，它是 2180(9)、2180(11)、2180(13) 与 2180(12) 四个综放工作面采后对沙河铁路桥影响的结果，其中包括为弥补 2180(12) 综放工作面覆岩离层注浆的不足所进行的冲 1 孔对铁路桥正下方的 2180(11) 综放工作面冲积层底部注浆充填，注浆时间从 2009 年 12 月 28 日至 2010 年 6 月 20 日，注入粉煤灰浆 33972 m^3，粉煤灰 9903 m^3。沙河铁路桥最大下沉点在 8 号桥墩，最大下沉值为 0.535 m，仅为原预计最大下沉值的 31.11%。但该处桥墩南北侧下沉差最大，南侧比北侧沉降大 0.047 m，倾斜变形为 10.9‰，其他桥墩倾斜变形也都超过铁路规程最大不得超过 2.8‰的规定，应及时进行铁路维修以保安全运输。

表 10-23 2180(9)、2180(11)、2180(13) 与 2180(12) 四个综放工作面采后沙河铁路桥观测结果

站点名	N0	N2	N4	N6	N8	N10	N12	N14	N16	N18
桥墩北侧	东桥台	2 号桥墩	4 号桥墩	6 号桥墩	8 号桥墩	10 号桥墩	12 号桥墩	14 号桥墩	16 号桥墩	西桥台
初始值/m	28.507	28.568	28.538	28.529	28.557	28.531	28.569	28.586	28.568	28.501
终值/m	28.229	—	28.109	28.054	28.069	28.061	28.129	28.204	28.244	28.222
下沉值/m	0.278	—	0.429	0.475	0.488	0.47	0.44	0.382	0.324	0.279
站点名	S0	S2	S4	S6	S8	S10	S12	S14	S16	S18
桥墩南侧	东桥台	2 号桥墩	4 号桥墩	6 号桥墩	8 号桥墩	10 号桥墩	12 号桥墩	14 号桥墩	16 号桥墩	西桥台
初始值/m	28.508	28.567	28.554	28.571	28.569	28.540	28.569	28.584	28.573	28.521
终值/m	28.199	28.189	28.094	28.064	28.034	—	28.109	28.179	28.23	—
下沉值/m	0.309	0.378	0.46	0.507	0.535	—	0.46	0.405	0.343	—
南北沉降差/m	-0.031	—	-0.031	-0.032	-0.047	—	-0.02	-0.023	-0.019	—
倾斜变形	-7.2‰	—	-7.2‰	-7.4‰	-10.9‰	—	-4.7‰	-5.3‰	-4.4‰	—

4. 2180(9)、2180(11)、2180(13)、2180(12) 和 2180(10) 五个综放工作面全采后观测结果

在 2180(9)、2180(11)、2180(13) 和 2180(12) 四个综放工作面采完后，接着于 2010 年 12 月至 2012 年 2 月进行了 2180(10) 综放工作面开采，期间进行了覆岩离层注浆。由于 2180(10) 是沙河铁路桥对应井下区域最后开采的一个工作面，地表达到充分采动、岩层运动剧烈，造成 3 个离层注浆钻孔都因为套管错断而无法注浆，覆岩离层所注粉煤灰浆量小。为确保沙河铁路桥的安全运行，从 2011 年 2 月 11 日开始，先后在沙河铁路桥 10 号桥墩南侧 10 m、10 号桥墩北侧 18 m 和 2 号桥墩北侧

3 m 处，分别施工了冲 2 孔、冲 3 孔和冲 4 孔，对铁路桥正下方的 2180(11) 综放工作面冲积层底部进行注浆充填，以弥补 2180(10) 综放工作面覆岩离层注浆的不足。

2180(10) 综放工作面于 2012 年 2 月采完对沙河铁路桥的观测值见表 10 - 24，它是沙河铁路桥对应井下区域 2180(9)、2180(13)、2180(11)、2180(12) 与 2180(10) 五个综放工作面全采后沙河铁路桥观测的结果。沙河铁路桥最大下沉总在 16 号桥墩，最大下沉值为 1.389 m，仅为原预计最大下沉值的 39.01%。但东桥台南北侧下沉差最大，其南侧比北侧沉降大 0.031 m，倾斜变形达 7.2‰。除 10 号桥墩~18 号西桥台的倾斜变形小于 2.8‰外，其他各桥墩倾斜变形均超过规程最大不超过 2.8‰的规定，亦应及时进行铁路维修以策安全。

表 10 - 24 沙河铁路桥对应井下区域 2180(9)、2180(13)、2180(11)、2180(12) 与 2180(10)
五个综放工作面全采后铁路桥观测结果

站点名	N0	N2	N4	N6	N8	N10	N12	N14	N16	N18
桥墩北侧	东桥台	2 号桥墩	4 号桥墩	6 号桥墩	8 号桥墩	10 号桥墩	12 号桥墩	14 号桥墩	16 号桥墩	西桥台
初始值/m	28.507	28.568	28.538	28.529	28.557	28.531	28.569	28.586	28.568	28.501
终值/m	27.608	27.615	27.595	27.662	27.674	27.512	27.345	—	27.179	27.125
下沉值/m	0.899	0.953	0.943	0.867	0.883	1.019	1.224	—	1.389	1.376
站点名	S0	S2	S4	S6	S8	S10	S12	S14	S16	S18
桥墩南侧	东桥台	2 号桥墩	4 号桥墩	6 号桥墩	8 号桥墩	10 号桥墩	12 号桥墩	14 号桥墩	16 号桥墩	西桥台
初始值/m	28.508	28.567	28.554	28.571	28.569	28.540	28.569	28.584	28.573	28.521
终值/m	27.578	—	27.581	27.678	27.664	27.512	27.341	27.232	27.188	27.152
下沉值/m	0.930	—	0.973	0.897	0.905	1.019	1.228	1.352	1.385	1.369
南北沉降差/m	-0.031		-0.030	-0.030	-0.022	-0.012	-0.004	—	-0.004	-0.007
倾斜变形	-7.2‰		-7.0‰	-7.0‰	-5.0‰	-2.8‰	-0.9‰	—	-0.9‰	-1.6‰

5. 绘制沙河铁路桥对应井下区域各综放工作面开采后铁路桥下沉曲线图

依据表 10 - 21 至表 10 - 24，绘制出反映沙河铁路桥对应井下区域各工作面开采后铁路桥下沉曲线图（图 10 -7）。从图 10 -7 可知，沙河铁路桥在条带跳采期间下沉幅度较小，但随着开采条带柱，沙河铁路桥下沉幅度加大，到采完最后一个 2180(10) 综放工作面时，沙河铁路桥下沉达到最大值 1.389 m，此时桥底最低标高为 27.397 m，高于铁路桥最高洪水位 26.68 m，可以满足泄洪要求。据此验证了沙河铁路桥区域开采方案的科学性，同时体现地面钻孔注浆对控制地表沉降发挥了重要作用。

10.4.3 沙河铁路桥对应井下区域条带跳采与注浆减沉技术相结合成效分析

（1）沙河铁路桥对应井下区域采取条带跳采与注浆减沉技术相结合可提高减沉率。

范各庄矿沙河铁路桥对应井下区域的 2180(9)、2180(10)、2180(11)、2180(12)、2180(13) 五个综放工作面如按照传统方式开采，预计铁路桥最大下沉值将达 3561.14 mm。通过条带开采与多种注浆控制地表沉降技术相结合，使铁路桥最大下沉值减小到 1389.0 mm，铁路桥减少沉降 2172.14 mm，减沉率达 60.99%。

（2）垮落带注浆和冲积层底部注浆有助于提高减沉率。

原预计沙河铁路桥对应井下区域 5 个综放工作面采取条带跳采与单一覆岩离层注浆技术相结合开采后，铁路桥最大下沉值由 3561.14 mm 减少到 1779.29 mm。通过采取对铁路桥保护煤柱 2180(11) 综放工作面的垮落带注浆和冲积层底部进行注浆充填，铁路桥最终最大下沉值仅为 1389.0 mm，减少下沉量 390.29 mm，占最终减少沉降量 2172.14 mm 的 17.97%，充分证明对垮落带注浆和冲积层底

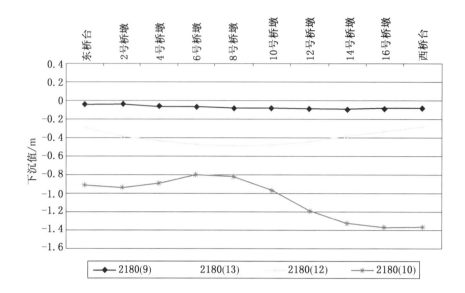

图10-7　沙河铁路桥对应井下区域各综放工作面开采后铁路桥下沉曲线图

部注浆有助于提高减沉率。

（3）冲积层底部注浆对沙河铁路桥沉降的调节作用：

①冲积层底部注浆弥补了2180(12)综放工作面覆岩离层注浆少的不足。

前面已述，在2009年10月2180(12)综放工作面开采时，因受电源故障影响，覆岩离层注浆量小，致使沙河铁路桥下沉加大。据2009年8月27日2180(12)综放工作面开采前的观测值，沙河铁路桥最大下沉值仅0.162 m，而到2010年2月11日观测铁路桥最大下沉量达0.546 m，受覆岩离层注浆量较小的影响，5个半月时间铁路桥下沉量增加0.384 m。

为弥补覆岩离层注浆的不足，在靠近2180(12)综放工作面的铁路桥10号桥墩南侧10 m施工冲2孔，对冲积层底部进行注浆充填作为补充。自2011年2月11日开始注浆，至2011年4月30日结束，累计注浆86465 m³，平均浓度27.45%，注灰23738 m³。观测数据显示，冲2孔冲积层底部注浆调节作用明显，不仅控制了铁路桥的下沉进度，冲2孔所在的10号桥墩北还上升了0.104 m，并以此为中心，使周围的一些桥墩也出现上升，各桥墩观测数据见表10-25，在冲2孔冲积层底部注浆充填作用下的沙河铁路桥上升曲线如图10-8所示。

表10-25　冲2孔冲积层底部注浆充填影响沙河铁路桥墩观测值统计表　　　　　　　m

桥墩号	上升值	桥墩号	上升值	桥墩号	上升值	桥墩号	上升值
S0	-0.037	N4	0.019	S10	0.096	N14	0.031
N0	-0.026	S6	0.064	N10	0.104	S16	-0.006
S2	-0.016	N6	0.069	S12	0.084	N16	-0.004
N2	0.013	S8	0.099	N12	0.074	S18	0.009
S4	0.019	N8	0.099	S14	0.036	N18	-0.038

②冲积层底部注浆充填在覆岩离层注浆结束后稳定和抬升了沙河铁路桥。

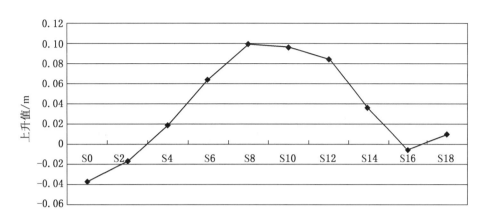

图10-8 冲2孔冲积层底部注浆充填影响沙河铁路桥墩上升曲线图

2012年3月10日沙河铁路桥2180(10)综放工作面回采及覆岩离层注浆结束后，此时观测铁路桥最大下沉值为1.389 m（表10-24）。为调整桥梁铁轨竖曲率，施工冲4、冲5和冲6三个钻孔对2180(11)综放工作面的冲积层底部进行注浆充填，到2012年5月2日观测铁路桥最大下沉值为1.371 m，抬升了0.018 m；此后继续进行冲积层底部注浆充填，到2013年1月23日观测，铁路桥最大下沉值为1.138 m，累计抬升达0.251 m，此时铁路桥最大下沉值比预计值3.561 m减少沉降2.423 m，减沉率达到68.04%。

10.5 沙河铁路桥对应井下区域厚煤层综放开采注浆减沉期间的维修措施

10.5.1 对沙河铁路桥加垫抬升纠正横向倾斜变形

从表10-23和表10-24观测数字看出，在2180(12)综放工作面开采后，沙河铁路桥各桥墩倾斜变形加剧，桥面铁路横向倾斜值超出规程规定，必须在2180(12)综放工作面开采期间对轨道采取维修措施，才能保证铁路正常通行。通过采取冲积层底部注浆充填，已使沙河铁路桥东半部的铁路横向倾斜变形降至规程规定值以下，但西半部的铁路横向倾斜变形仍超标。

为避免由于桥体大幅度倾斜造成运输事故，范各庄矿委托中国矿业大学进行沙河铁路桥梁抬升垫平方案设计，由唐山开滦建设集团地矿工程处负责工程施工。主要措施为支座分离和桥梁加垫。

1. 支座分离

支座分离是为给桥梁抬高加垫做准备，于2011年6月13日开始实施抬升分离，其操作步骤如下：

（1）使用电焊分别焊接上下桥梁支座，防止抬升时上下两支座分开。

（2）使用2个抬升力100 t的千斤顶同时顶起上座板和桥梁（图10-9），使上座板与上桥梁支座分开1.5 cm。抬升分离工程共计施工12 d，使19个桥墩的桥梁支座与上座板均分离1.5 cm，达到设计要求。

（3）桥梁支座与上座板分离开后，使用气焊将上下桥梁支座的焊接全部重新切开。

2. 桥梁加垫

桥梁加垫是为矫正铁路桥桥墩倾斜变形，视倾斜变形超标量的大小，分别在桥墩下沉值大的一侧桥梁加垫纠正。例如，2011年9月就在17号桥墩、18号桥墩北侧加了3个8 mm高强度钢垫板，使桥梁倾斜变形控制在规程规定以内。

10.5.2 进行沙河铁路桥线路坡度调整

为使沙河铁路桥纵断面在桥下压煤开采沉降后坡度起伏变顺变缓，给安全行车创造条件，范各庄

图 10 – 9 抬升沙河铁路桥桥梁照片

矿委托国杰公司对采煤沉陷区铁路纵断面进行大修。从 2012 年 4 月 4 日至 25 日，完成大修工作量：以沙河铁路桥上线路最低点（图 10 – 10 中 O 处）为基点，在西至 225 m（图中 OA 段）东至 200 m（图中 OC 段）区段，按照图中红线所示起道顺坡，其中 O 处最大起道量达 500 mm，平均起道量约 198 mm；同时对图中 CD 段线路落道，最大落道量 355 mm，平均落道量 202 mm，使沙河铁路桥线路坡度变得平缓。

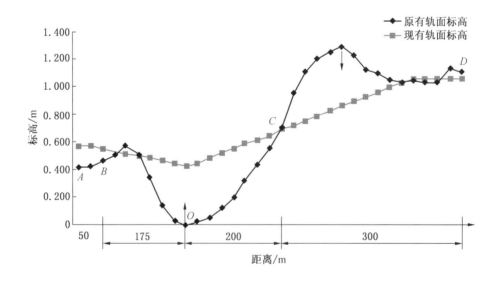

图 10 – 10 沙河铁路桥线路坡度调整示意图

总之，在沙河铁路桥对应井下区域厚煤层综放开采期间，通过条带跳采 + 覆岩离层注浆 + 垮落带注浆 + 冲积层底部注浆减少地表沉降，同时辅以铁路桥和线路的必要维修，保证了沙河铁路桥安全运行和桥下泄洪功能。

10.6　沙河铁路桥压煤注浆减沉综放开采效益

10.6.1　注浆减沉投入费用

1. 地面注浆系统建设费用

沙河铁路桥压煤注浆减沉综放开采仍使用原沙河公路桥保护煤柱开采所建的地面注浆系统，其所需购置设备器材与临建工程合计资金 557.85 万元，见表 10-26。

表 10-26　范各庄矿地面注浆系统建设费用明细表

序　号	名　　称	型　　号	数　量	单价/万元	合计/万元
1	注浆泵	TBW-1200/7B	4 台	25.5	102.0
2	注浆泵	TBW-850/5	1 台	14.0	14.0
3	振动筛		2 台	4.0	8.0
4	储水箱	20 m³	1 台	3.0	3.0
5	压风机	VF-6/7	1 台	2.4	2.4
6	搅拌机		2 台	1.5	3.0
7	管汇高低压阀门及制作费				4.5
8	φ114 mm 石油管		145 t	0.85	123.25
9	除渣输送带		1 根	1.5	1.5
10	水井清水泵及管路		2 根	1.0	2.0
11	4 条输浆管安装				12.0
12	临建工程				60.0
13	推土机		1 台	20.0	20.0
14	装载机	50	1 台	25.5	25.5
15	带式输送机	100/50 m	2 台	25.0	50.0
16	刮板输送机	60 m	1 台	10.0	10.0
17	变压器	1000 kW	2 台	28.0	56.0
18	电缆等				51.7
19	通信设施				9.0
20	其他				0.5
合计					557.85

由于范各庄矿地面注浆系统建设服务于沙河公路桥保护煤柱和沙河铁路桥下压煤两处注浆减沉开采，在计算沙河公路桥保护煤柱注浆减沉开采效益时已摊入 50% 注浆系统建设费用，因此计算沙河铁路桥下压煤注浆减沉开采投入费用应为注浆系统建设费用的一半，即 557.85÷2 = 278.925 万元。

2. 实施注浆减沉工程费用

（1）钻孔施工费：各类注浆钻孔进尺 4931.25 m，共计工程费 726.41 万元。

（2）注浆运行费：累计注入粉煤灰浆液 1428839 m³，平均浓度 27.93%，折算粉煤灰量 399118 m³，共计注浆运行费 810.02 万元。

（3）其他费用：注浆过程中钻场设备占用、井下闸墙施工与排水管路安装、泄水孔施工、地面管路拆安装、水淹地赔偿、钻孔二次施工、铁路维修费等，共计 1145.4953 万元。

合计注浆减沉工程费用 2681.9253 万元。

3. 注浆减沉投入总费用

注浆减沉投入总费用 = 地面注浆系统建设费用 + 实施注浆减沉工程费用 =
278. 925 万元 + 2681. 9253 万元 = 2960. 8503 万元

折合吨煤注浆减沉投入费用 = 注浆减沉投入总费用 ÷ 注浆减沉综放开采产煤量 =
2960. 8503 ÷ 198. 2897 = 14. 93 元/t

10.6.2 沙河铁路桥压煤注浆减沉综放开采效益

1. 注浆减沉综放开采沙河铁路桥压煤创造的利润

沙河铁路桥对应井下区域厚煤层有 5 个工作面，其中 2180（9） 和 2180（13） 两个综放工作面未进行覆岩离层注浆，故计算注浆减沉综放开采的经济效益时，仅计算 2180（10）、2180（11） 和 2180（12） 三个综放工作面的产煤量，共计采出煤量 198. 2897 × 10^4 t，按每吨原煤产生 100 元利润计算，沙河铁路桥压煤注浆减沉综放开采共获得利润 19828. 97 万元。

2. 沙河铁路桥压煤注浆减沉综放开采经济效益

沙河铁路桥压煤注浆减沉综放开采经济效益 = 注浆减沉综放开采获得利润 − 注浆减沉投入总费用 =
19828. 97 万元 − 2960. 8503 万元 = 16868. 1197 万元

沙河铁路桥压煤注浆减沉综放开采投入产出比 = 注浆减沉投入总费用 ÷ 注浆减沉综放开采获得利润 =
2960. 8503 万元 ÷ 19828. 97 万元 = 1∶6. 70

3. 沙河铁路桥压煤注浆减沉综放开采社会效益

沙河铁路桥压煤采用注浆减沉综放开采，大大减少了开采造成的地面沉降及对铁路桥梁的破坏，保证了铁路桥运行安全畅通和沙河汛期行洪；同时又确保范各庄矿煤炭生产经营的均衡稳定，为矿区安定和谐起到了重要作用；注浆减沉将粉煤灰注入地下，为林西发电厂解决了粉煤灰储存场即将储满的燃眉之急，节省了新建储灰场的巨额费用；同时减少了粉煤灰存放占用土地及对环境的污染。

开滦范各庄矿沙河铁路桥压煤采用条带跳采 + 注浆减沉 + 综放开采组合技术应用成功，使减沉率达 68. 04%；实施垮落带注浆充填和冲积层底部注浆充填，扩展了覆岩离层注浆减沉技术的范畴，进一步丰富和发展了地下煤层开采控制地面沉降的理论和实践，为解决"三下"压煤制约开滦集团公司发展的难题开辟了新途径，为全国类似条件的矿区"三下"压煤开采提供了借鉴。

参 考 文 献

[1] 高延法，邓智毅，杨忠东，等．覆岩离层带注浆减沉的理论探讨［J］．矿山压力与顶板管理，2001（4）：65－67.

[2] 高延法．煤矿岩层与地表移动的电算模拟研究［D］．泰安：山东矿业学院，1985.

[3] 姜岩，高延法．覆岩注浆开采地表减沉过程分析［J］．矿山压力与顶板管理，1997（1）．

[4] 高延法．地表水平移动机理［J］．山东矿业学院学报，1988，17（2）．

[5] 高延法．开采沉陷盆地地下沉等值线函数——超椭圆函数［J］．中国矿业大学学报，1991（2）．

[6] 高延法，张文泉．岩层与地表移动动态位移的反分析研究［C］．煤炭高等院校青年科学基金学术研讨会论文集．徐州：中国矿业大学出版社，1995.

[7] 高延法．整理地表移动观测资料的新方法——三次样条函数法［J］．矿山测量，1991（1）．

[8] 高延法．采场覆岩离层发育规律研究［J］．矿山压力与顶板管理，2002.

[9] 潘立友，钟亚平．深井冲击地压及防治［M］．北京：煤炭工业出版社，1997.

[10] 钟亚平．开滦煤矿防治水综合技术的研究［M］．北京：煤炭工业出版社，2001.

[11] 钟亚平．煤层开采覆岩离层注浆技术应用研究［J］．采矿技术，2008（3）．

[12] 钟亚平，张瑞玺．综放开采技术使百年老矿高产高效［J］．煤炭科学技术，1999（1）．

[13] 冯树国，王睿，王柏林．公路桥下放顶煤开采注浆减沉技术［J］．煤矿开采，2010（4）．

[14] 国家安全生产监督管理总局，国家煤矿安全监察局．煤矿安全规程［M］．北京：煤炭工业出版社，2016.

[15] 赵德深，范学理，洪加明，等．离层注浆技术的应用与效果［J］．东北煤炭技术，1995（5）．

[16] 赵德深．采煤区覆岩与地表沉陷控制技术的研究与展望［J］．中国安全科学学报，1998，6.

[17] 赵德深．煤矿区采动覆岩离层分布规律与地表沉陷控制研究［D］．阜新：辽宁工程技术大学，2000.

[18] 许家林，钱鸣高．覆岩注浆减沉钻孔布置的试验研究［J］．中国矿业大学学报，1998（6）：276－279.

[19] 许家林，钱鸣高．关键层运动对覆岩及地表移动影响的研究［J］．煤炭学报，2000，25（2）：122－126.

[20] 钱鸣高，缪协兴，许家林，等．岩层控制的关键层理论［M］．徐州：中国矿业大学出版社，2002.

[21] 钱鸣高，许家林，缪协兴．煤矿绿色开采技术［J］．中国矿业大学学报，2003，32（4）：343－348.

[22] 许家林，钱鸣高，朱卫兵．覆岩主关键层对地表下沉动态的影响研究［J］．岩石力学与工程学报，2005，24（5）：787－791.

[23] 钱鸣高．煤炭产业特点与科学发展［J］．中国煤炭，2006，32（11）：5－8.

[24] 钱鸣高，许家林．煤炭工业发展面临几个问题的讨论［J］．采矿与安全工程学报，2006，23（2）：127－132.

[25] 许家林，朱卫兵，李兴尚，等．控制煤矿开采沉陷的部分充填开采技术研究［J］．采矿与安全工程学报，2006（1）：6－11.

[26] 张玉卓，徐乃忠．地表沉陷控制新技术［M］．徐州：中国矿业大学出版社，1998.

[27] 张玉卓，陈立良．长壁开采覆岩离层产生的条件［J］．煤炭学报，1996，21（6）．

[28] 张玉卓，陈立良，周万茂．村庄下采煤的理论基础——地表沉陷预测与控制［J］．煤炭科学技术，1998，26（4）．

[29] 谢和平，周宏伟，王金安，等．FLAC在煤矿开采沉陷预测中的应用及对比分析［J］．岩石力学与工程学报，1999（4）．

[30] 李鸿昌．矿山压力的相似模拟实验［M］．徐州：中国矿业大学出版社，1998.

[31] 朱维意，马伟民，等．用相似材料模型研究岩层移动规律的可靠性分析［J］．矿山测量，1984.

[32] 顾大钊．相似材料和相似模型［M］．徐州：中国矿业大学出版社，1995.

[33] 徐乃忠．煤矿覆岩离层注浆减小地表沉陷研究［D］．北京：中国矿业大学，1997.

[34] 徐乃忠，马伟民．离层注浆减沉效果分析［J］．煤炭学报，1998，23（5）．

[35] 徐乃忠，张玉卓，等．采动离层充填减沉理论与实践［M］．北京：煤炭工业出版社，2001.

[36] 成枢．岩层与地表移动数值分析新方法［M］．徐州：中国矿业大学出版社，1998.

[37] 王金庄，康建荣，常占强．地表下沉盆地偏态形成的机理［J］．煤炭学报，1999，24（3）．

[38] 姜德义，蒋再文，刘新荣. 覆岩离层注浆控制沉降技术及计算模型 [J]. 重庆大学学报，2000（3）.

[39] 麻凤海. 离层充填减缓地表下沉效果评价的神经网络模型 [J]. 辽宁工程技术大学学报，1998（3）.

[40] 徐挺. 相似方法及其应用 [M]. 北京：机械工业出版社，1995.

[41] 崔希民，许家林，缪协兴. 潞安矿区综放与分层开采岩层移动的相似材料模拟实验研究 [J]. 实验力学，1999，14（3）：402－406.

[42] 崔希民，缪协兴，苏德国，等. 岩层与地表移动相似材料模拟实验的误差分析 [J]. 岩石力学与工程学报，2002，12.

[43] 石必明，俞启香，周世宁. 保护层开采远距离煤岩破碎变形数值模拟 [J]. 中国矿业大学学报，2004，33（3）：259－263.

[44] 姜岩. 采动覆岩离层及其分布规律 [J]. 山东矿业学院学报，1997，16（1）.

[45] 郭惟嘉，刘立民，等. 采动覆岩离层性确定方法及离层规律的研究 [J]. 煤炭学报，1995，20（1）.

[46] 郭惟嘉，沈光寒，等. 华丰煤矿采动覆岩移动变形与治理的研究 [J]. 山东矿业学院学报，1995，14（4）.

[47] 郭惟嘉，徐方军. 覆岩体内移动变形及离层特征 [J]. 矿山测量，1999（3）.

[48] 王芝银，李云鹏. 地下工程位移反分析法及程序 [M]. 西安：陕西科学技术出版社，1993.

[49] 蒋斌松. 用正交设计识别岩层及地表移动 [J]. 矿山压力与顶板管理，1994（3）.

[50] 陈子萌. 围岩力学分析中的解析方法 [M]. 北京：煤炭工业出版社，1994.

[51] 吕爱钟，蒋斌松. 岩石力学反问题 [M]. 北京：煤炭工业出版社，1998.

[52] 邢文训，谢金星. 现代优化计算方法 [M]. 北京：清华大学出版社，1999.

[53] 郭建斌，姜岩. 影响覆岩离层注浆减沉效果的地质因素 [J]. 煤田地质与勘探，2000，10.

[54] 李凤明，卢玉德. 覆岩离层产生的条件及注浆减沉的可控因素 [J]. 煤矿开采，2001，6.

[55] 隋惠权，王忠林. 覆岩离层注浆控制地表沉降技术的理论与实践 [J]. 岩土工程学报，2001，7.

[56] 范西朋，纪学榜. 煤矿开采沉陷防治和控制的技术 [J]. 现代经济信息，2008（6）.

[57] 刘文生，范学理. 覆岩离层产生机理及离层充填控制地表沉陷技术的工程实施 [J]. 煤矿开采，2002，9.

[58] 孙卫华，朱伟，郑祥本. 覆岩离层注浆减沉技术的应用与发展现状 [J]. 煤炭技术，2008，2.

[59] 任松，姜德义，刘新荣. 盐腔形成过程对覆岩影响的相似材料模拟实验研究 [J]. 岩土工程学报，2008，30（8）：1178－1183.

[60] 孟以猛，吕振先. 高压注浆减缓地表沉陷技术在大屯矿区的应用 [J]. 世界煤炭技术，1993（4）：24－26.

[61] 王志刚. 东滩煤矿14307放顶煤工作面覆岩注浆减沉试验初步总结 [J]. 煤矿现代化，1995（4）：26－27.

[62] 毛仲玉，王学民. 浮选尾矿水注浆充填控制地表斑裂下沉 [J]. 煤炭科学技术，1995，21（4）：26－29.

[63] 陈长臻，管志召，王桂花. 特厚煤层综采放顶煤开采条件下覆岩离层注浆减沉工程的设计与实践 [J]. 中国煤炭，2001，27（5）.

[64] 李新强. 开采沉陷动态数值模拟研究 [D]. 泰安：山东矿业学院，1999.

[65] 肖富国. 开采沉陷反分析的遗传算法及其在水口山矿务局铅锌矿的应用 [D]. 长沙：中南大学，2002.

[66] 谢兴华. 采动覆岩动态移动规律数值模拟及离层量计算方法研究 [D]. 泰安：山东科技大学，2001.

[67] 张庆松，覆岩移动及离层规律的数值仿真与非线性预计方法研究 [D]. 泰安：山东科技大学，2002.

[68] Guo G L, Zhang G L, He G Q, et al.. Comprehensive treatment for mining subsidence area in East China [A]. In: Xie H P, Golosinski T S, eds. Mining Science and Technology 99 [C]. Rotterdam: A. A. Balkema, 1999, 597－600.

[69] Z. T 比尼斯基. 矿业工程岩层控制 [M]. 孙恒虎，等译. 徐州：中国矿业大学出版社，1990.

[70] В. Л. Самарин образвание ПоЛосТи рассЛоения впоДра батььВаемом массиве горнжурнад，1990.

后　　记

　　开滦矿务局［1999年底改制为开滦（集团）有限责任公司］先后与抚顺矿务局、煤科总院唐山分院、山东科技大学和中国矿业大学（北京）等企业院校的专家教授合作，开展长达20年铁路与桥梁保护煤柱覆岩离层注浆减沉特厚煤层综放开采技术的研究探索，特别是开滦唐山矿在京山铁路煤柱首采区特厚煤层进行了历时8年，采用覆岩离层注浆减沉综采放顶煤安全高效开采有冲击地压危险的6个工作面，经地面钻孔注入覆岩离层中超过$840 \times 10^4 m^3$粉煤灰浆的工程实践。在首采区地表达到充分采动条件下，注浆减沉率达到51.47%，实现了确保铁路安全运营、煤矿产量效益双增的目的，取得了巨大的经济效益和社会效益。此后推广应用于开滦范各庄矿的沙河公路桥和铁路桥压煤的覆岩离层注浆减沉综放开采，同样取得了显著的经济效益和社会效益，并有所创新。开滦煤矿成功进行铁路与桥梁压煤覆岩离层注浆减沉综放开采实践，其持续时间之长、采动程度之大、开采煤炭之多、减沉效果之好、经济社会效益之显著，是当代国内外所仅见。在此过程中开展的覆岩离层规律和注浆减沉机理的研究，具有自主知识产权的"全段高多离层、大流量高浓度、全周期连续注"的注浆新技术的研发，丰富和发展了地下煤层开采控制地面沉降的理论和实践。

　　本书作者参与了开滦唐山矿和范各庄矿的京山铁路煤柱首采区与沙河公路桥和铁路桥煤柱覆岩离层注浆减沉综放开采特厚煤层技术研究探索的全过程，承担项目论证、设计优化、现场实施、总结鉴定等各个阶段的组织领导工作。作为长期从事煤矿开采技术研究与实践的科技工作者，深知"三下"压煤开采对煤矿生存发展的意义和技术研究探索的艰辛，因此不揣浅陋将所见所思记录下来，既表达对矢志不渝参与该技术研究的全体人员的敬意，也为我国煤矿"三下"压煤开采提供一些借鉴。

　　我国煤矿"三下"压煤开采任重道远，开滦覆岩离层注浆减沉综放开采铁路与桥梁特厚煤柱技术研究虽然取得了很大成绩，但覆岩离层注浆只能在煤层开采顶板垮落引起上部岩层产生离层后进行充填才能发挥减沉作用，因此只能在一定程度减少地面沉陷，而不能做到不沉或微沉，其适用对象必须具备一定条件，如地面允许一定程度的沉陷、附着物允许一定程度的变形等，这些条件将限制其使用范围。要适应对变形要求苛刻条件的建（构）物下压煤开采，应继续深化开采沉陷控制技术研究与创新：

　　（1）进一步探索提高覆岩离层注浆减沉率和使用范围的技术措施。开滦注浆减沉综放开采特厚铁路与桥梁煤柱技术研究实践揭示，在覆岩离层注浆减沉的基础上，应进一步探索高效注浆、采空区注浆和冲积层注浆等技术，提高减沉率甚至抬升下沉的地面，以扩大注浆减沉技术的使用范围。

　　（2）由于地面钻孔注浆减沉要经受覆岩运动引起的变形，甚至可能造成钻孔破坏而无法实施注浆减沉，因此应进一步研究钻孔抗变形结构、钻孔最佳施工时间和在覆岩运动期间安全快速钻进技术，以保证地面钻孔及时、可靠地实施注浆减沉，同时节省工程成本与费用。

（3）在社会主义市场经济体制下，煤炭科技工作者应努力探索创新既能有效保护建（构）筑物和土地，又能节省沉陷控制费用，还能使煤矿开采压煤取得显著的经济效益及煤炭资源回收率高等多赢的开采与沉陷控制技术，实现投入产出最大化。深入研究探索在对变形要求苛刻条件的建（构）物压煤条件下，采用覆岩离层注浆减沉和井下压煤条带开采组合技术进行第一轮开采，以保证地面建筑物不受采动破坏；然后进行条带采空区注浆充填后，再第二轮开采条柱并继续进行覆岩离层注浆和冲积层注浆减沉；最后对条柱采空区注浆充填，实现地面不沉或微沉，使压煤完全开采后地面建（构）筑物长期稳定可靠。

钟亚平

2015 年 9 月 30 日

图书在版编目（CIP）数据

开滦注浆减沉综放开采特厚路桥煤柱技术研究/钟亚平，
高延法著. --北京：煤炭工业出版社，2016

ISBN 978 - 7 - 5020 - 5480 - 9

Ⅰ.①开⋯　Ⅱ.①钟⋯　②高⋯　Ⅲ.①开滦矿务总局—煤
矿开采—地面沉降—研究　Ⅳ.①TD32

中国版本图书馆 CIP 数据核字（2016）第 201957 号

开滦注浆减沉综放开采特厚路桥煤柱技术研究

著　　者	钟亚平　高延法
责任编辑	闫　非　彭　竹　张　成
编　　辑	刘　鹏　田小琴
责任校对	高红勤
封面设计	于春颖

出版发行　煤炭工业出版社（北京市朝阳区芍药居 35 号　100029）
电　　话　010 - 84657898（总编室）
　　　　　010 - 64018321（发行部）　010 - 84657880（读者服务部）
电子信箱　cciph612@ 126. com
网　　址　www. cciph. com. cn
印　　刷　中国电影出版社印刷厂
经　　销　全国新华书店

开　　本　889mm×1194mm$^1/_{16}$　印张　20　字数　573 千字
版　　次　2016 年 12 月第 1 版　2016 年 12 月第 1 次印刷
社内编号　8343　　　　　　　　定价　128.00 元